Karl Heinz Holst

Schnittgrößen in schiefwinkligen Brückenwiderlagern

Internal Forces in Oblique-Angled Bridge Abutments

Karl Heinz Holst

Schnittgrößen in schiefwinkligen Brückenwiderlagern unter Berücksichtigung der Schubverformungen in den Wandbauteilen

Berechnungstafeln

Internal Forces in Oblique-Angled Bridge Abutments Taking into Consideration the Shear Deformations in the Wall Elements

Calculation Tables

vieweg

Professor Dipl.-Ing. *Karl Heinz Holst* lehrt an der Fachhochschule Lübeck
im Fachbereich Bauwesen.

Originally published by Friedr. Vieweg & Sohn Verlagsgesellschaft mbH, Braunchweig/Wiesbaden in 1993
Softcover reprint of the hardcover 1st edition 1993

ISBN 978-3-663-07998-9 ISBN 978-3-663-07997-2 (eBook)
DOI 10.1007/978-3-663-07997-2

Inhalt

Contents

Vorwort

Nunmehr liegen auch die Ergebnisse der Auswertungen der Belastungsfälle für schiefwinklige Widerlagerformen vor. Die hieraus gewonnenen Erkenntnisse konnten wiederum in Berechnungshilfen für die Ermittlung der Schnittkräfte in schiefwinkligen Brückenwiderlagern umgesetzt werden. Der Winkel der Brückenschiefe beeinflußt die Größe der Schnittkräfte in hohem Maße, wobei wiederum große Scheibenzugkräfte einen erheblichen Einfluß auf die Bemessungsschnittkräfte ausüben.

Die vorgelegten Ergebnisse sind Bestandteil meiner anwendungsbezogenen Forschungsarbeiten über das Tragverhalten von Widerlagerbauwerken, die durch das Kultusministerium des Landes Schleswig-Holstein gefördert worden sind.

Meinem Partner, *Michael Paßvogel*, danke ich für die Mitarbeit, die sich auf die Bearbeitung des FEM-Programms und der Durchführung der EDV-Berechnung erstreckte. *Klaus Bernhardt* übernahm die Erstellung der Plotterdarstellungen der Diagramme, *Joachim Sierig* fertigte die Übersetzung in die englische Sprache an; beiden Herren sei herzlich gedankt.

Dem Vieweg-Verlag sei für gute Zusammenarbeit und eine sorgfältige Herstellung des Buches gedankt.

Lübeck, im Frühjahr 1992 *Karl Heinz Holst*

1 Einführung

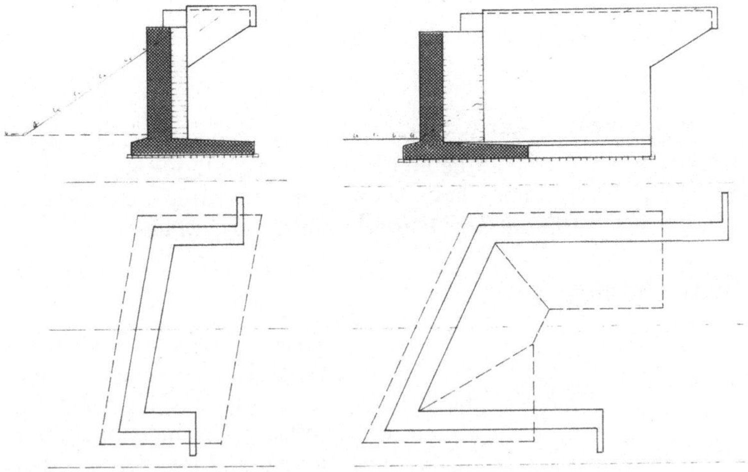

Bild 1 schiefwinklige Widerlagerformen

In dem Buch *Schnittgrößen in Brückenwiderlagen* [15] wurden die rechtwinkligen Formen der Widerlager im Hinblick auf die Belastungssituation und Schnittgrößenermittlung erläutert. Liegt ein *spitzer* Winkel in der Kreuzungssituation der Verkehrswege vor, so verläßt die Widerlagerkonstruktion die Symmetrie und geht in die allgemeine Form eines schiefwinkligen Widerlagers über. Diese unterliegt bestimmten geometrischen Konstruktionsbedingungen, die im einzelnen in [1] genauer erläutert sind. So zeigt sich u.a., daß die Flügelwände unterschiedlich lang werden, an der stumpfen Ecke werden sie länger, an der spitzen Ecke kürzer als die der zugehörigen rechtwinkligen Form. Durch die nun nicht mehr vorhandene System- und Belastungssymmetrie ergeben sich veränderte Beanspruchungszustände. Grundsätzlich ergibt sich eine Vergrößerung der Schnittkräfte an der stumpfen Ecke. Die Veränderungen der Wandsteifigkeiten in den vertikalen Systemecken kann aber auch solche Umlagerungen zur Folge haben, durch die der größere Beanspruchungsgrad an die spitze Ecke herangezogen wird. In den Flügelwänden verändern sich die vertikalen Scheibenzugkräfte proportional zur Wandlänge, da sie im wesentlichen aus der gleichgewichtsmäßigen Auflösung des Scheibenmomentes herrühren, welches aus den horizontalen Scheibenzugkräften gebildet wird. Hierdurch entstehen in den Flügelwänden an der spitzen Ecke im Verhältnis große vertikale Scheibenzugkräfte.

Alle so beschriebenen Schnittkraftveränderungen gegenüber der rechtwinkligen Systemform sind vom Winkel der Schiefe abhängig. Bei den Biegemomenten ist die indirekt entstandene Veränderung der Systemlängen der Plattentragwerke der verursachende Einfluß, die Veränderung der Scheibenkräfte ist direkt vom Winkel abhängig und wird durch das Scheibentragsystem verursacht.

Im folgenden sind Kurventafeln für die Beiwerte der Schnittkräfte dargestellt und erläutert, die die Ermittlung der Schnittgrößen in schiefwinkligen Widerlagern für die Systemwinkel von 75°, 60° und 45° für die maßgebenden Belastungsfälle ermöglichen.

2 Das Berechnungsverfahren

2.1 Allgemeines

Die Ermittlung der Schnittgrößen erfolgte nach der gleichen Methode wie sie im oben genannten Buch erläutert wurden. Es wurde die Finite-Elemente-Methode angewendet, bei der das System durch einzelne, ebene, dicke Schalen ersetzt wurde. Als Material wurde ein linear elastischer Werkstoff mit der Querdehnzahl $\mu = 0$ gewählt.

2.2 Die Berechnungsgrundlagen

Für die Berechnung des schiefwinkligen Kastenwiderlagers gelten die gleichen Grundlagen wie bei der Behandlung der rechtwinkligen Form. Für die Biegeeinflüsse der Plattenbauteile gelten die Annahmen der Kirchhoffschen Plattentheorie mit der Erweiterung nach Reissner [3; 4; 6], nach der die Kirchhoffsche Normalenhypothese fallengelassen wird. Für die Berücksichtigung der Verformungseinflüsse der Scheiben gelten die Voraussetzungen des ebenen Spannungszustandes der Scheibe. Über Einzelheiten dieser Berechnungsansätze siehe [15].

2.3 Besondere Angaben zur Durchführung der Berechnung

Für die Durchführung der Berechnung wurden die einzelnen Wände des Tragwerkes durch dickwandige ebene Schalen idealisiert. Die Dicke der Flügelwände beträgt wieder, wie beim rechtwinkligen Widerlager, 85 % derjenigen der Widerlagerwand, Abweichungen sind innerhalb einer Toleranz von ± 10 % zulässig.

Als Plattenelement wurde das gleiche Element aus der Berechnung des rechtwinkligen Widerlagers gewählt, es basiert auf dem Hybrid-Verfahren mit Ansatzfunktionen für die Spannungen nach [7]. Dieses Element ist in [5] genauer beschrieben worden. Als Scheibenelement gelangte das Rechteckelement nach Pian und Sumahari [14] zur Anwendung.

Im folgenden sei das Verfahren zur Herleitung der speziellen Ansätze dieses Elementes beschrieben:

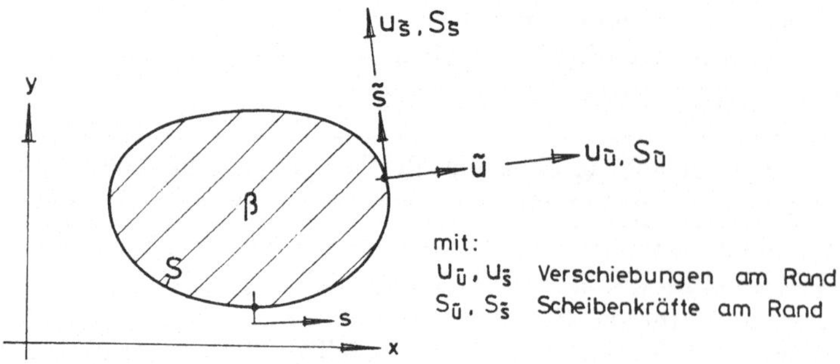

Bild 2 Randpunkt und Verschiebung

Das Element basiert auf dem Hybridverfahren mit Ansatzfunktionen für die Spannungen. Die Lösungsansätze werden wieder nach dem Prinzip vom Minimum der Komplementärenergie erarbeitet. Hierfür seien die erforderlichen Ansätze in Ergänzung zu [5] im folgenden dargestellt:

Für eine Scheibe, bei der auf dem gesamten Rand Verschiebungen und im Innern Spannungen vorgegeben sind, läßt sich die Komplementärenergie im Koordinatensystem $\tilde{u}, \tilde{s}$ nach Bild 2 in folgender Form schreiben:

$$\Pi_c = \frac{1}{2} \int_A \boldsymbol{\beta}^T [\mathbf{E}]^{-1} \boldsymbol{\beta} \, dA - \int_S \mathbf{T}^T \bar{\mathbf{u}} \, ds \qquad (1)$$

Hierin bedeuten:

$\boldsymbol{\beta}$ Schnittgrößenvektor im Innern, $\boldsymbol{\beta}_{x,y)} = \{S_{xx}, S_{yy}; S_{xy}\}^T$

$\mathbf{E}$ Elastizitätsmatrix für isotropes Material

$$\mathbf{E} = \frac{E \cdot t}{1-\mu^2} \begin{bmatrix} 1 & \mu & \\ \mu & 1 & \\ & & \frac{1-\mu}{2} \end{bmatrix}$$

mit E Elastizitätsmodul
t Dicke der Scheibe
μ Querkontraktionszahl

$\mathbf{T}$ Schnittgrößenvektor auf dem Rand, $\mathbf{T} = \{S_{\tilde{u}}, S_{\tilde{s}}\}^T$

$\bar{\mathbf{u}}$ vorgegebener Randverschiebungsvektor, $\bar{\mathbf{u}} = \{u_{\tilde{u}}, u_{\tilde{s}}\}^T$

mit $u_{\tilde{u}}, u_{\tilde{s}}$ Verschiebungen in Richtung der Achsen $\tilde{u}, \tilde{s}$

Für die Diskretisierung zur Erlangung der Finite-Elemente-Darstellungen wird für β der folgende, dem Plattenelement analoge Ansatz gewählt:

$$\begin{bmatrix} S_{xx} \\ S_{yy} \\ S_{xy} \end{bmatrix} = [\boldsymbol{\Omega}_1 \, \boldsymbol{\Omega}_2 \, \boldsymbol{\Omega}_3 \cdots \boldsymbol{\Omega}_n], \begin{bmatrix} A_1 \\ A_2 \\ A_3 \\ \vdots \\ A_{n1} \end{bmatrix}$$

$$\boldsymbol{\beta} = \mathbf{Z}_i \cdot \mathbf{A} \qquad (2)$$

mit $\mathbf{Z}_i$ Vektor der Ansatzfunktionen Ω_i im Innern

$\boldsymbol{\Omega}_i$ einzelne Ansatzfunktionen der Elementfläche

$\boldsymbol{\Omega}_i = \{S_{xx,i} \quad S_{yy,i} \quad S_{xy,i}\}^T$

$\mathbf{A}$ Vektor der freien Ansatzkoeffizienten

Für den Schnittgrößenvektor am Rand gilt:

$$\mathbf{T} = \mathbf{Z}_r \cdot \mathbf{A}$$

$\mathbf{Z}_r$ ist mit $\mathbf{Z}_i$ festgelegt. (3)

Den Rändern wird ein Verschiebungsfeld zugewiesen, das in Abhängigkeit von den Knotenverschiebungen gegeben ist:

$$\bar{\mathbf{u}} = \mathbf{Y} \cdot \mathbf{\Delta} \tag{4}$$

mit $\mathbf{\Delta}$ = Vektor der Knotenverschiebungen

$\mathbf{Y}$ = Vektor der Ansatzfunktionen für die Randverschiebungen

Durch Einsetzen von (2), (3) und (4) in (1) ergibt sich:

$$\Pi_c = \frac{1}{2} \cdot \mathbf{A}^T \cdot \mathbf{k} \cdot \mathbf{A} - \mathbf{A}^T \cdot \mathbf{I} \cdot \mathbf{\Delta} \tag{5}$$

Wendet man das Prinzip der Komplementärenergie auf (5) an, so gilt:

$$0 = \frac{\partial \Pi_c}{\partial \mathbf{A}^T} = \mathbf{k} \cdot \mathbf{A} - \mathbf{I} \cdot \mathbf{\Delta}$$

oder

$$\mathbf{A} = \mathbf{k}^{-1} \cdot \mathbf{I} \cdot \mathbf{\Delta} \tag{6}$$

Eingesetzt in (5) ergibt sich dann

$$\Pi_c = \frac{1}{2} \cdot \mathbf{\Delta}^T \cdot \mathbf{K} \cdot \mathbf{\Delta} \tag{7}$$

mit der Steifigkeitsmatrix:

$$\mathbf{K} = \mathbf{I}^T \cdot \mathbf{k}^{-1} \cdot \mathbf{I} \qquad \text{und} \qquad \mathbf{k} = \int_A \mathbf{Z}_i^T \, [\mathbf{E}]^{-1} \cdot \mathbf{Z}_i \cdot dA$$

$$\mathbf{I} = \int_s \mathbf{Z}_r^T \, \mathbf{y} \cdot ds$$

Das verwendete Element ist ein Rechteckelement mit den Elementknoten ①, ②, ③ und ④ und der Fläche a. Jeder Knoten hat u- und v-Verschiebungsfreiheitsgrade. Für die Randverschiebung wird eine lineare Verteilung angenommen, also z.B. die Verschiebung u_P des Punktes P am Rand ②–③.

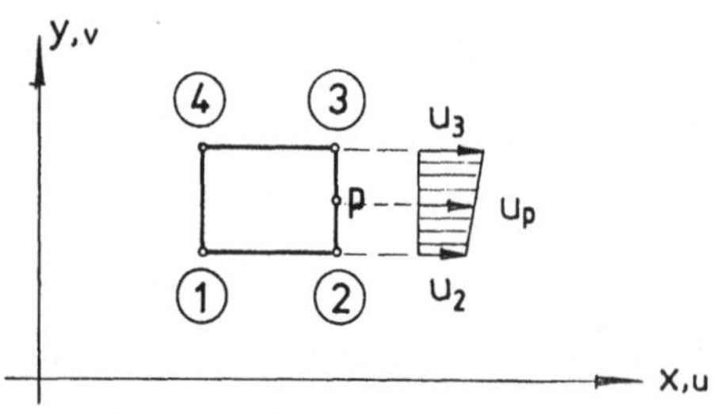

Bild 3 Element und zugehörige Verschiebung

Für den Spannungsansatz im Innern wurde folgender Ansatz gewählt:

$$\begin{bmatrix} S_{xx} \\ S_{yy} \\ S_{xy} \end{bmatrix} = \begin{bmatrix} 1 & y & & & \\ & & 1 & x & \\ & & & & 1 \end{bmatrix} \cdot \begin{bmatrix} A_1 \\ A_2 \\ A_3 \\ A_4 \\ A_5 \end{bmatrix} \qquad (2)$$

$$\boldsymbol{\beta} = \mathbf{Z}_i \cdot \mathbf{A}$$

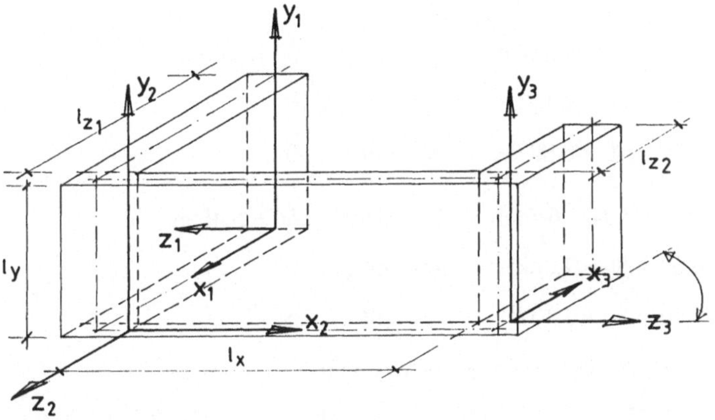

Bild 4 Bezugssystem

Das Bezugssystem für die Berechnung ergibt sich nach Bild 4. Die Größe der einzelnen Teilsysteme, die der Berechnung zugrunde gelegt worden sind, waren von den folgenden Parametern abhängig:

$\varepsilon_x = l_x / l_y; \quad \varepsilon_{z_1} = l_{z_1}/l_y; \quad \varepsilon_{z_2} = l_{z_2}/l_y$

Die Kenngrößen der Parameter waren

$\varepsilon_x = 1, 2, 3, 4$ und $\varepsilon_z = 0{,}50; 0{,}75; 1{,}00; 1{,}25,$

wobei sich die letzteren Werte auf das zugehörige rechtwinklige Widerlager beziehen, also nur die Grundwerte darstellen. Für das schiefwinklige Widerlager ergeben sich diese Parameter in Abhängigkeit von den tatsächlichen Flügelwandlängen bei vorhandenem Winkel < 90°. Nach [1] beträgt das Unterschiedsmaß der Flügelwandlängen 2 Δ

$\Delta = b/\tan\alpha$

mit b Breite der Kappe im Flügelwandbereich.

Setzt man für b die Regelkappenbreite von 2,0 m ein, so ergeben sich für die verwendeten Winkel von 75°, 60° und 45° die nachstehend ausgewiesenen, verzerrten Seitenverhältnisse der Flügelwände, wenn die Höhe der Widerlagerwand mit 4,80 m festgeschrieben bleibt.

$\alpha = 75°$ — $\Delta = 2{,}0/\tan 75° = 0{,}54$ m

$\varepsilon_z = 0{,}50$; $l_{z_1} = 2{,}40 + 0{,}54 = 2{,}94$ m, $l_{z_2} = 2{,}40 - 0{,}54 = 1{,}86$ m

$\varepsilon_{z_1} = 2{,}94/4{,}80 = 0{,}6125$, gewählt:: 0,60

$\varepsilon_{z_2} = 1{,}86/4{,}80 = 0{,}3875$, gewählt:: 0,40

$\varepsilon_z = 0{,}75$; $l_{z_1} = 3{,}60 + 0{,}54 = 4{,}14$ m, $l_{z_2} = 3{,}60 - 0{,}54 = 3{,}06$ m

$\varepsilon_{z_1} = 4{,}14/4{,}80 = 0{,}8625$, gewählt:: 0,85

$\varepsilon_{z_2} = 3{,}06/4{,}80 = 0{,}6375$, gewählt:: 0,65

$\varepsilon_z = 1{,}00$; $l_{z_1} = 4{,}80 + 0{,}54 = 5{,}34$ m, $l_{z_2} = 4{,}80 - 0{,}54 = 4{,}26$ m

$\varepsilon_{z_1} = 5{,}34/4{,}80 = 1{,}1125$, gewählt:: 1,10

$\varepsilon_{z_2} = 4{,}26/4{,}80 = 0{,}8875$, gewählt:: 0,90

$\varepsilon_z = 1{,}25$; $l_{z_1} = 6{,}00 + 0{,}54 = 6{,}54$ m, $l_{z_2} = 6{,}00 - 0{,}54 = 5{,}46$ m

$\varepsilon_{z_1} = 6{,}54/4{,}80 = 1{,}3625$, gewählt:: 1,35

$\varepsilon_{z_2} = 5{,}46/4{,}80 = 1{,}1375$, gewählt:: 1,15

Die Parameter der Seitenverhältnisse ergeben sich dann zu

$\varepsilon_{z_1} = 0{,}60 ; 0{,}85 ; 1{,}10 ; 1{,}35$

$\varepsilon_{z_2} = 0{,}40 ; 0{,}65 ; 0{,}90 ; 1{,}15$

Analog ergibt sich für die anderen Winkel

$\alpha = 60°$ — $\Delta = 2{,}0/\tan 60° = 1{,}15$ m

$\varepsilon_{z_1} = 0{,}75 ; 1{,}00 ; 1{,}25 ; 1{,}50$

$\varepsilon_{z_2} = 0{,}25 ; 0{,}50 ; 0{,}75 ; 1{,}00$

$\alpha = 45°$ — $\Delta = 2{,}0/\tan 45° = 2{,}00$ m

$\varepsilon_{z_1} = 0{,}90 ; 1{,}15 ; 1{,}40; 1{,}65$

$\varepsilon_{z_2} = 0{,}10 ; 0{,}35 ; 0{,}60; 0{,}85$

Alle übrigen Kennwerte des Finiten Elementes werden wie bei der Ermittlung der Schnittgrößen des rechtwinkligen Systems beibehalten. Die Untersuchungen wurden wieder für die Systeme mit den Abmessungen von

$l_y = 4{,}80$ m, $l_x = \varepsilon_x \cdot 4{,}80$ m und $l_{z(n)} = \varepsilon_{z(n)} \cdot 4{,}80$ m

in jeweils systematischer Zuordnung durchgeführt.

3 Auswertung der numerischen Rechenergebnisse

3.1 Die Belastungsfälle

Wie bereits in Teil I ausführlicher dargelegt, werden der Berechnung die nachstehend aufgeführten Belastungsfälle zugrunde gelegt. Für die Berücksichtigung der veränderlichen Verkehrslasteinflüsse wurden wieder die beiden Anordnungen der zentrischen und der exzentrischen Stellung der Regelfahrzeuge berücksichtigt. Da aber bei dem schiefwinkligen Widerlager keine Vereinfachungen durch die Symmetrie mehr möglich sind, müssen die exzentrischen Laststellungen in der stumpfen und in der spitzen Ecke getrennt Berücksichtigung finden, d.h. alle Lasteinflüsse, die aus den exzentrischen Laststellungen der Regelfahrzeuge herrühren, werden getrennt für sich in der stumpfen und in der spitzen Ecke angesetzt.

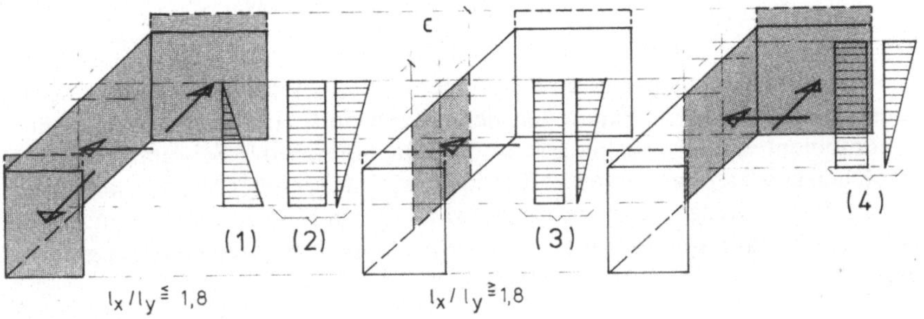

Bild 5 Belastungsfälle aus der Erddruckbeanspruchung

Die einzelnen Belastungszustände ergeben sich wieder aus den direkt wirkenden Erddruckbeanspruchungen (Bild 5) und den Randbelastungsfällen, die aus Erddruckbeanspruchungen auf die über das Ersatzsystem hinausragenden Bauteile herrühren (Bild 6). Das Ersatzsystem wird durch drei zusammenhängende Wände gleicher Höhe und schiefwinkligem gegenseitigen Anschluß gebildet. Hierbei verlaufen die Flügelwände parallel und haben eine, vom Anschlußwinkel abhängige, unterschiedliche Länge. Dieses System wird durch den Erddruck aus der Hinterfüllung des Widerlagers (1), durch den Erddruck aus zentrischer Verkehrslast (2) und (3) und exzentrischer Verkehrslast (4) direkt beansprucht. Bei der Erddruckbeanspruchung infolge zentrischer Verkehrslast ist wieder zu untersuchen, ob die Flügelwände durch die Lastausstrahlung der oberen Belastungsfläche getroffen werden. Der Einfluß der lichten Widerlagerbreite wird durch das Seitenverhältnis

$$l_x/l_y \geq 1,8$$

begrenzt, d.h., bei den Werten unterhalb dieses Kriteriums gelten alle Wandflächen als belastet, darüber hinaus wird nur eine in der Mitte liegende Teilfläche der Widerlagerwand belastet. Weiterhin kann sich der Einfluß einer Schiefe des Widerlagers dahingehend auswirken, daß die Flügelwand an der spitzen Ecke trotz Erfüllung des obigen Kriteriums keinen Belastungsanteil erhält, da sie aus der Mitte versetzt und geometrisch kleiner geworden ist.

Alle Belastungseinflüsse, die auf Wandteile außerhalb des Ersatzsystems anzusetzen sind, teilen sich diesem über Randbelastungsfälle mit. Hier handelt es sich um die Beanspruchungen aus der Kammerwand am oberen Rand der Widerlagerwand (5), den

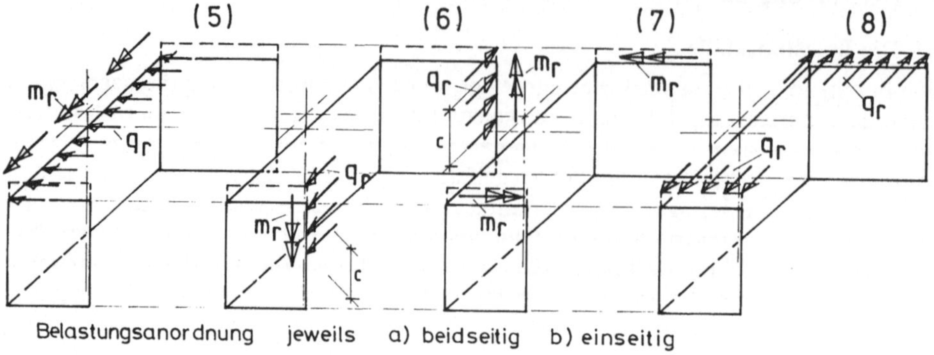

Bild 6 Belastungsfälle aus den Randbelastungen der Wände

horizontalen Beanspruchungen aus den Kragflügeln (6) und denselben aus den über das Ersatzsystem hinausragenden Wandteilen der Flügelwand. Hier muß zwischen einer reinen Randmomentenbeanspruchung aus dem Kragbereich des Schrammbordes (7) und einer solchen aus Randmoment und Randquerlast infolge einer Erddruckbeanspruchung auf den oberen Kragbereich der Flügelwand (7) und (8) unterschieden werden. Alle Randbelastungsfälle sind für einen beidseitigen und einseitigen Belastungseinfluß ausgewiesen.

3.2 Die Schnittgrößen

Die Schnittgrößen werden nach folgenden Beziehungen erhalten:

- bei den Biegemomenten
  - $m = k \cdot p \cdot l_y^2$ aus Erddruckbeanspruchungen
  - $m = k \cdot p \cdot l_y$ aus Randquerlasten
  - $m = k \cdot m_r$ aus Randmomenten
- bei den Scheibenkräften
  - $S = k \cdot p \cdot l_y$ aus Erddruckbeanspruchungen und Randquerlasten
  - $S = k \cdot mr$ aus Randmomenten

Die Beiwerte k sind entsprechenden Diagrammen in Abhängigkeit von den Variablen zu entnehmen. Die Drillmomente unterscheiden sich unwesentlich von denen der rechtwinkligen Formen. Auf eine erneute Ausgabe dieser Werte wurde daher im Interesse der Übersichtlichkeit verzichtet.

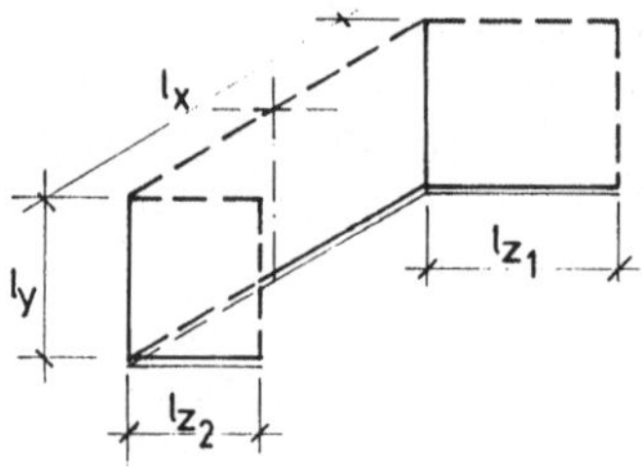

mit $l_y = 4{,}80$ m

$l_x = \varepsilon_x \cdot l_y$

$[\varepsilon_x = 1{,}0 ; 2{,}0 ; 3{,}0 ; 4{,}0]$

$l_z = \varepsilon_z \cdot l_y$

$[\varepsilon_z = 0{,}50 ; 0{,}75 ; 1{,}00 ; 1{,}25$

$\hat{=} \varepsilon_{z_1} \hat{=} \varepsilon_{z_2}$ für $\sphericalangle \alpha]$

Bild 7 statisches Ersatzsystem

ε_z	90°	0,50		0,75		1,00		1,25	
	75°	0,60	0,40	0,85	0,65	1,10	0,90	1,35	1,15
	60°	0,75	0,25	1,00	0,50	1,25	0,75	1,50	1,00
	45°	0,90	0,10	1,15	0,35	1,40	0,60	1,65	0,85
ε_x	1,0								
	2,0								
	3,0								
	4,0								

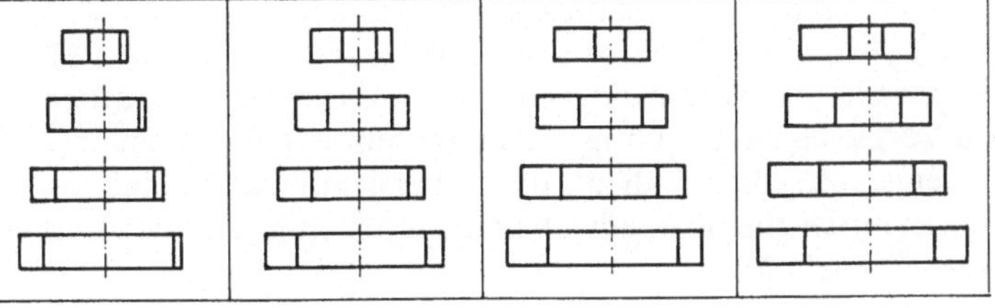

Bild 8 Systemvarianten

Die Schnittgrößen können für die drei Systemwinkel von 75°, 60° und 45° jeweils für sechzehn verschiedene Systeme unterschiedlichen Seitenverhältnisses ε_x, ε_{z1} und ε_{z2}, aber in systematischer Zuordnung ermittelt werden. Ausgewiesen sind

die Biegemomente m_{xx}, m_{yy} bzw. m^*_{xx}, m^*_{yy},

die Scheibenkräfte S_{xx}, S_{yy} bzw. S^*_{xx}, S^*_{yy}.

Der Zeiger * bezeichnet die Schnittgrößen an der spitzen Ecke.

3.3 Anmerkungen zu den Diagrammen

Die Beiwerke k sind nach den Seitenverhältnissen der Wände ε_x und ε_z sowie von der unterschiedlich großen Belastungslänge des freien vertikalen Randes der Flügelwände abhängig. Dieser Einfluß wird über den Randlängenfaktor β dargestellt:

$\beta = c/l_y$ c Länge des belasteten Randes

Das Seitenverhältnis ε_z ist infolge der unterschiedlich langen Flügelwände aufgeteilt in die Verhältniswerte ε_{z1} und ε_{z2}. In den Diagrammen sind dann jeweils unter der generellen Bezeichnung ε_z die zugehörigen Werte für die einzelnen Verhältniszahlen ε_{z1} bzw. ε_{z2} eingetragen. Bei den Schnittgrößen aus den direkten Erddruckbelastungsfällen besteht nur eine Abhängigkeit nach den Seitenverhältnissen ε_x und ε_z; die Diagramme sind in der Abszisse nach ε_x geteilt, die Veränderlichkeit nach ε_z wird durch Kurvenscharen des festgelegten Seitenverhältnisses dargestellt.

Für die Schnittgrößen aus den Randbelastungsfällen, die sich über die Widerlagerwand eintragen, ergeben sich die gleichen Abhängigkeiten für die Beiwerte k, wie sie vorstehend geschildert wurden. Bei den Schnittgrößen aus den Randbelastungsfällen aus der Flügelwand sind die Beiwerte k in der Flügelwand selbst nur nach ε_{z1} bzw. ε_{z2} veränderlich, die Diagramme enthalten daher nur einen Kurvenzug. In der Widerlagerwand selbst kommt die Veränderlichkeit nach ε_x hinzu, so daß diese Diagramme wieder nach ε_x geteilt sind und Kurvenscharen für das Seitenverhältnis ε_{z1} bzw. ε_{z2} enthalten.

Die dritte Veränderliche β kommt bei den Randbelastungsfällen aus dem Kragflügel an der Flügelwand hinzu. Diese wirkt sich aber nur für die Schnittgrößen in der Flügelwand selbst aus. Die Diagramme sind daher dort nach dem Seitenverhältnis ε_{z1} bzw. ε_{z2} geteilt und enthalten Kurvenscharen für die verschiedenen Radlängenfaktoren β. In der Widerlagerwand wirkt sich die unterschiedlich große Belastungslänge des Kragflügels praktisch nicht aus, da sich die Beanspruchungen in der Flügelwand gleichmäßig verteilen können. Die Größe der Verteilung hängt von der Länge der Flügelwand ab, so daß für die Schnittgrößen nur die Veränderlichkeit nach dem Seitenverhältnis ε_{z1} bzw. ε_{z2} besteht. Daher sind diese Diagramme wieder nach ε_x geteilt und enthalten Kurvenscharen für ε_{z1} bzw. ε_{z2}.

In allen Fällen, in denen die Veränderlichkeit der Parameter ε_{z1} bzw. ε_{z2} zu ε_x und des Parameters β zu ε_{z1} bzw. ε_{z2} in ihrer gegenseitigen Unterscheidung kleiner als 5 % bleibt, werden jeweils nur Mittelwerte dargestellt. Desgleichen wurden jeweils zwei Kurven, die im Vergleich zu den übrigen Kurven sehr eng beieinander lagen, zu einer Kurve zusammengefaßt; dieses dient der Übersichtlichkeit, eine Steigerung der Ablesegenauigkeit durch eine Kurvenvielfalt dient ohnehin nicht der Verbesserung der praktischen Rechenergebnisse.

3.4 Verlauf der Schnittkräfte

Der Verlauf der Schnittgrößen verändert sich gegenüber dem des rechtwinklig-symmetrischen Widerlagers infolge der veränderten Geometrie und Steifigkeitsverhältnisse des statischen Systems. Diese Veränderung verläuft direkt proportional zu den geometrischen Einflüssen, die wiederum indirekt proportionale Auswirkungen auf die Steifigkeitsverhältnisse ausüben können, so daß an der spitzen Ecke auch größere Werte als an der stumpfen Ecke möglich werden. Dies gilt insbesondere für die in horizontalen Schnitten wirkenden Biegemomente m_{xx}, die sich nur unwesentlich verändern. Die in vertikalen Schnitten wirkenden Biegemomente m_{yy} dagegen vergrößern sich in der Widerlagerwand mit steigendem Winkel der Schiefe. In den Flügelwänden hängt die Veränderung direkt von der Geometrie ab. In der stumpfen Ecke verliert der Kragflügel an Belastungswirksamkeit, da er sich durch die veränderte Geometrie aus dem Belastungsbereich der Regelfahrzeuge herausschiebt.

Die Veränderung der Scheibenkräfte gegenüber denjenigen des rechtwinklig-symmetrischen Systems ist einfacher zu beschreiben. Mit wachsendem Winkel der Schiefe vergrößern sich die Scheibenkräfte S_{xx} und auch S_{yy} in der stumpfen Ecke, in der spitzen Ecke werden sie kleiner. Die Systemmitte dagegen bleibt von solchen Veränderungen nahezu unberührt.

Für ein Widerlagersystem mit den Abmessungen

$$l_{z1} = 1{,}25\, l_y - l_x = 2{,}0\, l_y - l_{z2} = 0{,}75\, l_y, \quad \text{mit } l_y = 4{,}80 \text{ m}$$

und einem Winkel der Schiefe von 60° ist der Verlauf der Schnittgrößen für die wesentlichen Lastfälle in den Bildern 9 bis 15 dargestellt.

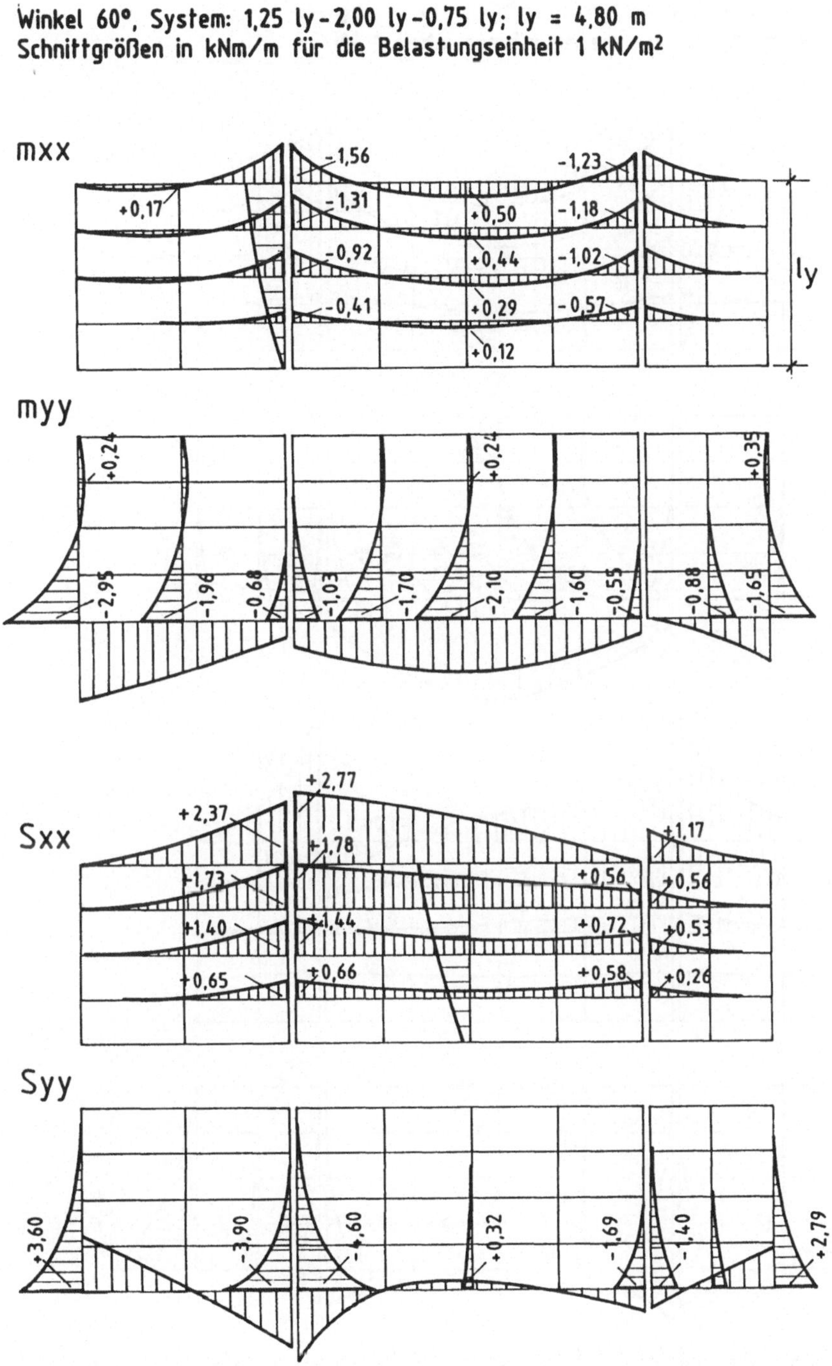

Bild 9 Schnittgrößenverlauf im Belastungsfall „Erddruck aus der Hinterfüllung des Widerlagers“

Figure 9 Internal forces and bending moments due to the loading situation "soil pressure from the backfill of the abutment"

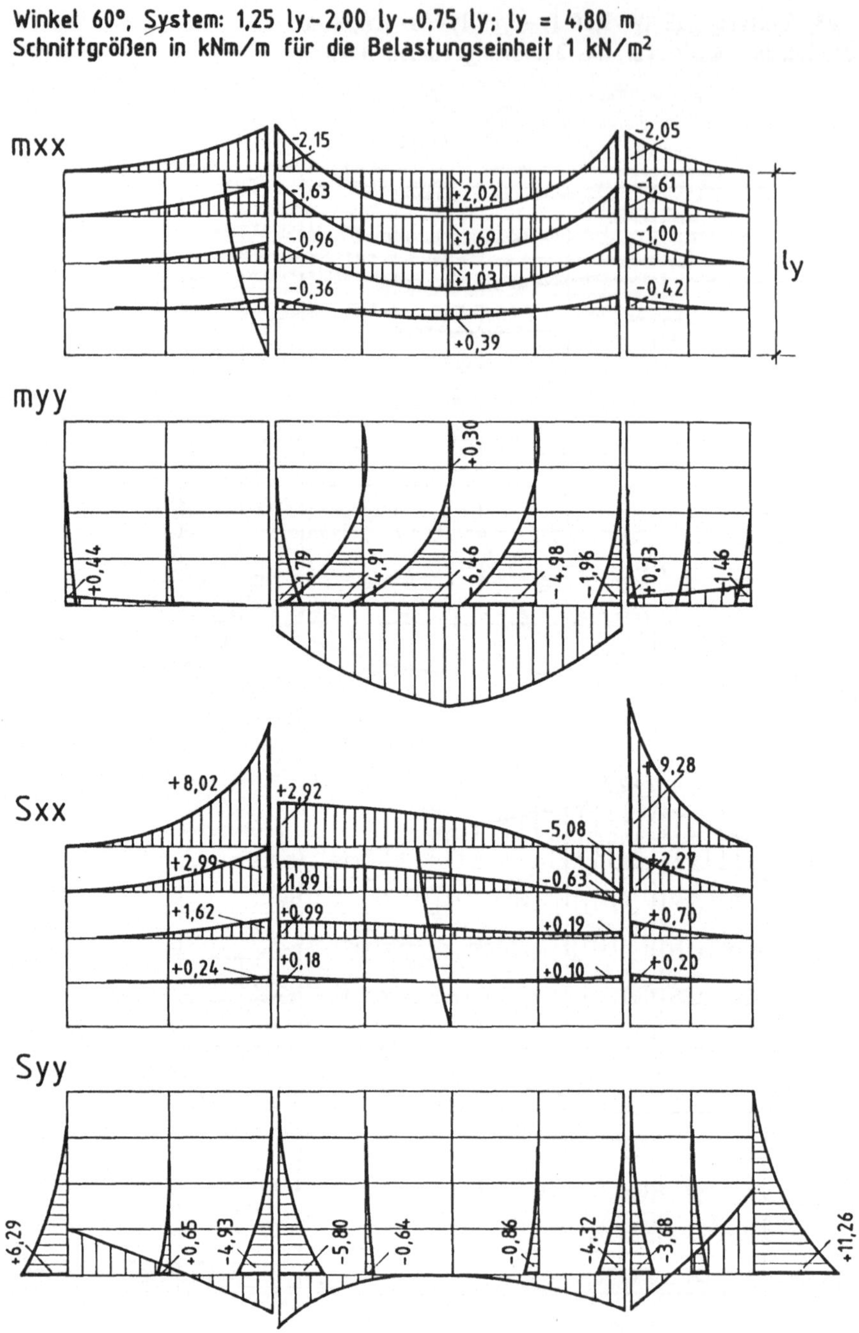

Bild 10 Schnittgrößenverlauf im Belastungsfall „Erddruck aus der Auflast der Verkehrslast, als zentrische Teilflächenlast"

Figure 10 Internal forces and bending moments due to the loading situation "soil pressure from the load of the travelling load as concentric partial load per area"

Winkel 60°, System: 1,25 ly - 2,00 ly - 0,75 ly; ly = 4,80 m
Schnittgrößen in kNm/m für die Belastungseinheit 1 kN/m²

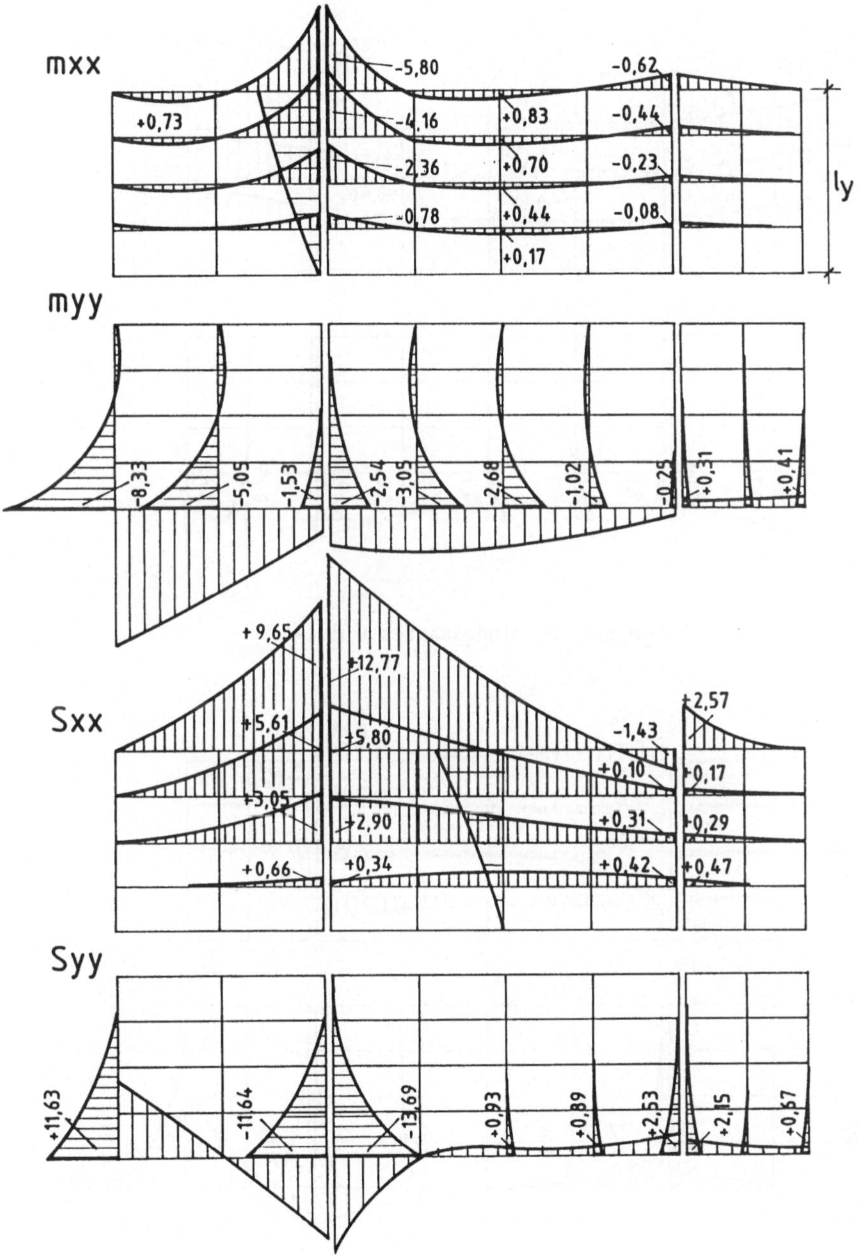

Bild 11 Schnittgrößenverlauf im Belastungsfall „Erddruck aus der Auflast der Verkehrslast, als exzentrische Teilflächenlast"

Figure 11 Internal forces and bending moments due to the loading situation "soil pressure from the load of the travelling load as excentric partial load per area"

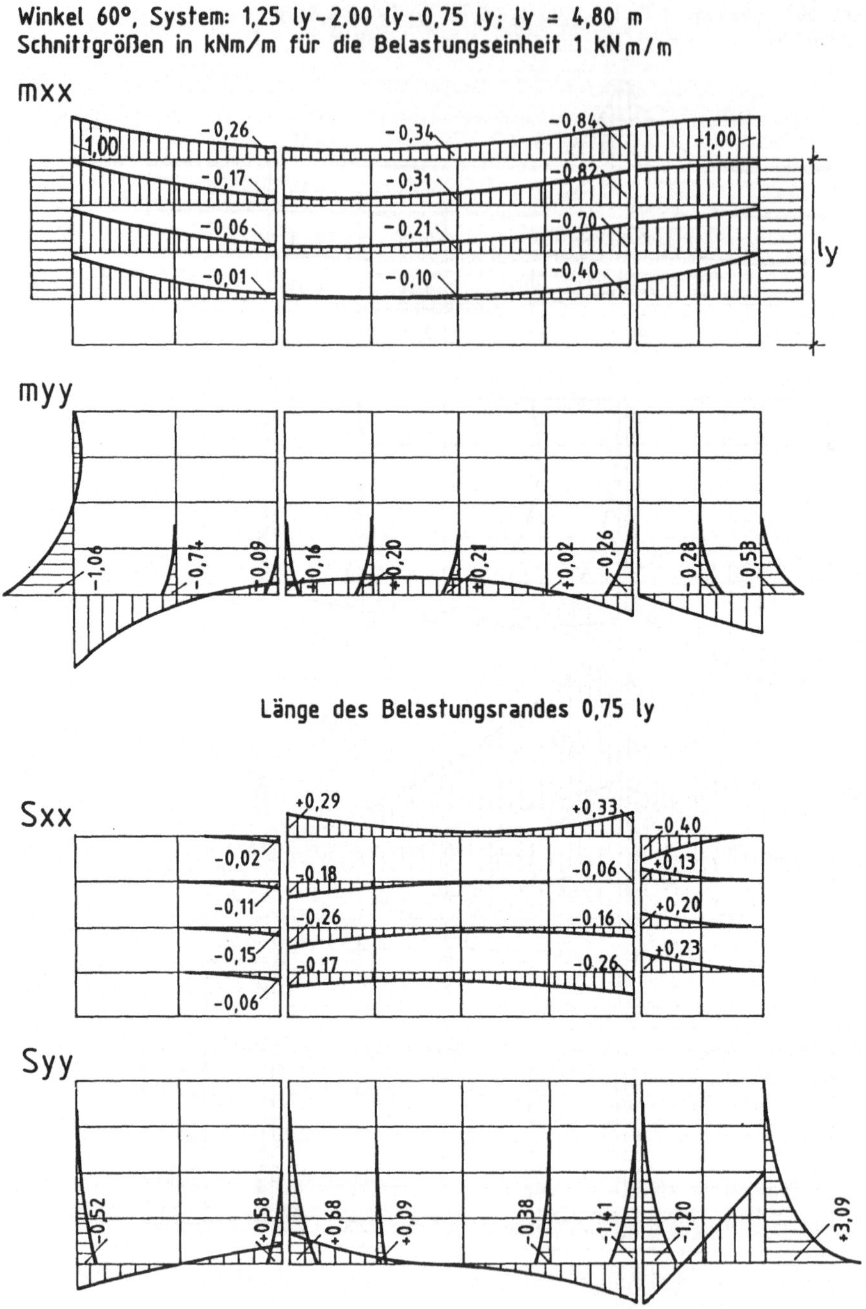

Bild 12 Schnittgrößenverlauf im Belastungsfall „Randmoment am vertikalen Rand beider Flügelwände“

Figure 12 Internal forces and bending moments due to the loading situation "moment at the margin at the vertical margin of both wing walls"

Winkel 60°, System: 1,25 ly - 2,00 ly - 0,75 ly; ly = 4,80 m
Schnittgrößen in kNm/m für die Belastungseinheit 1 kN/m.

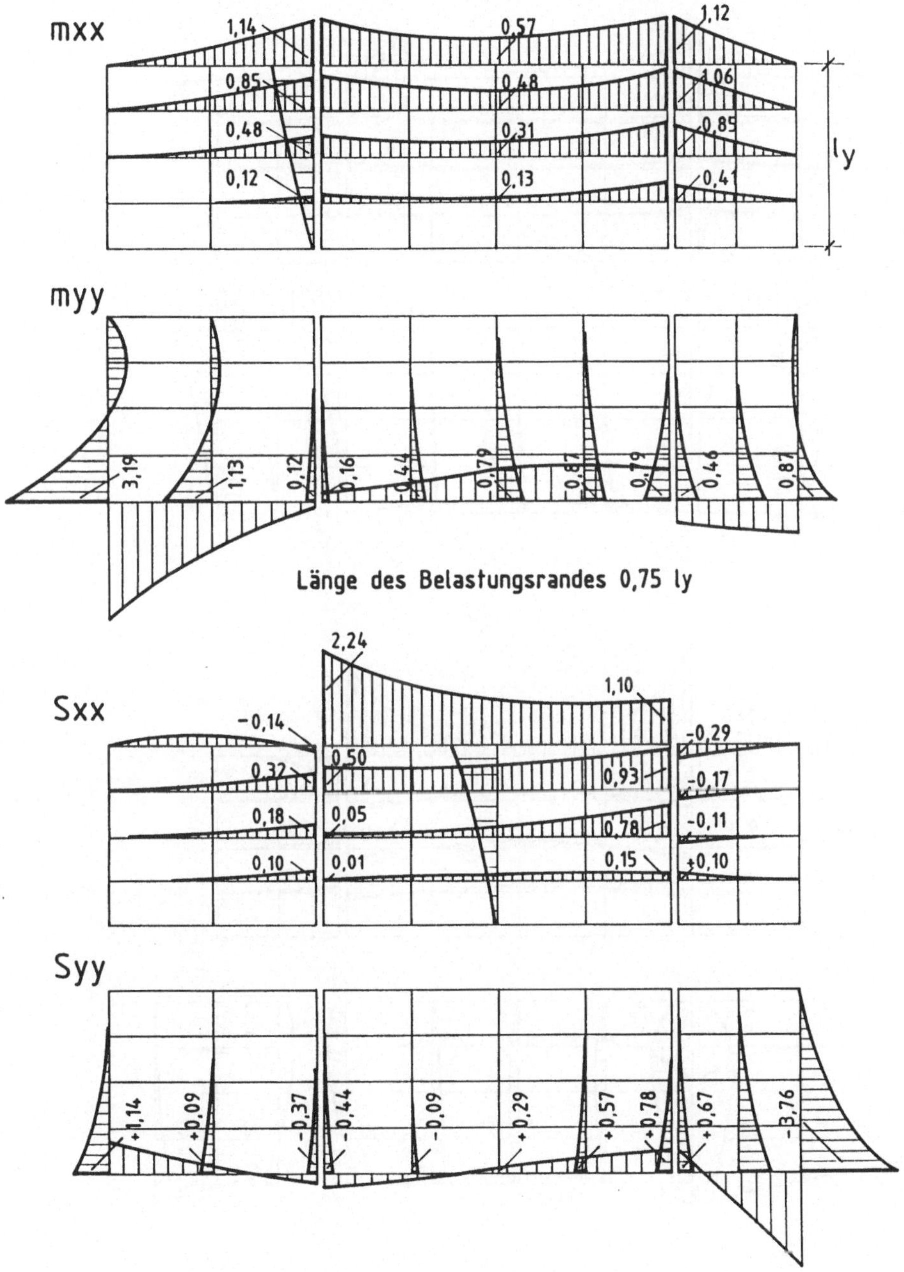

Bild 13 Schnittgrößenverlauf im Belastungsfall „Randquerlast am vertikalen Rand beider Flügelwände"

Figure 13 Internal forces and bending moments due to the loading situation "transverse load at the margin at the vertical margin of both wing walls"

Winkel 60°, System: 1,25 ly - 2,00 ly - 0,75 ly; ly = 4,80 m
Schnittgrößen in kNm/m für die Belastungseinheit 1 kNm/m

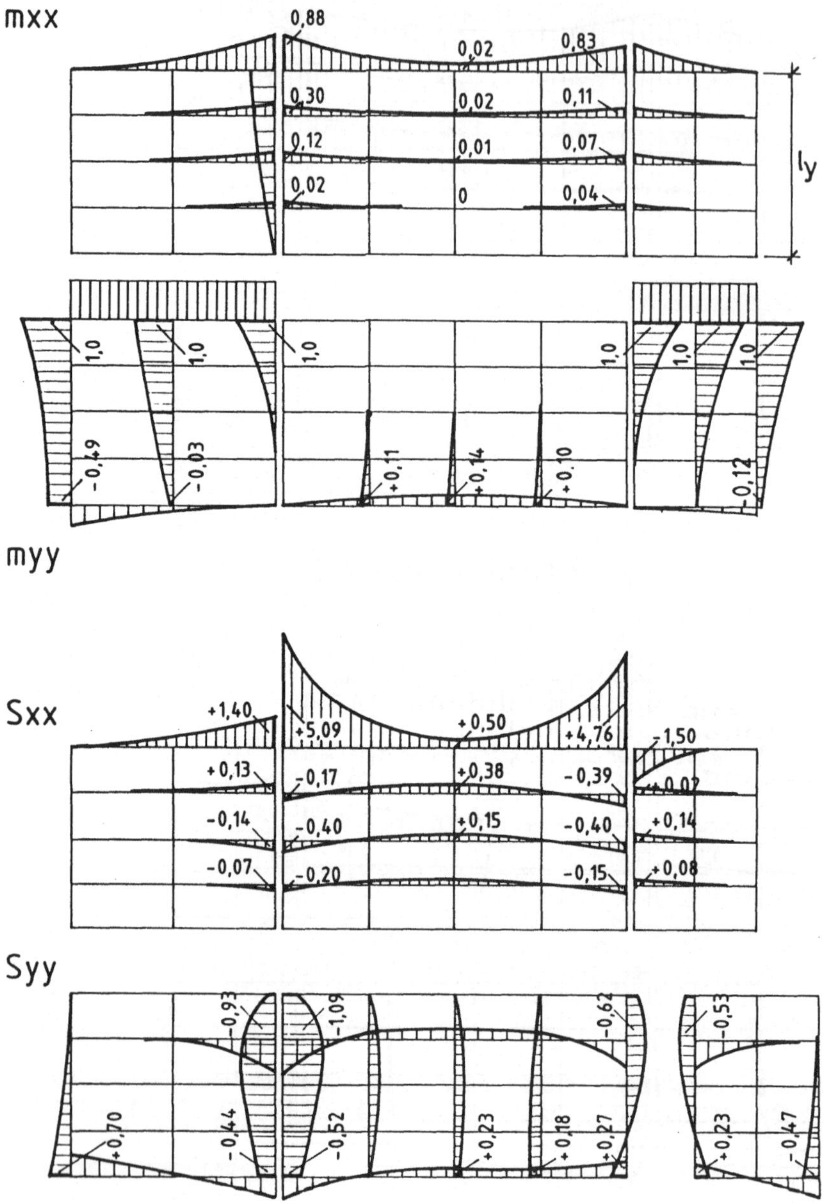

Bild 14 Schnittgrößenverlauf im Belastungsfall „Randmoment am horizontalen Rand beider Flügelwände"

Figure 14 Internal forces and bending moments due to the loading situation "moment at the margin at the horizontal margin of both wing walls"

Winkel 60°, System: 1,25 ly-2,00 ly-0,75 ly; ly = 4,80 m
Schnittgrößen in kNm/m für die Belastungseinheit 1 kN/m.

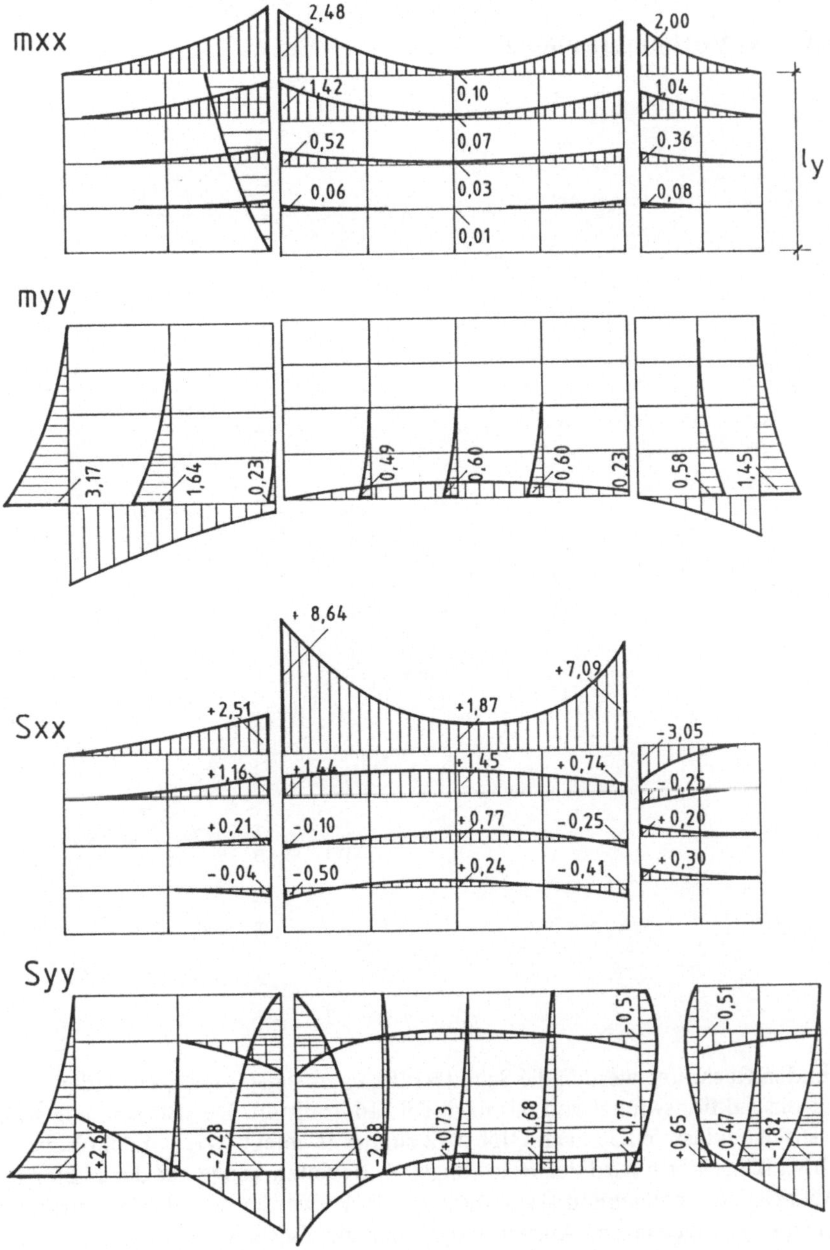

Bild 15 Schnittgrößenverlauf im Belastungsfall „Randquerlast am horizontalen Rand beider Flügelwände"

Figure 15 Internal forces and bending moments due to the loading situation "transverse load at the margin at the horizontal margin of both wing walls"

4 Berechnungsbeispiel

4.1 System und Vorbemerkungen

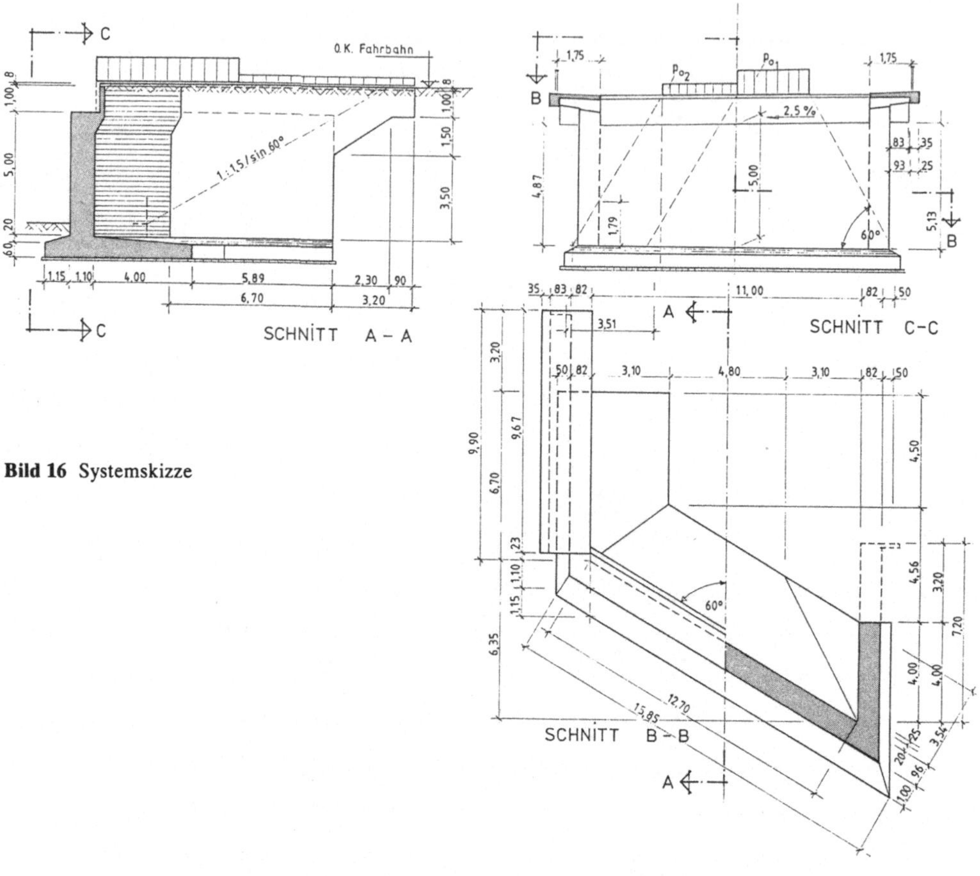

Bild 16 Systemskizze

In der folgenden Rechnung werden die Schnittkräfte eines schiefwinkligen Widerlagers mit einem Konstruktionswinkel von 60° nach Bild 16 ermittelt. Der Berechnung wird wieder die Brückenklasse 60/30 nach DIN 1072 zugrunde gelegt. Wie bei dem Beispiel für die rechtwinklige Form wird der Belastungsfall ‚Regelfahrzeuge auf der Hinterfüllung des Widerlagers' maßgebend ([1], Abschnitt 5). Es werden nur die Schnittkräfte des Widerlagers nachgewiesen, Auswirkungen der zugehörigen Auflagerkräfte des Überbaues auf diese sind noch zu berücksichtigen. Der durch die Querneigung der Fahrbahntafel entstehende unterschiedliche Einfluß auf die Höhe der Flügelwände wird durch eine mittlere Höhe ausgeglichen.

4.2 Belastungswerte

4.2.1 Erddrucklastfälle

4.2.1.1 Erddruck aus der Hinterfüllung des Widerlagers

Vorwerte: γ = 18 kN/m^3; φ = 32,5°: δ = 0; k_0 = 1 – sin32,5° = 0,463

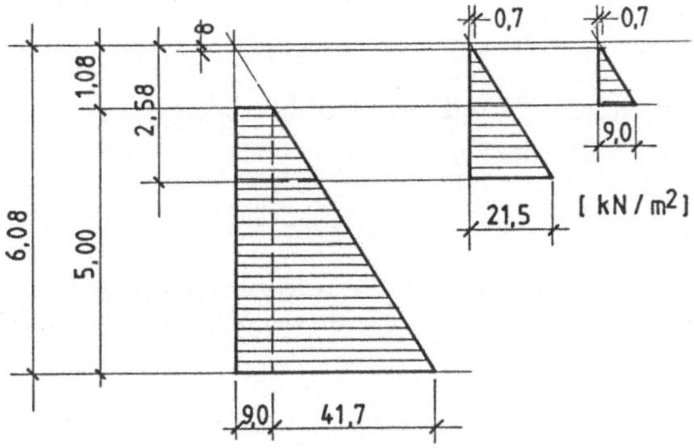

Bild 17 Belastungsordinaten aus dem Erddruck infolge Widerlagerhinterfüllung

O.K. Widerlagerwand	e = 18,0 · 0,463 · 1,08 = 9,0 kN/m^2
U.K. Widerlagerwand	e = 18,0 · 0,463 · 6,08 = 50,7 kN/m^2
O.K. Flügelwand	e = 18,0 · 0,463 · 0,08 = 0,7 kN/m^2
U.K. Flügelwandende	e = 18,0 · 0,463 · 1,08 = 9,0 kN/m^2
U.K. Flügelwandanfang	e = 18,0 · 0,463 · 2,58 = 21,5 kN/m^2

4.2.1.2 Erddruck aus der Auflast der Regelfahrzeuge

1 Zentrische Laststellung der Regelfahrzeuge

O.K. Fahrbahn mit A_0 = 6,0 · 6,0 = 36,0 m^2

max. p_0 = 33,3 kN/m^2; e_0 = 33,3 · 0,463 = 15,4 kN/m^2

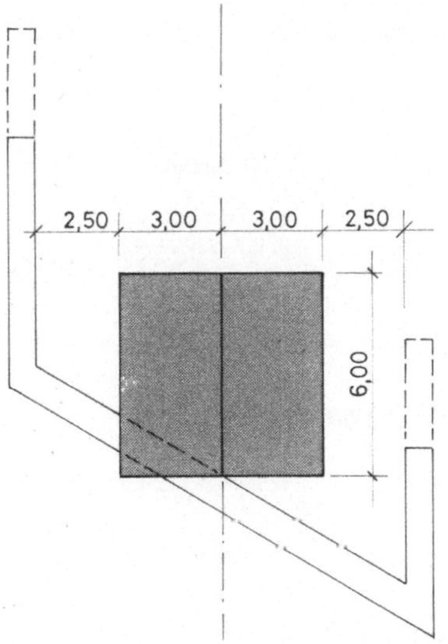

Bild 18 Zuordnung der zentrischen Laststellung der Regelfahrzeuge zum System

U.K. Wand mit Lastverteilung unter 60°. Diese Lastausstrahlung trifft die Flügelwände unterhalb der halben Wandhöhe, es wird der Erddruck auf die Widerlagerwand als mittige Teilflächenlast angesetzt.

$t = 6{,}08$ m; $\Delta l = 6{,}08/\tan 60° = 3{,}51$ m

$A_1 = (6{,}0 + 2 \cdot 3{,}51) \cdot (6{,}0 + 3{,}51) = 13{,}02 \cdot 9{,}51 = 123{,}8\ m^2$

jedoch nur möglich:

$A_1 = (6{,}0 + 2{,}50 + 3{,}51) \cdot 9{,}51 = 114{,}2\ m^2$

An der Seite der spitzen Ecke wird eine unbehinderte Lastausstrahlung angesetzt.

$A_2 = (3{,}0 + 2 \cdot 3{,}51) \cdot (6{,}0 + 3{,}51) = 10{,}02 \cdot 9{,}51 = 95{,}3\ m^2$

jedoch nur möglich:

$A_2 = (3{,}0 + 2{,}50 + 3{,}51) \cdot 9{,}51) = 85{,}7\ m^2$

Die dreieckförmigen Abschnitte in der oberen Aufstandsfläche infolge des schiefwinkligen Verlaufs der Wand bleiben unberücksichtigt, da sie sich gegenseitig zu null ergänzen.

$$p_u = 16{,}7\frac{36{,}0}{114{,}2} + 16{,}7\frac{36{,}0}{2 \cdot 85{,}7} = 8{,}8\ kN/m^2$$

$$e_u = 8{,}8 \cdot 0{,}463 = 4{,}1 kN/m^2$$

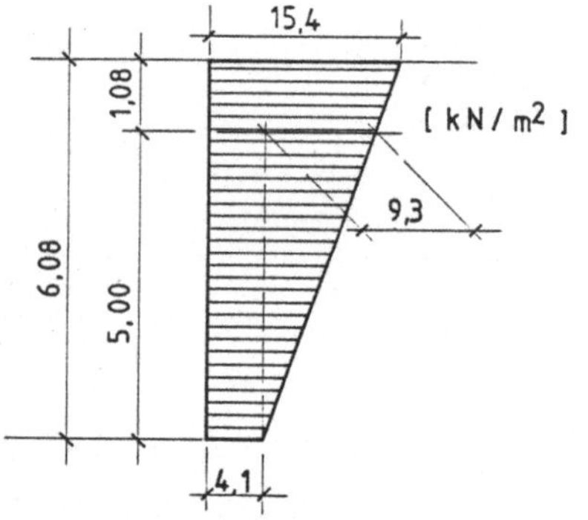

Bild 19 Belastungsordinaten aus dem Erddruck infolge Auflast aus zentrischer Verkehrslast

2 Exzentrische Laststellung der Regelfahrzeuge

O.K. Fahrbahn mit $A_0 = 6{,}6 \cdot 6{,}0 = 36{,}0\ m^2$

max $p_0 = 33{,}3\ kN/m^2$; $e_0 = 33{,}3 \cdot 0{,}463 = 15{,}4\ kN/m^2$

U.K. Wand mit Lastverteilung unter 60°; $t = 6{,}08$ m; $\Delta l = 6{,}08/\tan 60° = 3{,}51$ m

$A_1 = (6{,}0 + 3{,}51) \cdot (6{,}0 + 3{,}51) = 9{,}51 \cdot 9{,}51 = 90{,}4\ m^2$

$A_2 = (6{,}0 + 3{,}51) \cdot (3{,}0 + 3{,}51) = 9{,}51 \cdot 3{,}51 = 61{,}9\ m^2$

$$p_u = 16{,}7\frac{36{,}0}{90{,}4} + 16{,}7\frac{36{,}0}{2 \cdot 61{,}9} = 11{,}51\ kN/m^2$$

$$e_u = 11{,}51 \cdot 0{,}463 = 5{,}3\ kN/m^2$$

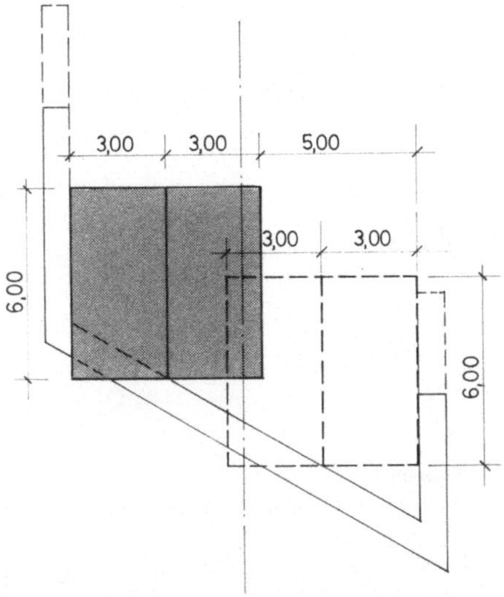

Bild 20 Zuordnung der exzentrischen Laststellung der Regelfahrzeuge zum System

Diese Lastverteilung gilt für die stumpfe und spitze Ecke gleichermaßen, da wieder die Auswirkung der dreieckförmigen Verschneidungsflächen aus der Schiefe des Systems vernachlässigt werden können. Der Erddruck wird jeweils auf die halbe Widerlagerwand und die anliegende Flügelwand angesetzt. In der spitzen Ecke belasten die Regelfahrzeuge die Flügelwand und den Kragflügel zugleich; der hieraus resultierende Erddruck wirkt voll auf beide Teile. In der stumpfen Ecke dagegen können die Regelfahrzeuge in der maßgebenden Laststellung nur die Flügelwand allein belasten; auf den Kragflügelteil wirkt daher nur der Erddruck aus der Belastung der restlichen Hauptspur als zugehörige Belastung. Dieser Belastungsanteil ist eine konstante Flächenlast und wirkt ohne eine Lastverteilung in die Tiefe. Hierfür gilt für die Erddruckordinate

$e = 5{,}0 \cdot 0{,}463 = 2{,}32\ kN/m^2$.

Die Belastung auf die Wandteile ergibt sich somit nach Bild 21 Anteil (a) auf die Widerlager- und Flügelwand, Anteil (b) auf den Kragflügel der spitzen Ecke und Anteil (c) auf den der stumpfen Ecke.

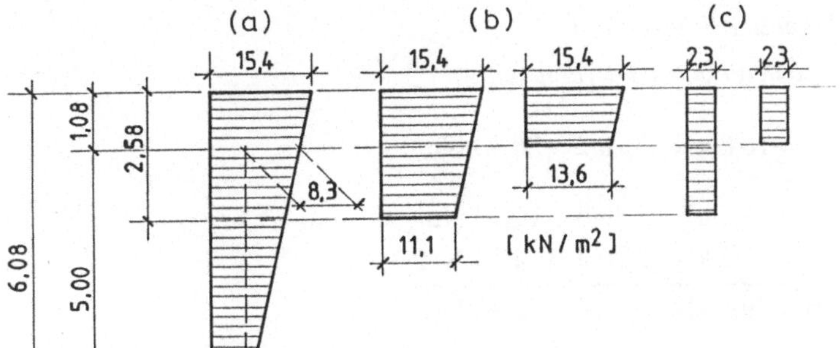

Bild 21 Belastungsordinaten aus dem Erddruck infolge Auflast aus exzentrischer Verkehrslast

4.2.2 Randbelastungsfälle

4.2.2.1 Aus der Kammerwand

1 Aus ständigen Lasten nach 2.1.1

$q_r = 9{,}0 \cdot 1{,}08/2 = 4{,}90$ kN/m

$m_r = 9{,}0 \cdot 1{,}08^2/6 = 1{,}75$ kN/m

2 Aus Verkehrslasten nach 2.1.2 (zentrische Laststellung)

$q_r = 13{,}4 \cdot 1{,}08 + 2{,}0 \cdot 1{,}08/2 = 15{,}6$ kN/m

$m_r = 13{,}4 \cdot 1{,}08^2/2 + 2{,}0 \cdot 1{,}08^2/3 = 8{,}6$ kN/m

4.2.2.2 Aus dem Kragarm der Flügelwand

1 Aus ständigen Lasten

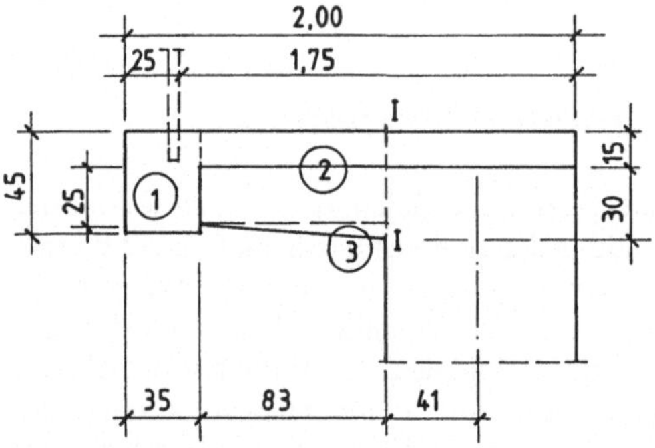

Bild 22 Kragarm der Flügelwand

Tabelle 1
Auflagerreaktionen am Kragarmanschnitt

Nr.	A	Q_I	e_I	M_I
	m^2	kN	m	kNm
1	0,158	4,0	1,010	4,04
2	0,332	8,3	0,420	3,48
3	0,021	0,5	0,280	0,14
		12,8		7,66
Leitplanke und Abrundung		0,7		0,34
		13,5		8,00

bezogen auf die Mittelfläche der Flügelwand:

$m_g = 8{,}0 + 13{,}4 \cdot 0{,}41 = 13{,}5$ kNm/m

2 Aus Verkehrslast

$q_p = 0{,}3 \cdot 0{,}93 = 0{,}28$ kN/m

$m_p = 0{,}3 \cdot 0{,}93^2/2 + 0{,}28 \cdot 0{,}41 = 0{,}24$ kNm/m

4.2.2.3 Aus dem Kragflügel der Flügelwand

4.2.2.3.1 Aus ständigen Lasten nach 2.1.1 (beidseitig)

$$\frac{0{,}7 + 9{,}0}{2} \cdot 1{,}08 \cdot 3{,}20 = 16{,}8 \text{ kN} \cdot 3{,}20/2 = 26{,}9 \text{ kNm}$$

$$9{,}0 \cdot 1{,}5 \cdot 2{,}30/2 = 15{,}5 \text{ kN} \cdot 2{,}30/3 = 11{,}9 \text{ kNm}$$

$$(21{,}5 - 9{,}0) \cdot 1{,}5/2 \cdot 2{,}30/3 = 7{,}2 \text{ kN} \cdot 2{,}30/4 = 4{,}1 \text{ kNm}$$

$$\Sigma H = 39{,}5 \text{ kN} \quad \Sigma M = 42{,}9 \text{ kNm}$$

ergibt $q_r = 39{,}5 / 2{,}50 = 15{,}8$ kN/m

$m_r = 42{,}9 / 2{,}50 = 17{,}2$ kN/m

4.2.2.3.2 Aus Verkehrslast nach 2.1.2 (einseitig)

1 Kragflügel an der spitzen Ecke des Widerlagers

$$\frac{15{,}4 + 13{,}6}{2} \cdot 1{,}08 \cdot 3{,}20 \quad = \quad 50{,}1 \text{ kN} \cdot 3{,}20/2 = 80{,}2 \text{ kNm}$$

$$13{,}2 \cdot 1{,}5 \cdot 2{,}30/2 \quad = \quad 23{,}5 \text{ kN} \cdot 2{,}30/3 = 18{,}0 \text{ kNm}$$

$$-(13{,}6 - 11{,}0) \cdot 1{,}5/2 \cdot 2{,}30/3 = -\ 1{,}4 \text{ kN} \cdot 2{,}30/4 = -0{,}8 \text{ kNm}$$

$$\Sigma H = 72{,}2 \text{ kN} \qquad \Sigma M = 97{,}4 \text{ kNm}$$

ergibt $q_r = 72{,}2 / 2{,}50 = 28{,}9$ kN/m
$m_r = 97{,}4 / 2{,}50 = 39{,}0$ kN/m

2 Kragflügel an der stumpfen Ecke des Widerlagers zugehöriger Belastungsansatz zur Vollast des Wandteiles

$$2{,}3 \cdot 1{,}08 \cdot 3{,}20 \ = \ 7{,}9 \text{ kN} \cdot 3{,}20/2 = 12{,}7 \text{ kNm}$$

$$2{,}3 \cdot 1{,}50 \cdot 3{,}20/2 = \ 4{,}0 \text{ kN} \cdot 2{,}30/3 = \ 3{,}0 \text{ kNm}$$

$$\Sigma H = 11{,}9 \text{ kN} \qquad \Sigma M = 15{,}7 \text{ kNm}$$

ergibt $q_r = 11{,}9 / 2{,}50 = 4{,}8$ kN/m
$m_r = 15{,}7 / 2{,}50 = 6{,}3$ kN/m

Der Kragflügel selbst wird wie an der spitzen Ecke bemessen.

4.2.2.4 Aus dem oberen Kragfeld der Flügelwand

4.2.2.4.1 Aus ständigen Lasten nach 2.1.1

$$q_r = \frac{0{,}7 + 9{,}0}{2} \cdot 1{,}08 \qquad = 5{,}2 \text{ kN/m}$$

$$m_r = 0{,}7 \cdot 1{,}08^2/2 + 8{,}3 \cdot 1{,}08^2/6 = 1{,}9 \text{ kNm/m}$$

Aus dem Kragflügelteil, der über die Flügelwand hinausschießt, nach 2.2.3.1

spitze Ecke: $q_r^* = 15{,}8 \cdot 1{,}08/4{,}00 \quad = 4{,}3$ kN/m
Querkraft insgesamt: $q_r = 5{,}2 + 4{,}3 = 9{,}5$ kN/m

stumpfe Ecke: $q_r = 15{,}8 \cdot 1{,}08/6{,}70 \quad = 2{,}5$ kN/m
Querkraft insgesamt: $q_r = 5{,}2 + 2{,}5 = 7{,}7$ kN/m

4.2.2.4.2 Aus Verkehrslast nach 2.1.2 (einseitig)

$$q_r = \frac{15{,}4 + 13{,}6}{2} \cdot 1{,}08 \qquad = 15{,}7 \text{ kN/m}$$

$$m_r = 13{,}6 \cdot 1{,}08^2/2 + 1{,}8 \cdot 1{,}08^2/3 = \ 8{,}6 \text{ kN/m}$$

Aus dem Kragflügelteil, der über die Flügelwand hinausschießt, nach 2.2.3.2

spitze Ecke: $q_r^* = 28{,}9 \cdot 1{,}08/4{,}00 \quad = \ 7{,}8$ kN/m
Querkraft insgesamt: $q_r = 15{,}7 + 7{,}8 = 23{,}5$ kN/m

stumpfe Ecke: $q_r = 4{,}8 \cdot 1{,}08/6{,}70 \quad = 0{,}8$ kN/m
Querkraft insgesamt: $q_r = 15{,}7 + 0{,}8 = 10{,}5$ kN/m

4.3 Ermittlung der Schnittgrößen

4.3.1 Vorbemerkungen

In der nachfolgenden Berechnung werden die Schnittgrößen nachgewiesen, wie sie in Bild 23 aufgeführt sind.

Vorwerte:

$l_x = 12{,}70$ m, $l_y = 5{,}00$ m, $l_{z_1} = 6{,}70$ m, $l_{z_2} = 4{,}00$ m

Konstruktionswinkel $\alpha = 60°$

$\varepsilon_x = 12{,}7 / 5{,}0 = 2{,}54$ gewählt 2,5

$\varepsilon_{z_1} = 6{,}70 / 5{,}0 = 1{,}35$, $\varepsilon_{z_2} = 4{,}00 / 5{,}0 = 0{,}80$

somit Seitenverhältnis des Wandsystems 1,35 : 2,5 : 0,80

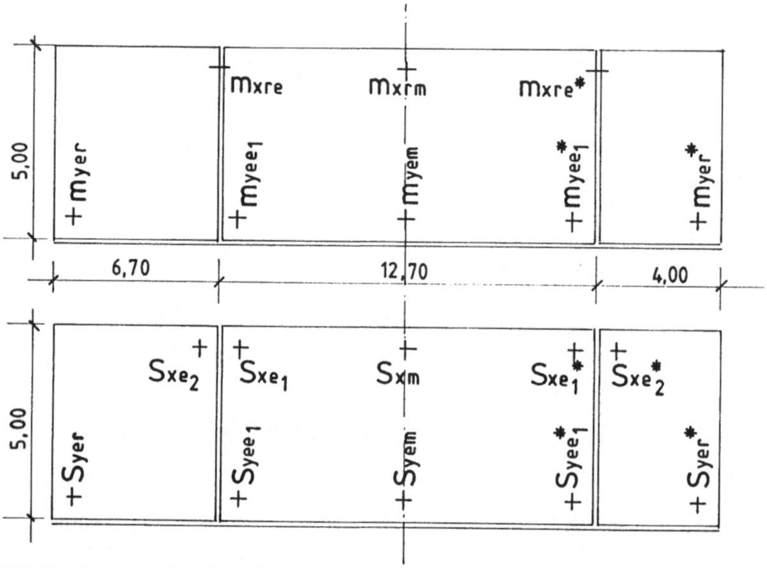

Bild 23 Schnittgrößenübersicht

4.3.2 Biegemomente m_{xx} und m_{yy}

4.3.2.1 Lastfall: Erddruck aus der Hinterfüllung

1 Linearanteil nach Tafel 1.1 und 1.2 ∢ 60°

$m_{xre} = -0{,}075 \cdot 41{,}7 \cdot 5{,}0^2 = -\ 78{,}2$ kNm/m
$m_{xrm} = +0{,}024 \cdot 41{,}7 \cdot 5{,}0^2 = +\ 25{,}0$ kNm/m
$m^*_{xre} = -0{,}062 \cdot 41{,}7 \cdot 5{,}0^2 = -\ 64{,}6$ kNm/m
$m_{yer} = -0{,}132 \cdot 41{,}7 \cdot 5{,}0^2 = -137{,}6$ kNm/m
$m_{yee1} = -0{,}045 \cdot 41{,}7 \cdot 5{,}0^2 = -\ 46{,}9$ kNm/m
$m_{yem} = -0{,}118 \cdot 41{,}7 \cdot 5{,}0^2 = -123{,}0$ kNm/m
$m^*_{yee1} = -0{,}026 \cdot 41{,}7 \cdot 5{,}0^2 = -\ 27{,}1$ kNm/m
$m^*_{yer} = -0{,}076 \cdot 41{,}7 \cdot 5{,}0^2 = -\ 79{,}2$ kNm/m

2 Konstanter Anteil nach Tafel 2.1 und 2.2 ∢ 60°

$m_{xre} = -0{,}29 \cdot 9{,}0 \cdot 5{,}0^2 = -\ 65{,}3$ kNm/m
$m_{xrm} = +0{,}08 \cdot 9{,}0 \cdot 5{,}0^2 = +\ 18{,}0$ kNm/m
$m^*_{xre} = -0{,}25 \cdot 9{,}0 \cdot 5{,}0^2 = -\ 56{,}3$ kNm/m
$m_{yer} = -0{,}37 \cdot 9{,}0 \cdot 5{,}0^2 = -\ 83{,}3$ kNm/m
$m_{yee1} = -0{,}102 \cdot 9{,}0 \cdot 5{,}0^2 = -\ 23{,}0$ kNm/m
$m_{yem} = -0{,}33 \cdot 9{,}0 \cdot 5{,}0^2 = -\ 74{,}3$ kNm/m
$m^*_{yee1} = -0{,}060 \cdot 9{,}0 \cdot 5{,}0^2 = -\ 13{,}5$ kNm/m
$m^*_{yer} = -0{,}175 \cdot 9{,}0 \cdot 5{,}0^2 = -\ 39{,}4$ kNm/m

3 Insgesamt:

$m_{xre} = -\ 78{,}2 - 65{,}3 = -143{,}3$ kNm/m
$m_{xrm} = +\ 25{,}0 + 18{,}0 = +\ 43{,}0$ kNm/m
$m^*_{xre} = -\ 64{,}6 - 56{,}3 = -120{,}9$ kNm/m
$m_{yer} = -137{,}6 - 83{,}3 = -220{,}9$ kNm/m
$m_{yee1} = -\ 46{,}9 - 23{,}0 = -\ 69{,}9$ kNm/m
$m_{yem} = -123{,}0 - 74{,}3 = -197{,}3$ kNm/m
$m^*_{yee1} = -\ 27{,}1 - 13{,}5 = -\ 40{,}6$ kNm/m
$m^*_{yer} = -\ 79{,}2 - 39{,}4 = -118{,}6$ kNm/m

4.3.2.2 Lastfall: Erddruck aus zentrischer Verkehrslast

1 Konstanter Anteil nach Tafel 4.1 und 4.2 ∢ 60°

$m_{xre} = -0{,}091 \cdot 4{,}1 \cdot 5{,}0^2 = -\ 9{,}3$ kNm/m
$m_{xrm} = +0{,}084 \cdot 4{,}1 \cdot 5{,}0^2 = +\ 8{,}6$ kNm/m
$m^*_{xre} = -0{,}095 \cdot 4{,}1 \cdot 5{,}0^2 = -\ 9{,}7$ kNm/m
$m_{yer} = +0{,}017 \cdot 4{,}1 \cdot 5{,}0^2 = +\ 1{,}7$ kNm/m
$m_{yee1} = -0{,}07 \cdot 4{,}1 \cdot 5{,}0^2 = -\ 7{,}2$ kNm/m
$m_{yem} = -0{,}36 \cdot 4{,}1 \cdot 5{,}0^2 = -\ 36{,}9$ kNm/m
$m^*_{yee1} = -0{,}068 \cdot 4{,}1 \cdot 5{,}0^2 = -\ 7{,}0$ kNm/m
$m^*_{yer} = +0{,}055 \cdot 4{,}1 \cdot 5{,}0^2 = +\ 5{,}6$ kNm/m

2 Linearanteil nach Tafel 5.1 und 5.2 ∢ 60°

$m_{xre} = -0{,}066 \cdot 9{,}3 \cdot 5{,}0^2 = -\ 15{,}3$ kNm/m
$m_{xrm} = +0{,}06 \cdot 9{,}3 \cdot 5{,}0^2 = +\ 13{,}9$ kNm/m
$m^*_{xre} = -0{,}074 \cdot 9{,}3 \cdot 5{,}0^2 = -\ 17{,}2$ kNm/m
$m_{yer} = +0{,}011 \cdot 9{,}3 \cdot 5{,}0^2 = +\ 2{,}6$ kNm/m
$m_{yee1} = -0{,}03 \cdot 9{,}3 \cdot 5{,}0^2 = -\ 7{,}0$ kNm/m
$m_{yem} = -0{,}20 \cdot 9{,}3 \cdot 5{,}0^2 = -\ 46{,}5$ kNm/m
$m^*_{yee1} = -0{,}04 \cdot 9{,}3 \cdot 5{,}0^2 = -\ 9{,}3$ kNm/m
$m^*_{yer} = +0{,}04 \cdot 9{,}3 \cdot 5{,}0^2 = +\ 9{,}3$ kNm/m

3 Insgesamt:

$m_{xre} = -\ 9{,}3 - 15{,}3 = -\ 24{,}6$ kNm/m
$m_{xrm} = +\ 8{,}6 + 13{,}9 = +\ 22{,}5$ kNm/m
$m^*_{xre} = -\ 9{,}7 - 17{,}2 = -\ 26{,}9$ kNm/m
$m_{yer} = +\ 1{,}7 + 2{,}6 = +\ 4{,}3$ kNm/m
$m_{yee1} = -\ 7{,}2 - 7{,}0 = -\ 14{,}2$ kNm/m
$m_{yem} = -36{,}9 - 46{,}5 = -\ 83{,}4$ kNm/m
$m^*_{yee1} = -\ 7{,}0 - 9{,}3 = -\ 16{,}3$ kNm/m
$m^*_{yer} = +\ 5{,}6 + 9{,}3 = +\ 14{,}9$ kNm/m

4.3.2.3 Lastfall Erddruck aus exzentrischer Verkehrslast

1 Konstanter Anteil nach Tafel 6.1 und 6.2 ∢ 60°

$m_{xre} = -0{,}27 \cdot 5{,}3 \cdot 5{,}0^2 = -\ 38{,}8$ kNm/m
$m_{xrm} = +0{,}039 \cdot 5{,}3 \cdot 5{,}0^2 = +\ 5{,}2$ kNm/m
$m^*_{xre} = -0{,}22 \cdot 5{,}3 \cdot 5{,}0^2 = -\ 29{,}2$ kNm/m
$m_{yer} = -0{,}38 \cdot 5{,}3 \cdot 5{,}0^2 = -\ 50{,}4$ kNm/m
$m_{yee1} = -0{,}10 \cdot 5{,}3 \cdot 5{,}0^2 = -\ 13{,}3$ kNm/m
$m_{yem} = -0{,}16 \cdot 5{,}3 \cdot 5{,}0^2 = -\ 21{,}2$ kNm/m
$m^*_{yee1} = -0{,}05 \cdot 5{,}3 \cdot 5{,}0^2 = -\ 6{,}6$ kNm/m
$m^*_{yer} = -0{,}19 \cdot 5{,}3 \cdot 5{,}0^2 = -\ 25{,}2$ kNm/m

2 Linearanteil nach Tafel 7.1 und 7.2 ∢ 60°

$m_{xre} = -0{,}197 \cdot 8{,}3 \cdot 5{,}0^2 = -\ 40{,}9$ kNm/m
$m_{xrm} = +0{,}029 \cdot 8{,}3 \cdot 5{,}0^2 = +\ 6{,}0$ kNm/m
$m^*_{xre} = -0{,}17 \cdot 8{,}3 \cdot 5{,}0^2 = -\ 35{,}2$ kNm/m
$m_{yer} = -0{,}243 \cdot 8{,}3 \cdot 5{,}0^2 = -\ 50{,}4$ kNm/m
$m_{yee1} = -0{,}055 \cdot 8{,}3 \cdot 5{,}0^2 = -\ 11{,}4$ kNm/m
$m_{yem} = -0{,}10 \cdot 8{,}3 \cdot 5{,}0^2 = -\ 20{,}8$ kNm/m
$m^*_{yee1} = -0{,}030 \cdot 8{,}3 \cdot 5{,}0^2 = -\ 6{,}2$ kNm/m
$m^*_{yer} = -0{,}11 \cdot 8{,}3 \cdot 5{,}0^2 = -\ 22{,}8$ kNm/m

3 Insgesamt:

$m_{xre} = -38{,}8 - 40{,}9 = -\ 79{,}7$ kNm/m
$m_{xrm} = +\ 5{,}2 + 6{,}0 = +\ 11{,}2$ kNm/m
$m^*_{xre} = -29{,}2 - 35{,}2 = -\ 64{,}4$ kNm/m
$m_{yer} = -50{,}4 - 50{,}4 = -100{,}8$ kNm/m
$m_{yee1} = -13{,}3 - 11{,}4 = -\ 24{,}7$ kNm/m
$m_{yem} = -21{,}2 - 20{,}8 = -\ 42{,}0$ kNm/m
$m^*_{yee1} = -\ 6{,}6 - 6{,}2 = -\ 12{,}8$ kNm/m
$m^*_{yer} = -25{,}2 - 22{,}8 = -\ 48{,}0$ kNm/m

4.3.2.4 Beanspruchung aus der Kammerwand

1 Ständige Lasteinflüsse nach 4.2.2.1

1.1 Randquerkraft nach Tafel 12.1 und 12.2 ∢ 60°

$m_{xre} = -0{,}29 \cdot 4{,}9 \cdot 5{,}0^2 = -\ 7{,}1$ kNm/m
$m_{xrm} = +0{,}19 \cdot 4{,}9 \cdot 5{,}0^2 = +\ 4{,}7$ kNm/m
$m^*_{xre} = -0{,}34 \cdot 4{,}9 \cdot 5{,}0^2 = -\ 8{,}3$ kNm/m
$m_{yer} = +0{,}040 \cdot 4{,}9 \cdot 5{,}0^2 = +\ 1{,}0$ kNm/m
$m_{yee1} = -0{,}14 \cdot 4{,}9 \cdot 5{,}0^2 = -\ 3{,}4$ kNm/m
$m_{yem} = -0{,}62 \cdot 4{,}9 \cdot 5{,}0^2 = -\ 15{,}2$ kNm/m
$m^*_{yee1} = -0{,}15 \cdot 4{,}9 \cdot 5{,}0^2 = -\ 3{,}7$ kNm/m
$m^*_{yer} = +0{,}157 \cdot 4{,}9 \cdot 5{,}0^2 = +\ 3{,}8$ kNm/m

1.2 Randmoment nach Tafel 13.1 und 13.2 ∢ 60°

$m_{xre} = -0{,}485 \cdot 1{,}75 = -\ 0{,}85$ kNm/m
$m_{xrm} = +0{,}20 \cdot 1{,}75 = +\ 0{,}4$ kNm/m
$m^*_{xre} = -0{,}62 \cdot 1{,}75 = -\ 1{,}1$ kNm/m
$m_{yer} = +0{,}045 \cdot 1{,}75 = +\ 0{,}1$ kNm/m
$m_{yee1} = 0$

$m_{yem} = -0{,}40 \cdot 1{,}75 = -0{,}70$ kNm/m
$m^*_{yee1} = +0{,}09 \cdot 1{,}75 = +0{,}2$ kNm/m
$m^*_{yer} = +0{,}21 \cdot 1{,}75 = +0{,}4$ kNm/m

3 Insgesamt:

$m_{xre} = -7{,}1 - 0{,}85 = -7{,}95$ kNm/m
$m_{xrm} = +4{,}7 + 0{,}4 = +5{,}1$ kNm/m
$m^*_{xre} = -8{,}3 - 1{,}1 = -9{,}4$ kNm/m
$m_{yer} = +1{,}0 + 0{,}1 = +1{,}1$ kNm/m
$m_{yee1} = -3{,}4 = -3{,}4$ kNm/m
$m_{yem} = -15{,}2 - 0{,}70 = -15{,}9$ kNm/m
$m^*_{yee1} = -3{,}7 + 0{,}2 = -3{,}5$ kNm/m
$m^*_{yer} = +3{,}8 + 0{,}4 = +4{,}2$ kNm/m

2 Verkehrslasteinflüsse nach 4.2.2.1

2.1 Zentrische Laststellung der Regelfahrzeuge

Umrechnungsfaktor zu 1.
Randquerkraft: 15,6/4,9 = 3,18
Randmoment: 8,6/1,75 = 4,91, folglich:

$m_{xre} = -7{,}1 \cdot 3{,}18 - 0{,}85 \cdot 4{,}91 = -26{,}8$ kNm/m
$m_{xrm} = +4{,}7 \cdot 3{,}18 + 0{,}4 \cdot 4{,}91 = +16{,}9$ kNm/m
$m^*_{xre} = -8{,}3 \cdot 3{,}18 - 1{,}1 \cdot 4{,}91 = -31{,}8$ kNm/m
$m_{yer} = +1{,}0 \cdot 3{,}18 + 0{,}1 \cdot 4{,}91 = +3{,}7$ kNm/m
$m_{yee1} = -3{,}4 \cdot 3{,}18 + 0 = -10{,}8$ kNm/m
$m_{yem} = -15{,}2 \cdot 3{,}18 - 0{,}7 \cdot 4{,}91 = -51{,}8$ kNm/m
$m^*_{yee1} = -3{,}7 \cdot 3{,}18 + 0{,}2 \cdot 4{,}91 = -10{,}8$ kNm/m
$m^*_{yer} = +3{,}8 \cdot 3{,}18 + 0{,}2 \cdot 4{,}91 = +14{,}1$ kNm/m

2.2 Exzentrische Stellung der Regelfahrzeuge nach Tafel 14.1; 14.2 und 15.1; 15.2 ∢ 60°

$m_{xre} = -0{,}22 \cdot 15{,}6 \cdot 5{,}0 - 0{,}37 \cdot 8{,}6 = -20{,}3$ kNm/m
$m_{xrm} = +0{,}095 \cdot 15{,}6 \cdot 5{,}0 + 0{,}12 \cdot 8{,}6 = +8{,}4$ kNm/m
$m^*_{xre} = -0{,}25 \cdot 15{,}6 \cdot 5{,}0 - 0{,}50 \cdot 8{,}6 = -23{,}8$ kNm/m
$m_{yer} = +0{,}05 \cdot 15{,}6 \cdot 5{,}0 + 0{,}05 \cdot 8{,}6 = +4{,}3$ kNm/m
$m_{yee1} = -0{,}095 \cdot 15{,}6 \cdot 5{,}0 + 0 = -7{,}4$ kNm/m
$m_{yem} = -0{,}30 \cdot 15{,}6 \cdot 5{,}0 - 0{,}21 \cdot 8{,}6 = -25{,}2$ kNm/m
$m^*_{yee1} = -0{,}125 \cdot 15{,}6 \cdot 5{,}0 - 0{,}05 \cdot 8{,}6 = -10{,}2$ kNm/m
$m^*_{yer} = +0{,}12 \cdot 15{,}6 \cdot 5{,}0 - 0{,}14 \cdot 8{,}6 = +10{,}6$ kNm/m

4.3.2.5 Beanspruchung aus dem Kragarm der Flügelwand

1 Ständige Lasteinflüsse nach 4.2.2.2 als beidseitiges Randmoment nach Tafel 16.1; 16.2 ∢ 60°

$m_{xre} = -0{,}92 \cdot 13{,}5 = -12{,}4$ kNm/m
$m_{xrm} = -0{,}02 \cdot 13{,}5 = -0{,}3$ kNm/m
$m^*_{xre} = -0{,}87 \cdot 13{,}5 = -11{,}7$ kNm/m
$m_{yer} = -0{,}56 \cdot 13{,}5 = -7{,}6$ kNm/m
$m_{yee1} = 0 = 0$ kNm/m
$m_{yem} = +0{,}13 \cdot 13{,}5 = +1{,}8$ kNm/m
$m^*_{yee1} = 0 = 0$ kNm/m
$m^*_{yer} = -0{,}10 \cdot 13{,}5 = -1{,}4$ kNm/m

2 Verkehrslast auf dem Kragarm beidseitig, wie vor mit Umrechnungsfaktor 0,24 / 13,5 = 0,018

m_{xre} = – 0,018 · 12,4 = – 0,22 kNm/m
m^*_{xre} = – 0,018 · 11,7 = – 0,21 kNm/m
alle anderen Werte praktisch null.

3 Verkehrslast auf dem Kragarm einseitig nach Tafel 17.1 und 17.2 ∢ 60°

m_{xre} = – 0,925 · 0,24 = – 0,22 kNm/m
m^*_{xre} = – 0,90 · 0,24 = – 0,21 kNm/m
alle anderen Werte praktisch null.

4.3.2.6 Beanspruchung aus dem Kragflügel und dem oberen Kragfeld der Flügelwand

4.3.2.6.1 Aus Kragflügel allein:

1 Ständige Lasteinflüsse nach 4.2.2.3.1, beidseitig

1.1 Randmoment nach Tafel 8.1; 8.2 ∢ 60° mit β = 1,5 / 5,0 = 0,3

m_{xre} = – 0,03 · 17,2 = – 0,5 kNm/m
m_{xrm} ≈ 0
m^*_{xre} = – 0,25 · 17,2 = – 4,3 kNm/m
m_{yer} = – 0,40 · 17,2 = + 1,0 kNm/m
m_{yee1} = 0
m_{yem} = – 0
m^*_{yee1} = 0,02 · 17,2 = – 0,3 kNm/m
m^*_{yer} = – 0,40 · 17,2 = – 6,9 kNm/m

1.2 Randquerkraft nach Tafel 10.1; 10.2 ∢ 60° mit β = 0,3

m_{xre} = – 0,09 · 15,8 · 5,0 = – 7,1 kNm/m
m_{xrm} ≈ 0
m^*_{xre} = – 0,17 · 15,8 · 5,0 = – 13,4 kNm/m
m_{yer} = – 0,35 · 15,8 · 5,0 = – 27,7 kNm/m
m_{yee1} = 0
m_{yem} = + 0,06 · 15,8 · 5,0 = + 4,7 kNm/m
m^*_{yee1} = + 0,01 · 15,8 · 5,0 = + 0,8 kNm/m
m^*_{yer} = – 0,3 · 15,8 · 5,0 = – 23,7 kNm/m

1.3 Ständige Lasteinflüsse aus Kragflügel insgesamt:

m_{xre} = – 0,5 – 7,1 = – 7,6 kNm/m
m_{xrm} ≈ 0
m^*_{xre} = – 4,3 – 13,4 = – 17,7 kNm/m
m_{yer} = – 6,9 – 27,7 = – 34,6 kNm/m
m_{yee1} = 0
m_{yem} = 0 + 4,7 = + 4,7 kNm/m
m^*_{yee1} = – 0,3 + 0,8 = + 0,5 kNm/m
m^*_{yer} = – 6,9 – 23,7 = – 30,6 kNm/m

2 Verkehrslasteinflüsse nach 4.2.2.3.2, einseitig

2.1 Kragflügel an der spitzen Ecke

2.1.1 Randmoment nach Tafel 9.1; 9.2 ∢ 60°; β = 0,3

m_{xrm} = 0
m^*_{xre} = – 0,25 · 39,0 = – 9,8 kNm/m

$m_{yem} = 0$
$m^*_{yee1} = -0{,}03 \cdot 39{,}0 \quad = - \quad 1{,}2$ kNm/m
$m^*_{yer} = -0{,}40 \cdot 39{,}0 \quad = - \quad 15{,}6$ kNm/m

2.1.2 Randquerkraft nach Tafel 11.1; 11.2 ∢ 60°; β = 0,3

$m_{xrm} = 0$
$m^*_{xre} = -0{,}17 \cdot 28{,}9 \cdot 5{,}0 \quad = - \quad 24{,}6$ kNm/m
$m_{yem} = +0{,}018 \cdot 28{,}9 \cdot 5{,}0 \quad = + \quad 2{,}6$ kNm/m
$m^*_{yee1} = +0{,}01 \cdot 28{,}9 \cdot 5{,}0 \quad = + \quad 1{,}5$ kNm/m
$m^*_{yer} = -0{,}30 \cdot 28{,}9 \cdot 5{,}0 \quad = - \quad 43{,}4$ kNm/m

2.2 Kragflügel an der stumpfen Ecke

2.2.1 Randmoment nach Tafel 9.1; 9.2 ∢ 60°; β = 0,3

$m_{xre} = -0{,}03 \cdot 6{,}3 \quad = - \quad 0{,}2$ kNm/m
$m_{yer} = -0{,}40 \cdot 6{,}3 \quad = - \quad 2{,}5$ kNm/m
$m_{yee1} = 0$

2.2.2 Randquerkraft nach Tafel 11.1; 11.2 ∢ 60°; β = 0,3

$m_{xre} = -0{,}09 \cdot 4{,}8 \cdot 5{,}0 \quad = - \quad 2{,}2$ kNm/m
$m_{yer} = -0{,}35 \cdot 4{,}8 \cdot 5{,}0 \quad = - \quad 8{,}4$ kNm/m
$m_{yee1} = 0$

2.3 Verkehrslasteinflüsse aus dem Kragflügel, einseitig, insgesamt

$m_{xre} = -0{,}2 - 1{,}2 \quad = - \quad 2{,}4$ kNm/m
$m_{xrm} = 0$
$m^*_{xre} = -9{,}8 - 24{,}6 \quad = - \quad 34{,}4$ kNm/m
$m_{yer} = -2{,}5 - 8{,}4 \quad = - \quad 10{,}9$ kNm/m
$m_{yee1} = 0$
$m_{yem} = 0 + 2{,}6 \quad = + \quad 2{,}6$ kNm/m
$m^*_{yee1} = -1{,}2 + 1{,}5 \quad = + \quad 0{,}3$ kNm/m
$m^*_{yer} = -15{,}6 - 43{,}4 \quad = -59{,}06$ kNm/m

4.3.2.6.2 Aus dem oberen Kragfeld allein

1 Ständige Lasteinflüsse nach 4.2.2.4.1, beidseitig

1.1 Randmoment nach Tafel 16.1; 16.2 ∢ 60°

$m_{xre} = -0{,}92 \cdot 1{,}9 \quad = - \quad 1{,}7$ kNm/m
$m_{xrm} = -0{,}02 \cdot 1{,}9 \quad \cong \quad 0$ kNm/m
$m^*_{xre} = -0{,}9 \cdot 1{,}9 \quad = - \quad 1{,}7$ kNm/m
$m_{yer} = -0{,}56 \cdot 1{,}9 \quad = - \quad 1{,}1$ kNm/m
$m_{yee1} = 0$
$m_{yem} = +0{,}13 \cdot 1{,}9 \quad = + \quad 0{,}2$ kNm/m
$m^*_{yee1} = 0$
$m^*_{yer} = -0{,}10 \cdot 1{,}9 \quad = - \quad 0{,}2$ kNm/m

1.2 Randquerkraft nach Tafel 18.1; 18.2 ∢ 60°

1.2.1 Spitze Ecke

$m_{xrm} = 0$
$m^*_{xre} = -0{,}45 \cdot 9{,}5 \cdot 5{,}0 \quad = - \quad 21{,}3$ kNm/m
$m_{yem} = +0{,}11 \cdot 9{,}5 \cdot 5{,}0 \quad = + \quad 5{,}2$ kNm/m
$m^*_{yee1} = +0{,}05 \cdot 9{,}5 \cdot 5{,}0 \quad = + \quad 2{,}4$ kNm/m
$m^*_{yer} = -0{,}32 \cdot 9{,}5 \cdot 5{,}0 \quad = - \quad 15{,}2$ kNm/m

1.2.2 Stumpfe Ecke

$m_{xre} = -0{,}57 \cdot 7{,}7 \cdot 5{,}0 = -22{,}0$ kNm/m
$m_{yer} = -0{,}70 \cdot 7{,}7 \cdot 5{,}0 = -27{,}0$ kNm/m
$m_{yee1} = -0{,}01 \cdot 7{,}7 \cdot 5{,}0 = -0{,}4$ kNm/m

1.3 Ständige Lasteinflüsse aus dem oberen Kragfeld insgesamt:

$m_{xre} = -1{,}7 - 22{,}0 = -23{,}7$ kNm/m
$m_{xrm} = 0$
$m^*_{xre} = -1{,}7 - 21{,}3 = -23{,}0$ kNm/m
$m_{yer} = -1{,}1 - 27{,}0 = -28{,}1$ kNm/m
$m_{yee1} = 0 - 0{,}4 = -0{,}4$ kNm/m
$m_{yem} = +0{,}2 + 5{,}2 = +5{,}4$ kNm/m
$m^*_{yee1} = 0 + 2{,}4 = +2{,}4$ kNm/m
$m^*_{yer} = -0{,}2 - 15{,}2 = -15{,}4$ kNm/m

2 Verkehrslasteinflüsse, einseitig nach 4.2.2.4.2

2.1 Randmoment nach Tafel 17.1; 17.2 $\sphericalangle$ 60°

$m_{xre} = -0{,}925 \cdot 8{,}6 = -8{,}0$ kNm/m
$m_{xrm} = 0$
$m^*_{xre} = -0{,}89 \cdot 8{,}6 = -7{,}6$ kNm/m
$m_{yer} = -0{,}56 \cdot 8{,}6 = -4{,}8$ kNm/m
$m_{yee1} = 0$
$m_{yem} = +0{,}05 \cdot 8{,}6 = +0{,}4$ kNm/m
$m^*_{yee1} \approx 0$
$m^*_{yer} = -0{,}10 \cdot 8{,}6 = -0{,}9$ kNm/m

2.2 Randquerkraft nach Tafel 19.1; 19.2 $\sphericalangle$ 60°

2.2.1 Spitze Ecke

$m_{xrm} = 0$
$m^*_{xre} = -0{,}45 \cdot 23{,}5 \cdot 5{,}0 = -52{,}9$ kNm/m
$m_{yem} = +0{,}05 \cdot 23{,}5 \cdot 5{,}0 = +5{,}9$ kNm/m
$m^*_{yee1} = +0{,}049 \cdot 23{,}5 \cdot 5{,}0 = +5{,}8$ kNm/m
$m^*_{yer} = -0{,}32 \cdot 23{,}5 \cdot 5{,}0 = -37{,}6$ kNm/m

2.2.2 Stumpfe Ecke

$m_{xre} = -0{,}55 \cdot 10{,}5 \cdot 5{,}0 = -28{,}9$ kNm/m
$m_{yer} = -0{,}70 \cdot 10{,}5 \cdot 5{,}0 = -36{,}8$ kNm/m
$m_{yee1} = -0{,}015 \cdot 10{,}5 \cdot 5{,}0 = -0{,}8$ kNm/m

2.3 Verkehrslasteinflüsse aus dem oberen Kragfeld insgesamt:

$m_{xre} = -0{,}8 - 28{,}9 = -36{,}9$ kNm/m
$m_{xrm} = 0$
$m^*_{xre} = -7{,}6 - 52{,}9 = -60{,}5$ kNm/m
$m_{yer} = -4{,}8 - 36{,}8 = -41{,}6$ kNm/m
$m_{yee1} = 0 - 0{,}8 = -0{,}8$ kNm/m
$m_{yem} = +0{,}4 + 5{,}9 = +6{,}3$ kNm/m
$m^*_{yee1} = -0 + 5{,}8 = +5{,}8$ kNm/m
$m^*_{yer} = -0{,}2 - 37{,}6 = -38{,}5$ kNm/m

4.3.2.6.3 Aus dem Kragflügel und dem oberen Kragfeld zusammen:

1 Ständige Lasteinflüsse

$m_{xre} = -\ 7{,}6 - 23{,}7 \quad = -\ 31{,}3$ kNm/m
$m_{xrm} = 0$
$m^*_{xre} = -17{,}7 - 23{,}0 \quad = -\ 40{,}7$ kNm/m
$m_{yer} = -34{,}6 - 28{,}1 \quad = -\ 62{,}7$ kNm/m
$m_{yee1} = 0 - 0{,}4 \quad = -\ 0{,}4$ kNm/m
$m_{yem} = +\ 4{,}7 + 5{,}4 \quad = +\ 10{,}1$ kNm/m
$m^*_{yee1} = +\ 0{,}5 + 2{,}4 \quad = +\ 2{,}9$ kNm/m
$m^*_{yer} = -30{,}6 - 15{,}4 \quad = -\ 46{,}0$ kNm/m

2 Verkehrslasteinflüsse, einseitig

$m_{xre} = -\ 2{,}2 - 36{,}6 \quad = -\ 38{,}8$ kNm/m
$m_{xrm} = 0$
$m^*_{xre} = -34{,}4 - 60{,}5 \quad = -\ 94{,}9$ kNm/m
$m_{yer} = -10{,}0 - 41{,}2 \quad = -\ 51{,}2$ kNm/m
$m_{yee1} = 0 - 0{,}8 \quad = -\ 0{,}8$ kNm/m
$m_{yem} = +\ 2{,}6 + 6{,}3 \quad = +\ 8{,}9$ kNm/m
$m^*_{yee1} = +\ 0{,}3 + 5{,}8 \quad = +\ 6{,}1$ kNm/m
$m^*_{yer} = -59{,}0 - 38{,}5 \quad = -\ 97{,}5$ kNm/m

4.3.3 Scheibenkräfte S_{xx} und S_{yy}

4.3.3.1 Lastfall: Erddruck aus der Hinterfüllung

1 Linearanteil nach Tafel 1.2 und 1.3 ∢ 60°

$S_{xe2} = +\ 0{,}58 \cdot 41{,}7 \cdot 5{,}0 = +\ 120{,}9$ kNm/m
$S_{xe1} = +\ 0{,}62 \cdot 41{,}7 \cdot 5{,}0 = +\ 129{,}3$ kNm/m
$S_{xm} = +\ 0{,}28 \cdot 41{,}7 \cdot 5{,}0 = +\ 58{,}4$ kNm/m
$S^*_{xe1} \approx 0$
$S^*_{xe2} = +\ 0{,}32 \cdot 41{,}7 \cdot 5{,}0 = +\ 66{,}7$ kNm/m
$S_{yer} = +\ 0{,}70 \cdot 41{,}7 \cdot 5{,}0 = +\ 146{,}0$ kNm/m
$S_{yee1} = -\ 0{,}96 \cdot 41{,}7 \cdot 5{,}0 = -\ 200{,}0$ kNm/m
$S_{yem} = +\ 0{,}079 \cdot 41{,}7 \cdot 5{,}0 = +\ 16{,}5$ kNm/m
$S^*_{yee1} = -\ 0{,}41 \cdot 41{,}7 \cdot 5{,}0 = -\ 85{,}5$ kNm/m
$S^*_{yer} = +\ 0{,}62 \cdot 41{,}7 \cdot 5{,}0 = +\ 129{,}3$ kNm/m

2 Konstanter Anteil nach Tafel 2.2 und 2.3 ∢ 60°

$S_{xe2} = +\ 2{,}72 \cdot 9{,}0 \cdot 5{,}0 \quad = +\ 122{,}4$ kNm/m
$S_{xe1} = +\ 2{,}95 \cdot 9{,}0 \cdot 5{,}0 \quad = +\ 132{,}8$ kNm/m
$S_{xm} = +\ 0{,}96 \cdot 9{,}0 \cdot 5{,}0 \quad = +\ 43{,}2$ kNm/m
$S^*_{xe1} = +\ 0{,}35 \cdot 9{,}0 \cdot 5{,}0 \quad = +\ 15{,}8$ kNm/m
$S^*_{xe2} = +\ 1{,}52 \cdot 9{,}0 \cdot 5{,}0 \quad = +\ 68{,}4$ kNm/m
$S_{yer} = +\ 2{,}45 \cdot 9{,}0 \cdot 5{,}0 \quad = +\ 110{,}3$ kNm/m
$S_{yee1} = -\ 2{,}85 \cdot 9{,}0 \cdot 5{,}0 \quad = -\ 128{,}3$ kNm/m
$S_{yem} = +\ 0{,}30 \cdot 9{,}0 \cdot 5{,}0 \quad = +\ 13{,}5$ kNm/m
$S^*_{yee1} = -\ 1{,}13 \cdot 9{,}0 \cdot 5{,}0 \quad = -\ 50{,}9$ kNm/m
$S^*_{yer} = +\ 2{,}07 \cdot 9{,}0 \cdot 5{,}0 \quad = +\ 93{,}2$ kNm/m

3 Insgesamt:

$S_{xe2} = +\ 120{,}9 + 122{,}4 \quad = +\ 243{,}3$ kNm/m
$S_{xe1} = +\ 129{,}3 + 132{,}8 \quad = +\ 262{,}1$ kNm/m

$S_{xm} = +\ 58{,}4 + 43{,}2 = +\ 101{,}6$ kNm/m

$S^*_{xe1} = 0 + 15{,}8 = +\ 15{,}8$ kNm/m

$S^*_{xe2} = +\ 66{,}7 + 68{,}4 = +\ 135{,}1$ kNm/m

$S_{yer} = +\ 146{,}0 + 110{,}3 = +\ 256{,}3$ kNm/m

$S_{yee1} = -\ 200{,}0 - 128{,}3 = -\ 328{,}3$ kNm/m

$S_{yem} = +\ 16{,}5 + 13{,}5 = +\ 30{,}0$ kNm/m

$S^*_{yee1} = -\ 85{,}5 - 50{,}9 = -\ 136{,}4$ kNm/m

$S^*_{yer} = +\ 129{,}3 + 93{,}2 = +\ 222{,}5$ kNm/m

4.3.3.2 Lastfall Erddruck aus zentrischer Verkehrslast

1 Konstanter Anteil nach Tafel 4.2 und 4.3 ∢ 60°

$S_{xe2} = +\ 1{,}60 \cdot 4{,}1 \cdot 5{,}0 = +\ 32{,}8$ kNm/m

$S_{xe1} = +\ 0{,}56 \cdot 4{,}1 \cdot 5{,}0 = +\ 11{,}5$ kNm/m

$S_{xm} = +\ 0{,}29 \cdot 4{,}1 \cdot 5{,}0 = +\ 6{,}0$ kNm/m

$S^*_{xe1} = +\ 0{,}97 \cdot 4{,}1 \cdot 5{,}0 = -\ 19{,}9$ kNm/m

$S^*_{xe2} = +\ 1{,}84 \cdot 4{,}1 \cdot 5{,}0 = +\ 37{,}7$ kNm/m

$S_{yer} = +\ 0{,}97 \cdot 4{,}1 \cdot 5{,}0 = +\ 19{,}9$ kNm/m

$S_{yee1} = +\ 0{,}80 \cdot 4{,}1 \cdot 5{,}0 = -\ 16{,}4$ kNm/m

$S_{yem} = +\ 0{,}05 \cdot 4{,}1 \cdot 5{,}0 = +\ 1{,}0$ kNm/m

$S^*_{yee1} = -\ 0{,}70 \cdot 4{,}1 \cdot 5{,}0 = -\ 14{,}4$ kNm/m

$S^*_{yer} = +\ 1{,}97 \cdot 4{,}1 \cdot 5{,}0 = +\ 36{,}7$ kNm/m

2 Linearanteil nach Tafel 5.2 und 5.3 ∢ 60°

$S_{xe2} = +\ 1{,}22 \cdot 9{,}3 \cdot 5{,}0 = +\ 56{,}7$ kNm/m

$S_{xe1} = +\ 0{,}46 \cdot 9{,}3 \cdot 5{,}0 = +\ 21{,}4$ kNm/m

$S_{xm} = +\ 0{,}20 \cdot 9{,}3 \cdot 5{,}0 = +\ 9{,}3$ kNm/m

$S^*_{xe1} = -\ 0{,}73 \cdot 9{,}3 \cdot 5{,}0 = -\ 33{,}9$ kNm/m

$S^*_{xe2} = +\ 1{,}42 \cdot 9{,}3 \cdot 5{,}0 = +\ 66.0$ kNm/m

$S_{yer} = +\ 0{,}69 \cdot 9{,}3 \cdot 5{,}0 = +\ 32{,}1$ kNm/m

$S_{yee1} = -\ 0{,}55 \cdot 9{,}3 \cdot 5{,}0 = -\ 25{,}6$ kNm/m

$S_{yem} = +\ 0{,}04 \cdot 9{,}3 \cdot 5{,}0 = +\ 1{,}9$ kNm/m

$S^*_{yee1} = -\ 0{,}50 \cdot 9{,}3 \cdot 5{,}0 = -\ 23{,}3$ kNm/m

$S^*_{yer} = +\ 1{,}25 \cdot 9{,}3 \cdot 5{,}0 = +\ 58{,}1$ kNm/m

3 Insgesamt:

$S_{xe2} = +\ 32{,}8 + 56{,}7 = +\ 89{,}5$ kNm/m

$S_{xe1} = +\ 11{,}5 + 21{,}4 = +\ 32{,}9$ kNm/m

$S_{xm} = +\ 6{,}0 + 9{,}3 = +\ 15{,}3$ kNm/m

$S^*_{xe1} = -\ 19{,}9 - 33{,}9 = -\ 53{,}8$ kNm/m

$S^*_{xe2} = +\ 37{,}7 + 66{,}0 = +\ 103{,}7$ kNm/m

$S_{yer} = +\ 19{,}9 + 32{,}1 = +\ 52{,}0$ kNm/m

$S_{yee1} = -\ 16{,}4 - 25{,}6 = -\ 42{,}0$ kNm/m

$S_{yem} = +\ 1{,}0 + 1{,}9 = +\ 2{,}9$ kNm/m

$S^*_{yee1} = -\ 14{,}4 - 23{,}3 = -\ 37{,}7$ kNm/m

$S^*_{yer} = +\ 36{,}7 + 58{,}1 = +\ 94{,}8$ kNm/m

4.3.3.3 Lastfall Erddruck aus exzentrischer Verkehrslast

1 Konstanter Anteil nach Tafel 6.2 und 6.3 ∢ 60°

$S_{xe2} = +\ 2{,}30 \cdot 5{,}3 \cdot 5{,}0 = +\ 61{,}0$ kNm/m

$S_{xe1} = +\ 2{,}83 \cdot 5{,}3 \cdot 5{,}0 = +\ 75{,}0$ kNm/m

$S_{xm} = +0{,}65 \cdot 5{,}3 \cdot 5{,}0 = +17{,}2$ kNm/m
$S^*_{xe1} = +0{,}60 \cdot 5{,}3 \cdot 5{,}0 = +15{,}9$ kNm/m
$S^*_{xe2} = +1{,}0 \cdot 5{,}3 \cdot 5{,}0 = +26{,}5$ kNm/m
$S_{yer} = +2{,}3 \cdot 5{,}3 \cdot 5{,}0 = +61{,}0$ kNm/m
$S_{yee1} = -2{,}82 \cdot 5{,}3 \cdot 5{,}0 = -74{,}4$ kNm/m
$S_{yem} = +0{,}23 \cdot 5{,}3 \cdot 5{,}0 = +6{,}1$ kNm/m
$S^*_{yee1} = -1{,}65 \cdot 5{,}3 \cdot 5{,}0 = -43{,}7$ kNm/m
$S^*_{yer} = +1{,}93 \cdot 5{,}3 \cdot 5{,}0 = +51{,}2$ kNm/m

2 Linearanteil nach Tafel 7.2 und 7.3 $\sphericalangle$ 60°

$S_{xe2} = +1{,}87 \cdot 8{,}3 \cdot 5{,}0 = +77{,}6$ kNm/m
$S_{xe1} = +2{,}23 \cdot 8{,}3 \cdot 5{,}0 = +92{,}6$ kNm/m
$S_{xm} = +0{,}46 \cdot 8{,}3 \cdot 5{,}0 = +19{,}1$ kNm/m
$S^*_{xe1} = +0{,}53 \cdot 8{,}3 \cdot 5{,}0 = +22{,}0$ kNm/m
$S^*_{xe2} = +0{,}80 \cdot 8{,}3 \cdot 5{,}0 = +33{,}2$ kNm/m
$S_{yer} = +1{,}63 \cdot 8{,}3 \cdot 5{,}0 = +67{,}7$ kNm/m
$S_{yee1} = -1{,}86 \cdot 8{,}3 \cdot 5{,}0 = -77{,}2$ kNm/m
$S_{yem} = +0{,}16 \cdot 8{,}3 \cdot 5{,}0 = +6{,}6$ kNm/m
$S^*_{yee1} = -1{,}13 \cdot 8{,}3 \cdot 5{,}0 = -46{,}9$ kNm/m
$S^*_{yer} = +1{,}30 \cdot 8{,}3 \cdot 5{,}0 = +54{,}0$ kNm/m

3 Insgesamt:

$S_{xe2} = +61{,}0 + 77{,}6 = +138{,}6$ kNm/m
$S_{xe1} = +75{,}0 + 92{,}6 = +167{,}6$ kNm/m
$S_{xm} = +17{,}2 + 19{,}1 = +36{,}3$ kNm/m
$S^*_{xe1} = +15{,}9 + 22{,}0 = +37{,}9$ kNm/m
$S^*_{xe2} = +26{,}5 + 33{,}2 = +59{,}7$ kNm/m
$S_{yer} = +61{,}0 + 67{,}7 = +128{,}7$ kNm/m
$S_{yee1} = -74{,}7 - 77{,}2 = -151{,}9$ kNm/m
$S_{yem} = +6{,}1 + 6{,}6 = +12{,}7$ kNm/m
$S^*_{yee1} = -43{,}7 - 46{,}9 = -90{,}6$ kNm/m
$S^*_{yer} = +51{,}2 + 54{,}0 = +105{,}2$ kNm/m

4.3.3.4 Beanspruchungen aus der Kammerwand

1 Ständige Lasteinflüsse nach 4.2.2.1

1.1 Randquerkraft nach Tafel 12.2 und 12.3 $\sphericalangle$ 60°

$S_{xe2} = +1{,}65 \cdot 4{,}9 \cdot 5{,}0 = +40{,}0$ kNm/m
$S_{xe1} = +0{,}60 \cdot 4{,}9 \cdot 5{,}0 = +14{,}7$ kNm/m
$S_{xm} = +0{,}18 \cdot 4{,}9 \cdot 5{,}0 = +4{,}4$ kNm/m
$S^*_{xe1} = -0{,}82 \cdot 4{,}9 \cdot 5{,}0 = -20{,}1$ kNm/m
$S^*_{xe2} = +1{,}83 \cdot 4{,}9 \cdot 5{,}0 = +44{,}8$ kNm/m
$S_{yer} = +0{,}7 \cdot 4{,}9 \cdot 5{,}0 = +17{,}2$ kNm/m
$S_{yee1} = -0{,}57 \cdot 4{,}9 \cdot 5{,}0 = -14{,}0$ kNm/m
$S_{yem} = +0{,}03 \cdot 4{,}9 \cdot 5{,}0 = +0{,}7$ kNm/m
$S^*_{yee1} = -0{,}5 \cdot 4{,}9 \cdot 5{,}0 = -12{,}3$ kNm/m
$S^*_{yer} = +1{,}3 \cdot 4{,}9 \cdot 5{,}0 = +39{,}9$ kNm/m

1.2 Randmoment nach Tafel 13.2 und 13.3 $\sphericalangle$ 60°

$S_{xe2} = +4{,}22 \cdot 1{,}75 = +7{,}4$ kNm/m
$S_{xe1} = +1{,}46 \cdot 1{,}75 = +2{,}6$ kNm/m

$S_{xm} = +0{,}25 \cdot 1{,}75 = +0{,}4$ kNm/m
$S^*_{xe1} = -1{,}61 \cdot 1{,}75 = -2{,}8$ kNm/m
$S^*_{xe2} = +1{,}01 \cdot 1{,}75 = +1{,}8$ kNm/m
$S_{yer} = +0{,}85 \cdot 1{,}75 = +1{,}5$ kNm/m
$S_{yee1} = -0{,}55 \cdot 1{,}75 = -1{,}0$ kNm/m
$S_{yem} = +0{,}06 \cdot 1{,}75 = +0{,}1$ kNm/m
$S^*_{yee1} = -0{,}54 \cdot 1{,}75 = -1{,}0$ kNm/m
$S^*_{yer} = +1{,}6 \cdot 1{,}75 = +2{,}8$ kNm/m

1.3 Insgesamt:

$S_{xe2} = +40{,}4 + 7{,}4 = +47{,}8$ kNm/m
$S_{xe1} = +14{,}7 + 2{,}6 = +17{,}3$ kNm/m
$S_{xm} = +4{,}4 + 0{,}4 = +4{,}8$ kNm/m
$S^*_{xe1} = -20{,}1 - 2{,}8 = -22{,}9$ kNm/m
$S^*_{xe2} = +44{,}8 + 1{,}8 = +46{,}6$ kNm/m
$S_{yer} = +17{,}2 + 1{,}5 = +18{,}7$ kNm/m
$S_{yee1} = -14{,}0 - 1{,}0 = -15{,}0$ kNm/m
$S_{yem} = +0{,}7 + 0{,}1 = +0{,}8$ kNm/m
$S^*_{yee1} = -12{,}3 - 1{,}0 = -13{,}3$ kNm/m
$S^*_{yer} = +31{,}9 + 2{,}8 = +34{,}7$ kNm/m

2 Verkehrslasteinflüsse nach 4.2.2.1

2.1 Zentrische Laststellung der Regelfahrzeuge
Umrechnungsfaktor zu 1.
Randquerkraft: 3,18; Randmoment: 4,91 (siehe 4.3.2.4)

$S_{xe2} = +40{,}4 \cdot 3{,}18 + 7{,}4 \cdot 4{,}91 = +164{,}8$ kNm/m
$S_{xe1} = +14{,}7 \cdot 3{,}18 + 2{,}6 \cdot 4{,}91 = +59{,}5$ kNm/m
$S_{xm} = +4{,}4 \cdot 3{,}18 + 0{,}4 \cdot 4{,}91 = +16{,}0$ kNm/m
$S^*_{xe1} = -20{,}1 \cdot 3{,}18 - 2{,}8 \cdot 4{,}91 = -77{,}7$ kNm/m
$S^*_{xe2} = +44{,}8 \cdot 3{,}18 + 1{,}8 \cdot 4{,}91 = +151{,}3$ kNm/m
$S_{yer} = +17{,}2 \cdot 3{,}18 + 1{,}5 \cdot 4{,}91 = +62{,}1$ kNm/m
$S_{yee1} = -14{,}0 \cdot 3{,}18 - 1{,}0 \cdot 4{,}91 = -49{,}4$ kNm/m
$S_{yem} = +0{,}7 \cdot 3{,}18 + 0{,}1 \cdot 4{,}91 = +2{,}7$ kNm/m
$S^*_{yee1} = -12{,}3 \cdot 3{,}18 - 1{,}0 \cdot 4{,}91 = -44{,}0$ kNm/m
$S^*_{yer} = +31{,}9 \cdot 3{,}18 + 2{,}8 \cdot 4{,}91 = +115{,}9$ kNm/m

2.2 Exzentrische Stellung der Regelfahrzeuge nach Tafel 14.2; 14.3 und 15.2; 15.3 $\sphericalangle 60°$

$S_{xe2} = +1{,}36 \cdot 15{,}6 \cdot 5{,}0 + 3{,}81 \cdot 8{,}6 = +138{,}9$ kNm/m
$S_{xe1} = +0{,}51 \cdot 15{,}6 \cdot 5{,}0 + 1{,}32 \cdot 8{,}6 = +51{,}1$ kNm/m
$S_{xm} = +0{,}14 \cdot 15{,}6 \cdot 5{,}0 + 0{,}19 \cdot 8{,}6 = +12{,}6$ kNm/m
$S^*_{xe1} = -0{,}06 \cdot 15{,}6 \cdot 5{,}0 - 1{,}43 \cdot 8{,}6 = -63{,}8$ kNm/m
$S^*_{xe2} = +1{,}5 \cdot 15{,}6 \cdot 5{,}0 + 4{,}17 \cdot 8{,}6 = +152{,}9$ kNm/m
$S_{yer} = +0{,}6 \cdot 15{,}6 \cdot 5{,}0 + 0{,}7 \cdot 8{,}6 = +52{,}8$ kNm/m
$S_{yee1} = -0{,}5 \cdot 15{,}6 \cdot 5{,}0 - 0{,}43 \cdot 8{,}6 = -42{,}7$ kNm/m
$S_{yem} = -0{,}03 \cdot 15{,}6 \cdot 5{,}0 - 0{,}05 \cdot 8{,}6 = -2{,}8$ kNm/m
$S^*_{yee1} = -0{,}5 \cdot 15{,}6 \cdot 5{,}0 - 0{,}5 \cdot 8{,}6 = -43{,}3$ kNm/m
$S^*_{yer} = +1{,}17 \cdot 15{,}6 \cdot 5{,}0 + 1{,}3 \cdot 8{,}6 = +102{,}4$ kNm/m

4.3.3.5 Beanspruchungen aus dem Kragarm der Flügelwand

1 Ständige Lasteinflüsse nach 4.2.2.2 als beidseitiges Randmoment nach Tafel 16.2, 16.3 ∢ 60°

S_{xe2} = + 1,48 · 13,5 = + 20,0 kNm/m
S_{xe1} = + 5,17 · 13,5 = + 69,8 kNm/m
S_{xm} = + 0,25 · 13,5 = + 3,4 kNm/m
S^*_{xe1} = + 4,85 · 13,5 = + 65,5 kNm/m
S^*_{xe2} = – 1,48 · 13,5 = – 20,0 kNm/m
S_{yer} = + 0,67 · 13,5 = + 9,1 kNm/m
S_{yee1} = – 0,59 · 13,5 = – 0,8 kNm/m
S_{yem} = + 0,22 · 13,5 = + 3,0 kNm/m
S^*_{yee1} = + 0,22 · 13,5 = + 3,0 kNm/m
S^*_{yer} = – 0,42 · 13,5 = – 5,7 kNm/m

2 Verkehrslast auf dem Kragarm, einseitig, nach Tafel 17.2; 17.3 ∢ 60°

S_{xe2} = + 20,0 · 0,018 = + 0,4 kNm/m
S_{xe1} = + 69,8 · 0,018 = + 1,3 kNm/m
S^*_{xe1} = + 65,5 · 0,018 = + 1,2 kNm/m
S^*_{xe2} = – 20,0 · 0,018 = – 0,4 kNm/m

alle anderen Werte praktisch null.

3 Verkehrslast auf dem Kragarm, einseitig, nach Tafel 17.2; 17.3 ∢ 60°

S_{xe2} = + 1,51 · 0,24 = + 0,4 kNm/m
S_{xe1} = + 5,17 · 0,24 = + 1,2 kNm/m
S^*_{xe1} = + 4,82 · 0,24 = + 1,2 kNm/m
S^*_{xe2} = – 1,50 · 0,24 = – 0,4 kNm/m

alle anderen Werte praktisch null.

4.3.3.6 Beanspruchungen aus dem Kragflügel und dem oberen Kragfeld

4.3.3.6.1 Aus dem Kragflugel allein

1 Ständige Lasteinflüsse nach 4.2.2.3.1, beidseitig

1.1 Randmoment nach Tafel 8.2; 8.3 ∢ 60° mit β = 1,5/5,0 = 0,3

S_{xe2} = 0
S_{xe1} = – 0,04 · 17,2 = – 0,7 kNm/m
S_{xm} = 0
S^*_{xe1} = + 0,103 · 17,2 = + 1,8 kNm/m
S^*_{xe2} = – 0,05 · 17,2 = – 0,9 kNm/m
S_{yer} = – 0,04 · 17,2 = – 0,7 kNm/m
S_{yee1} = + 0,12 · 17,2 = + 2,1 kNm/m
S_{yem} = 0
S^*_{yee1} = 0
S^*_{yer} = + 0,2 · 17,2 = + 3,4 kNm/m

1.2 Randquerkraft nach Tafel 10.2 und 10.3 ∢ 60° mit β = 0,30

S_{xe2} = + 0,058 · 15,8 · 5,0 = + 4,6 kNm/m
S_{xe1} = + 0,34 · 15,8 · 5,0 = + 26,9 kNm/m
S_{xm} = + 0,06 · 15,8 · 5,0 = + 4,7 kNm/m
S^*_{xe1} = + 0,51 · 15,8 · 5,0 = + 40,3 kNm/m
S^*_{xe2} = – 0,17 · 15,8 · 5,0 = – 13,4 kNm/m

S_{yer} = + 0,06 · 15,8 · 5,0 = + 4,7 kNm/m
S_{yee1} = − 0,08 · 15,8 · 5,0 = − 6,3 kNm/m
S_{yem} = + 0,035 · 15,8 · 5,0 = + 2,8 kNm/m
S^*_{yee1} = − 0,09 · 15,8 · 5,0 = − 7,1 kNm/m
S^*_{yer} = − 0,04 · 15,8 · 5,0 = − 3,2 kNm/m

1.3 Ständige Lasteinflüsse am Kragflügel insgesamt

S_{xe2} = 0 + 4,6 = + 4,6 kNm/m
S_{xe1} = − 0,7 + 26,9 = + 26,2 kNm/m
S_{xm} = 0 + 4,7 = + 4,7 kNm/m
S^*_{xe1} = + 1,8 + 40,3 = + 42,1 kNm/m
S^*_{xe2} = − 0,9 − 13,4 = − 14,3 kNm/m
S_{yer} = − 0,7 + 4,7 = + 4,0 kNm/m
S_{yee1} = + 2,1 − 6,3 = − 4,2 kNm/m
S_{yem} = 0 + 2,8 = + 2,8 kNm/m
S^*_{yee1} = 0 − 7,1 = − 7,1 kNm/m
S^*_{yer} = + 3,4 − 3,2 = + 1,2 kNm/m

2. Verkehrslasteinflüsse nach 4.2.2.3.2, einseitig

2.1 Kragflügel, spitze Ecke

2.1.1 Randmoment nach Tafel 9.2; 9.3 ∢ 60° mit $\beta = 0,3$

S_{xm} = 0
S^*_{xe1} = + 0,103 · 39,0 = + 4,0 kNm/m
S^*_{xe2} = − 0,05 · 39,0 = − 2,0 kNm/m
S_{yem} = 0
S^*_{yee1} = 0
S^*_{yer} = + 0,03 · 39,0 = + 1,2 kNm/m

2.1.2 Randquerkraft nach Tafel 11.2 und 11.3 ∢ 60° mit $\beta = 0,30$

S_{xm} = + 0,03 · 28,9 · 5,0 = + 4,3 kNm/m
S^*_{xe1} = + 0,48 · 28,9 · 5,0 = + 69,4 kNm/m
S^*_{xe2} = − 0,17 · 28,9 · 5,0 = − 24,6 kNm/m
S_{yem} = 0
S^*_{yee1} = − 0,33 · 28,9 · 5,0 = − 47,7 kNm/m
S^*_{yer} = − 0,03 · 28,9 · 5,0 = − 4,3 kNm/m

2.2 Kragflügel, stumpfe Ecke

2.2.1 Randmoment nach Tafel 9.2; 9.3 ∢ 60° mit $\beta = 0,3$

S_{xe2} = 0
S_{xe1} = − 0,04 · 6,3 = − 0,3 kNm/m
S_{yer} = − 0,04 · 6,3 = − 0,3 kNm/m
S_{yee1} = + 0,25 · 6,3 = + 1,6 kNm/m

2.2.2 Randquerkraft nach Tafel 11.2; 11.3 ∢ 60° mit $\beta = 0,3$

S_{xe2} = + 0,058 · 4,8 · 5,0 = + 1,4 kNm/m
S_{xe1} = + 0,33 · 4,8 · 5,0 = + 7,9 kNm/m
S_{yer} = + 0,06 · 4,8 · 5,0 = + 1,4 kNm/m
S_{yee1} = − 0,10 · 4,8 · 5,0 = − 2,4 kNm/m

2.3 Verkehrslasteinflüsse, Kragflügel einseitig, insgesamt:

S_{xe2} = 0 + 1,4 = + 1,4 kNm/m
S_{xe1} = − 0,3 + 7,9 = + 7,6 kNm/m

S_{xm} = 0 + 4,3 = + 4,3 kNm/m
S^*_{xe1} = + 4,0 + 69,4 = + 73,4 kNm/m
S^*_{xe2} = − 2,0 − 24,6 = − 26,6 kNm/m
S_{yer} = − 0,3 + 1,4 = + 1,1 kNm/m
S_{yee1} = + 1,6 − 2,4 = − 0,8 kNm/m
S_{yem} = 0
S^*_{yee1} = 0 − 47,7 = − 47,7 kNm/m
S^*_{yer} = + 1,2 − 4,3 = − 3,1 kNm/m

4.3.3.6.2 Aus dem oberen Kragfeld allein

1 Ständige Lasteinflüsse nach 4.2.2.4.1, beidseitig

1.1 Randmoment nach Tafel 16.2; 16.3 ∢ 60°

S_{xe2} = + 1,48 · 1,9 = + 2,8 kNm/m
S_{xe1} = + 5,17 · 1,9 = + 9,8 kNm/m
S_{xm} = + 0,25 · 1,9 = + 0,5 kNm/m
S^*_{xe1} = + 4,87 · 1,9 = + 9,3 kNm/m
S^*_{xe2} = − 1,52 · 1,9 = − 2,9 kNm/m
S_{yer} = + 0,67 · 1,9 = + 1,3 kNm/m
S_{yee1} = − 0,59 · 1,9 = − 1,1 kNm/m
S_{yem} = + 0,22 · 1,9 = + 0,4 kNm/m
S^*_{yee1} = + 0,22 · 1,9 = + 0,4 kNm/m
S^*_{yer} = − 0,42 · 1,9 = − 0,8 kNm/m

1.2 Randquerkraft nach Tafel 18.2; 18.3 ∢ 60°

1.2.1 Spitze Ecke

S_{xm} = + 0,30 · 9,5 · 5,0 = + 14,3 kNm/m
S^*_{xe1} = + 1,54 · 9,5 · 5,0 = + 73,2 kNm/m
S^*_{xe2} = − 0,63 · 9,5 · 5,0 = − 29,9 kNm/m
S_{yem} = + 0,145 · 9,5 · 5,0 = + 6,9 kNm/m
S^*_{yee1} = + 0,05 · 9,5 · 5,0 = + 2,4 kNm/m
S^*_{yer} = − 0,35 · 9,5 · 5,0 = − 16,6 kNm/m

1.2.2 Stumpfe Ecke

S_{xe2} = + 0,58 · 7,7 · 5,0 = + 22,3 kNm/m
S_{xe1} = + 1,84 · 7,7 · 5,0 = + 70,8 kNm/m
S_{yer} = + 0,53 · 7,7 · 5,0 = + 20,4 kNm/m
S_{yee1} = − 0,62 · 7,7 · 5,0 = − 23,9 kNm/m

1.3 Ständige Lasteinflüsse an dem oberen Kragfeld insgesamt:

S_{xe2} = + 2,8 + 22,3 = + 25,1 kNm/m
S_{xe1} = + 9,8 + 70,8 = + 80,6 kNm/m
S_{xm} = + 0,5 + 14,3 = + 14,8 kNm/m
S^*_{xe1} = + 9,3 + 73,2 = + 82,5 kNm/m
S^*_{xe2} = − 2,9 − 29,9 = − 32,8 kNm/m
S_{yer} = + 1,3 + 20,4 = + 21,7 kNm/m
S_{yee1} = − 1,1 − 23,9 = − 25,0 kNm/m
S_{yem} = + 0,4 + 6,9 = + 7,3 kNm/m
S^*_{yee1} = + 0,4 + 2,4 = + 2,8 kNm/m
S^*_{yer} = − 0,8 − 16,6 = − 17,4 kNm/m

2 Verkehrslasteinflüsse, einseitig, nach 4.2.2.4.2

2.1 Randmoment nach Tafel 17.2; 17.3 ∢ 60°

S_{xe2} = + 1,51 · 8,6 = + 13,0 kNm/m
S_{xe1} = + 5,17 · 8,6 = + 44,5 kNm/m
S_{xm} = + 0,23 · 8,6 = + 2,0 kNm/m
S^*_{xe1} = + 4,81 · 8,6 = + 41,4 kNm/m
S^*_{xe2} = − 1,50 · 8,6 = − 12,9 kNm/m
S_{yer} = + 0,68 · 8,6 = + 5,8 kNm/m
S_{yee1} = − 0,63 · 8,6 = − 5,4 kNm/m
S_{yem} = + 0,125 · 8,6 = + 1,1 kNm/m
S^*_{yee1} = + 0,065 · 8,6 = + 0,6 kNm/m
S^*_{yer} = − 0,34 · 8,6 = − 2,9 kNm/m

2.2 Randquerkraft nach Tafel 19.2; 19.3 ∢ 60°

2.2.1 Spitze Ecke

S_{xm} = + 0,20 · 23,5 · 5,0 = + 23,5 kNm/m
S^*_{xe1} = + 1,50 · 23,5 · 5,0 = + 176,3 kNm/m
S^*_{xe2} = − 0,63 · 23,5 · 5,0 = − 74,0 kNm/m
S_{yem} = + 0,09 · 23,5 · 5,0 = + 10,6 kNm/m
S^*_{yee1} = − 0,07 · 23,5 · 5,0 = − 8,2 kNm/m
S^*_{yer} = − 0,27 · 23,5 · 5,0 = − 31,7 kNm/m

2.2.2 Stumpfe Ecke

S_{xe2} = + 0,61 · 10,5 · 5,0 = + 32,0 kNm/m
S_{xe1} = + 1,88 · 10,5 · 5,0 = + 98,7 kNm/m
S^*_{xe1} = + 0,54 · 10,5 · 5,0 = + 28,4 kNm/m
S^*_{xe2} = − 0,67 · 10,5 · 5,0 = − 35,2 kNm/m

2.3 Verkehrslasteinflüsse oberes Kragfeld insgesamt:

S_{xe2} = + 13,0 + 32,0 = + 45,0 kNm/m
S_{xe1} = + 44,5 + 98,7 = + 143,2 kNm/m
S_{xm} = + 2,0 + 23,5 = + 25,5 kNm/m
S^*_{xe1} = + 41,4 + 176,3 = + 217,7 kNm/m
S^*_{xe2} = − 12,9 − 74.0 = − 86,9 kNm/m
S_{yer} = + 5,8 + 28,4 = + 34,2 kNm/m
S_{yee1} = − 5,4 − 35,2 = − 40,6 kNm/m
S_{yem} = + 1,1 + 10,6 = + 11,7 kNm/m
S^*_{yee1} = + 0,6 − 8,2 = − 7,6 kNm/m
S^*_{yer} = − 2,9 − 31,7 = − 34,6 kNm/m

4.3.3.6.3 Aus dem Kragflügel und dem oberen Kragfeld zusammen:

1 Ständige Lasteinflüsse

S_{xe2} = + 4,6 + 25,1 = + 29,7 kNm/m
S_{xe1} = + 26,2 + 80,6 = + 106,8 kNm/m
S_{xm} = + 4,7 + 14,8 = + 19,5 kNm/m
S^*_{xe1} = + 42,1 + 82,5 = + 124,6 kNm/m
S^*_{xe2} = − 14,3 − 32,8 = − 47,1 kNm/m
S_{yer} = + 4,0 + 21,7 = + 25,7 kNm/m
S_{yee1} = − 4,2 − 25,0 = − 29,2 kNm/m

$S_{yem} = +\ 2{,}8 + 7{,}3 = +\ 10{,}1$ kNm/m
$S^*_{yee1} = -\ 7{,}1 + 2{,}8 = -\ 4{,}3$ kNm/m
$S^*_{yer} = +\ 1{,}2 - 17{,}4 = -\ 16{,}2$ kNm/m

2 Verkehrslasteinflüsse, einseitig

$S_{xe2} = +\ 1{,}3 + 44{,}7 = +\ 46{,}0$ kNm/m
$S_{xe1} = +\ 7{,}1 + 142{,}3 = +\ 149{,}4$ kNm/m
$S_{xm} = +\ 4{,}3 + 25{,}5 = +\ 29{,}8$ kNm/m
$S^*_{xe1} = +\ 73{,}4 + 217{,}7 = +\ 291{,}1$ kNm/m
$S^*_{xe2} = -\ 26{,}6 - 86{,}9 = -\ 113{,}5$ kNm/m
$S_{yer} = +\ 1{,}1 + 33{,}9 = +\ 35{,}0$ kNm/m
$S_{yee1} = -\ 0{,}7 - 40{,}2 = -\ 40{,}9$ kNm/m
$S_{yem} = +\ 0 + 11{,}7 = +\ 11{,}7$ kNm/m
$S^*_{yee1} = -\ 47{,}7 - 7{,}6 = -\ 55{,}3$ kNm/m
$S^*_{yer} = -\ 3{,}1 - 34{,}6 = -\ 37{,}7$ kNm/m

4.3.4 Zusammenstellung

Die Größtwerte der Biegemomente und der Scheibenkräfte sind getrennt für die Lastfallkombinationen Eigengewicht und zentrische Verkehrslast ($g + p_m$) und Eigengewicht und exzentrische Verkehrslast ($g + p_{ex}$) in den Tabellen 2 und 3 zusammengestellt. Einen Überblick über den Verlauf und die Verteilung der Schnittkräfte erhält man durch Bild 24.

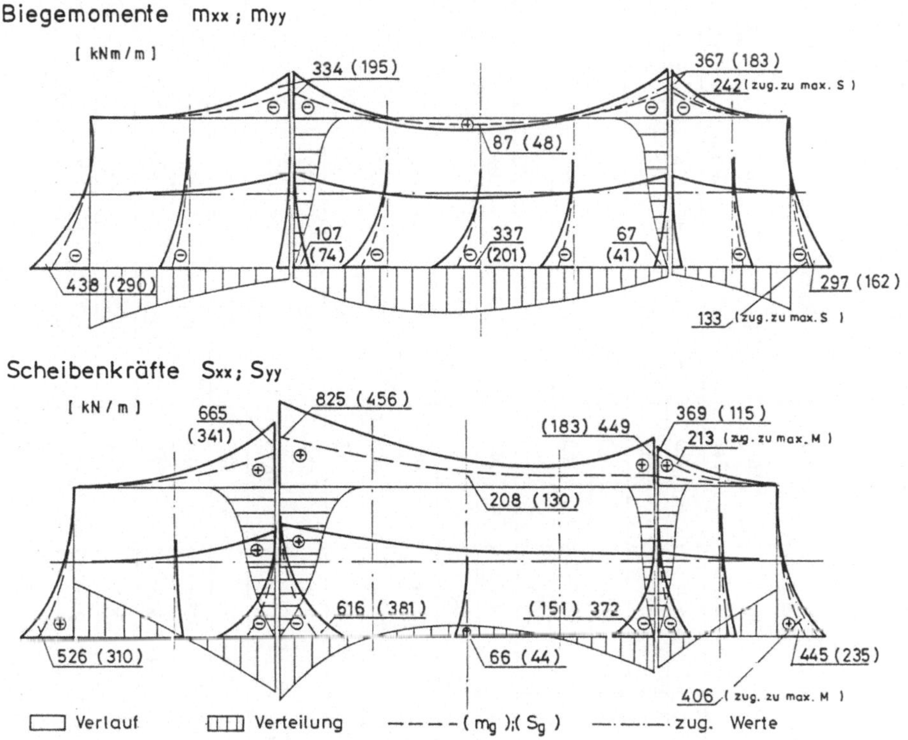

Bild 24 Größe, Verlauf und Verteilung der Schnittgrößen

Tabelle 2 Schnittgrößen infolge ständiger Last und zentrischer Verkehrslast (kNm/m; kN/m)

Schnitt-größen	Erddruck		Randlasten						Summe ständige Lasten	Summe ständige Lasten + Verkehr
	Hinter-füllung	Verkehr	Kammerwand		Kragarm Flügelwand		Kragflügel, oberes Kragfeld der Flügelwand			
	g	p_m	g	p_m	g	p_m	g	p_m	g	g + p_m
m_{xre}	– 143,,5	– 24,6	– 8,0	– 26,8	– 12,4	– 0,2	– 31,3	–	– 195,2	– 246,8
m_{xrm}	+ 43,0	+ 22,5	+ 5,1	+ 16,9	– 0,3	–	0	–	+ 47,8	+ 87,2
m^*_{xre}	– 120,9	– 26,9	– 9,4	– 31,8	– 11,7	– 0,2	– 40,7	–	– 182,7	– 241,6
m_{yer}	– 220,9	+ 4,3	+ 1,1	+ 3,7	– 7,6	–	– 62,7	–	– 290,1	– 282,1
m_{yee1}	– 69,9	– 16,3	– 3,4	– 10,8	0	–	– 0,4	–	– 73,7	– 100,8
m_{yem}	– 197,3	– 83,4	– 15,9	– 51,8	+ 1,8	–	+ 10,1	–	– 201,3	– 336,5
m^*_{yee1}	– 40,6	– 14,7	– 3,5	– 10,8	–	–	+ 2,9	–	– 41,2	– 66,7
m^*_{yer}	– 118,6	+ 14,9	+ 4,2	+ 14,1	– 1,4	–	– 46,0	–	– 161,8	– 132,8
S_{xe2}	+ 243,3	+ 89,5	+ 47,8	+ 164,8	+ 20,0	+ 0,4	+ 29,7	–	+ 340,8	+ 595,5
S_{xe1}	+ 262,1	+ 32,9	+ 17,3	+ 59,5	+ 69,8	+ 1,3	+ 106,8	–	+ 456,0	+ 549,7
S_{xm}	+ 101,6	+ 15,3	+ 4,8	+ 16,0	+ 3,4	–	+ 19,5	–	+ 129,3	+ 160,6
S^*_{xe1}	+ 15,8	– 53,8	– 22,9	– 77,7	+ 65,5	+ 1,2	+ 124,6	–	+ 183,0	+ 52,7
S^*_{xe2}	+ 135,1	+ 103,7	+ 46,6	+ 151,3	– 20,0	– 0,4	– 47,1	–	+ 114,6	+ 369,2
S_{yer}	+ 256,3	+ 52,0	+ 18,7	+ 62,1	+ 9,1	–	+ 25,7	–	+ 309,8	+ 423,9
S_{yee1}	– 328,3	– 42,0	– 15,0	– 49,4	– 8,0	–	– 29,2	–	– 380,5	– 471,9
S_{yem}	+ 30,0	+ 2,9	+ 0,8	+ 2,7	+ 3,0	–	+ 10,1	–	+ 43,9	+ 49,5
S^*_{yee1}	– 136,4	– 37,7	– 13,3	– 44,0	+ 3,0	–	– 4,3	–	– 151,0	– 232,7
S^*_{yer}	+ 22,5	+ 94,8	+ 43,7	+ 115,2	– 5,7	–	– 16,2	–	+ 235,3	+ 445,3

Tabelle 3 Schnittgrößen infolge ständiger Last und exzentrischer Verkehrslast (kNm/m; kN/m)

Schnitt-größen	Erddruck		Randlasten						Summe ständige Lasten	Summe ständige Lasten + Verkehr
	Hinter-füllung	Verkehr	Kammerwand		Kragarm Flügelwand		Kragflügel, oberes Kragfeld der Flügelwand			
	g	p_{ex}	g	p_{ex}	g	p_{ex}	g	p_{ex}	g	$g + p_{ex}$
m_{xre}	– 143,5	– 79,7	– 8,0	– 20,3	– 12,4	– 0,2	– 31,3	– 38,8	– 195,2	– 334,2
m_{xrm}	+ 43,0	+ 11,2	+ 5,1	+ 8,4	– 0,3	–	0	0	+ 47,8	+ 67,4
m^*_{xre}	– 120,9	– 65,7	– 9,4	– 23,8	– 11,7	– 0,2	– 40,7	– 94,4	– 182,7	– 367,3
m_{yer}	– 220,9	– 100,8	+ 1,1	+ 4,3	– 7,6	–	– 62,7	– 51,2	– 290,1	– 437,8
m_{yee1}	– 69,9	– 24,7	– 3,4	– 7,4	0	–	– 0,4	– 0,8	– 73,7	– 106,6
m_{yem}	– 197,3	– 42,0	– 15,9	– 25,2	+ 1,8	–	+ 10,1	+ 8,9	– 201,3	– 259,6
m^*_{yee1}	– 40,6	– 12,8	– 3,5	– 10,2	–	–	+ 2,9	+ 6,1	– 41,2	– 58,1
m^*_{yer}	– 118,6	– 48,0	+ 4,2	+ 10,6	– 1,4	–	– 46,0	– 97,5	– 161,8	– 296,7
S_{xe2}	+ 243,3	+ 138,6	+ 47,8	+ 138,9	+ 20,0	+ 0,4	+ 29,7	+ 46,0	+ 340,8	+ 664,7
S_{xe1}	+ 262,1	+ 167,7	+ 17,3	+ 51,1	+ 69,8	+ 1,2	+ 106,8	+ 149,4	+ 456,0	+ 825,3
S_{xm}	+ 101,6	+ 36,3	+ 4,8	+ 12,6	+ 3,4	–	+ 19,5	+ 29,8	+ 129,3	+ 208,0
S^*_{xe1}	+ 15,8	+ 37,9	– 22,9	– 63,8	+ 65,5	+ 1,2	+ 124,6	+ 291,1	+ 183,0	+ 449,4
S^*_{xe2}	+ 135,1	+ 59,7	+ 46,6	+ 152,9	– 20,0	– 0,4	– 47,1	– 113,5	+ 114,6	+ 213,3
S_{yer}	+ 256,3	+ 128,7	+ 18,7	+ 52,8	+ 9,1	–	+ 25,7	+ 35,0	+ 309,8	+ 526,3
S_{yee1}	– 328,3	– 151,9	– 15,0	– 42,7	– 8,0	–	– 29,2	– 40,9	– 380,5	– 616,0
S_{yem}	+ 30,0	+ 12,7	+ 0,8	+ 2,8	+ 3,0	–	+ 10,1	+ 11,7	+ 43,9	+ 65,5
S^*_{yee1}	– 136,4	– 90,6	– 13,3	– 43,3	+ 3,0	–	– 4,3	+ 55,3	– 151,0	– 371,8
S^*_{yer}	+ 22,5	+ 105,2	+ 43,7	+ 102,4	– 5,7	–	– 16,2	– 37,7	+ 235,3	+ 405,8

Literaturverzeichnis

[1] Holst, K. H., Brücken aus Stahlbeton und Spannbeton, Entwurf, Konstruktion und Berechnung, 2. Aufl., Ernst & Sohn, Berlin 1990

[2] Zienkiewiez, O. C., Methode der Finiten Elemente, 2. Aufl., C. Hanser Verlag, München 1984

[3] Reissner, E., J. Math. Phys. 23.184 (1944) - J. Appl. Mech. 12 A68 (1945)

[4] Reissner, E., On Bending of Elastic Plates, Quart. Appl. Math. 5.55 (1947)

[5] Holst, K. H., Paßvogel, M., Berücksichtigung der Schubverformungen in den Wänden kastenförmiger Brückenwiderlager, Bautechnik 66 (1989), H. 5, S. 169–175

[6] Girkmann, K., Flächentragwerke, 6. Aufl., Springer-Verlag, Wien 1963

[7] Gallagher, R. H., Finite-Element-Analysis. Grundlagen, Springer-Verlag, Berlin, Heidelberg, New York 1976

[8| Czerny, F., Tafeln für gleichmäßig vollbelastete Rechteckplatten, Bautechnik-Archiv, Heft 11, Ernst & Sohn, Berlin 1955

[9] Czerny, F., Die dreiseitig gelagerte Rechteckplatte, Stahlbau und Baustatik, Springer-Verlag, Wien, New York 1965, S. 20–241

[10] Hahn, J., Durchlaufträger, Rahmen und Platten, 5. Aufl., Werner-Verlag, Düsseldorf 1961

[11] Stiglat, K.; Wippel, H., Die an zwei benachbarten Rändern eingespannte Platte unter Gleichlast, Beton- und Stahlbetonbau 54 (1959), H. 7, S. 173–177, Beton- und Stahlbetonbau 55 (1960), H. 4, S. 88–93

[12] Stein, D., Brückenflügel als an zwei benachbarten Rändern eingespannte Platte, Beton- und Stahlbetonbau 61 (1966), H. 3, S. 62–68

[13] Eibl, J.; Ivànyi, G.; Schambeck, H., Berechnung kastenförmiger Brückenwiderlager, 3. Aufl., Werner-Verlag, Düsseldorf 1986

[14] Pian, T. H. H., Derivation of Element Stiffness Matrices by Assumed Stress Distributions, AJAA, J. 2 (1964), S. 1333–1335

[15] Holst, K. H., Schnittgrößen in Brückenwiderlagern unter Berücksichtigung der Schubverformungen in den Wandbauteilen, Vieweg Verlag, Wiesbaden 1990

1 Introduction

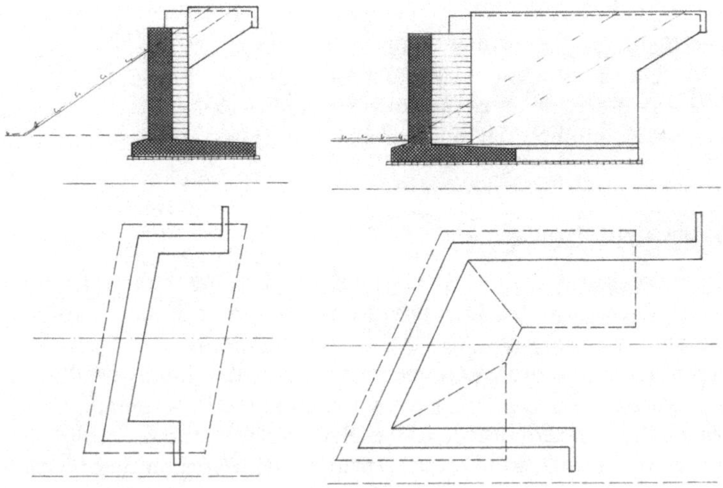

Figure 1 Oblique-angled types of abutsments

In the book *Schnittgrößen in Brückenwiderlagern unter Berücksichtigung der Schubverformung in den Wandbauteilen* [15] rectangular types of abutments were explained with regard to the load situation and the determination of the internal forces and bending moments. If there is an acute angle in the crossing of the traffic roads, the design of the abutment leaves symmetry and changes into the general shape of an oblique angled abutment. This shape is subject to certain geometrical conditions of design which are explained in detail in [1]. So it shows among others that the lengths of the wing walls differ. At the obtuse corner they are longer, at the acute corner shorter, compared with the rectangular shape. System and loading are out of symmetry and consequently there are changed stress and strain conditions. Basically the internal forces and bending moments are greater at the obtuse corner. The changes of the rigidity of the walls in the vertical corners of the system, however, can cause shiftings, which move the greater degree of strain towards the acute corner. In the wing walls the vertical plate tensile forces change in proportion with the length of the wall, because they are essentially resulting from the decomposition of the plate moment, which is formed by the horizontal plate tensile forces. At the acute corner of the wing walls this causes great vertical tensile forces compared with the rectangular version.

All changes of internal forces and bending moments described so far depend upon the angle of obliqueness when compared with the rectangular system. When coming to the bending moments, the indirect change of the system lengths of the slab structures is the causing influence, the change of the plate forces depends directly upon the angle and is caused by the plate structure.

In the following pages the curves relating to the coefficients of the internal forces are displayed and explained which permit the determination of the internal forces and bending moments in oblique angled abutments with the system angles of 75°, 60° and 45° for the governing load situations.

2 The Method of Calculation

2.1 General

The same method as used already for rectangular types of abutments as explained in [15] has been applied for the determination of the internal forces and bending moments. The finite-element method was used and in doing so the system was replaced by single, plane, thick, shells. The selected material is linear elastic with a coefficient of lateral elongation $\mu = 0$.

2.2 The elements of calculation

The same elements as to the processing of the rectangular type apply to the calculation of the oblique-angled box-type abutment. The assumptions of the slab theory of Kirchhoff with the amendment according to Reissner [3; 4; 6] apply to the bending influences of slab components. According to this amended theory the assumption of Kirchhoff is dropped that also after the deformation the cross sections remain vertical with respect to the elastic line. The conditions of the plane state of stresses of the plate apply with regard to the consideration of the influences of the plates on deformation. Details of these approaches to calculation are given in [15]

2.3 Details on the performance of the calculation

For the execution of the calculation the different walls of the structure had to be idealized by plane shells with thick walls. As in the case of the rectangular abutment the thickness of the wing walls amounts to 85 % of the thickness of the abutment wall. Deviations within a tolerance of ± 10 % are permissible.

As slab element the identical element was chosen from the calculation of the rectangular abutment, which is based on the hybrid method with basic functions for the stresses as in [7]. This element was described in detail under [5]. The rectangular element after Pian and Sumahari [14] was used as plate element.

The process of deduction of the particular approaches of this element is as follows:

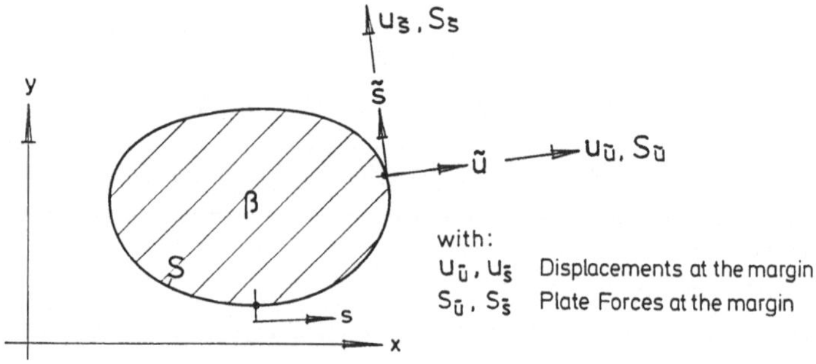

Figure 2 Marginal point and displacement

The element is based on the hybrid method with basic functions for the stresses, the approaches to the solutions are again processed according to the principle of the minimum of the complementary energy. The necessary concepts in addition to [5] are described as follows:

For a plate, for which displacements are given, all over the margin and stresses inside, the complementary energy can be written down in the system of coordinates $\tilde{u}, \tilde{s}$ to Fig. 2 as follows:

$$\Pi_c = \frac{1}{2} \int_A \boldsymbol{\beta}^T [\mathbf{E}]^{-1} \boldsymbol{\beta} \, dA - \int_S \mathbf{T}^T \bar{\mathbf{u}} \, ds \tag{1}$$

with

$\boldsymbol{\beta}$ vector of internal forces and bending moments inside $\boldsymbol{\beta}_{x, y)} = \{S_{xx}, S_{yy}; S_{xy}\}^T$

$\mathbf{E}$ matrix of elasticity for isotropic material

$$\mathbf{E} = \frac{E \cdot t}{1-\mu^2} \begin{bmatrix} 1 & \mu & \\ \mu & 1 & \\ & & \frac{1-\mu}{2} \end{bmatrix}$$

with E modulus of elasticity
t thickness of the plate
μ coefficient of transverse contraction

$\mathbf{T}$ vector of internal forces and bending moments at the margin $\mathbf{T} = \{S_{\tilde{u}}, S_{\tilde{s}}\}^T$

$\bar{\mathbf{u}}$ assumed vector of displacement at the margin $\bar{\mathbf{u}} = \{u_{\tilde{u}}, u_{\tilde{s}}\}^T$

with $u_{\tilde{u}}, u_{\tilde{s}}$ displacements in direction of the axes $\tilde{u}, \tilde{s}$

For the discrete representation in order to obtain the finite-element presentations the following approach is chosen for β which is analogue to the slab element:

$$\begin{bmatrix} S_{xx} \\ S_{yy} \\ S_{xy} \end{bmatrix} = [\boldsymbol{\Omega}_1 \, \boldsymbol{\Omega}_2 \, \boldsymbol{\Omega}_3 \cdots \boldsymbol{\Omega}_n], \begin{bmatrix} A_1 \\ A_2 \\ A_3 \\ \vdots \\ A_{n1} \end{bmatrix}$$

$$\boldsymbol{\beta} = \mathbf{Z}_i \cdot \mathbf{A} \tag{2}$$

with $\mathbf{Z}_i$ vector of the basic functions Ω_i inside

$\boldsymbol{\beta}_i$ single basic functions of the element area

$\Omega_i = \{S_{xx,i} \quad S_{yy,i} \quad S_{xy,i}\}^T$

$\mathbf{A}$ vector of the free basic coefficients

for the vector of internal forces and bending moments at the margin we get

$$\mathbf{T} = \mathbf{Z}_r \cdot A \qquad (3)$$

$\mathbf{Z}_r$ is given by $\mathbf{Z}_i$.

An area of displacement is assigned to the margins, which is given depending upon the displacement of the system points

$$\bar{\mathbf{u}} = \mathbf{Y} \cdot \boldsymbol{\Delta} \qquad (4)$$

with $\boldsymbol{\Delta}$ vector of the displacements of system points

$\mathbf{Y}$ vector of the basic functions for the displacements at the margin

when putting in (2), (3) and (4) in (1), we get:

$$\Pi_c = \frac{1}{2} \cdot \mathbf{A}^T \cdot \mathbf{k} \cdot \mathbf{A} - \mathbf{A}^T \cdot \mathbf{I} \cdot \boldsymbol{\Delta} \qquad (5)$$

if the principle of the complementary energy is applied to (5), we get

$$0 = \frac{\partial \Pi_c}{\partial \mathbf{A}^T} = \mathbf{k} \cdot \mathbf{A} - \mathbf{I} \cdot \boldsymbol{\Delta}$$

or

$$\mathbf{A} = \mathbf{k}^{-1} \cdot \mathbf{I} \cdot \boldsymbol{\Delta} \qquad (6)$$

If we put this in (5), we get:

$$\Pi_c = \frac{1}{2} \cdot \boldsymbol{\Delta}^T \cdot \mathbf{K} \cdot \boldsymbol{\Delta} \qquad (7)$$

with the stiffness matrix

$$\mathbf{K} = \mathbf{I}^T \cdot \mathbf{k}^{-1} \cdot \mathbf{I} \quad \text{and} \quad \mathbf{k} = \int_A \mathbf{Z}_i^T \, [\mathbf{E}]^{-1} \cdot \mathbf{Z}_i \cdot dA$$

$$\mathbf{I} = \int_s \mathbf{Z}_r^T \, \mathbf{y} \cdot ds$$

The element used is a rectangular element with the element system points ①, ②, ③ and ④ and the area a. Each system point has u- and v-degrees of freedom of displacement. A linear distribution is assumed for the displacement at the margin, which means e.g. the displacement u_P of the point P at the margin ②–③.

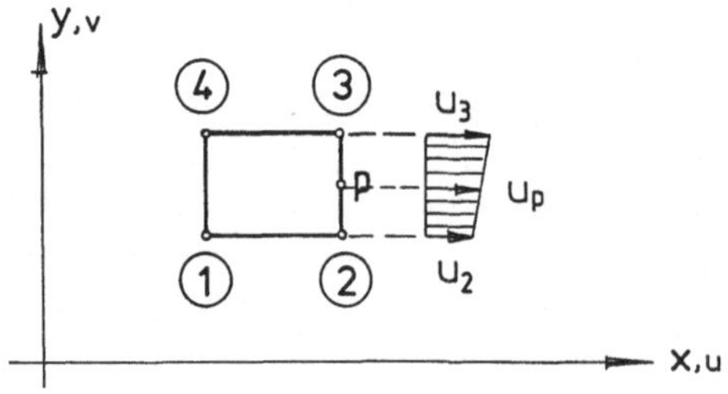

Figure 3 Element and corresponding displacement

Regarding the stress inside, the following approach was chosen:

$$\begin{bmatrix} S_{xx} \\ S_{yy} \\ S_{xy} \end{bmatrix} = \begin{bmatrix} 1 & y & & & \\ & & 1 & x & \\ & & & & 1 \end{bmatrix} \cdot \begin{bmatrix} A_1 \\ A_2 \\ A_3 \\ A_4 \\ A_5 \end{bmatrix} \tag{2}$$

$$\mathbf{\Delta} = \mathbf{Z}_i \cdot \mathbf{A}$$

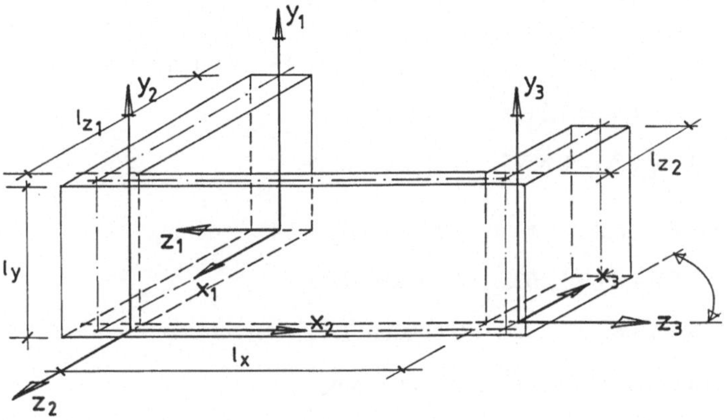

Figure 4 Reference system

Figure 4 gives the reference system for the calculation. The sizes of the individual part systems, on which the calculation was based, were depending upon the following parameters:

$\varepsilon_x = l_x / l_y; \quad \varepsilon_{z_1} = l_{z_1} / l_y; \quad \varepsilon_{z_2} = l_{z_2} / l_y$

The dimensionless quantities of the parameters were

$\varepsilon_x = 1, 2, 3, 4$ und $\varepsilon_z = 0{,}50; 0{,}75; 1{,}00; 1{,}25,$

where the latter values refer to the appertaining rectangular abutment, which means that they represent only the basic values. In the case of the oblique-angled abutment these parameters are functions of the actual lengths of the wing walls if the actual angle is < 90°. According to [1] the differential of the wing wall lengths 2 Δ amounts to

$\Delta = b / \tan \alpha$

with b width of the cap in the area of the wing wall.
If the width of the standard cap of 2,0 m is put for b, the distorted side proportions of the wing walls as shown hereafter are the result for the angles used of 75°, 60° and 45° if the height of the abutment is kept constant at 4,80 m.

$\alpha = 75°$	$\Delta = 2{,}0/\tan 75° = 0{,}54$ m

$\varepsilon_z = 0{,}50$; $\quad l_{z_1} = 2{,}40 + 0{,}54 = 2{,}94$ m, $\quad l_{z_2} = 2{,}40 - 0{,}54 = 1{,}86$ m

$\varepsilon_{z_1} = 2{,}94/4{,}80 = 0{,}6125$, gewählt: 0,60

$\varepsilon_{z_2} = 1{,}86/4{,}80 = 0{,}3875$, gewählt: 0,40

$\varepsilon_z = 0{,}75$; $\quad l_{z_1} = 3{,}60 + 0{,}54 = 4{,}14$ m, $\quad l_{z_2} = 3{,}60 - 0{,}54 = 3{,}06$ m

$\varepsilon_{z_1} = 4{,}14/4{,}80 = 0{,}8625$, chosen: 0,85

$\varepsilon_{z_2} = 3{,}06/4{,}80 = 0{,}6375$, chosen: 0,65

$\varepsilon_z = 1{,}00$; $\quad l_{z_1} = 4{,}80 + 0{,}54 = 5{,}34$ m, $\quad l_{z_2} = 4{,}80 - 0{,}54 = 4{,}26$ m

$\varepsilon_{z_1} = 5{,}34/4{,}80 = 1{,}1125$, chosen: 1,10

$\varepsilon_{z_2} = 4{,}26/4{,}80 = 0{,}8875$, chosen: 0,90

$\varepsilon_z = 1{,}25$; $\quad l_{z_1} = 6{,}00 + 0{,}54 = 6{,}54$ m, $\quad l_{z_2} = 6{,}00 - 0{,}54 = 5{,}46$ m

$\varepsilon_{z_1} = 6{,}54/4{,}80 = 1{,}3625$, chosen: 1,35

$\varepsilon_{z_2} = 5{,}46/4{,}80 = 1{,}1375$, chosen: 1,15

Then the parameters of the proportion of the sides become

$\varepsilon_{z_1} = 0{,}60 \ ; 0{,}85 \ ; 1{,}10 \ ; 1{,}35$

$\varepsilon_{z_2} = 0{,}40 \ ; 0{,}65 \ ; 0{,}90 \ ; 1{,}15$

and analogue for the other angles

$\alpha = 60°$	$\Delta = 2{,}0/\tan 60° = 1{,}15$ m

$\varepsilon_{z_1} = 0{,}75 \ ; 1{,}00 \ ; 1{,}25 \ ; 1{,}50$

$\varepsilon_{z_2} = 0{,}25 \ ; 0{,}50 \ ; 0{,}75 \ ; 1{,}00$

$\alpha = 45°$	$\Delta = 2{,}0/\tan 45° = 2{,}00$ m

$\varepsilon_{z_1} = 0{,}90 \ ; 1{,}15 \ ; 1{,}40 \ ; 1{,}65$

$\varepsilon_{z_2} = 0{,}10 \ ; 0{,}35 \ ; 0{,}60 \ ; 0{,}85$

All remaining dimensionless quantities of the finite-element are maintained as in the case of the determination of the internal forces and bending moments of the rectangular system. Again the investigations were carried out for systems with dimensions of:

$l_y = 4{,}80$ m, $\; l_x = \varepsilon_x \cdot 4{,}80$ m $\;$ und $\; l_{z(n)} = \varepsilon_{z(n)} \cdot 4{,}80$ m

each in systematical configuration.

3 Evaluation of Results of Numerical Calculations

3.1 The Loading Situations

The calculations are based on the following loading conditions as already described more in detail in [15]. Again the two arrangements of the centric and the excentric position of the standard vehicles were made allowance for in order to take into consideration the variable influences of the travelling load. The excentric load positions in the obtuse and in the acute corner have to be regarded separately i.e. all load influences resulting from the excentric load positions of the standard vehicles are separately applied in the obtuse and in the acute corner because in the case of the oblique angled abutment there are no simplifications by means of symmetry possible.

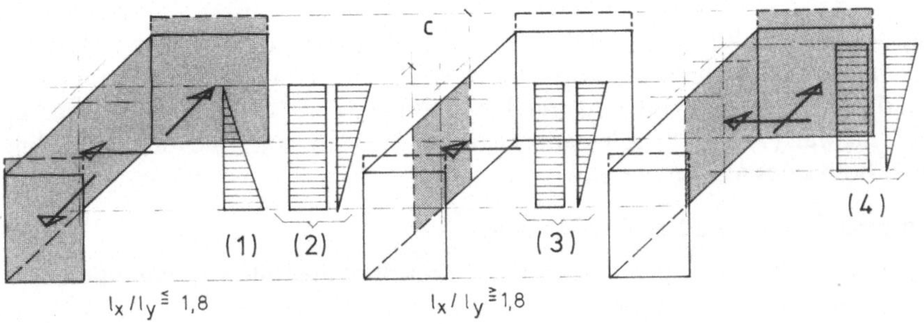

Figure 5 Loading situations from soil pressure

The individual loading conditions are again resulting from the directly acting soil pressures (Fig. 5) and the cases of load on the margin, which are the result of components protruding over the substituting system (Fig. 6). The substituting system is formed by three coherent walls of equal height and oblique-angled mutual joint. In this case the wing walls are parallel and of different length, which depends upon the angle of joint. This system is directly stressed by the soil pressure from the backfill of the abutment (1), the soil pressure from centric travelling load (2), (3) and excentric travelling load (4). In connection with the stress from soil pressure due to centric travelling load it has again to be investigated whether the wing walls are hit by load components of the upper loading area. The influence of the clear abutment width is limited by the height-width ratio

$$l_x/l_y \geq 1{,}8,$$

which means at the values below this criterion all wall surfaces are assumed as loaded, beyond that only a partial surface in the centre of the abutment wall is loaded. Furthermore the influence of an obliqueness of the abutment may have the effect that the acute corner of the wing wall does not receive a share of the load although the above mentioned criterion is fulfilled, because it has been shifted from the centre and it has become geometrically smaller.

All loading influences, which have to be applied to parts of the wall outside the substituting system influence the latter via cases of load on the margin. Here we have stresses from the wall at the upper margin of the wall of the abutment (5), the horizontal stresses from the cantilevers (6) and those from the parts of the wing wall, which are

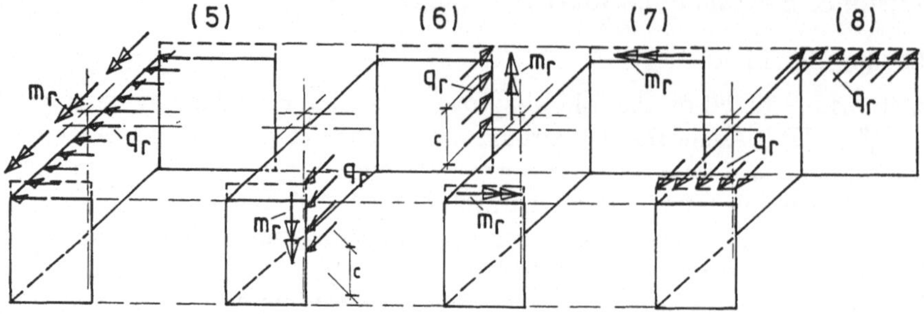

Figure 6 Loading situations from loads on the margins of the walls

protruding over the substituting system. Here a difference has to be made between the pure stress of moments at the margin from the lateral road limitation (7) and stress from moment and transverse load at the margin due to soil pressure on the upper protruding part of the wing wall (7) and (8). All loading cases of the margin are shown for a loading influence on both sides and on one side.

3.2 The Internal Forces and Bending Moments

The internal forces and bending moments are the result of the following conditions:

- with regard to bending moments
  - $m = k \cdot p \cdot l_y^2$ from soil pressure
  - $m = k \cdot p \cdot l_y$ from transverse loads at the margin
  - $m = k \cdot m_r$ from moments at the margin
- with regard to the plate forces
  - $S = k \cdot p \cdot l_y$ from soil pressure and transverse loads at the margin
  - $S = k \cdot mr$ from moments at the margin

The coefficients k depending upon variables have to be taken out of diagrams. The torsional moments do practically not differ from those of the rectangular systems. A new edition of these values has not been made for reasons of clearness.

For the three system angles of 75°, 60° and 45° the internal forces and bending moments can be determined for sixteen differing systems of differing height – width ratio ε_x ,ε_{z1} and ε_{z2}bit in systematic relation.

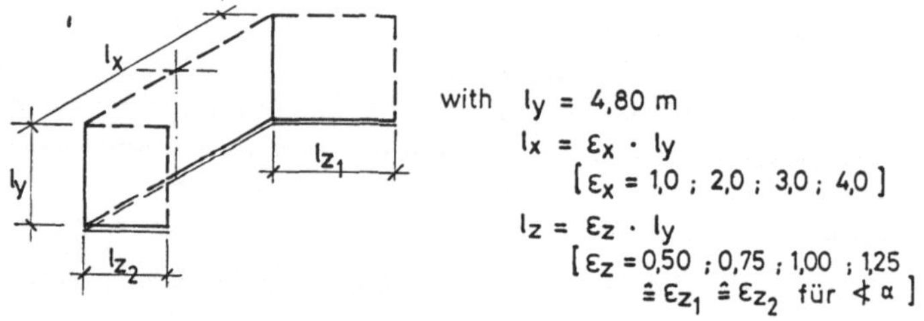

Figure 7 Substituting static system

		0,50		0,75		1,00		1,25	
ε_z	90°	0,50		0,75		1,00		1,25	
	75°	0,60	0,40	0,85	0,65	1,10	0,90	1,35	1,15
	60°	0,75	0,25	1,00	0,50	1,25	0,75	1,50	1,00
	45°	0,90	0,10	1,15	0,35	1,40	0,60	1,65	0,85

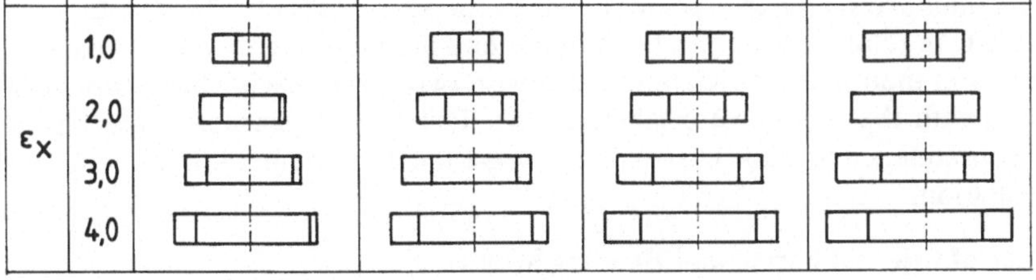

Figure 8 Modifications of the system

The following values are shown

the bending moments m_{xx}, m_{yy} or m^*_{xx}, m^*_{yy},

the plate forces S_{xx}, S_{yy} or S^*_{xx}, S^*_{yy}.

The indicator * shows the internal forces and bending moments at the acute corner.

3.3 Remarks relating to the Diagrams

The coefficients k depend upon the height-width ratio of the walls ε_x and ε_z and upon the differing loading length of the free vertical margin of the wing walls. This influence is shown by means of the margin-length factor β.

$\beta = c/l_y$ c length of the loaded margin

The height-width ratio ε_z is split up into the proportional values ε_{z1} and ε_{z2} due to the wing walls being different in length. The appertaining values for the proportional figures ε_{z1} and ε_{z2} are listed in the diagrams under the general designation ε_z. With regard to the internal forces and bending moments resulting from the direct cases of soil pressure there is only a dependence according to the height-width ratio ε_x and ε_z; ε_x is on the abscisses of the diagrams, and the change with ε_z is represented by families of curves of the given height-width ratio.

For the internal forces and bending moments resulting from cases of load on the margin which come in over the abutment wall, there are the same dependences referring to the coefficients k as they were reported above. When it comes to internal forces and bending moments resulting from cases of load on the margin from the wing wall, the coefficients k in the wing wall itself vary only with ε_{z1} and ε_{z2} respectively, therefore the diagrams contain only one curve. In the abutment wall itself the variation with ε_x comes additionally so that these diagrams are again divided up after ε_x and they contain families of curves for the height-width ratio ε_{z1} or ε_{z2} respectively.

In these cases of load on the margin, β the third variable, comes in addition from the cantilever at the wing wall. This has however only an effect on the internal forces and bending moments in the wing wall itself. The diagrams are therefore divided up according to the height-width ratio ε_{z1} or ε_{z2} respectively and contain families of curves for the different margin-length factors β. Inside the abutment wall there is practically no effect of the varying loading length of the cantilever because the stresses can equally spread in the wing wall. The area of spreading depends on the length of the wing wall so that for the internal forces and bending moments there is only the variation after the height-width ratio ε_{z1} and ε_{z2}. Consequently these diagrams are again divided up according to ε_x and contain families of curves for ε_{z1} or ε_{z2} respectively.

Only average values are shown in all cases in which the variation of the parameters ε_{z1} or ε_{z2} respectively in relation to ε_x and the parameter β in relation to ε_{z1} or ε_{z2} remains smaller than 5 % in their mutual difference. Likewise two curves each which were very close compared with the others were taken as one. This serves clearness since better readings as a consequence of many curves do not serve the improvement of the practical results of calculation.

3.4 The Course of Internal Forces and Bending Moments

Compared with the rectangular symmetrical abutment the course of internal forces and bending moments changes due to changed geometry and stiffness conditions of the static system. This change passes in direct proportion with the geometrical influences which again can indirectly exert proportional effects on the stiffness conditions so that higher values are also possible at the acute corner than at the obtuse corner. This is particularly valid for bending moments m_{xx} which are effective in horizontal sections. Their change is negligible. The bending moments m_{yy} which are effective in vertical sections however increase in the abutment wall with growing angle of obliqueness. The change in the wing walls depends directly upon the geometry. The cantilever looses its loading effect in the obtuse corner because it moves out of the loading area of the typical vehicles due to the changed geometry.

It is easier to describe the change of the plate forces in comparison with those of the rectangular symmetrical system. With growing angle of obliqueness the plate forces S_{xx} and also S_{yy} in the obtuse corner increase while they decrease in the acute corner. The centre of the system however remains almost untouched by such changes.

Figures 9 to 15 show the course of the internal forces and bending moments relating to the important loading cases of an abutment system with the dimensions

$$l_{z1} = 1{,}25\, l_y - l_x = 2{,}0\, l_y - l_{z2} = 0{,}75\, l_y, \ \text{mit} \ l_y = 4{,}80 \text{ m}$$

and an angle of obliqueness of 60° (vide the end of the german text).

4 Calculation Example

4.1 System and Preliminary Remarks

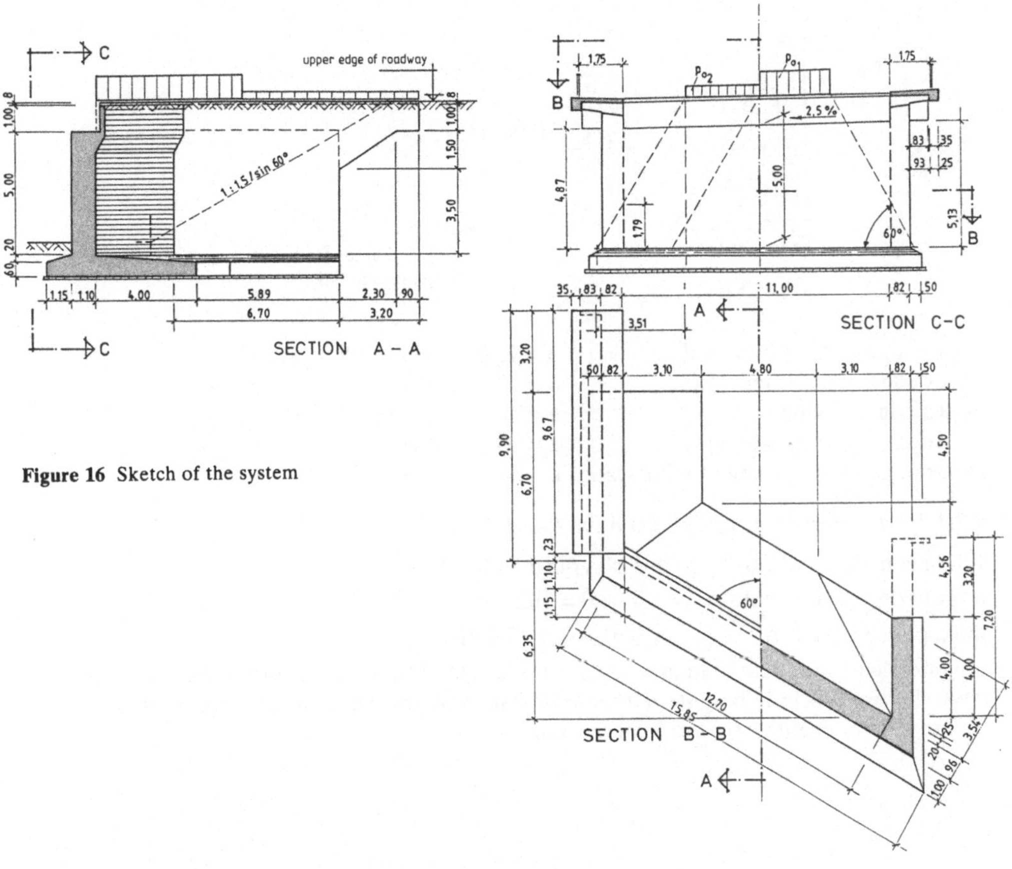

Figure 16 Sketch of the system

The following calculation determines the internal forces and bending moments of an oblique-angled abutment with a design angle of 60° according to Fig. 16. Again the calculation is based on the load class 60/30 as DIN 1072. As in the example relating to the rectangular system the loading situation "typical vehicles on the backfill of the abutment" will be governing ([1], section 5). Only the internal forces and bending moments of the abutment are shown, the effects of the appertaining bearing forces of the superstructure on the internal forces and bending moments have also to be taken into consideration. Again the differing influence on the height of the wing walls caused by the transverse slope of the road plane is equalized by an average height.

4.2 Loadings

4.2.1 Cases of Soil Pressure

4.2.1.1 Soil Pressure from the Backfill of the Abutment

basic values: $\gamma = 18$ kN/m^3; $\varphi = 32{,}5°$: $\delta = 0$; $k_0 = 1 - \sin 32{,}5° = 0{,}463$

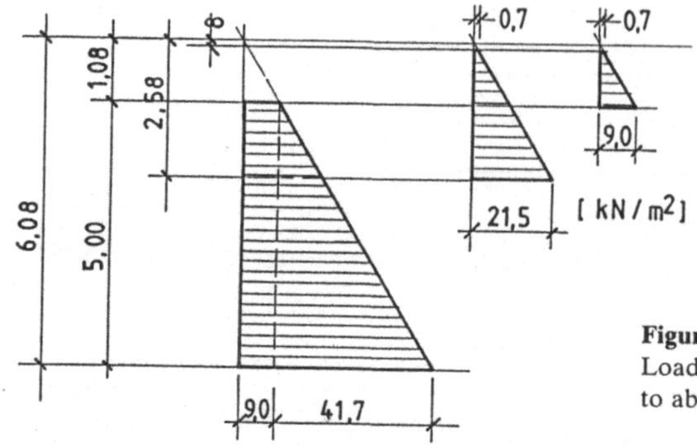

Figure 17
Loading ordinates from soil pressure due to abutment backfill

upper edge of abutment wall	$e = 18{,}0 \cdot 0{,}463 \cdot 1{,}08 = 9{,}0$ kN/m^2
lower edge of abutment wall	$e = 18{,}0 \cdot 0{,}463 \cdot 6{,}08 = 50{,}7$ kN/m^2
upper edge of wing wall	$e = 18{,}0 \cdot 0{,}463 \cdot 0{,}08 = 0{,}7$ kN/m^2
lower edge of wing wall end	$e = 18{,}0 \cdot 0{,}463 \cdot 1{,}08 = 9{,}0$ kN/m^2
lower edge of beginning of wing wall	$e = 18{,}0 \cdot 0{,}463 \cdot 2{,}58 = 21{,}5$ kN/m^2

4.2.1.2 Soil Pressure resulting from the Load of the Typical Vehicles

1 Concentric Load Position of the Typical Vehicles

upper edge of road with $A_0 = 6{,}0 \cdot 6{,}0 = 36{,}0$ m^2

max. $p_0 = 33{,}3$ kN/m^2; $e_0 = 33{,}3 \cdot 0{,}463 = 15{,}4$ kN/m^2

lower edge of wall with load distribution under 60°. These load components hit the wing walls below the half height of the wall. The soil pressure on the abutment wall is assumed as concentric partial load per area.

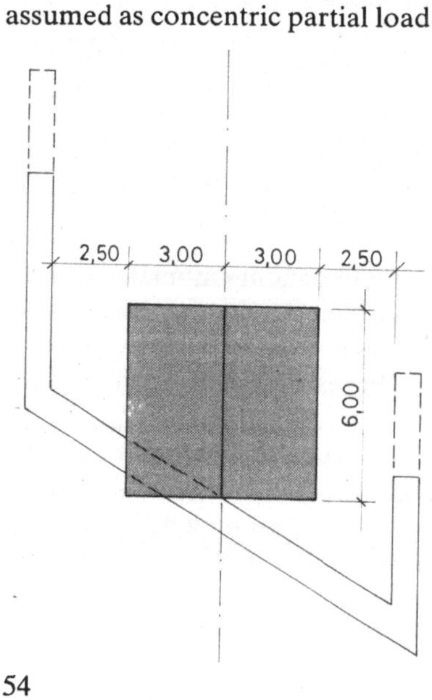

Figure 18
Coordination of the concentric load position of typical vehicles with the system

$t = 6{,}08$ m; $\Delta l = 6{,}08/\tan 60° = 3{,}51$ m

$A_1 = (6{,}0 + 2 \cdot 3{,}51) \cdot (6{,}0 + 3{,}51) = 13{,}02 \cdot 9{,}51 = 123{,}8\ m^2$

however only possible:

$A_1 = (6{,}0 + 2{,}50 + 3{,}51) \cdot 9{,}51) = 114{,}2\ m^2$

an unimpeded sprading of load is assumed on the side of the accute corner

$A_2 = (3{,}0 + 2 \cdot 3{,}51) \cdot (6{,}0 + 3{,}51) = 10{,}02 \cdot 9{,}51 = 95{,}3\ m^2$

however only possible:

$A_2 = (3{,}0 + 2{,}50 + 3{,}51) \cdot 9{,}51 = 85{,}7\ m^2$

the triangular sections in the upper supporting area caused by the oblique-angled course of the wall are neglected because they complement each other to zero.

$$p_u = 16{,}7 \frac{36{,}0}{114{,}2} + 16{,}7 \frac{36{,}0}{2 \cdot 85{,}7} = 8{,}8\ kN/m^2$$

$$e_u = 8{,}8 \cdot 0{,}463 = 4{,}1\ kN/m^2$$

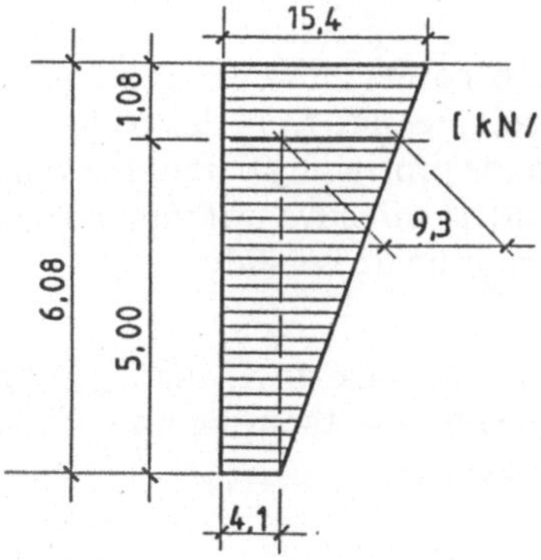

Figure 19 Loading ordinates from the soil pressure due to load of concentric travelling load

2 Exzentric Load Position of the Typical Vehicles

upper edge of roadway with $A_0 = 6{,}6 \cdot 6{,}0 = 36{,}0\ m^2$

max $p_0 = 33{,}3\ kN/m^2$; $e_0 = 33{,}3 \cdot 0{,}463 = 15{,}4\ kN/m^2$

lower edge of wall with load distribution under 60°; $t = 6{,}08$ m; $\Delta l = 6{,}08/\tan 60° = 3{,}51$ m

$A_1 = (6{,}0 + 3{,}51) \cdot (6{,}0 + 3{,}51) = 9{,}51 \cdot 9{,}51 = 90{,}4\ m^2$

$A_2 = (6{,}0 + 3{,}51) \cdot (3{,}0 + 3{,}51) = 9{,}51 \cdot 3{,}51 = 61{,}9\ m^2$

$$p_u = 16{,}7 \frac{36{,}0}{90{,}4} + 16{,}7 \frac{36{,}0}{2 \cdot 61{,}9} = 11{,}51\ kN/m^2$$

$$e_u = 11{,}51 \cdot 0{,}463 = 5{,}3\ kN/m^2$$

This load distribution is equally valid for the obtuse and for the acute corner because again the effect of the triangular areas of cutting of inclined planes from the obliqueness of the system can be neglected. It is assumed that the soil pressure is effective on the half abutment wall and the neighbouring wing wall. Wing wall and the protruding part of the wing wall are in the acute corner equally loaded by the typical vehicles, the resulting soil

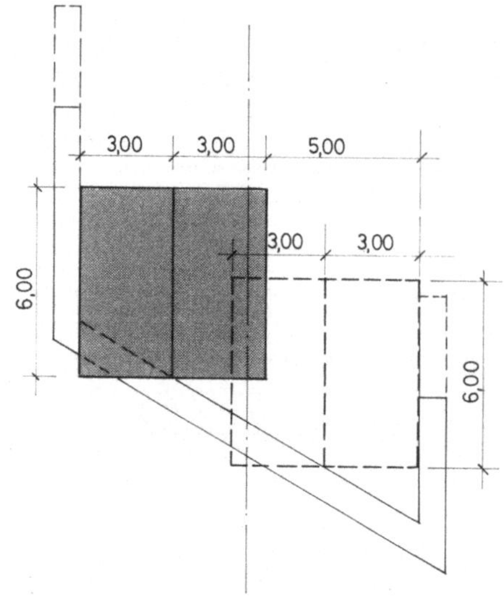

Figure 20
Coordination of excentric load positions of typical vehicles with the system

pressure is fully effective on both parts. In the obtuse corner however the typical vehicles can only load the wing wall alone and only the soil pressure from the loading of the remaining main track as appertaining load works on the protruding part of the wing wall. This load share is a constant load per area and is effective without a load distribution into the depth. The following soil pressure coordinate is valid:

$e = 5{,}0 \cdot 0{,}463 = 2{,}32$ kN/m^2.

Consequently the load on the parts of the wall is as shown in Fig. 21, share (a) on abutment wall and wing wall, share (b) on the protruding part of the wing wall of the acute corner and share (c) on the same part of the obtuse corner.

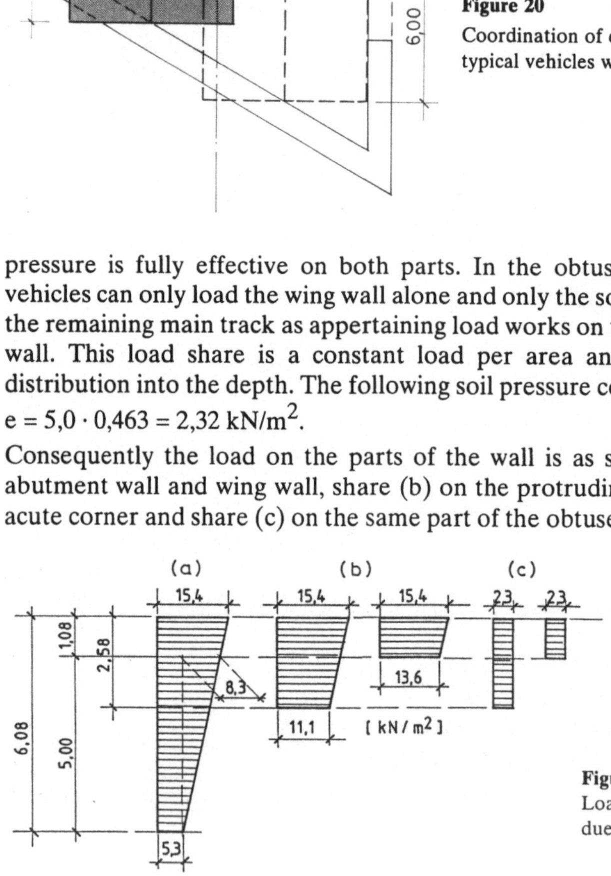

Figure 21
Loading ordinates from the soil pressure due to load of excentric travelling load

4.2.2 Cases of Load on the Margin

4.2.2.1 From the Wall above the Abutment Wall

1 From Permanent Loads according to 2.1.1

$q_r = 9{,}0 \cdot 1{,}08/2 = 4{,}90$ kN/m

$m_r = 9{,}0 \cdot 1{,}08^2/6 = 1{,}75$ kN/m

2 From travelling loads according to 2.1.2 (concentric load position)

$q_r = 13,4 \cdot 1,08 + 2,0 \cdot 1,08/2 = 15,6$ kN/m

$m_r = 13,4 \cdot 1,08^2/2 + 2,0 \cdot 1,08^2/3 = 8,6$ kN/m

4.2.2.2 From the Cantilever of the Wing Wall

1 From Permanent Loads

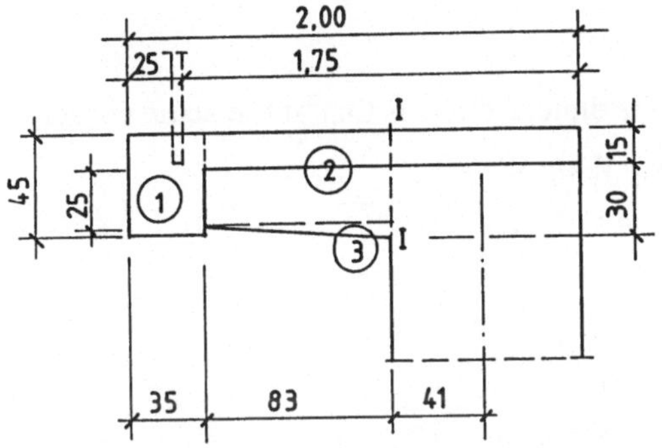

Figure 22 Cantilever of wing wall

Table 1
Bearing forces and bending moments at the cantilever cut

Nr.	A	Q_I	e_I	M_I
	m^2	kN	m	kNm
1	0,158	4,0	1,010	4,04
2	0,332	8,3	0,420	3,48
3	0,021	0,5	0,280	0,14
		12,8		7,66
Crash barrier and rounding off		0,7		0,34
		13,5		8,00

referred to the central area of the wing wall:

$m_g = 8,0 + 13,4 \cdot 0,41 = 13,5$ kNm/m

2 From travelling load

$q_p = 0,3 \cdot 0,93 = 0,28$ kN/m

$m_p = 0,3 \cdot 0,93^2/2 + 0,28 \cdot 0,41 = 0,24$ kNm/m

4.2.2.3 From the Protruding Part of the Wing Wall

4.2.2.3.1 From Permanent Loads according to 2.1.1 (on both sides)

$\frac{0,7 + 9,0}{2} \cdot 1,08 \cdot 3,20 = 16,8 \text{ kN} \cdot 3,20/2 = 26,9 \text{ kNm}$

$9,0 \cdot 1,5 \cdot 2,30/2 = 15,5 \text{ kN} \cdot 2,30/3 = 11,9 \text{ kNm}$

$(21,5 - 9,0) \cdot 1,5/2 \cdot 2,30/3 = 7,2 \text{ kN} \cdot 2,30/4 = 4,1 \text{ kNm}$

$\Sigma H = 39,5 \text{ kN} \quad \Sigma M = 42,9 \text{ kNm}$

amounts to $q_r = 39,5 / 2,50 = 15,8$ kN/m

$m_r = 42,9 / 2,50 = 17,2$ kN/m

4.2.2.3.2 From the Travelling Load according to 2.1.2 (on one side)

1 Protruding Part of the Wing Wall at the Acute Corner of the Abutment

$\frac{15,4 + 13,6}{2} \cdot 1,08 \cdot 3,20 = 50,1 \text{ kN} \cdot 3,20/2 = 80,2 \text{ kNm}$

$13,2 \cdot 1,5 \cdot 2,30/2 = 23,5 \text{ kN} \cdot 2,30/3 = 18,0 \text{ kNm}$

$-(13,6 - 11,0) \cdot 1,5/2 \cdot 2,30/3 = -1,4 \text{ kN} \cdot 2,30/4 = -0,8 \text{ kNm}$

$\Sigma H = 72,2 \text{ kN} \quad \Sigma M = 97,4 \text{ kNm}$

amounts to q_r = 72,2 / 2,50 = 28,9 kN/m
m_r = 97,4 / 2,50 = 39,0 kN/m

2 Protruding Part of the Wing Wall at the Obtuse Corner of the Abutment
Load assumption referring to full load of the part of the wall

2,3 · 1,08 · 3,20 = 7,9 kN · 3,20/2 = 12,7 kNm
2,3 · 1,50 · 3,20/2 = 4,0 kN · 2,30/3 = 3,0 kNm

Σ H = 11,9 kN Σ M = 15,7 kNm

amounts to q_r = 11,9 / 2,50 = 4,8 kN/m
m_r = 15,7 / 2,50 = 6,3 kN/m

the protruding part of the wing wall itself is dimensioned as that at the acute corner.

4.2.2.4 From the Part of the Wall above the Wing Wall

4.2.2.4.1 From Permanent Loads according to 2.1.1

$$q_r = \frac{0,7 + 9,0}{2} \cdot 1,08 = 5,2 \text{ kN/m}$$

$m_r = 0,7 \cdot 1,08^2/2 + 8,3 \cdot 1,08^2/6 = 1,9$ kNm/m

from the part protuding over the wing wall, according to 2.2.3.1

acute corner: $q_r^* = 15,8 \cdot 1,08/4,00$ = 4,3 kN/m
total shearing load: q_r = 5,2 + 4,3 = 9,5 kN/m

obtuse corner: $q_r = 15,8 \cdot 1,08/6,70$ = 2,5 kN/m
total shearing load: q_r = 5,2 + 2,5 = 7,7 kN/m

4.2.2.4.2 From the Travelling Load according to 2.1.2 (on one side)

$$q_r = \frac{15,4 + 13,6}{2} \cdot 1,08 = 15,7 \text{ kN/m}$$

$m_r = 13,6 \cdot 1,08^2/2 + 1,8 \cdot 1,08^2/3 = 8,6$ kN/m

from the part protruding over the wing wall, according to 2.2.3.2

acute corner: $q_r^* = 28,9 \cdot 1,08/4,00$ = 7,8 kN/m
total shearing load: q_r = 15,7 + 7,8 = 23,5 kN/m

obtuse corner: $q_r = 4,8 \cdot 1,08/6,70$ = 0,8 kN/m
total shearing load: q_r = 15,7 + 0,8 = 10,5 kN/m

4.3 Determination of Internal Forces and Bending Moments

4.3.1 Preliminary Remarks

Internal forces and bending moments as shown in Fig. 23 are determined
Basic values:

$l_x = 12,70$ m, $l_y = 5,00$ m, $l_{z_1} = 6,70$ m, $l_{z_2} = 4,00$ m

Design angle $\alpha = 60°$

$\varepsilon_x = 12,7 / 5,0 = 2,54$, chosen 2,5

$\varepsilon_{z_1} = 6,70 / 5,0 = 1,35$; $\varepsilon_{z_2} = 4,00 / 5,0 = 0,80$

consequently height-width ratio of the wall system 1,35 : 2,5 : 0,80

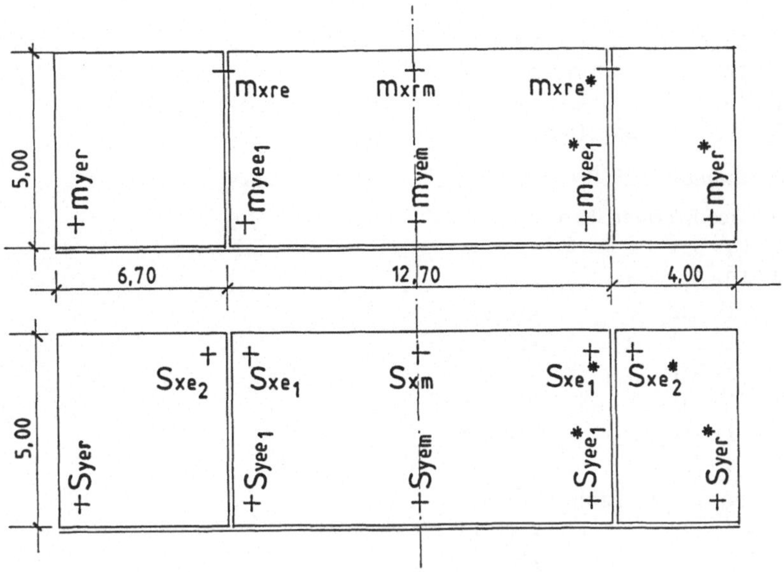

Figure 23 Compilation of internal forces and bending moments

4.3.2 Bending Moments m_{xx} and m_yy

4.3.2.1 Loading Situation: Soil Pressure from Backfill

1 Linear Share according to Tables 1.1 and 1.2 ∢ 60°

$m_{xre} = -0{,}075 \cdot 41{,}7 \cdot 5{,}0^2 = -\ 78{,}2$ kNm/m
$m_{xrm} = +0{,}024 \cdot 41{,}7 \cdot 5{,}0^2 = +\ 25{,}0$ kNm/m
$m^*_{xre} = -0{,}062 \cdot 41{,}7 \cdot 5{,}0^2 = -\ 64{,}6$ kNm/m
$m_{yer} = -0{,}132 \cdot 41{,}7 \cdot 5{,}0^2 = -137{,}6$ kNm/m
$m_{yee1} = -0{,}045 \cdot 41{,}7 \cdot 5{,}0^2 = -\ 46{,}9$ kNm/m
$m_{yem} = -0{,}118 \cdot 41{,}7 \cdot 5{,}0^2 = -123{,}0$ kNm/m
$m^*_{yee1} = -0{,}026 \cdot 41{,}7 \cdot 5{,}0^2 = -\ 27{,}1$ kNm/m
$m^*_{yer} = -0{,}076 \cdot 41{,}7 \cdot 5{,}0^2 = -\ 79{,}2$ kNm/m

2 Constant Share according to Tables 2.1 and 2.2 ∢ 60°

$m_{xre} = -0{,}29 \cdot 9{,}0 \cdot 5{,}0^2 = -\ 65{,}3$ kNm/m
$m_{xrm} = +0{,}08 \cdot 9{,}0 \cdot 5{,}0^2 = +\ 18{,}0$ kNm/m
$m^*_{xre} = -0{,}25 \cdot 9{,}0 \cdot 5{,}0^2 = -\ 56{,}3$ kNm/m
$m_{yer} = -0{,}37 \cdot 9{,}0 \cdot 5{,}0^2 = -\ 83{,}3$ kNm/m
$m_{yee1} = -0{,}102 \cdot 9{,}0 \cdot 5{,}0^2 = -\ 23{,}0$ kNm/m
$m_{yem} = -0{,}33 \cdot 9{,}0 \cdot 5{,}0^2 = -\ 74{,}3$ kNm/m
$m^*_{yee1} = -0{,}060 \cdot 9{,}0 \cdot 5{,}0^2 = -\ 13{,}5$ kNm/m
$m^*_{yer} = -0{,}175 \cdot 9{,}0 \cdot 5{,}0^2 = -\ 39{,}4$ kNm/m

3 Total

$m_{xre} = -\ 78{,}2 - 65{,}3 = -143{,}3$ kNm/m
$m_{xrm} = +\ 25{,}0 + 18{,}0 = +\ 43{,}0$ kNm/m
$m^*_{xre} = -\ 64{,}6 - 56{,}3 = -120{,}9$ kNm/m

$m_{yer} = -137,6 - 83,3 = -220,9$ kNm/m
$m_{yee1} = -46,9 - 23,0 = -69,9$ kNm/m
$m_{yem} = -123,0 - 74,3 = -197,3$ kNm/m
$m^*_{yee1} = -27,1 - 13,5 = -40,6$ kNm/m
$m^*_{yer} = -79,2 - 39,4 = -118,6$ kNm/m

4.3.2.2 Loading Situation: Soil Pressure from Concentric Travelling Load

1 Constant Share according to Tables 4.1 and 4.2 ∢ 60°

$m_{xre} = -0,091 \cdot 4,1 \cdot 5,0^2 = -9,3$ kNm/m
$m_{xrm} = +0,084 \cdot 4,1 \cdot 5,0^2 = +8,6$ kNm/m
$m^*_{xre} = -0,095 \cdot 4,1 \cdot 5,0^2 = -9,7$ kNm/m
$m_{yer} = +0,017 \cdot 4,1 \cdot 5,0^2 = +1,7$ kNm/m
$m_{yee1} = -0,07 \cdot 4,1 \cdot 5,0^2 = -7,2$ kNm/m
$m_{yem} = -0,36 \cdot 4,1 \cdot 5,0^2 = -36,9$ kNm/m
$m^*_{yee1} = -0,068 \cdot 4,1 \cdot 5,0^2 = -7,0$ kNm/m
$m^*_{yer} = +0,055 \cdot 4,1 \cdot 5,0^2 = +5,6$ kNm/m

2 Linear Share according to Tables 5.1 and 5.2 ∢ 60°

$m_{xre} = -0,066 \cdot 9,3 \cdot 5,0^2 = -15,3$ kNm/m
$m_{xrm} = +0,06 \cdot 9,3 \cdot 5,0^2 = +13,9$ kNm/m
$m^*_{xre} = -0,074 \cdot 9,3 \cdot 5,0^2 = -17,2$ kNm/m
$m_{yer} = +0,011 \cdot 9,3 \cdot 5,0^2 = +2,6$ kNm/m
$m_{yee1} = -0,03 \cdot 9,3 \cdot 5,0^2 = -7,0$ kNm/m
$m_{yem} = -0,20 \cdot 9,3 \cdot 5,0^2 = -46,5$ kNm/m
$m^*_{yee1} = -0,04 \cdot 9,3 \cdot 5,0^2 = -9,3$ kNm/m
$m^*_{yer} = +0,04 \cdot 9,3 \cdot 5,0^2 = +9,3$ kNm/m

3 Total

$m_{xre} = -9,3 - 15,3 = -24,6$ kNm/m
$m_{xrm} = +8,6 + 13,9 = +22,5$ kNm/m
$m^*_{xre} = -9,7 - 17,2 = -26,9$ kNm/m
$m_{yer} = +1,7 + 2,6 = +4,3$ kNm/m
$m_{yee1} = -7,2 - 7,0 = -14,2$ kNm/m
$m_{yem} = -36,9 - 46,5 = -83,4$ kNm/m
$m^*_{yee1} = -7,0 - 9,3 = -16,3$ kNm/m
$m^*_{yer} = +5,6 + 9,3 = +14,9$ kNm/m

4.3.2.3 Loading Situation: Soil Pressure from Excentric Travelling Load

1 Constant Share according to Tables 6.1 and 6.2 ∢ 60°

$m_{xre} = -0,27 \cdot 5,3 \cdot 5,0^2 = -38,8$ kNm/m
$m_{xrm} = +0,039 \cdot 5,3 \cdot 5,0^2 = +5,2$ kNm/m
$m^*_{xre} = -0,22 \cdot 5,3 \cdot 5,0^2 = -29,2$ kNm/m
$m_{yer} = -0,38 \cdot 5,3 \cdot 5,0^2 = -50,4$ kNm/m
$m_{yee1} = -0,10 \cdot 5,3 \cdot 5,0^2 = -13,3$ kNm/m
$m_{yem} = -0,16 \cdot 5,3 \cdot 5,0^2 = -21,2$ kNm/m
$m^*_{yee1} = -0,05 \cdot 5,3 \cdot 5,0^2 = -6,6$ kNm/m
$m^*_{yer} = -0,19 \cdot 5,3 \cdot 5,0^2 = -25,2$ kNm/m

2 Linear Share according to Tables 7.1 and 7.2 ∢ 60°

$m_{xre} = -0,197 \cdot 8,3 \cdot 5,0^2 = -40,9$ kNm/m
$m_{xrm} = +0,029 \cdot 8,3 \cdot 5,0^2 = +6,0$ kNm/m

$m^*_{xre} = -0{,}17 \cdot 8{,}3 \cdot 5{,}0^2 = -35{,}2$ kNm/m
$m_{yer} = -0{,}243 \cdot 8{,}3 \cdot 5{,}0^2 = -50{,}4$ kNm/m
$m_{yee1} = -0{,}055 \cdot 8{,}3 \cdot 5{,}0^2 = -11{,}4$ kNm/m
$m_{yem} = -0{,}10 \cdot 8{,}3 \cdot 5{,}0^2 = -20{,}8$ kNm/m
$m^*_{yee1} = -0{,}030 \cdot 8{,}3 \cdot 5{,}0^2 = -6{,}2$ kNm/m
$m^*_{yer} = -0{,}11 \cdot 8{,}3 \cdot 5{,}0^2 = -22{,}8$ kNm/m

3 Total

$m_{xre} = -38{,}8 - 40{,}9 = -79{,}7$ kNm/m
$m_{xrm} = +5{,}2 + 6{,}0 = +11{,}2$ kNm/m
$m^*_{xre} = -29{,}2 - 35{,}2 = -64{,}4$ kNm/m
$m_{yer} = -50{,}4 - 50{,}4 = -100{,}8$ kNm/m
$m_{yee1} = -13{,}3 - 11{,}4 = -24{,}7$ kNm/m
$m_{yem} = -21{,}2 - 20{,}8 = -42{,}0$ kNm/m
$m^*_{yee1} = -6{,}6 - 6{,}2 = -12{,}8$ kNm/m
$m^*_{yer} = -25{,}2 - 22{,}8 = -48{,}0$ kNm/m

4.3.2.4 Strain from the Wall above the Abutment Wall

1 Influences of Permanent Load according to 4.2.2.1

1.1 Shearing Load at the Margin according to Tables 12.1 and 12.2 ∢ 60°

$m_{xre} = -0{,}29 \cdot 4{,}9 \cdot 5{,}0^2 = -7{,}1$ kNm/m
$m_{xrm} = +0{,}19 \cdot 4{,}9 \cdot 5{,}0^2 = +4{,}7$ kNm/m
$m^*_{xre} = -0{,}34 \cdot 4{,}9 \cdot 5{,}0^2 = -8{,}3$ kNm/m
$m_{yer} = +0{,}040 \cdot 4{,}9 \cdot 5{,}0^2 = +1{,}0$ kNm/m
$m_{yee1} = -0{,}14 \cdot 4{,}9 \cdot 5{,}0^2 = -3{,}4$ kNm/m
$m_{yem} = -0{,}62 \cdot 4{,}9 \cdot 5{,}0^2 = -15{,}2$ kNm/m
$m^*_{yee1} = -0{,}15 \cdot 4{,}9 \cdot 5{,}0^2 = -3{,}7$ kNm/m
$m^*_{yer} = +0{,}157 \cdot 4{,}9 \cdot 5{,}0^2 = +3{,}8$ kNm/m

1.2 Moment at the Margin according to Tabels 13.1 and 13.2 ∢ 60°

$m_{xre} = -0{,}485 \cdot 1{,}75 = -0{,}85$ kNm/m
$m_{xrm} = +0{,}20 \cdot 1{,}75 = +0{,}4$ kNm/m
$m^*_{xre} = -0{,}62 \cdot 1{,}75 = -1{,}1$ kNm/m
$m_{yer} = +0{,}045 \cdot 1{,}75 = +0{,}1$ kNm/m
$m_{yee1} = 0$
$m_{yem} = -0{,}40 \cdot 1{,}75 = -0{,}70$ kNm/m
$m^*_{yee1} = +0{,}09 \cdot 1{,}75 = +0{,}2$ kNm/m
$m^*_{yer} = +0{,}21 \cdot 1{,}75 = +0{,}4$ kNm/m

3 Total

$m_{xre} = -7{,}1 - 0{,}85 = -7{,}95$ kNm/m
$m_{xrm} = +4{,}7 + 0{,}4 = +5{,}1$ kNm/m
$m^*_{xre} = -8{,}3 - 1{,}1 = -9{,}4$ kNm/m
$m_{yer} = +1{,}0 + 0{,}1 = +1{,}1$ kNm/m
$m_{yee1} = -3{,}4 = -3{,}4$ kNm/m
$m_{yem} = -15{,}2 - 0{,}70 = -15{,}9$ kNm/m
$m^*_{yee1} = -3{,}7 + 0{,}2 = -3{,}5$ kNm/m
$m^*_{yer} = +3{,}8 + 0{,}4 = +4{,}2$ kNm/m

2 Influences of Travelling Load according to 4.2.2.1

2.1 Concentric Load Position of Typical Vehicles

Conversion factor with regard to 1

Shearing load at the margin 15,6/4,9 = 3,18

Moment at the margin 8,6/1,75 = 4,91 consequently:

$m_{xre} = -7,1 \cdot 3,18 - 0,85 \cdot 4,91 = -26,8$ kNm/m
$m_{xrm} = +4,7 \cdot 3,18 + 0,4 \cdot 4,91 = +16,9$ kNm/m
$m^*_{xre} = -8,3 \cdot 3,18 - 1,1 \cdot 4,91 = -31,8$ kNm/m
$m_{yer} = +1,0 \cdot 3,18 + 0,1 \cdot 4,91 = +3,7$ kNm/m
$m_{yee1} = -3,4 \cdot 3,18 + 0 = -10,8$ kNm/m
$m_{yem} = -15,2 \cdot 3,18 - 0,7 \cdot 4,91 = -51,8$ kNm/m
$m^*_{yee1} = -3,7 \cdot 3,18 + 0,2 \cdot 4,91 = -10,8$ kNm/m
$m^*_{yer} = +3,8 \cdot 3,18 + 0,2 \cdot 4,91 = +14,1$ kNm/m

2.2 Excentric Load of Typical Vehicles according to Tables 14.1 and 14.2; 15.1 and 15.2 $\sphericalangle$ 60°

$m_{xre} = -0,22 \cdot 15,6 \cdot 5,0 - 0,37 \cdot 8,6 = -20,3$ kNm/m
$m_{xrm} = +0,095 \cdot 15,6 \cdot 5,0 + 0,12 \cdot 8,6 = +8,4$ kNm/m
$m^*_{xre} = -0,25 \cdot 15,6 \cdot 5,0 - 0,50 \cdot 8,6 = -23,8$ kNm/m
$m_{yer} = +0,05 \cdot 15,6 \cdot 5,0 + 0,05 \cdot 8,6 = +4,3$ kNm/m
$m_{yee1} = -0,095 \cdot 15,6 \cdot 5,0 + 0 = -7,4$ kNm/m
$m_{yem} = -0,30 \cdot 15,6 \cdot 5,0 - 0,21 \cdot 8,6 = -25,2$ kNm/m
$m^*_{yee1} = -0,125 \cdot 15,6 \cdot 5,0 - 0,05 \cdot 8,6 = -10,2$ kNm/m
$m^*_{yer} = +0,12 \cdot 15,6 \cdot 5,0 - 0,14 \cdot 8,6 = +10,6$ kNm/m

4.3.2.5 Strain from the Cantilever of the Wing Wall

1 Influences of Permanent Load according to 4.2.2.2 as Moment at the Margin on Both Sides according to Tables16.1 and 16.2 $\sphericalangle$ 60°

$m_{xre} = -0,92 \cdot 13,5 = -12,4$ kNm/m
$m_{xrm} = -0,02 \cdot 13,5 = -0,3$ kNm/m
$m^*_{xre} = -0,87 \cdot 13,5 = -11,7$ kNm/m
$m_{yer} = -0,56 \cdot 13,5 = -7,6$ kNm/m
$m_{yee1} = 0 = 0$ kNm/m
$m_{yem} = +0,13 \cdot 13,5 = +1,8$ kNm/m
$m^*_{yee1} = 0 = 0$ kNm/m
$m^*_{yer} = -0,10 \cdot 13,5 = -1,4$ kNm/m

2 Influences of Travelling Load on the Cantilever on Both Sides as before with Conversion Factor 0,24 / 13,5 = 0,018 with regard to 1

$m_{xre} = -0,018 \cdot 12,4 = -0,22$ kNm/m
$m^*_{xre} = -0,018 \cdot 11,7 = -0,21$ kNm/m

all other values practically nil

3 Influences of Travelling Load on the Cantilever on one Side according to Tables 17.1 and 17.2 $\sphericalangle$ 60°

$m_{xre} = -0,925 \cdot 0,24 = -0,22$ kNm/m
$m^*_{xre} = -0,90 \cdot 0,24 = -0,21$ kNm/m

all other values practically nil

4.3.2.6 Strain from the Protruding Part of the Wing Wall and the Part of the Wall above the Wing Wall

4.3.2.6.1 From the Protruding Part of the Wing Wall alone:

1 Influences of Permanent Load according to 4.2.2.3.1, on Both Sides

1.1 Moment at the Margin according to Tables 8.1 and 8.2 $\sphericalangle$ 60°, with $\beta = 0{,}3$

$m_{xre} = -0{,}03 \cdot 17{,}2 = -\ 0{,}5$ kNm/m
$m_{xrm} \approx 0$
$m^*_{xre} = -0{,}25 \cdot 17{,}2 = -\ 4{,}3$ kNm/m
$m_{yer} = -0{,}40 \cdot 17{,}2 = +\ 1{,}0$ kNm/m
$m_{yee1} = 0$
$m_{yem} = -0$
$m^*_{yee1} = 0{,}02 \cdot 17{,}2 = -\ 0{,}3$ kNm/m
$m^*_{yer} = -0{,}40 \cdot 17{,}2 = -\ 6{,}9$ kNm/m

1.2 Shearing Load at the Margin according to Tables 10.1; 10.2 $\sphericalangle$ 60° with $\beta = 0{,}3$

$m_{xre} = -\ 0{,}09 \cdot 15{,}8 \cdot 5{,}0 = -\ 7{,}1$ kNm/m
$m_{xrm} \approx 0$
$m^*_{xre} = -\ 0{,}17 \cdot 15{,}8 \cdot 5{,}0 = -\ 13{,}4$ kNm/m
$m_{yer} = -\ 0{,}35 \cdot 15{,}8 \cdot 5{,}0 = -\ 27{,}7$ kNm/m
$m_{yee1} = 0$
$m_{yem} = +\ 0{,}06 \cdot 15{,}8 \cdot 5{,}0 = +\ 4{,}7$ kNm/m
$m^*_{yee1} = +\ 0{,}01 \cdot 15{,}8 \cdot 5{,}0 = +\ 0{,}8$ kNm/m
$m^*_{yer} = -\ 0{,}3 \cdot 15{,}8 \cdot 5{,}0 = -\ 23{,}7$ kNm/m

1.3 Influences of Permanent Load from the Protruding Part of the Wing Wall in total

$m_{xre} = -0{,}5 - 7{,}1 = -\ 7{,}6$ kNm/m
$m_{xrm} \approx 0$
$m^*_{xre} = -4{,}3 - 13{,}4 = -\ 17{,}7$ kNm/m
$m_{yer} = -6{,}9 - 27{,}7 = -\ 34{,}6$ kNm/m
$m_{yee1} = 0$
$m_{yem} = 0 + 4{,}7 = +\ 4{,}7$ kNm/m
$m^*_{yee1} = -0{,}3 + 0{,}8 = +\ 0{,}5$ kNm/m
$m^*_{yer} = -6{,}9 - 23{,}7 = -\ 30{,}6$ kNm/m

2 Influences of Travelling Load according to 4.2.2.3.2, on One Side

2.1 Protruding Part of the Wing Wall at the Acute Corner

2.1.1 Moment at the Margin according to Tables 9.1; 9.2 $\sphericalangle$ 60°; with $\beta = 0{,}3$

$m_{xrm} = 0$
$m^*_{xre} = -0{,}25 \cdot 39{,}0 = -\ 9{,}8$ kNm/m
$m_{yem} = 0$
$m^*_{yee1} = -0{,}03 \cdot 39{,}0 = -\ 1{,}2$ kNm/m
$m^*_{yer} = -0{,}40 \cdot 39{,}0 = -\ 15{,}6$ kNm/m

2.1.2 Shearing Load at the Margin according to Tables 11.1; 11.2 $\sphericalangle$ 60°; with $\beta = 0{,}3$

$m_{xrm} = 0$
$m^*_{xre} = -0{,}17 \cdot 28{,}9 \cdot 5{,}0 = 24{,}6$ kNm/m
$m_{yem} = +\ 0{,}018 \cdot 28{,}9 \cdot 5{,}0 = +\ 2{,}6$ kNm/m
$m^*_{yee1} = +\ 0{,}01 \cdot 28{,}9 \cdot 5{,}0 = +\ 1{,}5$ kNm/m
$m^*_{yer} = -0{,}30 \cdot 28{,}9 \cdot 5{,}0 = -\ 43{,}4$ kNm/m

2.2 Protruding Part of the Wing Wall at the Obtuse Corner

2.2.1 Moment at the Margin according to Tables 9.1; 9.2 ∢ 60°; with $\beta = 0,3$

$m_{xre} = -0,03 \cdot 6,3 \quad = - \quad 0,2$ kNm/m
$m_{yer} = -0,40 \cdot 6,3 \quad = - \quad 2,5$ kNm/m
$m_{yee1} = 0$

2.2.2 Shearing Load at the Margin according to Tables 11.1; 11.2 ∢ 60°; with $\beta = 0,3$

$m_{xre} = -0,09 \cdot 4,8 \cdot 5,0 \quad = - \quad 2,2$ kNm/m
$m_{yer} = -0,35 \cdot 4,8 \cdot 5,0 \quad = - \quad 8,4$ kNm/m
$m_{yee1} = 0$

2.3 Influences of Travelling Load from the Protruding Part of the Wing Wall, on One Side, in total

$m_{xre} = - \ 0,2 - \ 1,2 \quad = - \quad 2,4$ kNm/m
$m_{xrm} = 0$
$m^*_{xre} = - \ 9,8 - 24,6 \quad = - \quad 34,4$ kNm/m
$m_{yer} = - \ 2,5 - \ 8,4 \quad = - \quad 10,9$ kNm/m
$m_{yee1} = 0$
$m_{yem} = 0 + 2,6 \quad = + \quad 2,6$ kNm/m
$m^*_{yee1} = - \ 1,2 + \ 1,5 \quad = + \quad 0,3$ kNm/m
$m^*_{yer} = -15,6 - 43,4 \quad = - 59,06$ kNm/m

4.3.2.6.2 From the Part of the Wall above the Wing Wall alone

1 Influences of Permanent Load according to 4.2.2.4.1, on Both Sides

1.1 Moment at the Margin according to Tables 16.1; 16.2 ∢ 60°

$m_{xre} = -0,92 \cdot 1,9 \quad = - \quad 1,7$ kNm/m
$m_{xrm} = -0,02 \cdot 1,9 \quad \cong \quad 0$ kNm/m
$m^*_{xre} = -0,9 \cdot 1,9 \quad = - \quad 1,7$ kNm/m
$m_{yer} = -0,56 \cdot 1,9 \quad = - \quad 1,1$ kNm/m
$m_{yee1} = 0$
$m_{yem} = +0,13 \cdot 1,9 \quad = + \quad 0,2$ kNm/m
$m^*_{yee1} = 0$
$m^*_{yer} = -0,10 \cdot 1,9 \quad = - \quad 0,2$ kNm/m

1.2 Shearing Load at the Margin according to Tables 18.1; 18.2 ∢ 60°

1.2.1 Acute Corner

$m_{xrm} = 0$
$m^*_{xre} = -0,45 \cdot 9,5 \cdot 5,0 \quad = - \quad 21,3$ kNm/m
$m_{yem} = +0,11 \cdot 9,5 \cdot 5,0 \quad = + \quad 5,2$ kNm/m
$m^*_{yee1} = +0,05 \cdot 9,5 \cdot 5,0 \quad = + \quad 2,4$ kNm/m
$m^*_{yer} = -0,32 \cdot 9,5 \cdot 5,0 \quad = - \quad 15,2$ kNm/m

1.2.2 Obtuse Corner

$m_{xre} = -0,57 \cdot 7,7 \cdot 5,0 \quad = - \quad 22,0$ kNm/m
$m_{yer} = -0,70 \cdot 7,7 \cdot 5,0 \quad = - \quad 27,0$ kNm/m
$m_{yee1} = -0,01 \cdot 7,7 \cdot 5,0 \quad = - \quad 0,4$ kNm/m

1.3 Influence of Permanent Load from the Part of the Wall above the Wing Wall, in total

$m_{xre} = - \ 1,7 - 22,0 \quad = - \quad 23,7$ kNm/m
$m_{xrm} = 0$

$m^*_{xre} = -1,7 - 21,3 = -23,0$ kNm/m

$m_{yer} = -1,1 - 27,0 = -28,1$ kNm/m

$m_{yee1} = 0 - 0,4 = -0,4$ kNm/m

$m_{yem} = +0,2 + 5,2 = +5,4$ kNm/m

$m^*_{yee1} = 0 + 2,4 = +2,4$ kNm/m

$m^*_{yer} = -0,2 - 15,2 = -15,4$ kNm/m

2 Influences of Travelling Load on One Side according to 4.2.2.4.2

2.1 Moment at the Margin according to Tables 17.1; 17.2 ∢ 60°

$m_{xre} = -0,925 \cdot 8,6 = -8,0$ kNm/m

$m_{xrm} = 0$

$m^*_{xre} = -0,89 \cdot 8,6 = -7,6$ kNm/m

$m_{yer} = -0,56 \cdot 8,6 = -4,8$ kNm/m

$m_{yee1} = 0$

$m_{yem} = +0,05 \cdot 8,6 = +0,4$ kNm/m

$m^*_{yee1} \approx 0$

$m^*_{yer} = -0,10 \cdot 8,6 = -0,9$ kNm/m

2.2 Shearing Load according to Tables 19.1; 19.2 ∢ 60°

2.2.1 Acute Corner

$m_{xrm} = 0$

$m^*_{xre} = -0,45 \cdot 23,5 \cdot 5,0 = -52,9$ kNm/m

$m_{yem} = +0,05 \cdot 23,5 \cdot 5,0 = +5,9$ kNm/m

$m^*_{yee1} = +0,049 \cdot 23,5 \cdot 5,0 = +5,8$ kNm/m

$m^*_{yer} = -0,32 \cdot 23,5 \cdot 5,0 = -37,6$ kNm/m

2.2.2 Obtuse Corner

$m_{xre} = -0,55 \cdot 10,5 \cdot 5,0 = -28,9$ kNm/m

$m_{yer} = -0,70 \cdot 10,5 \cdot 5,0 = -36,8$ kNm/m

$m_{yee1} = -0,015 \cdot 10,5 \cdot 5,0 = -0,8$ kNm/m

2.3 Influences of Travelling Load from the Part of the Wall above the Wing Wall in total:

$m_{xre} = -0,8 - 28,9 = -36,9$ kNm/m

$m_{xrm} = 0$

$m^*_{xre} = -7,6 - 52,9 = -60,5$ kNm/m

$m_{yer} = -4,8 - 36,8 = -41,6$ kNm/m

$m_{yee1} = 0 - 0,8 = -0,8$ kNm/m

$m_{yem} = +0,4 + 5,9 = +6,3$ kNm/m

$m^*_{yee1} = -0 + 5,8 = +5,8$ kNm/m

$m^*_{yer} = -0,2 - 37,6 = -38,5$ kNm/m

4.3.2.6.3 From the Protruding Part of the Wing Wall and the Part of the Wall above the Wing Wall, together:

1 Influences of Permanent Load:

$m_{xre} = -7,6 - 23,7 = -31,3$ kNm/m

$m_{xrm} = 0$

$m^*_{xre} = -17,7 - 23,0 = -40,7$ kNm/m

$m_{yer} = -34,6 - 28,1 = -62,7$ kNm/m

$m_{yee1} = 0 - 0,4 = -0,4$ kNm/m

$m_{yem} = +\ 4{,}7 + 5{,}4 = +\ 10{,}1$ kNm/m
$m^{*}_{yee1} = +\ 0{,}5 + 2{,}4 = +\ 2{,}9$ kNm/m
$m^{*}_{yer} = -30{,}6 - 15{,}4 = -\ 46{,}0$ kNm/m

2 Influences of Travelling Load on One Side:

$m_{xre} = -\ 2{,}2 - 36{,}6 = -\ 38{,}8$ kNm/m
$m_{xrm} = 0$
$m^{*}_{xre} = -34{,}4 - 60{,}5 = -\ 94{,}9$ kNm/m
$m_{yer} = -10{,}0 - 41{,}2 = -\ 51{,}2$ kNm/m
$m_{yee1} = 0 - 0{,}8 = -\ 0{,}8$ kNm/m
$m_{yem} = +\ 2{,}6 + 6{,}3 = +\ 8{,}9$ kNm/m
$m^{*}_{yee1} = +\ 0{,}3 + 5{,}8 = +\ 6{,}1$ kNm/m
$m^{*}_{yer} = -59{,}0 - 38{,}5 = -\ 97{,}5$ kNm/m

4.3.3 Plate Forces S_{xx} and S_{yy}

4.3.3.1 Loading Situation: Soil Pressure from the Backfill

1 Linear Share according to Tables 1.2 and 1.3 $\measuredangle$ 60°

$S_{xe2} = +0{,}58 \cdot 41{,}7 \cdot 5{,}0 = +\ 120{,}9$ kNm/m
$S_{xe1} = +0{,}62 \cdot 41{,}7 \cdot 5{,}0 = +\ 129{,}3$ kNm/m
$S_{xm} = +0{,}28 \cdot 41{,}7 \cdot 5{,}0 = +\ 58{,}4$ kNm/m
$S^{*}_{xe1} \approx 0$
$S^{*}_{xe2} = +0{,}32 \cdot 41{,}7 \cdot 5{,}0 = +\ 66{,}7$ kNm/m
$S_{yer} = +0{,}70 \cdot 41{,}7 \cdot 5{,}0 = +\ 146{,}0$ kNm/m
$S_{yee1} = -0{,}96 \cdot 41{,}7 \cdot 5{,}0 = -\ 200{,}0$ kNm/m
$S_{yem} = +0{,}079 \cdot 41{,}7 \cdot 5{,}0 = +\ 16{,}5$ kNm/m
$S^{*}_{yee1} = -0{,}41 \cdot 41{,}7 \cdot 5{,}0 = -\ 85{,}5$ kNm/m
$S^{*}_{yer} = +0{,}62 \cdot 41{,}7 \cdot 5{,}0 = +\ 129{,}3$ kNm/m

2 Constant Share according to Tables 2.2 and 2.3 $\measuredangle$ 60°

$S_{xe2} = +2{,}72 \cdot 9{,}0 \cdot 5{,}0 = +\ 122{,}4$ kNm/m
$S_{xe1} = +2{,}95 \cdot 9{,}0 \cdot 5{,}0 = +\ 132{,}8$ kNm/m
$S_{xm} = +0{,}96 \cdot 9{,}0 \cdot 5{,}0 = +\ 43{,}2$ kNm/m
$S^{*}_{xe1} = +0{,}35 \cdot 9{,}0 \cdot 5{,}0 = +\ 15{,}8$ kNm/m
$S^{*}_{xe2} = +1{,}52 \cdot 9{,}0 \cdot 5{,}0 = +\ 68{,}4$ kNm/m
$S_{yer} = +2{,}45 \cdot 9{,}0 \cdot 5{,}0 = +\ 110{,}3$ kNm/m
$S_{yee1} = -2{,}85 \cdot 9{,}0 \cdot 5{,}0 = -\ 128{,}3$ kNm/m
$S_{yem} = +0{,}30 \cdot 9{,}0 \cdot 5{,}0 = +\ 13{,}5$ kNm/m
$S^{*}_{yee1} = -1{,}13 \cdot 9{,}0 \cdot 5{,}0 = -\ 50{,}9$ kNm/m
$S^{*}_{yer} = +2{,}07 \cdot 9{,}0 \cdot 5{,}0 = +\ 93{,}2$ kNm/m

3 Total

$S_{xe2} = +120{,}9 + 122{,}4 = +\ 243{,}3$ kNm/m
$S_{xe1} = +129{,}3 + 132{,}8 = +\ 262{,}1$ kNm/m
$S_{xm} = +\ 58{,}4 + 43{,}2 = +\ 101{,}6$ kNm/m
$S^{*}_{xe1} = 0 + 15{,}8 = +\ 15{,}8$ kNm/m
$S^{*}_{xe2} = +\ 66{,}7 + 68{,}4 = +\ 135{,}1$ kNm/m
$S_{yer} = +146{,}0 + 110{,}3 = +\ 256{,}3$ kNm/m
$S_{yee1} = -200{,}0 - 128{,}3 = -\ 328{,}3$ kNm/m
$S_{yem} = +\ 16{,}5 + 13{,}5 = +\ 30{,}0$ kNm/m

$S^*_{yee1} = - 85{,}5 - 50{,}9 = - 136{,}4$ kNm/m
$S^*_{yer} = + 129{,}3 + 93{,}2 = + 222{,}5$ kNm/m

4.3.3.2 Loading Situation: Soil Pressure from Concentric Travelling Load

1 Constant Share according to Tables 4.2 and 4.3 ∢ 60°

$S_{xe2} = + 1{,}60 \cdot 4{,}1 \cdot 5{,}0 = + 32{,}8$ kNm/m
$S_{xe1} = + 0{,}56 \cdot 4{,}1 \cdot 5{,}0 = + 11{,}5$ kNm/m
$S_{xm} = + 0{,}29 \cdot 4{,}1 \cdot 5{,}0 = + 6{,}0$ kNm/m
$S^*_{xe1} = + 0{,}97 \cdot 4{,}1 \cdot 5{,}0 = - 19{,}9$ kNm/m
$S^*_{xe2} = + 1{,}84 \cdot 4{,}1 \cdot 5{,}0 = + 37{,}7$ kNm/m
$S_{yer} = - 0{,}97 \cdot 4{,}1 \cdot 5{,}0 = + 19{,}9$ kNm/m
$S_{yee1} = - 0{,}8 \cdot 4{,}1 \cdot 5{,}0 = - 16{,}4$ kNm/m
$S_{yem} = + 0{,}05 \cdot 4{,}1 \cdot 5{,}0 = + 1{,}0$ kNm/m
$S^*_{yee1} = - 0{,}7 \cdot 4{,}1 \cdot 5{,}0 = - 14{,}4$ kNm/m
$S^*_{yer} = + 1{,}97 \cdot 4{,}1 \cdot 5{,}0 = + 36{,}7$ kNm/m

2 Linear Share according to Tables 5.2 and 5.3 ∢ 60°

$S_{xe2} = + 1{,}22 \cdot 9{,}3 \cdot 5{,}0 = + 56{,}7$ kNm/m
$S_{xe1} = + 0{,}46 \cdot 9{,}3 \cdot 5{,}0 = + 21{,}4$ kNm/m
$S_{xm} = + 0{,}20 \cdot 9{,}3 \cdot 5{,}0 = + 9{,}3$ kNm/m
$S^*_{xe1} = - 0{,}73 \cdot 9{,}3 \cdot 5{,}0 = - 33{,}9$ kNm/m
$S^*_{xe2} = + 1{,}42 \cdot 9{,}3 \cdot 5{,}0 = + 66.0$ kNm/m
$S_{yer} = + 0{,}69 \cdot 9{,}3 \cdot 5{,}0 = + 32{,}1$ kNm/m
$S_{yee1} = - 0{,}55 \cdot 9{,}3 \cdot 5{,}0 = - 25{,}6$ kNm/m
$S_{yem} = + 0{,}04 \cdot 9{,}3 \cdot 5{,}0 = + 1{,}9$ kNm/m
$S^*_{yee1} = - 0{,}50 \cdot 9{,}3 \cdot 5{,}0 = - 23{,}3$ kNm/m
$S^*_{yer} = + 1{,}25 \cdot 9{,}3 \cdot 5{,}0 = + 58{,}1$ kNm/m

3 Total

$S_{xe2} = + 32{,}8 + 56{,}7 = + 89{,}5$ kNm/m
$S_{xe1} = + 11{,}5 + 21{,}4 = + 32{,}9$ kNm/m
$S_{xm} = + 6{,}0 + 9{,}3 = + 15{,}3$ kNm/m
$S^*_{xe1} = - 19{,}9 - 33{,}9 = - 53{,}8$ kNm/m
$S^*_{xe2} = + 37{,}7 + 66{,}0 = + 103{,}7$ kNm/m
$S_{yer} = + 19{,}9 + 32{,}1 = + 52{,}0$ kNm/m
$S_{yee1} = - 16{,}4 - 25{,}6 = - 42{,}0$ kNm/m
$S_{yem} = + 1{,}0 + 1{,}9 = + 2{,}9$ kNm/m
$S^*_{yee1} = - 14{,}4 - 23{,}3 = - 37{,}7$ kNm/m
$S^*_{yer} = + 36{,}7 + 58{,}1 = + 94{,}8$ kNm/m

4.3.3.3 Loading Situation: Soil Pressure from Excentric Travelling Load

1 Constant Share according to Tables 6.2 and 6.3 ∢ 60°

$S_{xe2} = + 2{,}30 \cdot 5{,}3 \cdot 5{,}0 = + 61{,}0$ kNm/m
$S_{xe1} = + 2{,}83 \cdot 5{,}3 \cdot 5{,}0 = + 75{,}0$ kNm/m
$S_{xm} = + 0{,}65 \cdot 5{,}3 \cdot 5{,}0 = + 17{,}2$ kNm/m
$S^*_{xe1} = + 0{,}60 \cdot 5{,}3 \cdot 5{,}0 = + 15{,}9$ kNm/m
$S^*_{xe2} = + 1{,}0 \cdot 5{,}3 \cdot 5{,}0 = + 26{,}5$ kNm/m
$S_{yer} = + 2{,}3 \cdot 5{,}3 \cdot 5{,}0 = + 61{,}0$ kNm/m
$S_{yee1} = - 2{,}82 \cdot 5{,}3 \cdot 5{,}0 = - 74{,}4$ kNm/m

S_{yem} = + 0,23 · 5,3 · 5,0 = + 6,1 kNm/m
S^*_{yee1} = – 1,65 · 5,3 · 5,0 = – 43,7 kNm/m
S^*_{yer} = + 1,93 · 5,3 · 5,0 = + 51,2 kNm/m

2 Linear Share according to Tables 7.2 and 7.3 ∢ 60°

S_{xe2} = + 1,87 · 8,3 · 5,0 = + 77,6 kNm/m
S_{xe1} = + 2,23 · 8,3 · 5,0 = + 92,6 kNm/m
S_{xm} = + 0,46 · 8,3 · 5,0 = + 19,1 kNm/m
S^*_{xe1} = + 0,53 · 8,3 · 5,0 = + 22,0 kNm/m
S^*_{xe2} = + 0,80 · 8,3 · 5,0 = + 33,2 kNm/m
S_{yer} = + 1,63 · 8,3 · 5,0 = + 67,7 kNm/m
S_{yee1} = – 1,86 · 8,3 · 5,0 = – 77,2 kNm/m
S_{yem} = + 0,16 · 8,3 · 5,0 = + 6,6 kNm/m
S^*_{yee1} = – 1,13 · 8,3 · 5,0 = – 46,9 kNm/m
S^*_{yer} = + 1,30 · 8,3 · 5,0 = + 54,0 kNm/m

3 Total

S_{xe2} = + 61,0 + 77,6 = + 138,6 kNm/m
S_{xe1} = + 75,0 + 92,6 = + 167,6 kNm/m
S_{xm} = + 17,2 + 19,1 = + 36,3 kNm/m
S^*_{xe1} = + 15,9 + 22,0 = + 37,9 kNm/m
S^*_{xe2} = + 26,5 + 33,2 = + 59,7 kNm/m
S_{yer} = + 61,0 + 67,7 = + 128,7 kNm/m
S_{yee1} = – 74,7 – 77,2 = – 151,9 kNm/m
S_{yem} = + 6,1 + 6,6 = + 12,7 kNm/m
S^*_{yee1} = – 43,7 – 46,9 = – 90,6 kNm/m
S^*_{yer} = + 51,2 + 54,0 = + 105,2 kNm/m

4.3.3.4 Strain from the Wall above the Abutment Wall

1 Influences of Permanent Load according to 4.2.2.1

1.1 Shearing Load at the Margin according to Tables 12.2 and 12.3 ∢ 60°

S_{xe2} = + 1,65 · 4,9 · 5,0 = + 40,0 kNm/m
S_{xe1} = + 0,60 · 4,9 · 5,0 = + 14,7 kNm/m
S_{xm} = + 0,18 · 4,9 · 5,0 = + 4,4 kNm/m
S^*_{xe1} = – 0,82 · 4,9 · 5,0 = – 20,1 kNm/m
S^*_{xe2} = + 1,83 · 4,9 · 5,0 = + 44,8 kNm/m
S_{yer} = + 0,7 · 4,9 · 5,0 = + 17,2 kNm/m
S_{yee1} = – 0,57 · 4,9 · 5,0 = – 14,0 kNm/m
S_{yem} = + 0,03 · 4,9 · 5,0 = + 0,7 kNm/m
S^*_{yee1} = – 0,5 · 4,9 · 5,0 = – 12,3 kNm/m
S^*_{yer} = + 1,3 · 4,9 · 5,0 = + 39,9 kNm/m

1.2 Moment at the Margin according to Tables 13.2 and 13.3 ∢ 60°

S_{xe2} = + 4,22 · 1,75 = + 7,4 kNm/m
S_{xe1} = + 1,46 · 1,75 = + 2,6 kNm/m
S_{xm} = + 0,25 · 1,75 = + 0,4 kNm/m
S^*_{xe1} = – 1,61 · 1,75 = – 2,8 kNm/m
S^*_{xe2} = + 1,01 · 1,75 = + 1,8 kNm/m
S_{yer} = + 0,85 · 1,75 = + 1,5 kNm/m
S_{yee1} = – 0,55 · 1,75 = – 1,0 kNm/m
S_{yem} = + 0,06 · 1,75 = + 0,1 kNm/m

S^*_{yee1} = – 0,54 · 1,75 = – 1,0 kNm/m
S^*_{yer} = + 1,6 · 1,75 = + 2,8 kNm/m

1.3 Total

S_{xe2} = + 40,4 + 7,4 = + 47,8 kNm/m
S_{xe1} = + 14,7 + 2,6 = + 17,3 kNm/m
S_{xm} = + 4,4 + 0,4 = + 4,8 kNm/m
S^*_{xe1} = – 20,1 – 2,8 = – 22,9 kNm/m
S^*_{xe2} = + 44,8 + 1,8 = + 46,6 kNm/m
S_{yer} = + 17,2 + 1,5 = + 18,7 kNm/m
S_{yee1} = – 14,0 – 1,0 = – 15,0 kNm/m
S_{yem} = + 0,7 + 0,1 = + 0,8 kNm/m
S^*_{yee1} = – 12,3 – 1,0 = – 13,3 kNm/m
S^*_{yer} = + 31,9 + 2,8 = + 34,7 kNm/m

2 Influences of Travelling Load according to 4.2.2.1

2.1 Concentric Load Position of Typical Vehicles
Conversion Factor with regard to 1.
Shearing Load at the Margin : 3,18; Moment at the Margin: 4,91 (vide 4.3.2.4)

S_{xe2} = + 40,4 · 3,18 + 7,4 · 4,91 = + 164,8 kNm/m
S_{xe1} = + 14,7 · 3,18 + 2,6 · 4,91 = + 59,5 kNm/m
S_{xm} = + 4,4 · 3,18 + 0,4 · 4,91 = + 16,0 kNm/m
S^*_{xe1} = – 20,1 · 3,18 – 2,8 · 4,91 = – 77,7 kNm/m
S^*_{xe2} = + 44,8 · 3,18 + 1,8 · 4,91 = + 151,3 kNm/m
S_{yer} = + 17,2 · 3,18 + 1,5 · 4,91 = + 62,1 kNm/m
S_{yee1} = – 14,0 · 3,18 – 1,0 · 4,91 = – 49,4 kNm/m
S_{yem} = + 0,7 · 3,18 + 0,1 · 4,91 = + 2,7 kNm/m
S^*_{yee1} = – 12,3 · 3,18 – 1,0 · 4,91 = – 44,0 kNm/m
S^*_{yer} = + 31,9 · 3,18 + 2,8 · 4,91 = + 115,9 kNm/m

2.2 Excentric Load Position of Typical Vehicles according to Tables 14.2 and 14.3; 15.2 and 15.3 ∢ 60°

S_{xe2} = + 1,36 · 15,6 · 5,0 + 3,81 · 8,6 = + 138,9 kNm/m
S_{xe1} = + 0,51 · 15,6 · 5,0 + 1,32 · 8,6 = + 51,1 kNm/m
S_{xm} = + 0,14 · 15,6 · 5,0 + 0,19 · 8,6 = + 12,6 kNm/m
S^*_{xe1} = – 0,06 · 15,6 · 5,0 – 1,43 · 8,6 = – 63,8 kNm/m
S^*_{xe2} = + 1,5 · 15,6 · 5,0 + 4,17 · 8,6 = + 152,9 kNm/m
S_{yer} = + 0,6 · 15,6 · 5,0 + 0,7 · 8,6 = + 52,8 kNm/m
S_{yee1} = – 0,5 · 15,6 · 5,0 – 0,43 · 8,6 = – 42,7 kNm/m
S_{yem} = – 0,03 · 15,6 · 5,0 – 0,05 · 8,6 = – 2,8 kNm/m
S^*_{yee1} = – 0,5 · 15,6 · 5,0 – 0,5 · 8,6 = – 43,3 kNm/m
S^*_{yer} = + 1,17 · 15,6 · 5,0 + 1,3 · 8,6 = + 102,4 kNm/m

4.3.3.5 Strain from the Cantilever of the Wing Wall

1 Influences of Permanent Load according to 4.2.2.2 as Moment at the Margin on both Sides according to Tables 16.2 and 16.3 ∢ 60°

S_{xe2} = + 1,48 · 13,5 = + 20,0 kNm/m
S_{xe1} = + 5,17 · 13,5 = + 69,8 kNm/m
S_{xm} = + 0,25 · 13,5 = + 3,4 kNm/m
S^*_{xe1} = + 4,85 · 13,5 = + 65,5 kNm/m

S^*_{xe2} = – 1,48 · 13,5 = – 20,0 kNm/m
S_{yer} = + 0,67 · 13,5 = + 9,1 kNm/m
S_{yee1} = – 0,59 · 13,5 = – 0,8 kNm/m
S_{yem} = + 0,22 · 13,5 = + 3,0 kNm/m
S^*_{yee1} = + 0,22 · 13,5 = + 3,0 kNm/m
S^*_{yer} = – 0,42 · 13,5 = – 5,7 kNm/m

2 Influences of Travelling Load on the Cantilever on Both Sides, as before, with Conversion Factor 0,24/13,5 = 0,018 with regard to 1

S_{xe2} = + 20,0 · 0,018 = + 0,4 kNm/m
S_{xe1} = + 69,8 · 0,018 = + 1,3 kNm/m
S^*_{xe1} = + 65,5 · 0,018 = + 1,2 kNm/m
S^*_{xe2} = – 20,0 · 0,018 = – 0,4 kNm/m

all other values practically nil

3 Influences of Travelling Load on the Cantilever on One Side according to Tables 17.2; 17.3 ∢ 60°

S_{xe2} = + 1,51 · 0,24 = + 0,4 kNm/m
S_{xe1} = + 5,17 · 0,24 = + 1,2 kNm/m
S^*_{xe1} = + 4,82 · 0,24 = + 1,2 kNm/m
S^*_{xe2} = – 1,50 · 0,24 = – 0,4 kNm/m

all other values practically nil

4.3.3.6 Strain from the Protruding Part of the Wing Wall and the Part of the Wall above the Wing Wall

4.3.3.6.1 From the Protruding Part of the Wing Wall alone

1 Influences of Permanent Load according to 4.2.2.3.1, on Both Sides

1.1 Moment at the Margin according to Tables 8.2 and 8.3 ∢ 60° with β = 0,3

S_{xe2} = 0
S_{xe1} = – 0,04 · 17,2 = – 0,7 kNm/m
S_{xm} = 0
S^*_{xe1} = + 0,103 · 17,2 = + 1,8 kNm/m
S^*_{xe2} = – 0,05 · 17,2 = – 0,9 kNm/m
S_{yer} = – 0,04 · 17,2 = – 0,7 kNm/m
S_{yee1} = + 0,12 · 17,2 = + 2,1 kNm/m
S_{yem} = 0
S^*_{yee1} = 0
S^*_{yer} = + 0,2 · 17,2 = + 3,4 kNm/m

1.2 Shearing Load at the Margin according to Tables 10.2 and 10.3 ∢ 60°, with β = 0,3

S_{xe2} = + 0,058 · 15,8 · 5,0 = + 4,6 kNm/m
S_{xe1} = + 0,34 · 15,8 · 5,0 = + 26,9 kNm/m
S_{xm} = + 0,06 · 15,8 · 5,0 = + 4,7 kNm/m
S^*_{xe1} = + 0,51 · 15,8 · 5,0 = + 40,3 kNm/m
S^*_{xe2} = – 0,17 · 15,8 · 5,0 = – 13,4 kNm/m
S_{yer} = + 0,06 · 15,8 · 5,0 = + 4,7 kNm/m
S_{yee1} = – 0,08 · 15,8 · 5,0 = – 6,3 kNm/m
S_{yem} = + 0,035 · 15,8 · 5,0 = + 2,8 kNm/m
S^*_{yee1} = – 0,09 · 15,8 · 5,0 = – 7,1 kNm/m
S^*_{yer} = – 0,04 · 15,8 · 5,0 = – 3,2 kNm/m

1.3 Influences of Permanent Load from the Protruding Part of the Wing Wall in total

$S_{xe2} = 0 + 4{,}6 = + 4{,}6$ kNm/m

$S_{xe1} = - 0{,}7 + 26{,}9 = + 26{,}2$ kNm/m

$S_{xm} = 0 + 4{,}7 = + 4{,}7$ kNm/m

$S^*_{xe1} = + 1{,}8 + 40{,}3 = + 42{,}1$ kNm/m

$S^*_{xe2} = - 0{,}9 - 13{,}4 = - 14{,}3$ kNm/m

$S_{yer} = - 0{,}7 + 4{,}7 = + 4{,}0$ kNm/m

$S_{yee1} = + 2{,}1 - 6{,}3 = - 4{,}2$ kNm/m

$S_{yem} = 0 + 2{,}8 = + 2{,}8$ kNm/m

$S^*_{yee1} = 0 - 7{,}1 = - 7{,}1$ kNm/m

$S^*_{yer} = + 3{,}4 - 3{,}2 = + 1{,}2$ kNm/m

2 Influences of Travelling Load according to 4.2.2.3.2, on One Side

2.1 Protruding Part of the Wing Wall at the Acute Corner

2.1.1 Moment at the Margin according to Tables 9.2; 9.3 $\sphericalangle$ 60°, with $\beta = 0{,}3$

$S_{xm} = 0$

$S^*_{xe1} = + 0{,}103 \cdot 39{,}0 = + 4{,}0$ kNm/m

$S^*_{xe2} = - 0{,}05 \cdot 39{,}0 = - 2{,}0$ kNm/m

$S_{yem} = 0$

$S^*_{yee1} = 0$

$S^*_{yer} = + 0{,}03 \cdot 39{,}0 = + 1{,}2$ kNm/m

2.1.2 Shearing Load at the Margin according to Tables 11.2; 11.3 $\sphericalangle$ 60°, with $\beta = 0{,}3$

$S_{xm} = + 0{,}03 \cdot 28{,}9 \cdot 5{,}0 = + 4{,}3$ kNm/m

$S^*_{xe1} = + 0{,}48 \cdot 28{,}9 \cdot 5{,}0 = + 69{,}4$ kNm/m

$S^*_{xe2} = - 0{,}17 \cdot 28{,}9 \cdot 5{,}0 = - 24{,}6$ kNm/m

$S_{yem} = 0$

$S^*_{yee1} = - 0{,}33 \cdot 28{,}9 \cdot 5{,}0 = - 47{,}7$ kNm/m

$S^*_{yer} = - 0{,}03 \cdot 28{,}9 \cdot 5{,}0 = - 4{,}3$ kNm/m

2.2 Protruding Part of the Wing Wall at the Obtuse Corner

2.2.1 Moment at the Margin according to Tables 9.2; 9.3 $\sphericalangle$ 60°, with $\beta = 0{,}3$

$S_{xe2} = 0$

$S_{xe1} = - 0{,}04 \cdot 6{,}3 = - 0{,}3$ kNm/m

$S_{yer} = - 0{,}04 \cdot 6{,}3 = - 0{,}3$ kNm/m

$S_{yee1} = + 0{,}25 \cdot 6{,}3 = + 1{,}6$ kNm/m

2.2.2 Shearing Load at the Margin according to Tables 11.2; 11.3 $\sphericalangle$ 60°, with $\beta = 0{,}3$

$S_{xe2} = + 0{,}058 \cdot 4{,}8 \cdot 5{,}0 = + 1{,}4$ kNm/m

$S_{xe1} = + 0{,}33 \cdot 4{,}8 \cdot 5{,}0 = + 7{,}9$ kNm/m

$S_{yer} = + 0{,}06 \cdot 4{,}8 \cdot 5{,}0 = + 1{,}4$ kNm/m

$S_{yee1} = - 0{,}10 \cdot 4{,}8 \cdot 5{,}0 = - 2{,}4$ kNm/m

2.3 Influences of Travelling Load from the Protruding Part of the Wing Wall, on One Side, in total

$S_{xe2} = 0 + 1{,}4 = + 1{,}4$ kNm/m

$S_{xe1} = - 0{,}3 + 7{,}9 = + 7{,}6$ kNm/m

$S_{xm} = 0 + 4{,}3 = + 4{,}3$ kNm/m

$S^*_{xe1} = + 4{,}0 + 69{,}4 = + 73{,}4$ kNm/m

$S^*_{xe2} = - 2{,}0 - 24{,}6 = - 26{,}6$ kNm/m

S_{yer} = − 0,3 + 1,4 = + 1,1 kNm/m
S_{yee1} = + 1,6 − 2,4 = − 0,8 kNm/m
S_{yem} = 0
S^*_{yee1} = 0 − 47,7 = − 47,7 kNm/m
S^*_{yer} = + 1,2 − 4,3 = − 3,1 kNm/m

4.3.3.6.2 From the Part of the Wall above the Wing Wall alone

1 Influences of Permanent Load according to 4.2.2.4.1, on Both Sides

1.1 Moment at the Margin according to Tables 16.2; 16.3 ∢ 60°

S_{xe2} = + 1,48 · 1,9 = + 2,8 kNm/m
S_{xe1} = + 5,17 · 1,9 = + 9,8 kNm/m
S_{xm} = + 0,25 · 1,9 = + 0,5 kNm/m
S^*_{xe1} = + 4,87 · 1,9 = + 9,3 kNm/m
S^*_{xe2} = − 1,52 · 1,9 = − 2,9 kNm/m
S_{yer} = + 0,67 · 1,9 = + 1,3 kNm/m
S_{yee1} = − 0,59 · 1,9 = − 1,1 kNm/m
S_{yem} = + 0,22 · 1,9 = + 0,4 kNm/m
S^*_{yee1} = + 0,22 · 1,9 = + 0,4 kNm/m
S^*_{yer} = − 0,42 · 1,9 = − 0,8 kNm/m

1.2 Shearing Load at the Margin according to Tables 18.2; 18.3 ∢ 60°

1.2.1 Acute Corner

S_{xm} = + 0,30 · 9,5 · 5,0 = + 14,3 kNm/m
S^*_{xe1} = + 1,54 · 9,5 · 5,0 = + 73,2 kNm/m
S^*_{xe2} = − 0,63 · 9,5 · 5,0 = − 29,9 kNm/m
S_{yem} = + 0,145 · 9,5 · 5,0 = + 6,9 kNm/m
S^*_{yee1} = + 0,05 · 9,5 · 5,0 = + 2,4 kNm/m
S^*_{yer} = − 0,35 · 9,5 · 5,0 = − 16,6 kNm/m

1.2.2 Obtuse Corner

S_{xe2} = + 0,58 · 7,7 · 5,0 = + 22,3 kNm/m
S_{xe1} = + 1,84 · 7,7 · 5,0 = + 70,8 kNm/m
S_{yer} = + 0,53 · 7,7 · 5,0 = + 20,4 kNm/m
S_{yee1} = − 0,62 · 7,7 · 5,0 = − 23,9 kNm/m

1.3 Influences of Permanent Load from the Part of the Wall above the Wing Wall, in total

S_{xe2} = + 2,8 + 22,3 = + 25,1 kNm/m
S_{xe1} = + 9,8 + 70,8 = + 80,6 kNm/m
S_{xm} = + 0,5 + 14,3 = + 14,8 kNm/m
S^*_{xe1} = + 9,3 + 73,2 = + 82,5 kNm/m
S^*_{xe2} = − 2,9 − 29,9 = − 32,8 kNm/m
S_{yer} = + 1,3 + 20,4 = + 21,7 kNm/m
S_{yee1} = − 1,1 − 23,9 = − 25,0 kNm/m
S_{yem} = + 0,4 + 6,9 = + 7,3 kNm/m
S^*_{yee1} = + 0,4 + 2,4 = + 2,8 kNm/m
S^*_{yer} = − 0,8 − 16,6 = − 17,4 kNm/m

2 Influences of Travelling Load on One Side according to 4.2.2.4.2

2.1 Moment at the Margin according to Tables 17.2; 17.3 $\sphericalangle 60°$

$S_{xe2} = +\ 1{,}51 \cdot 8{,}6 = +\ 13{,}0\ \text{kNm/m}$
$S_{xe1} = +\ 5{,}17 \cdot 8{,}6 = +\ 44{,}5\ \text{kNm/m}$
$S_{xm} = +\ 0{,}23 \cdot 8{,}6 = +\ 2{,}0\ \text{kNm/m}$
$S^*_{xe1} = +\ 4{,}81 \cdot 8{,}6 = +\ 41{,}4\ \text{kNm/m}$
$S^*_{xe2} = -\ 1{,}50 \cdot 8{,}6 = -\ 12{,}9\ \text{kNm/m}$
$S_{yer} = +\ 0{,}68 \cdot 8{,}6 = +\ 5{,}8\ \text{kNm/m}$
$S_{yee1} = -\ 0{,}63 \cdot 8{,}6 = -\ 5{,}4\ \text{kNm/m}$
$S_{yem} = +\ 0{,}125 \cdot 8{,}6 = +\ 1{,}1\ \text{kNm/m}$
$S^*_{yee1} = +\ 0{,}065 \cdot 8{,}6 = +\ 0{,}6\ \text{kNm/m}$
$S^*_{yer} = -\ 0{,}34 \cdot 8{,}6 = -\ 2{,}9\ \text{kNm/m}$

2.2 Shearing Load according to Tables 19.2; 19.3 $\sphericalangle 60°$

2.2.1 Acute Corner

$S_{xm} = +\ 0{,}20 \cdot 23{,}5 \cdot 5{,}0 = +\ 23{,}5\ \text{kNm/m}$
$S^*_{xe1} = +\ 1{,}50 \cdot 23{,}5 \cdot 5{,}0 = +\ 176{,}3\ \text{kNm/m}$
$S^*_{xe2} = -\ 0{,}63 \cdot 23{,}5 \cdot 5{,}0 = -\ 74{,}0\ \text{kNm/m}$
$S_{yem} = +\ 0{,}09 \cdot 23{,}5 \cdot 5{,}0 = +\ 10{,}6\ \text{kNm/m}$
$S^*_{yee1} = -\ 0{,}07 \cdot 23{,}5 \cdot 5{,}0 = -\ 8{,}2\ \text{kNm/m}$
$S^*_{yer} = -\ 0{,}27 \cdot 23{,}5 \cdot 5{,}0 = -\ 31{,}7\ \text{kNm/m}$

2.2.2 Obtuse Corner

$S_{xe2} = +\ 0{,}61 \cdot 10{,}5 \cdot 5{,}0 = +\ 32{,}0\ \text{kNm/m}$
$S_{xe1} = +\ 1{,}88 \cdot 10{,}5 \cdot 5{,}0 = +\ 98{,}7\ \text{kNm/m}$
$S^*_{yee1} = +\ 0{,}54 \cdot 10{,}5 \cdot 5{,}0 = +\ 28{,}4\ \text{kNm/m}$
$S^*_{yer} = -\ 0{,}67 \cdot 10{,}5 \cdot 5{,}0 = -\ 35{,}2\ \text{kNm/m}$

2.3 Influences of Travelling Load from the Part of the Wall above the Wing Wall, in total

$S_{xc2} = +\ 13{,}0 + 32{,}0 = +\ 45{,}0\ \text{kNm/m}$
$S_{xe1} = +\ 44{,}5 + 98{,}7 = +\ 143{,}2\ \text{kNm/m}$
$S_{xm} = +\ 2{,}0 + 23{,}5 = +\ 25{,}5\ \text{kNm/m}$
$S^*_{xe1} = +\ 41{,}4 + 176{,}3 = +\ 217{,}7\ \text{kNm/m}$
$S^*_{xe2} = -\ 12{,}9 - 74.0 = -\ 86{,}9\ \text{kNm/m}$
$S_{yer} = +\ 5{,}8 + 28{,}4 = +\ 34{,}2\ \text{kNm/m}$
$S_{yee1} = -\ 5{,}4 - 35{,}2 = -\ 40{,}6\ \text{kNm/m}$
$S_{yem} = +\ 1{,}1 + 10{,}6 = +\ 11{,}7\ \text{kNm/m}$
$S^*_{yee1} = +\ 0{,}6 - 8{,}2 = -\ 7{,}6\ \text{kNm/m}$
$S^*_{yer} = -\ 2{,}9 - 31{,}7 = -\ 34{,}6\ \text{kNm/m}$

4.3.3.6.3 From the Protruding Part of the Wing Wall and the Part of the Wall above the Wing Wall, together:

1 Influences of Permanent Load

$S_{xe2} = +\ 4{,}6 + 25{,}1 = +\ 29{,}7\ \text{kNm/m}$
$S_{xe1} = +\ 26{,}2 + 80{,}6 = +\ 106{,}8\ \text{kNm/m}$
$S_{xm} = +\ 4{,}7 + 14{,}8 = +\ 19{,}5\ \text{kNm/m}$
$S^*_{xe1} = +\ 42{,}1 + 82{,}5 = +\ 124{,}6\ \text{kNm/m}$
$S^*_{xe2} = -\ 14{,}3 - 32{,}8 = -\ 47{,}1\ \text{kNm/m}$

S_{yer} = + 4,0 + 21,7 = + 25,7 kNm/m
S_{yee1} = − 4,2 − 25,0 = − 29,2 kNm/m
S_{yem} = + 2,8 + 7,3 = + 10,1 kNm/m
S^*_{yee1} = − 7,1 + 2,8 = − 4,3 kNm/m
S^*_{yer} = + 1,2 − 17,4 = − 16,2 kNm/m

2 Influences of Travelling Load on One Side

S_{xe2} = + 1,3 + 44,7 = + 46,0 kNm/m
S_{xe1} = + 7,1 + 142,3 = + 149,4 kNm/m
S_{xm} = + 4,3 + 25,5 = + 29,8 kNm/m
S^*_{xe1} = + 73,4 + 217,7 = + 291,1 kNm/m
S^*_{xe2} = − 26,6 − 86,9 = − 113,5 kNm/m
S_{yer} = + 1,1 + 33,9 = + 35,0 kNm/m
S_{yee1} = − 0,7 − 40,2 = − 40,9 kNm/m
S_{yem} = + 0 + 11,7 = + 11,7 kNm/m
S^*_{yee1} = − 47,7 − 7,6 = − 55,3 kNm/m
S^*_{yer} = − 3,1 − 34,6 = − 37,7 kNm/m

4.3.4 Compilation

The maxima values of bending moments and plate forces are separated for the loading situations, permanent load and concentric travelling load ($g + p_m$) and permanent load and excentric travelling load ($g + p_{ex}$) and they are compiled in the Tables 2 and 3. Fig. 24 gives a general view on course and distribution of plate forces and bending moments.

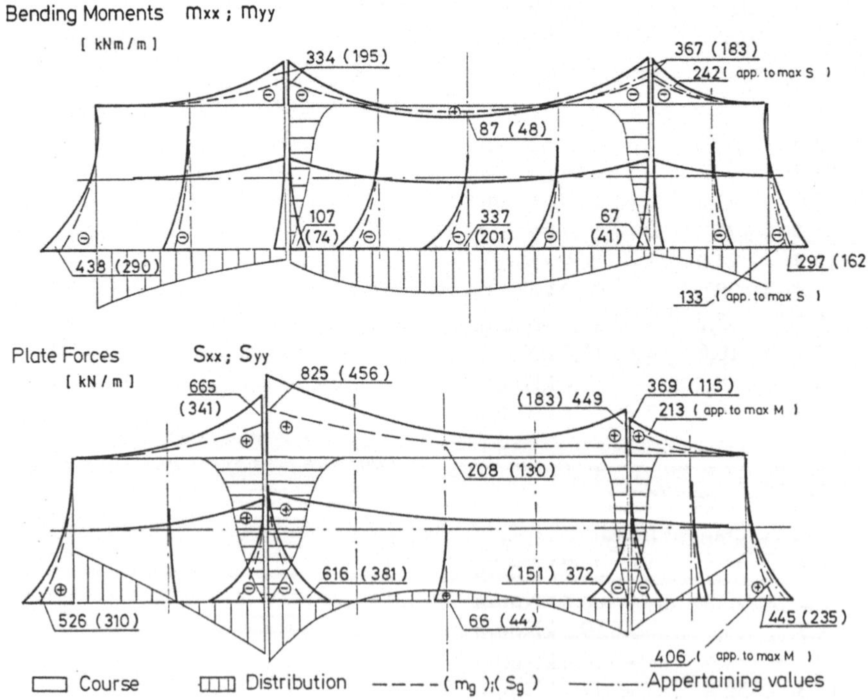

Figure 24 Magnitude, direction and distribution of internal forces and bending moments

Table 2 Plate forces and bending moments due to permanent load and concentric travelling load(kNm/m; kN/m)

plate forces and bending moments	soil pressure		loads and moments at the margin						Total permanent loads	Total permanent and traveling loads
	backfill	travelling load	wall above the abutment wall		Cantilever of the wing wall		protruding part of the wing wall and part of the wall above the wing wall			
	g	p_m	g	p_m	g	p_m	g	p_m	g	$g + p_m$
m_{xre}	– 143,5	– 24,6	– 8,0	– 26,8	– 12,4	– 0,2	– 31,3	–	– 195,2	– 246,8
m_{xrm}	+ 43,0	+ 22,5	+ 5,1	+ 16,9	– 0,3	–	0	–	+ 47,8	+ 87,2
m^*_{xre}	– 120,9	– 26,9	– 9,4	– 31,8	– 11,7	– 0,2	– 40,7	–	– 182,7	– 241,6
m_{yer}	– 220,9	+ 4,3	+ 1,1	+ 3,7	– 7,6	–	– 62,7	–	– 290,1	– 282,1
m_{yee1}	– 69,9	– 16,3	– 3,4	– 10,8	0	–	– 0,4	–	– 73,7	– 100,8
m_{yem}	– 197,3	– 83,4	– 15,9	– 51,8	+ 1,8	–	+ 10,1	–	– 201,3	– 336,5
m^*_{yee1}	– 40,6	– 14,7	– 3,5	– 10,8	–	–	+ 2,9	–	– 41,2	– 66,7
m^*_{yer}	– 118,6	+ 14,9	+ 4,2	+ 14,1	– 1,4	–	– 46,0	–	– 161,8	– 132,8
S_{xe2}	+ 243,3	+ 89,5	+ 47,8	+ 164,8	+ 20,0	+ 0,4	+ 29,7	–	+ 340,8	+ 595,5
S_{xe1}	+ 262,1	+ 32,9	+ 17,3	+ 59,5	+ 69,8	+ 1,3	+ 106,8	–	+ 456,0	+ 549,7
S_{xm}	+ 101,6	+ 15,3	+ 4,8	+ 16,0	+ 3,4	–	+ 19,5	–	+ 129,3	+ 160,6
S^*_{xe1}	+ 15,8	– 53,8	– 22,9	– 77,7	+ 65,5	+ 1,2	+ 124,6	–	+ 183,0	+ 52,7
S^*_{xe2}	+ 135,1	+ 103,7	+ 46,6	+ 151,3	– 20,0	– 0,4	– 47,1	–	+ 114,6	+ 369,2
S_{yer}	+ 256,3	+ 52,0	+ 18,7	+ 62,1	+ 9,1	–	+ 25,7	–	+ 309,8	+ 423,9
S_{yee1}	– 328,3	– 42,0	– 15,0	– 49,4	– 8,0	–	– 29,2	–	– 380,5	– 471,9
S_{yem}	+ 30,0	+ 2,9	+ 0,8	+ 2,7	+ 3,0	–	+ 10,1	–	+ 43,9	+ 49,5
S^*_{yee1}	– 136,4	– 37,7	– 13,3	– 44,0	+ 3,0	–	– 4,3	–	– 151,0	– 232,7
S^*_{yer}	+ 22,5	+ 94,8	+ 43,7	+ 115,2	– 5,7	–	– 16,2	–	+ 235,3	+ 445,3

Table 3 Plate forces and bending moments due to permanent load and cexentric travelling load(kNm/m; kN/m)

plate forces and bending moments	soil pressure		loads and moments at the margin						Total	Total
	backfill	travelling load	wall above the abutment wall		Cantilever of the wing wall		protruding part of the wing wall and part of the wall above the wing wall		permanent loads	permanent and traveling loads
	g	Pex	g	Pex	g	Pex	g	Pex	g	g + Pex
m_{xre}	– 14,,5	– 79,7	– 8,0	– 20,3	– 12,4	– 0,2	– 31,3	– 38,8	– 195,2	– 334,2
m_{xrm}	+ 43,0	+ 11,2	+ 5,1	+ 8,4	– 0,3	–	0	0	+ 47,8	+ 67,4
m^*_{xre}	– 120,9	– 65,7	– 9,4	– 23,8	– 11,7	– 0,2	– 40,7	– 94,4	– 182,7	– 367,3
m_{yer}	– 220,9	– 100,8	+ 1,1	+ 4,3	– 7,6	–	– 62,7	– 51,2	– 290,1	– 437,8
m_{yee1}	– 69,9	– 24,7	– 3,4	– 7,4	0	–	– 0,4	– 0,8	– 73,7	– 106,6
m_{yem}	– 197,3	– 42,0	– 15,9	– 25,2	+ 1,8	–	+ 10,1	+ 8,9	– 201,3	– 259,6
m^*_{yee1}	– 40,6	– 12,8	– 3,5	– 10,2	–	–	+ 2,9	+ 6,1	– 41,2	– 58,1
m^*_{yer}	– 118,6	– 48,0	+ 4,2	+ 10,6	– 1,4	–	– 46,0	– 97,5	– 161,8	– 296,7
S_{xe2}	+ 243,3	+ 138,6	+ 47,8	+ 138,9	+ 20,0	+ 0,4	+ 29,7	+ 46,0	+ 340,8	+ 664,7
S_{xe1}	+ 262,1	+ 167,7	+ 17,3	+ 51,1	+ 69,8	+ 1,2	+ 106,8	+ 149,4	+ 456,0	+ 825,3
S_{xm}	+ 101,6	+ 36,3	+ 4,8	+ 12,6	+ 3,4	–	+ 19,5	+ 29,8	+ 129,3	+ 208,0
S^*_{xe1}	+ 15,8	+ 37,9	– 22,9	– 63,8	+ 65,5	+ 1,2	+ 124,6	+ 291,1	+ 183,0	+ 449,4
S^*_{xe2}	+ 135,1	+ 59,7	+ 46,6	+ 152,9	– 20,0	– 0,4	– 47,1	– 113,5	+ 114,6	+ 213,3
S_{yer}	+ 256,3	+ 128,7	+ 18,7	+ 52,8	+ 9,1	–	+ 25,7	+ 35,0	+ 309,8	+ 526,3
S_{yee1}	– 328,3	– 151,9	– 15,0	– 42,7	– 8,0	–	– 29,2	– 40,9	– 380,5	– 616,0
S_{yem}	+ 30,0	+ 12,7	+ 0,8	+ 2,8	+ 3,0	–	+ 10,1	+ 11,7	+ 43,9	+ 65,5
S^*_{yee1}	– 136,4	– 90,6	– 13,3	– 43,3	+ 3,0	–	– 4,3	+ 55,3	– 151,0	– 371,8
S^*_{yer}	+ 22,5	+ 105,2	+ 43,7	+ 102,4	– 5,7	–	– 16,2	– 37,7	+ 235,3	+ 405,8

Tafeln der Schnittkraftbeiwerte
$\mu = 0$

Tables of Coefficients of Plate Forces and Bending Moments
$\mu = 0$

Tabellenübersicht/List of tables

Nr./ No.	Belastungsfall / Loading situation	Seite/Page 75°	 60°	 45°
5	Erddruck aus der Auflast der Verkehrslast Soil pressure from the load of the travelling load zentrische Laststellung, mittige Teilfläche der Wand belastet, Linearanteil centric load position, central partial surface of wall loaded, linear portion 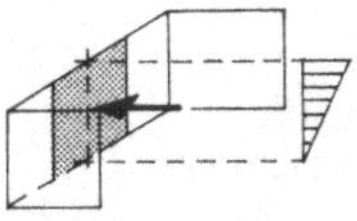 Biegemomente bending moments Scheibenkräfte plate forces	123 124	126 127	129 130
6	Erddruck aus der Auflast der Verkehrslast Soil pressure from the load of the travelling load exzentr. Laststellung,halbseitige Teilflächen der Wände belastet, Gleichlastanteil excentric load position, half of partial surfaces of walls loaded, portion of evenly distributed load 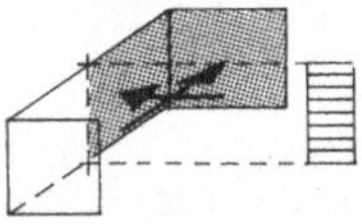 Biegemomente bending moments Scheibenkräfte plate forces	133 134	136 137	139 140
7	Erddruck aus der Auflast der Verkehrslast Soil pressure from the load of the travelling load exzentr. Laststellung, halbseitige Teilflächen der Wände belastet, Linearanteil excentric load position, half of partial surfaces of walls loaded, linear portion 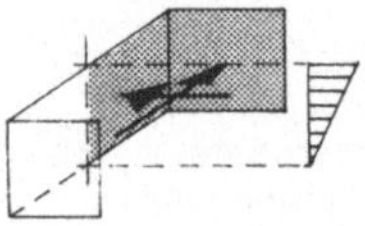 Biegemomente bending moments Scheibenkräfte plate forces	143 144	146 147	149 150
8	Randmoment am vertikalen Rand der Flügelwand Moment at the margin at the vertical margin of the wing wall beide Kragflügel durch Erddruck belastet both cantilevers loaded by soil pressure 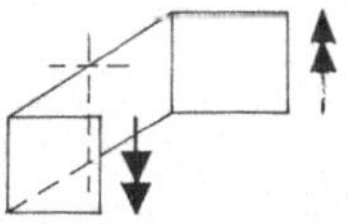 Biegemomente bending moments Scheibenkräfte plate forces	153 154	156 157	159 160
9	Randmoment am vertikalen Rand der Flügelwand Moment at the margin at the vertical margin of the wing wall ein Kragflügel durch Erddruck belastet one cantilever loaded by soil pressure 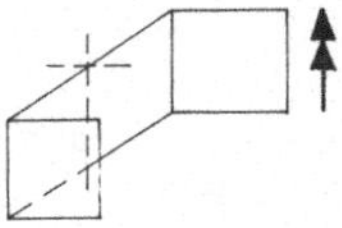 Biegemomente bending moments Scheibenkräfte plate forces	163 164	166 167	169 170

Nr./ No.	Belastungsfall / Loading situation	Seite/Page 75°	60°	45°
10	Randquerlast am vertikalen Rand der Flügelwand Transverse load at the margin at the vertical margin of the wing wall 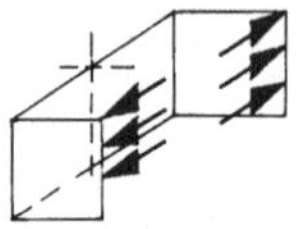 beide Kragflügel durch Erddruck belastet both cantilevers loaded by soil pressure			
	Biegemomente bending moments	173	176	179
	Scheibenkräfte plate forces	174	177	180
11	Randquerlast am vertikalen Rand der Flügelwand Transverse load at the margin at the vertical margin of the wing wall 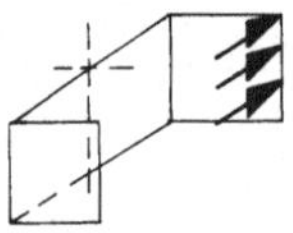 ein Kragflügel durch Erddruck belastet one cantilever loaded by soil pressure			
	Biegemomente bending moments	183	186	189
	Scheibenkräfte plate forces	184	187	190
12	Randquerlast am oberen Rand der Widerlagerwand Transverse load at the margin at the upper margin of the abutment wall 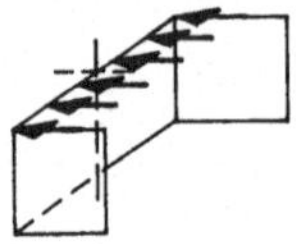 Widerlagerwand symmetrisch belastet abutment wall symmetrically loaded			
	Biegemomente bending moments	193	196	199
	Scheibenkräfte plate forces	194	197	200
13	Randmoment am oberen Rand der Widerlagerwand Moment at the margin at the upper margin of the abutment wall 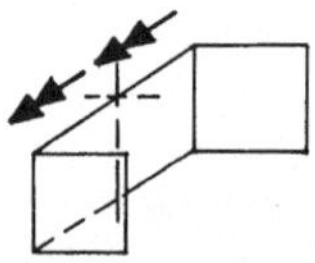 Widerlagerwand symmetrisch belastet abutment wall symmetrically loaded			
	Biegemomente bending moments	203	206	209
	Scheibenkräfte plate forces	204	207	210
14	Randquerlast am oberen Rand der Widerlagerwand Transverse load at the margin at the upper margin of the abutment wall 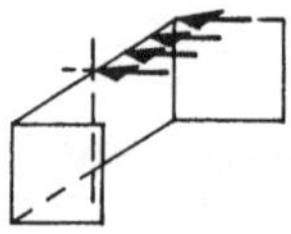 Widerlagerwand halbseitig belastet abutment wall loaded on one side			
	Biegemomente bending moments	213	216	219
	Scheibenkräfte plate forces	214	217	220

Nr./ No.	Belastungsfall / Loading situation		Seite/Page	
		75°	60°	45°
15	Randmoment am oberen Rand der Widerlagerwand Moment at the margin at the upper margin of the abutment wall 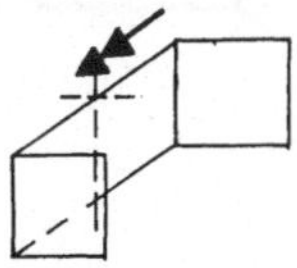 Widerlagerwand halbseitig belastet abutment wall loaded on one side			
	Biegemomente bending moments	223	226	229
	Scheibenkräfte plate forces	224	227	230
16	Randmoment am oberen Rand der Flügelwand Moment at the margin at the upper margin of the wing wall 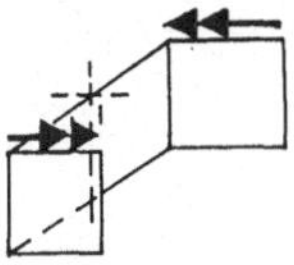 beide Flügelwände belastet both wing walls loaded			
	Biegemomente bending moments	233	236	239
	Scheibenkräfte plate forces	234	237	240
17	Randmomentt am oberen Rand der Flügelwand Moment at the margin at the upper margin of the wing wall 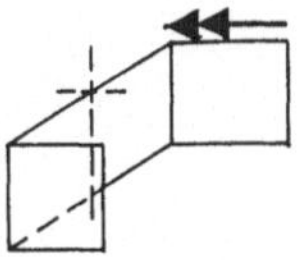 eine Flügelwand belastet one wing wall loaded			
	Biegemomente bending moments	243	246	249
	Scheibenkräfte plate forces	244	247	250
18	Randquerlast am oberen Rand der Flügelwand Transverse load at the margin at the upper margin of the wing wall 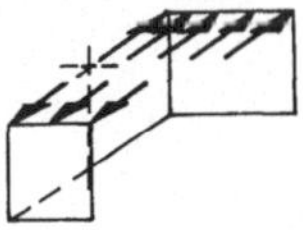 beide Flügelwände belastet both wing walls loaded			
	Biegemomente bending moments	253	256	259
	Scheibenkräfte plate forces	254	257	260
19	Randquerlast am oberen Rand der Flügelwand Transverse load at the margin at the upper margin of the wing wall 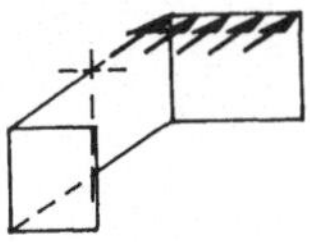 eine Flügelwand belastet one wing wall loaded			
	Biegemomente bending moments	263	266	269
	Scheibenkräfte plate forces	264	267	270

Lastfall 1

Erddruck infolge Hinterfüllung des Widerlagers

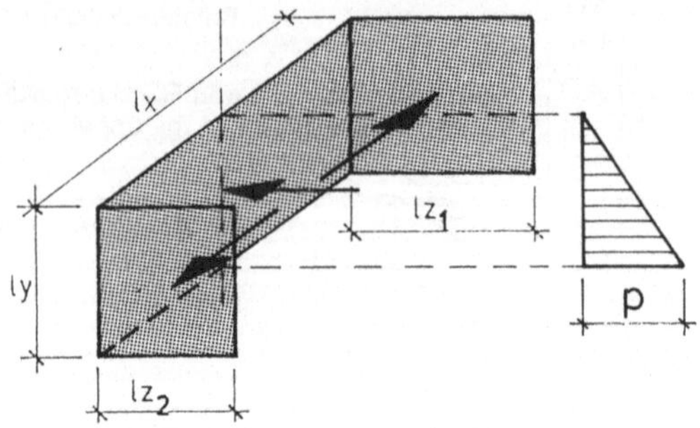

1) Biegemomente

$m = k \cdot p \cdot ly^2$

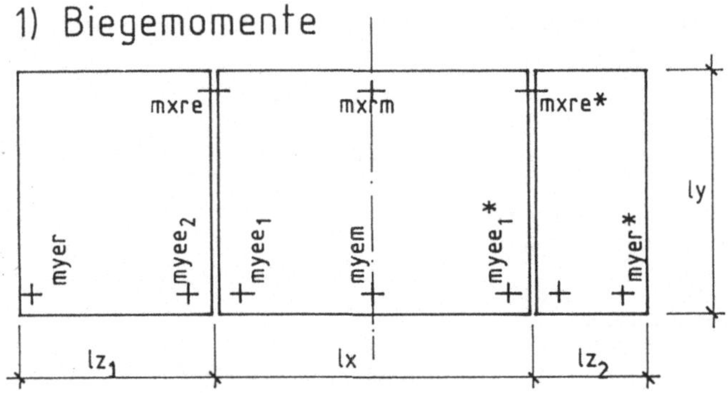

$myee_2 \approx 0{,}65 \quad myee_1$

2) Scheibenkräfte

$S = k \cdot p \cdot ly$

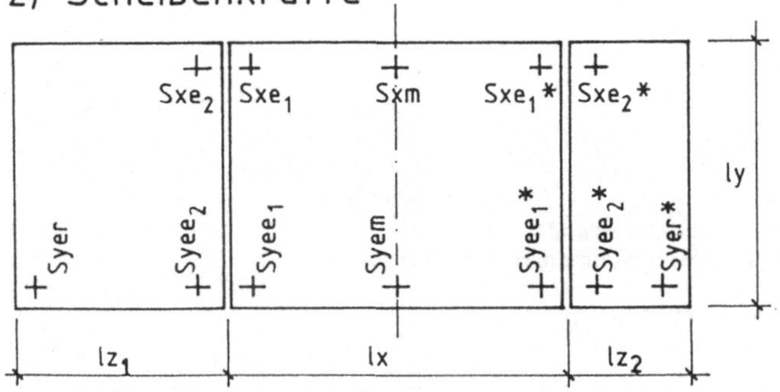

$Syee_2 = 0{,}85 \quad Syee_1 \; ; \; Syee_2{*} = 0{,}85 \quad Syee_1{*}$

$l_x/l_y = \varepsilon_x \qquad l_{z_2}/l_y = \varepsilon_{z_2} \qquad l_{z_1}/l_y = \varepsilon_{z_1}$

$\sphericalangle$ 75°: $\varepsilon_{z_2} = 0{,}40;\ 0{,}65;\ 0{,}90;\ 1{,}15$ $\quad \varepsilon_{z_1} = 0{,}60;\ 0{,}85;\ 1{,}10;\ 1{,}35$

$\sphericalangle$ 60°: $\varepsilon_{z_2} = 0{,}25;\ 0{,}50;\ 0{,}75;\ 1{,}00$ $\quad \varepsilon_{z_1} = 0{,}75;\ 1{,}00;\ 1{,}25;\ 1{,}50$

$\sphericalangle$ 45°: $\varepsilon_{z_2} = 0{,}10;\ 0{,}35;\ 0{,}60;\ 0{,}85$ $\quad \varepsilon_{z_1} = 0{,}90;\ 1{,}15;\ 1{,}45;\ 1{,}65$

BEIWERTE k
TAFEL 1.1 <75°
mxre
εz=1.35
1.10
0.85
0.60
mxre*
εz=1.15
0.90
0.65
0.40
myer
εz=1.35
1.10
0.85
0.60
myer*
εz=1.15
0.90
0.65
0.40
myeel
εz=0.60
0.85
1.10
1.35
myeel*
εz=0.40
0.65
0.90
1.15
k
εx

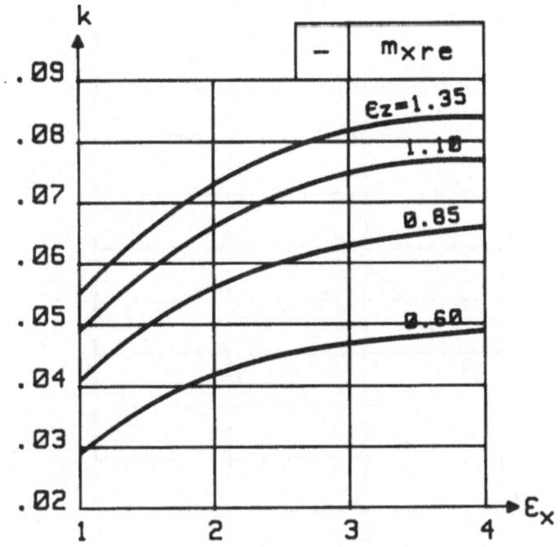

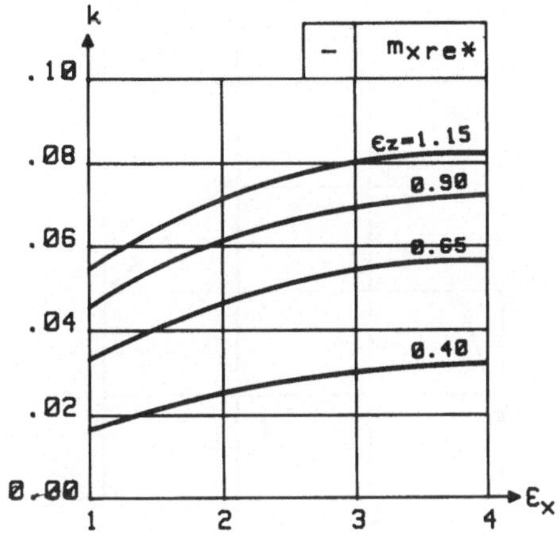

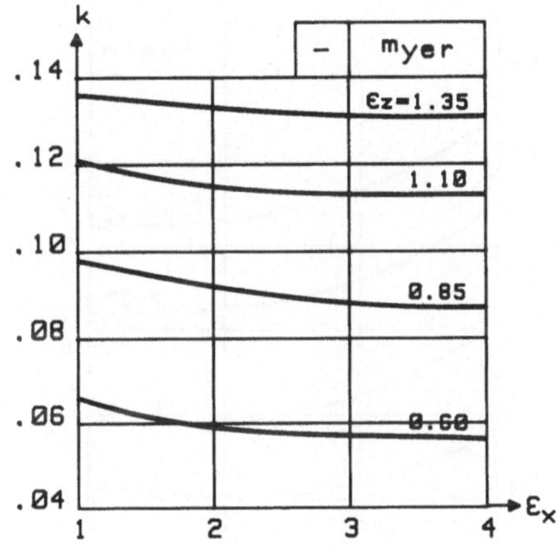

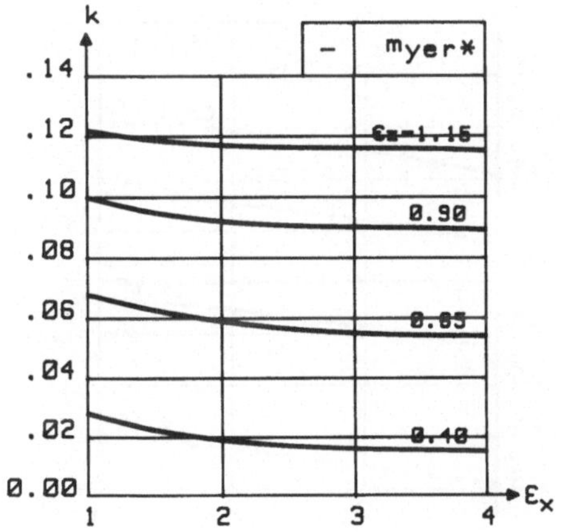

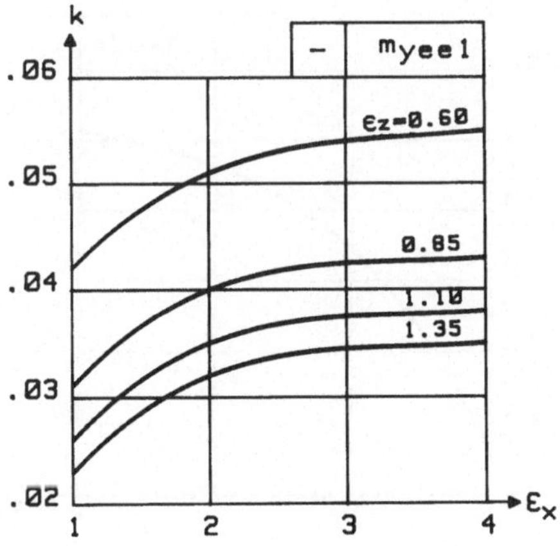

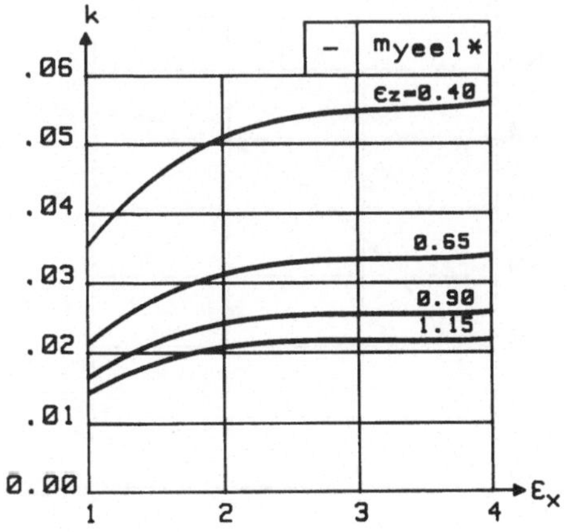

BEIWERTE k TAFEL 1.2 <75°

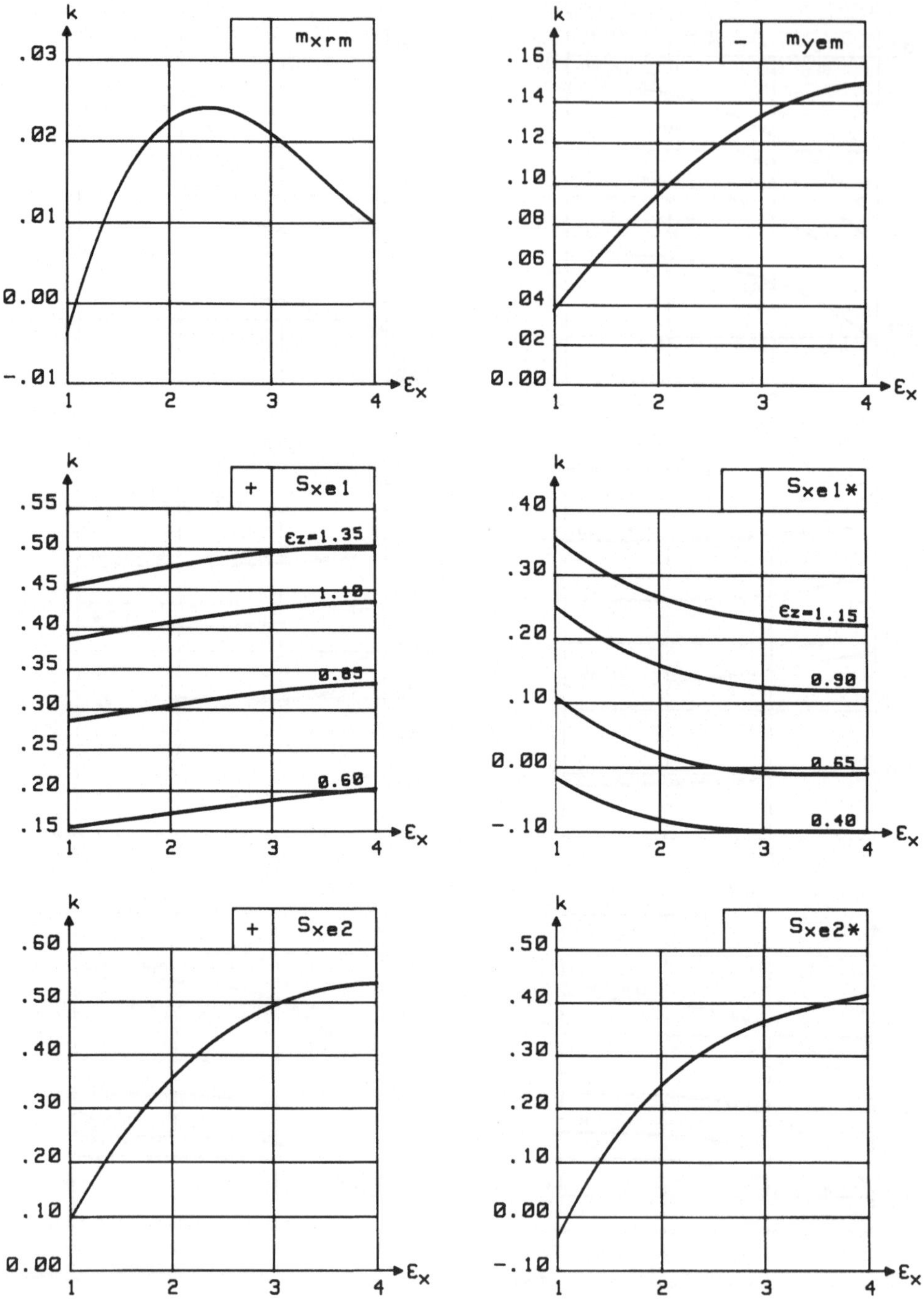

BEIWERTE k
TAFEL 1.3 <75°
+ Sxm
Syem
+ Syer
εz=0.60
0.85
1.10
1.35
+ Syer*
εz=0.40
0.65
0.90
1.15
− Syeel
εz=0.60
0.85
1.10
1.35
− Syeel*
εz=0.40
0.65
0.90
1.15
k
εx

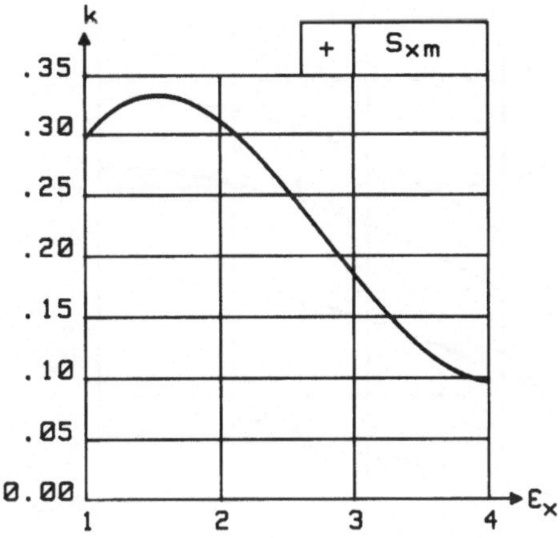

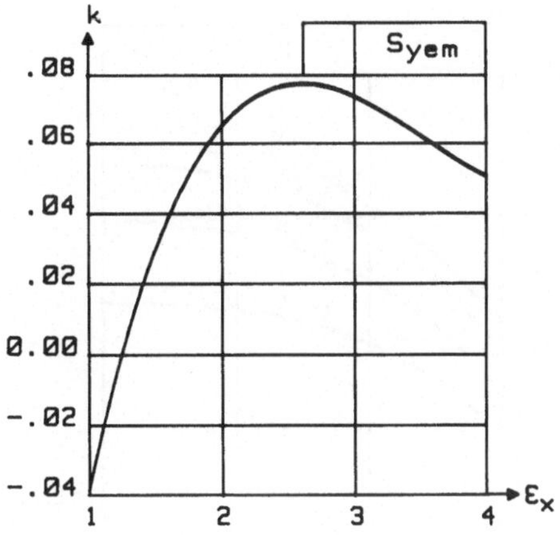

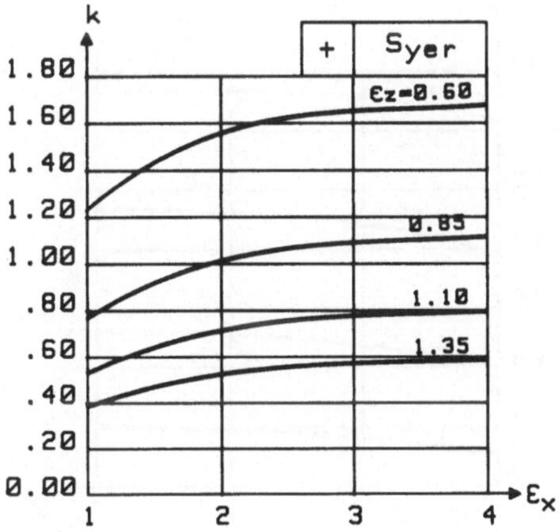

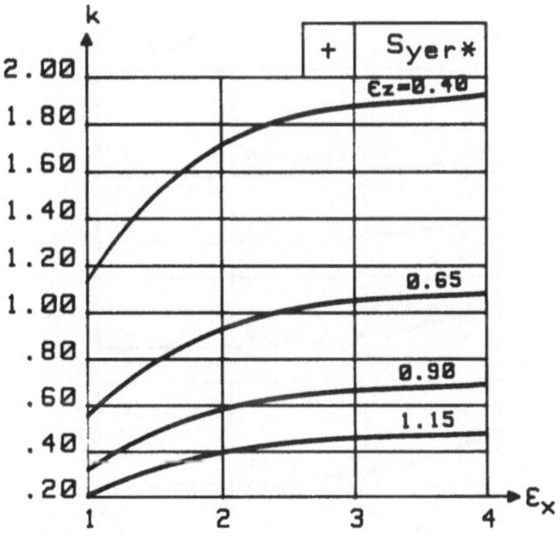

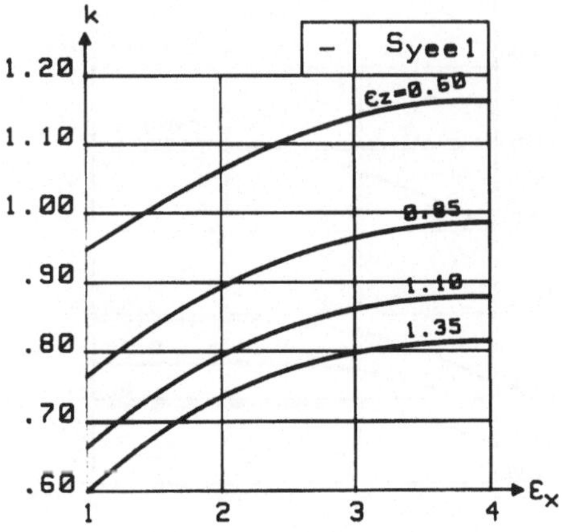

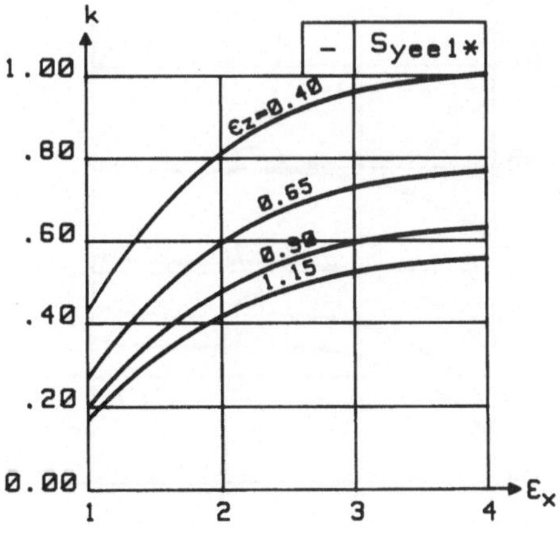

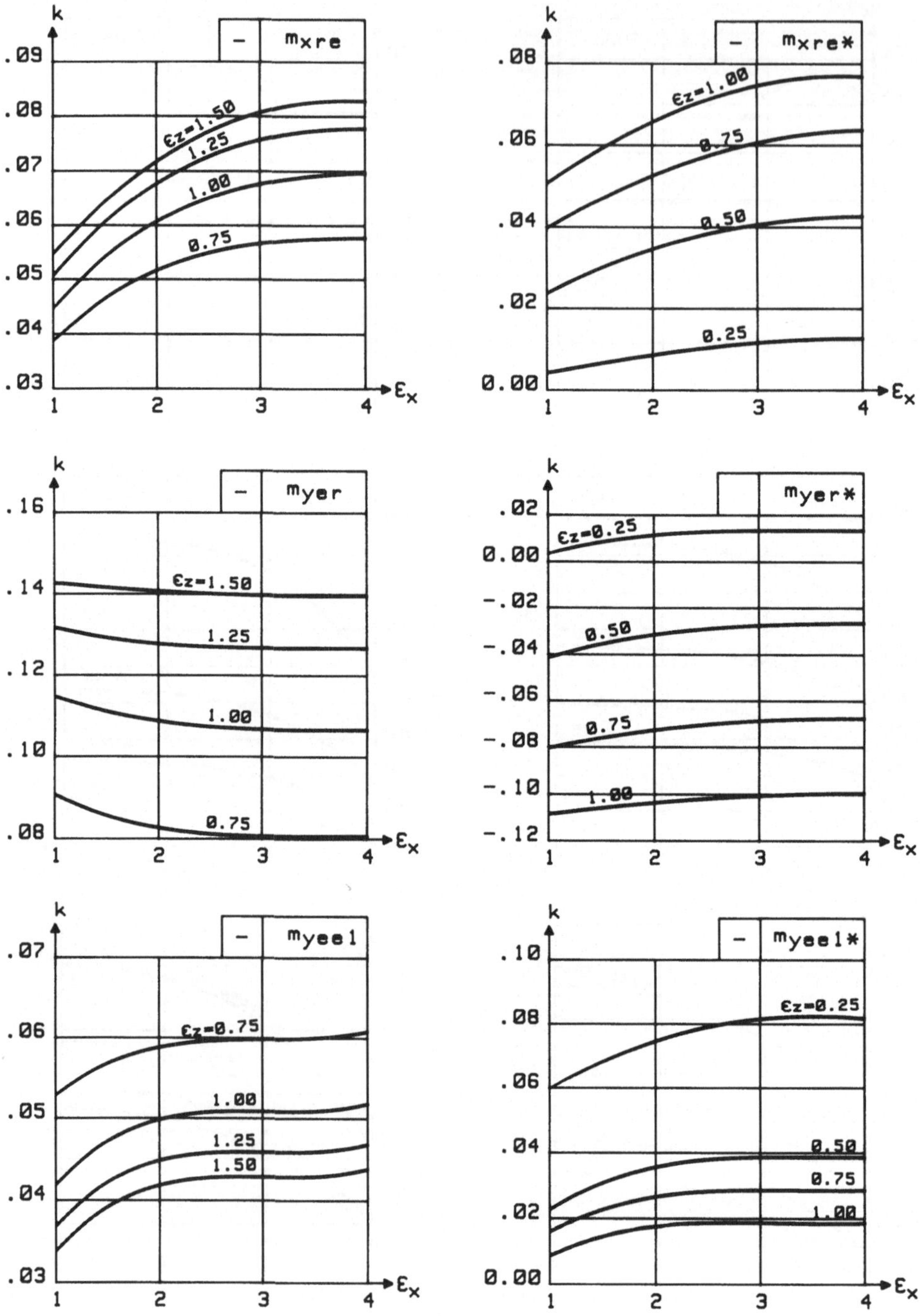
BEIWERTE k
TAFEL 1.1 <60°
k
.09
.08
.07
.06
.05
.04
.03
1
2
3
4
εx
–
mxre
εz=1.50
1.25
1.00
0.75
k
.08
.06
.04
.02
0.00
–
mxre*
εz=1.00
0.75
0.50
0.25
k
.16
.14
.12
.10
.08
–
myer
εz=1.50
1.25
1.00
0.75
k
.02
0.00
–.02
–.04
–.06
–.08
–.10
–.12
myer*
εz=0.25
0.50
0.75
1.00
k
.07
.06
.05
.04
.03
–
myee1
εz=0.75
1.00
1.25
1.50
k
.10
.08
.06
.04
.02
0.00
–
myee1*
εz=0.25
0.50
0.75
1.00

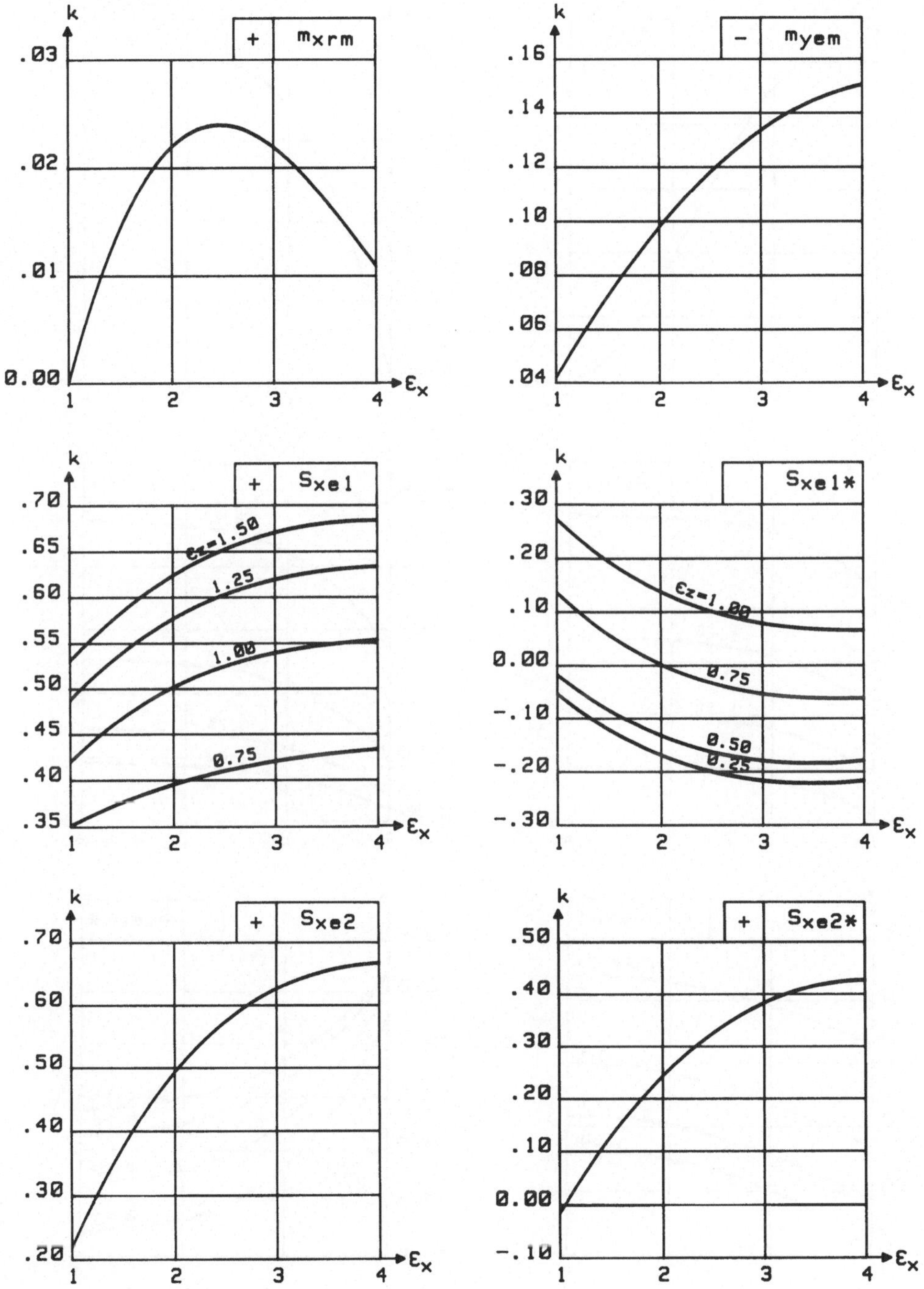
BEIWERTE k
TAFEL 1.2 <60°
+ mxrm
− myem
+ Sxe1
Sxe1*
+ Sxe2
+ Sxe2*
εz=1.50
1.25
1.00
0.75
εz=1.00
0.75
0.50
0.25
k
εx

BEIWERTE k TAFEL 1.3 <60°

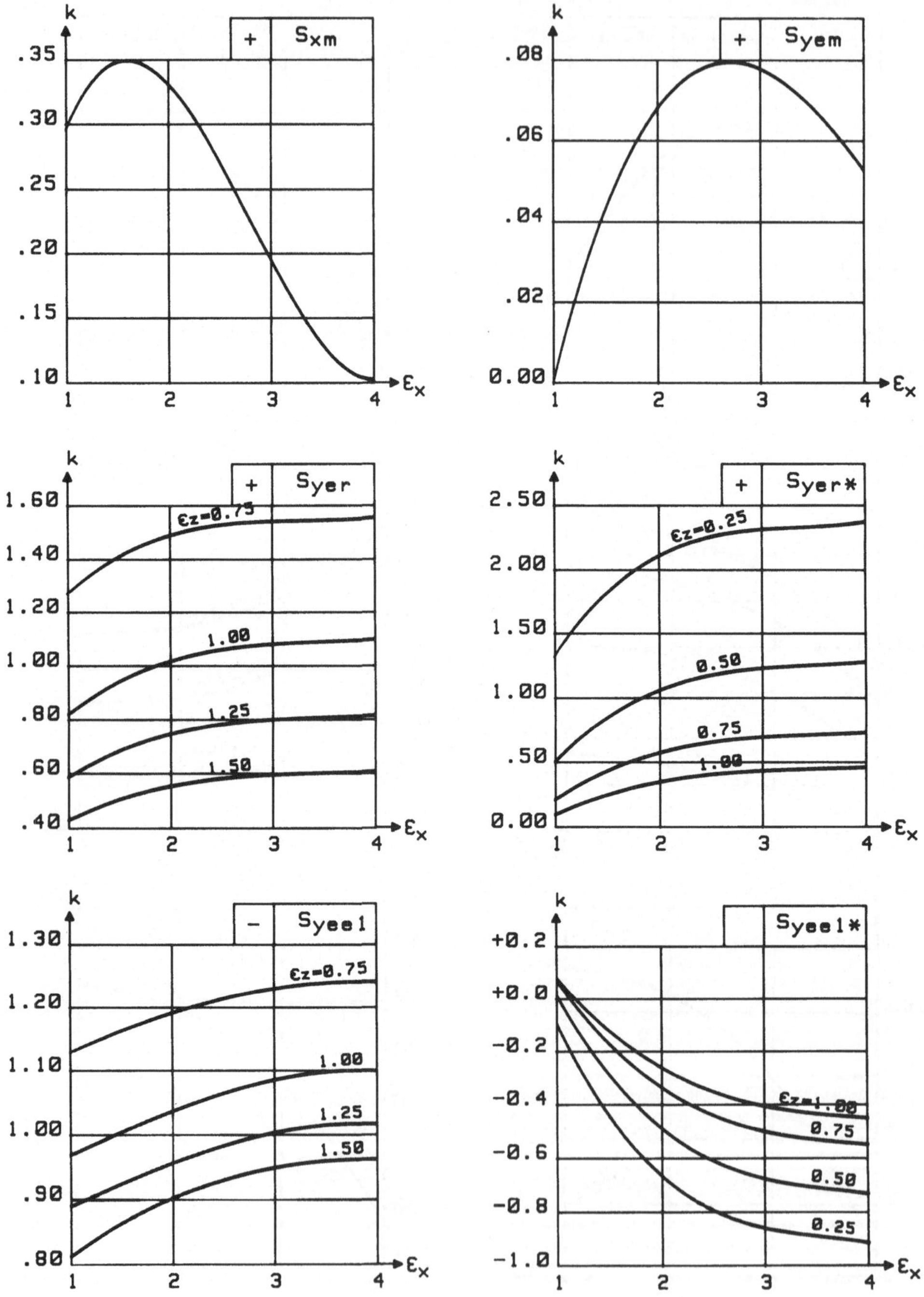

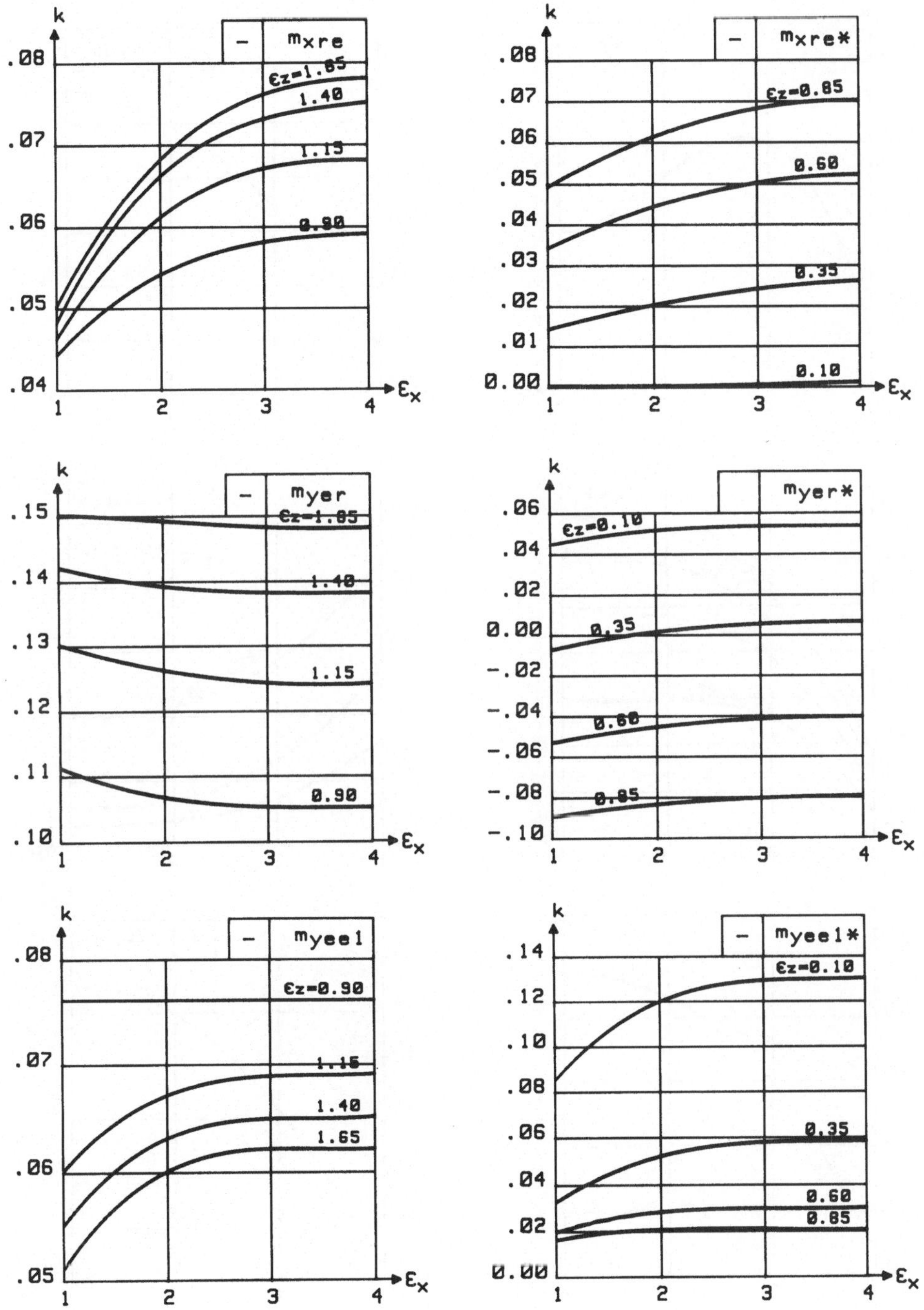
BEIWERTE k
TAFEL 1.1 <45°
k
–
mxre
.08
.07
.06
.05
.04
εz=1.65
1.40
1.15
0.90
1
2
3
4
εx
mxre*
.08
.07
.06
.05
.04
.03
.02
.01
0.00
εz=0.85
0.60
0.35
0.10
myer
.15
.14
.13
.12
.11
.10
εz=1.65
1.40
1.15
0.90
myer*
.06
.04
.02
0.00
-.02
-.04
-.06
-.08
-.10
εz=0.10
0.35
0.60
0.85
myeel
.08
.07
.06
.05
εz=0.90
1.15
1.40
1.65
myeel*
.14
.12
.10
.08
.06
.04
.02
0.00
εz=0.10
0.35
0.60
0.85

BEIWERTE k

TAFEL 1.2 <45°

k
mxrm
.03
.02
.01
0.00
-.01
1
2
3
4
εx

k
-
myem
.16
.14
.12
.10
.08
.06
.04
1
2
3
4
εx

k
+
Sxe1
εz=1.65
1.40
1.15
0.90
.90
.85
.80
.75
.70
.65
.60
.55
1
2
3
4
εx

k
Sxe1*
εz = 0,10 ≙ 0
εz=0.85
0.60
0.35
.20
.10
0.00
-.10
-.20
-.30
1
2
3
4
εx

k
+
Sxe2
.90
.80
.70
.60
.50
.40
1
2
3
4
εx

k
+
Sxe2*
.45
.40
.35
.30
.25
.20
.15
1
2
3
4
εx

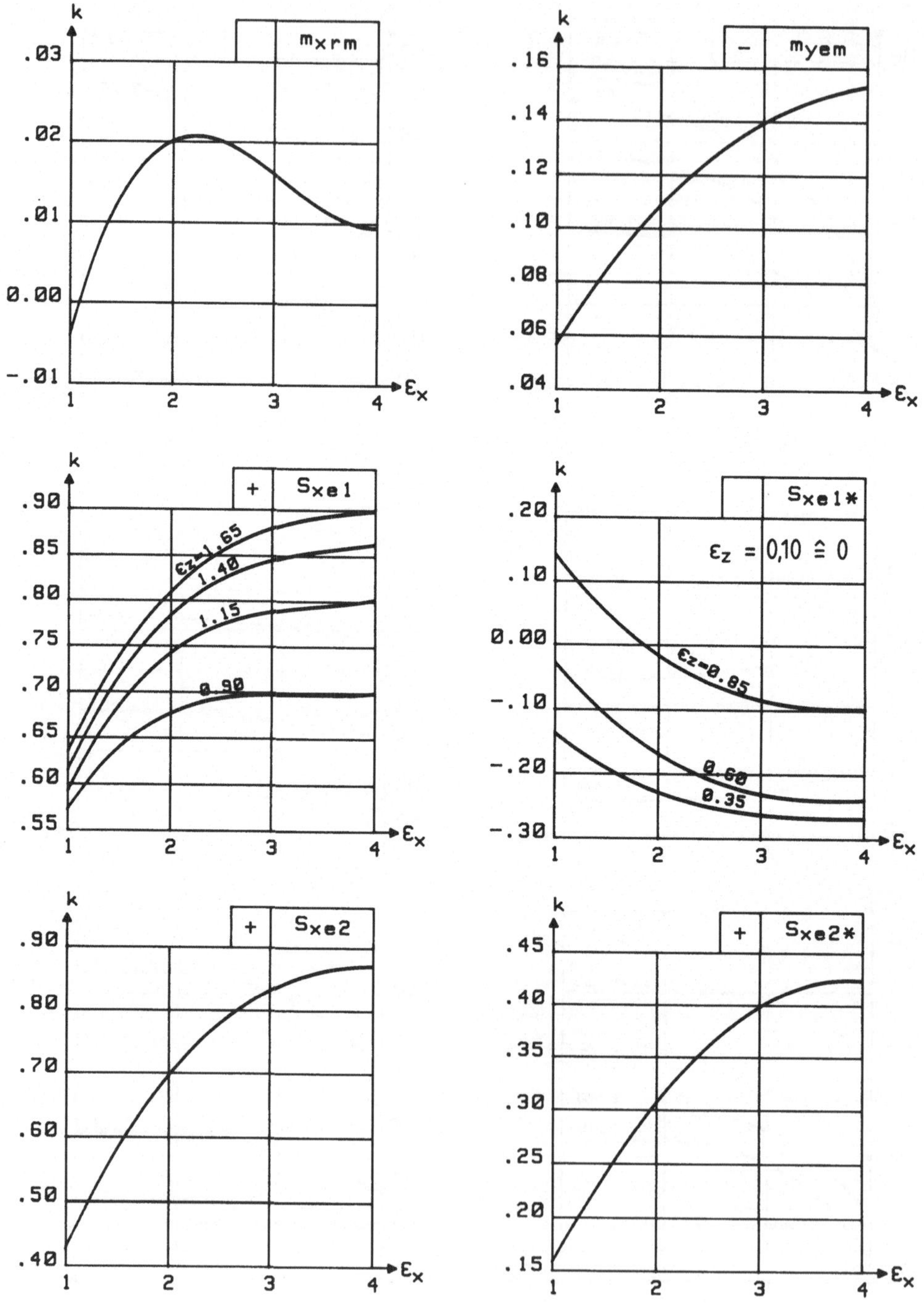

BEIWERTE k

TAFEL 1.3 <45°

k
+
Sxm
.40
.35
.30
.25
.20
.15
.10
1
2
3
4
εx

k
Syem
.10
.08
.06
.04
.02
0.00
-.02
1
2
3
4
εx

k
+
Syer
εz=0.90
1.15
1.40
1.65
1.60
1.40
1.20
1.00
.80
.60
.40
1
2
3
4
εx

k
Syer*
εz=0.10
0.35
0.60
0.85
1.80
1.60
1.40
1.20
1.00
.80
.60
.40
.20
0.00
-.20
1
2
3
4
εx

k
−
Syeel
εz=0.90
1.15
1.40
1.65
1.60
1.50
1.40
1.30
1.20
1.10
1.00
1
2
3
4
εx

k
Syeel*
.40
.20
0.00
-.20
-.40
-.60
1
2
3
4
εx

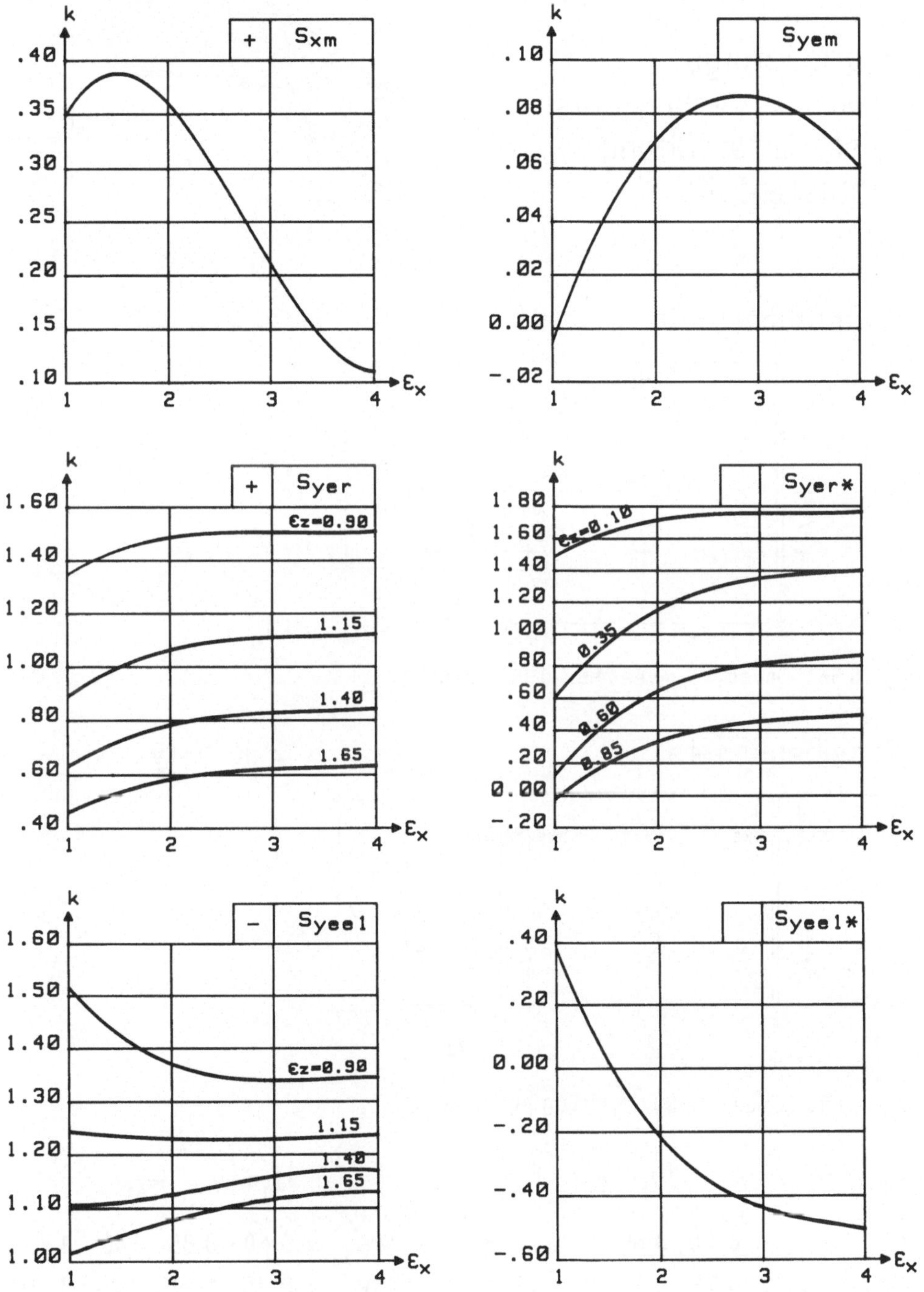

Lastfall 2

Erddruck infolge zentrischer Verkehrslast auf der Hinterfüllung (Gleichlastanteil)

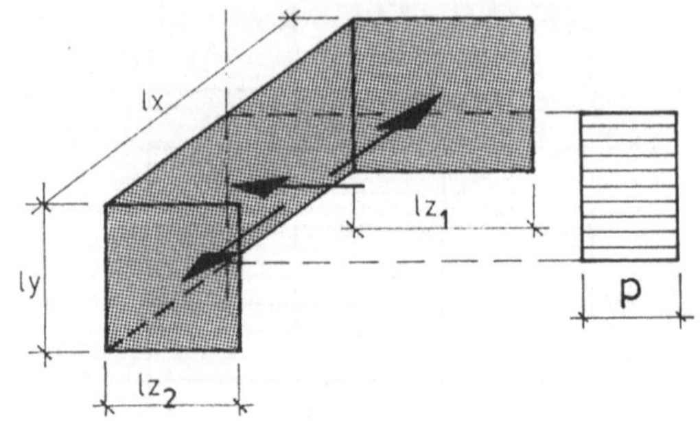

1) Biegemomente

$m = k \cdot p \cdot ly^2$

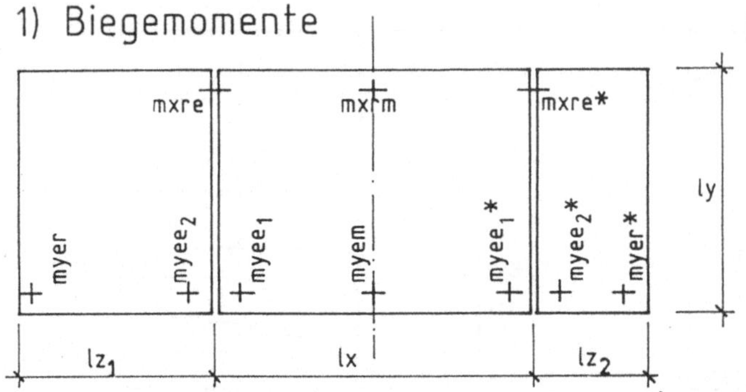

$myee_2 \approx 0{,}56 \; myee_1$; $myee_2^* \approx -0{,}15 \; myee_1^*$

2) Scheibenkräfte

$S = k \cdot p \cdot ly$

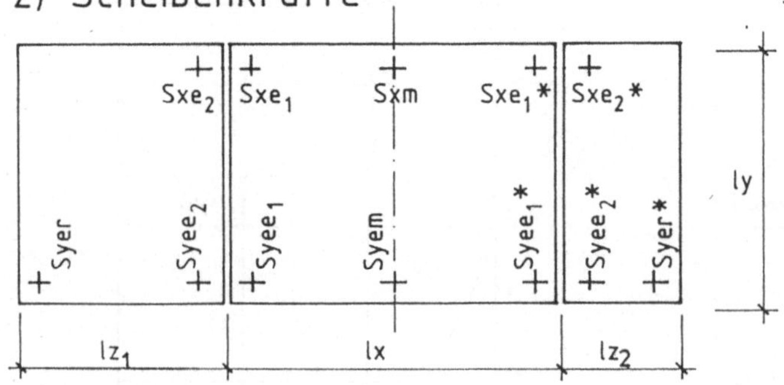

$Syee_2 = 0{,}85 \; Syee_1$; $Syee_2^* = 0{,}85 \; Syee_1^*$

$l_x/l_y = \varepsilon_x$ $\quad l_{z_2}/l_y = \varepsilon_{z_2}$ $\quad l_{z_1}/l_y = \varepsilon_{z_1}$

∢ 75°: $\varepsilon_{z_2} = 0{,}40;\ 0{,}65;\ 0{,}90;\ 1{,}15$ $\quad \varepsilon_{z_1} = 0{,}60;\ 0{,}85;\ 1{,}10;\ 1{,}35$

∢ 60°: $\varepsilon_{z_2} = 0{,}25;\ 0{,}50;\ 0{,}75;\ 1{,}00$ $\quad \varepsilon_{z_1} = 0{,}75;\ 1{,}00;\ 1{,}25;\ 1{,}50$

∢ 45°: $\varepsilon_{z_2} = 0{,}10;\ 0{,}35;\ 0{,}60;\ 0{,}85$ $\quad \varepsilon_{z_1} = 0{,}90;\ 1{,}15;\ 1{,}45;\ 1{,}65$

BEIWERTE k
TAFEL 2.1 <75°
mxre
εz=1.35
1.10
0.85
0.60
mxre*
εz=1.15
0.90
0.65
0.40
myer
εz=1.35
1.10
0.85
0.60
myer*
εz=1.15
0.90
0.65
0.40
myee1
εz=0.60
0.85
1.10
1.35
myee1*
εz=0.40
0.65
0.90
1.15
k
εx

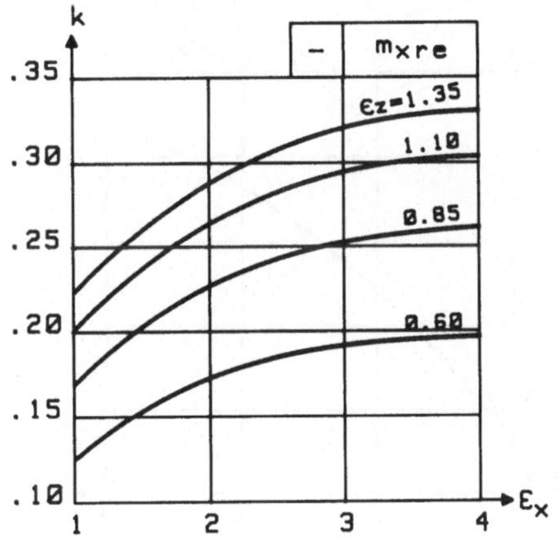

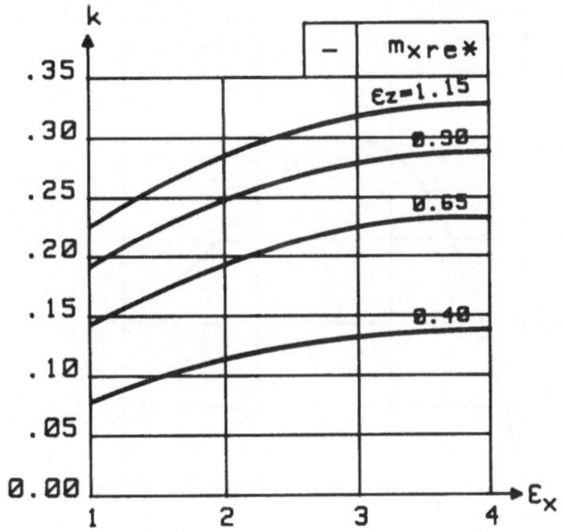

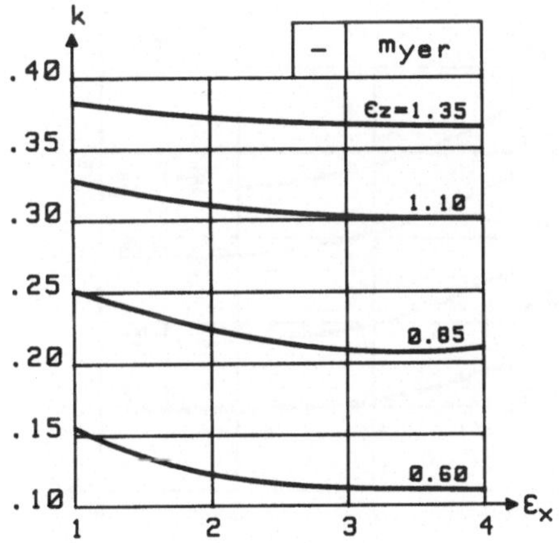

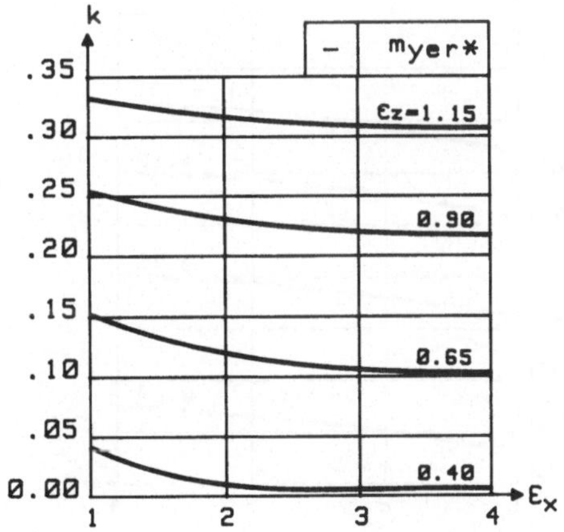

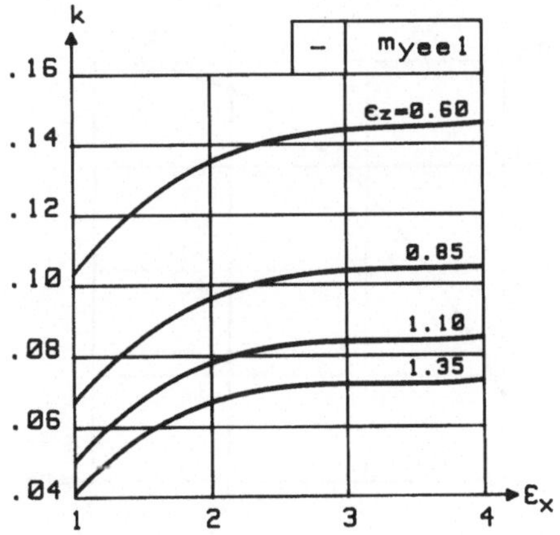

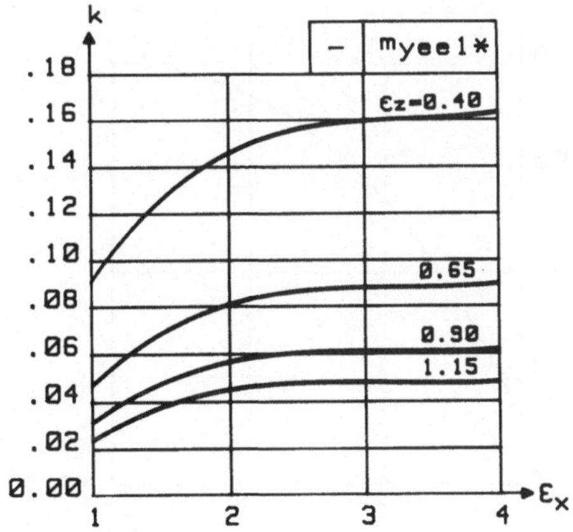

BEIWERTE k TAFEL 2.2 <75°

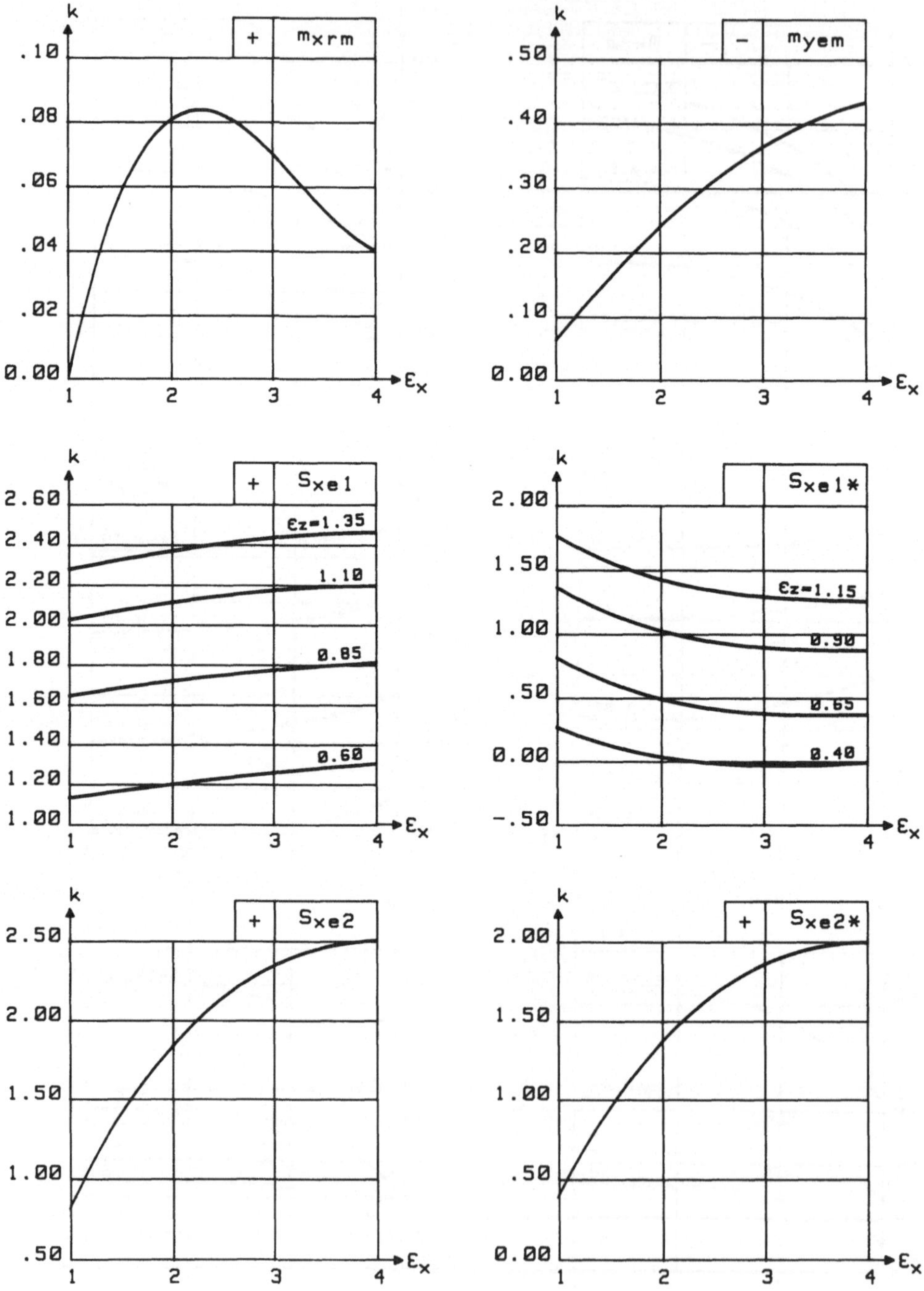

BEIWERTE k TAFEL 2.3 <75°

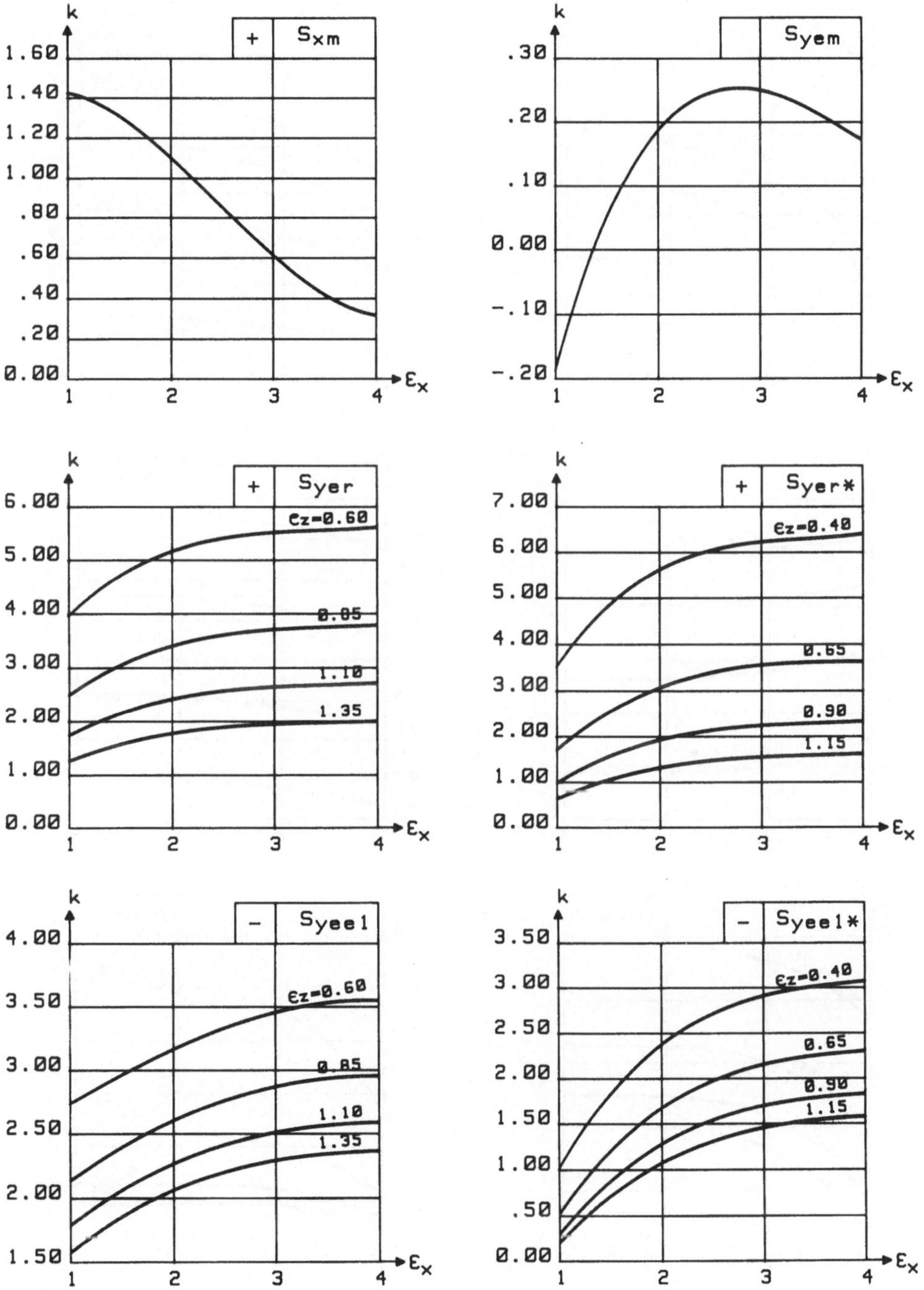

BEIWERTE k TAFEL 2.1 <60°

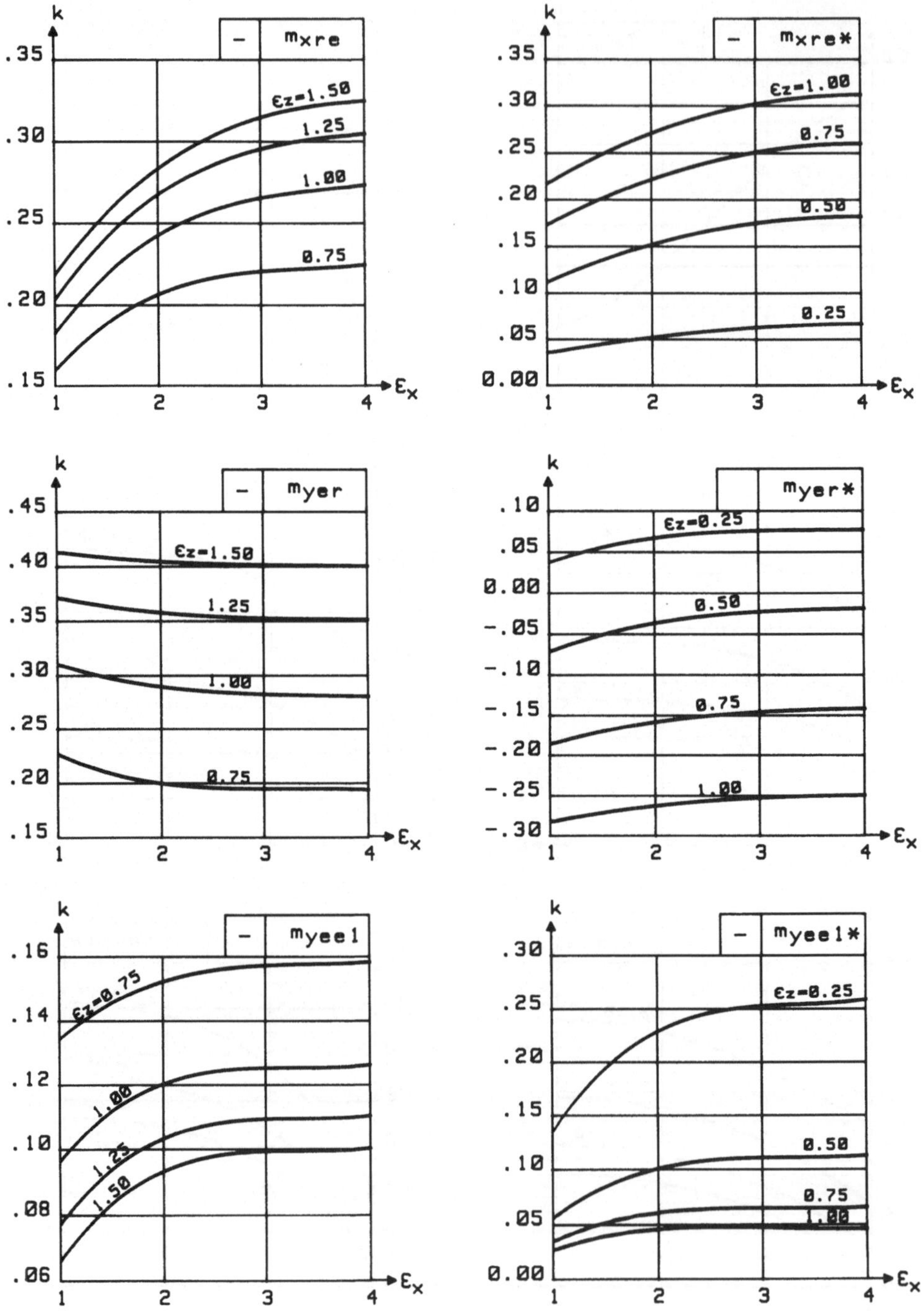

BEIWERTE k TAFEL 2.2 <60°

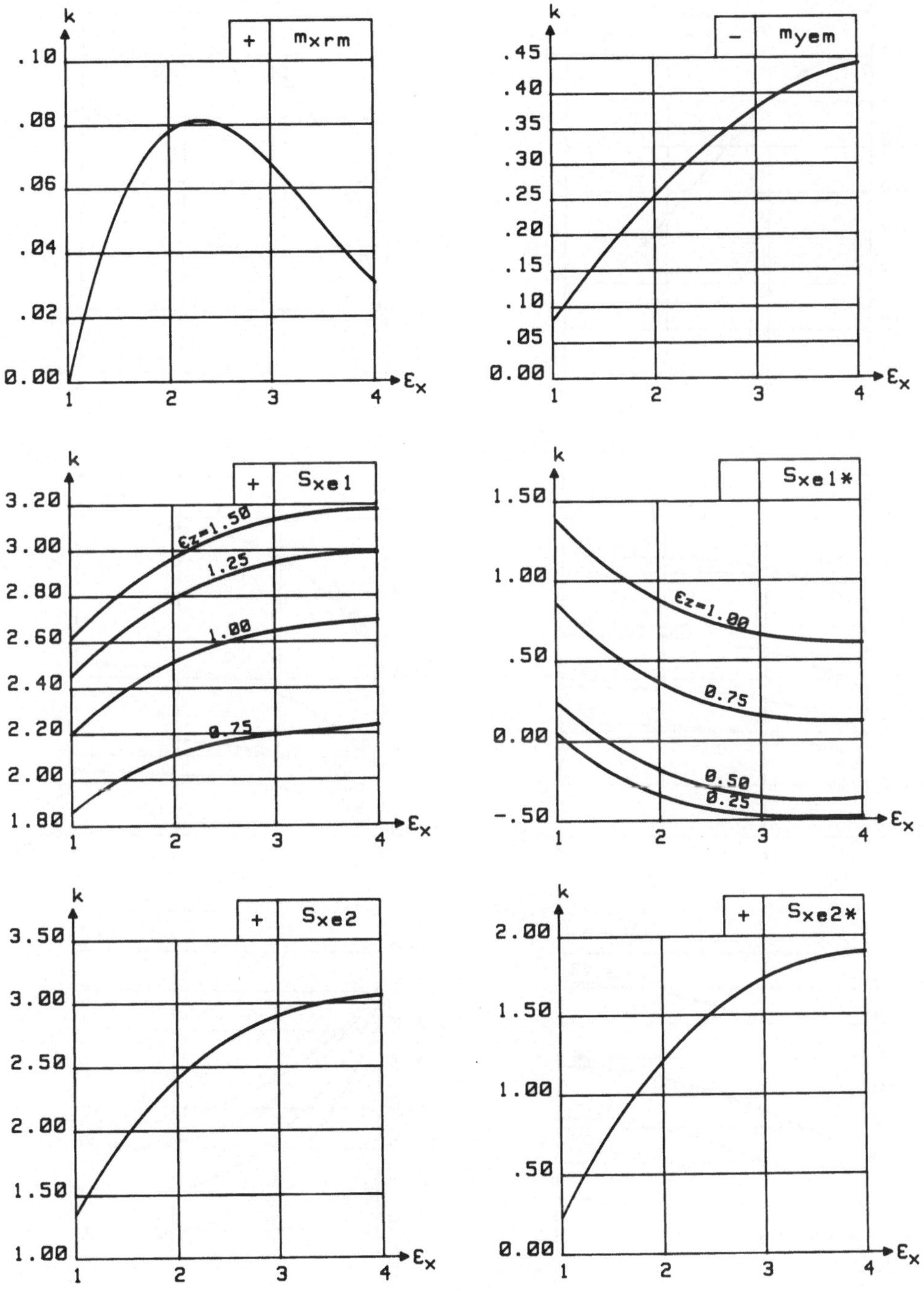

BEIWERTE k TAFEL 2.3 <60°

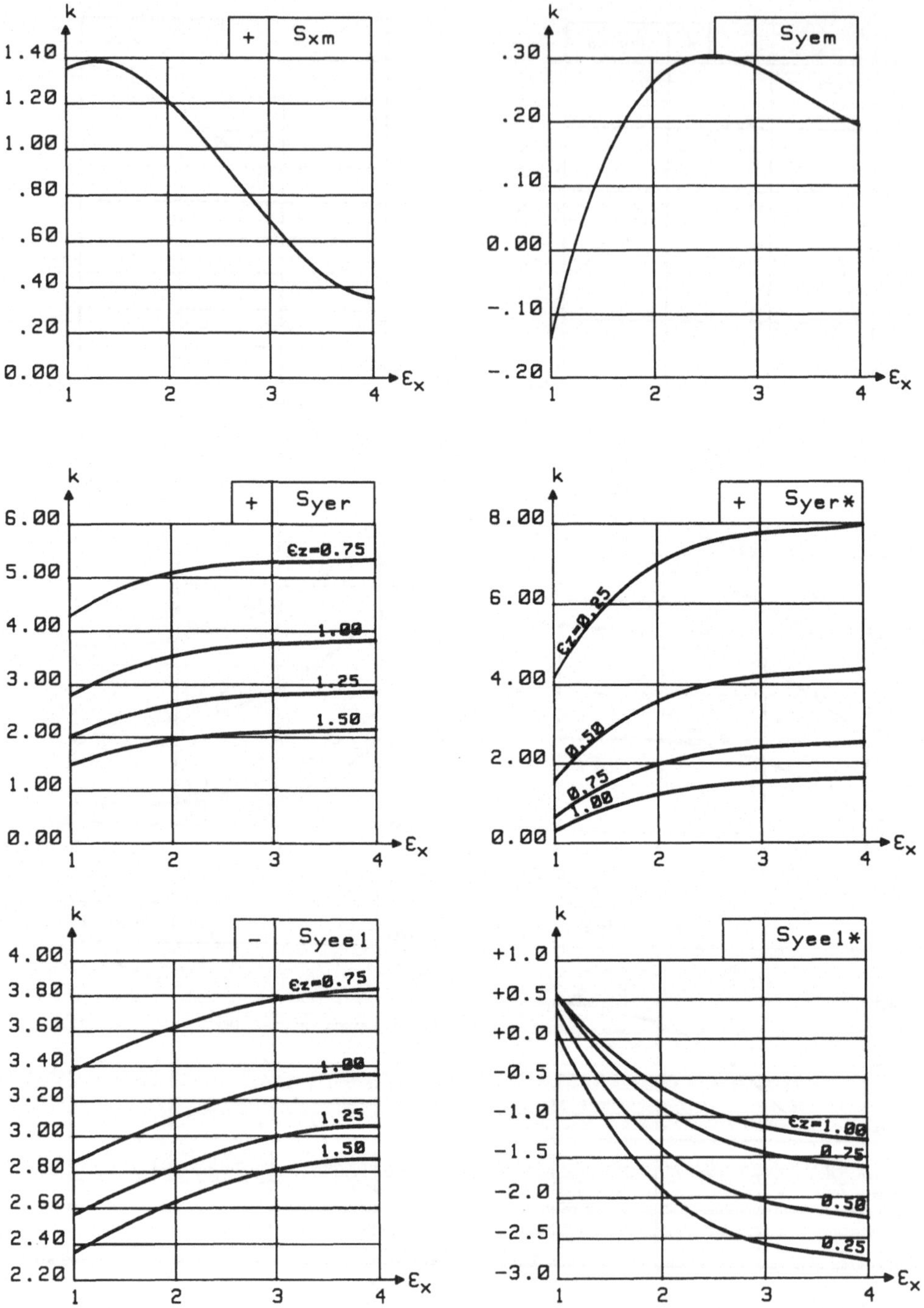

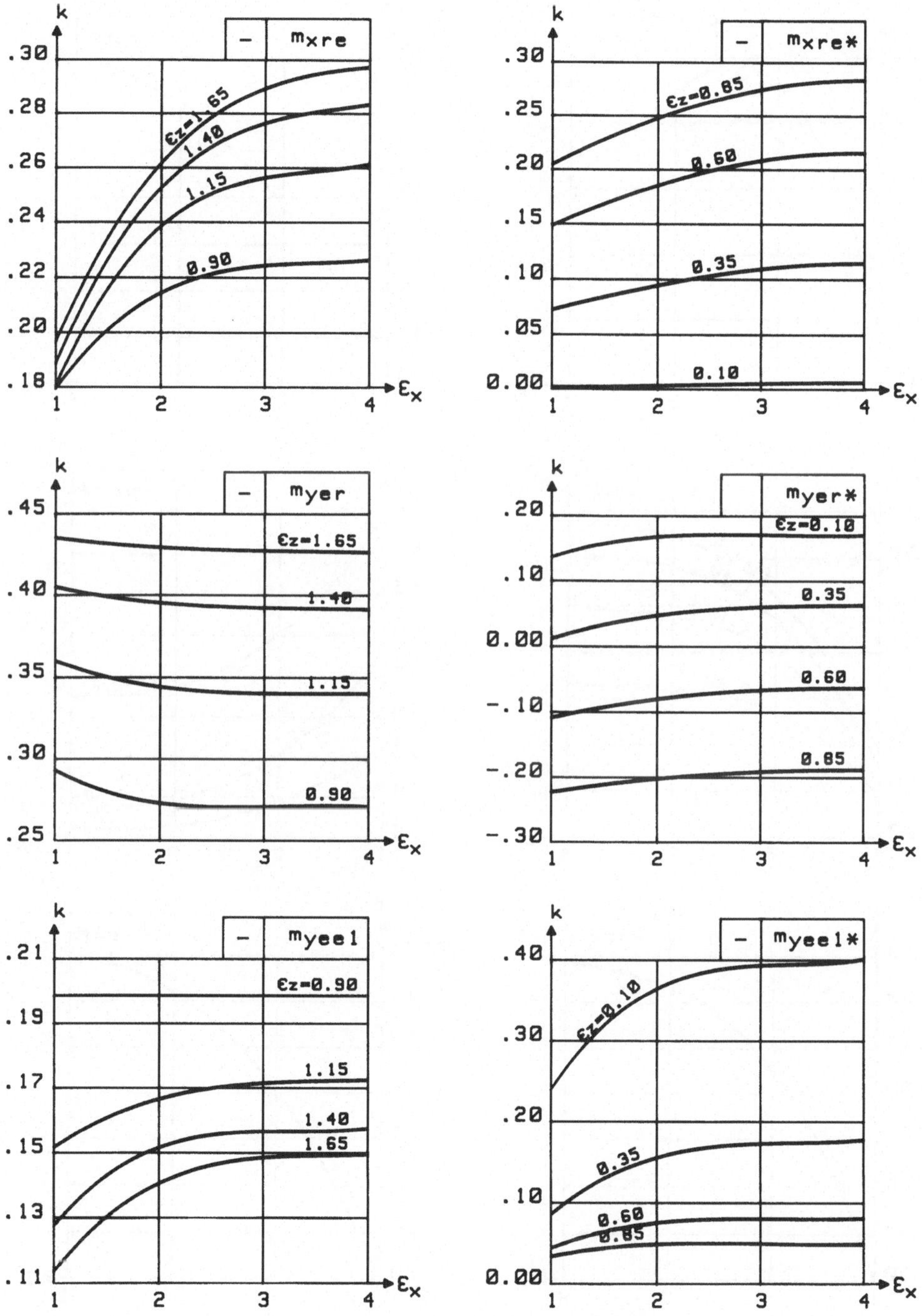
BEIWERTE k
TAFEL 2.1 <45°
k
mxre
Ez=1.65
1.40
1.15
0.90
.30
.28
.26
.24
.22
.20
.18
1 2 3 4
Ex
mxre*
Ez=0.85
0.60
0.35
0.10
.30
.25
.20
.15
.10
.05
0.00
myer
Ez=1.65
1.40
1.15
0.90
.45
.40
.35
.30
.25
myer*
Ez=0.10
0.35
0.60
0.85
.20
.10
0.00
-.10
-.20
-.30
myeel
Ez=0.90
1.15
1.40
1.65
.21
.19
.17
.15
.13
.11
myeel*
Ez=0.10
0.35
0.60
0.85
.40
.30
.20
.10
0.00

BEIWERTE k TAFEL 2.2 <45°

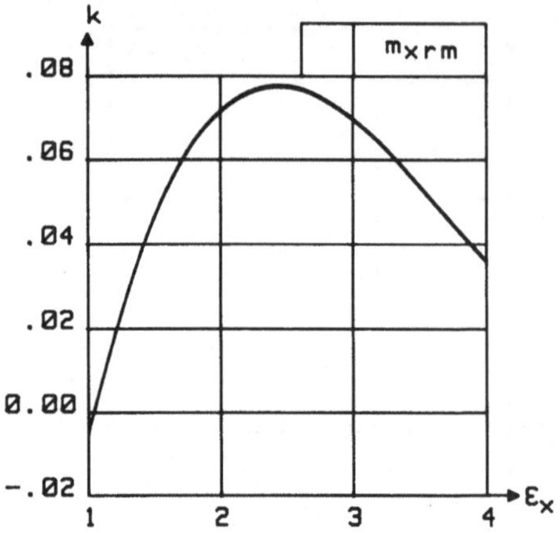

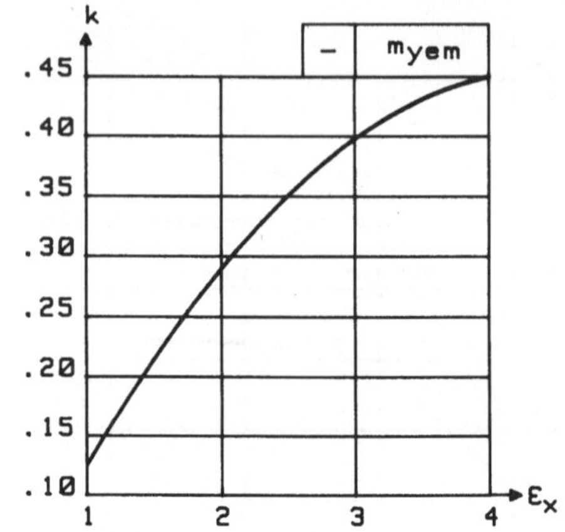

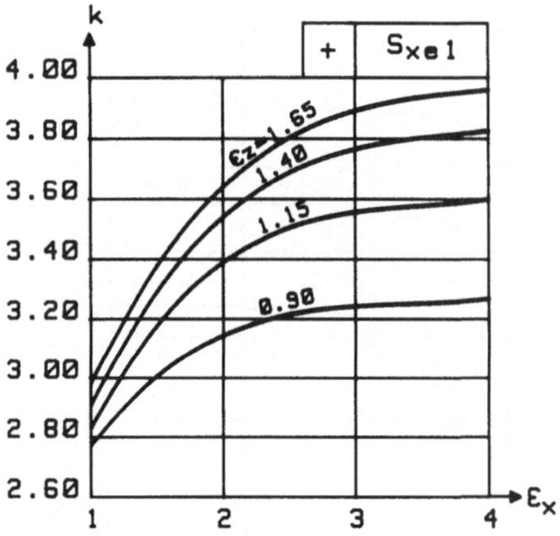

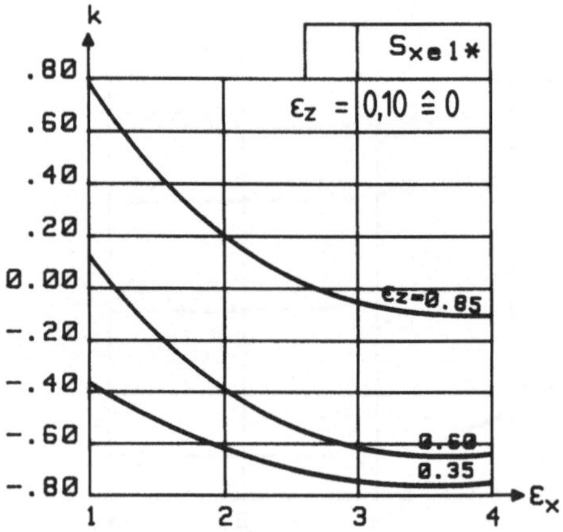

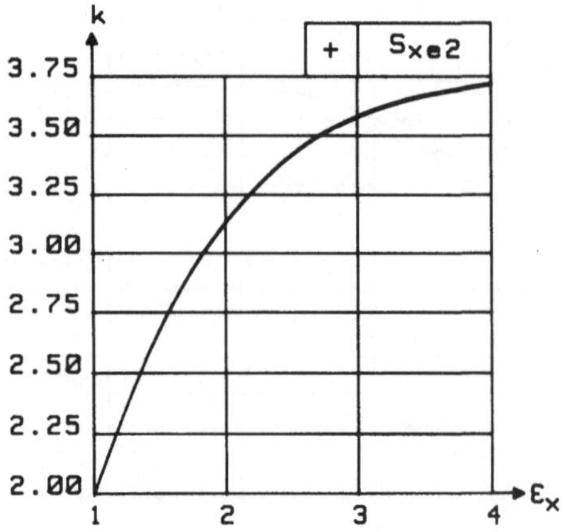

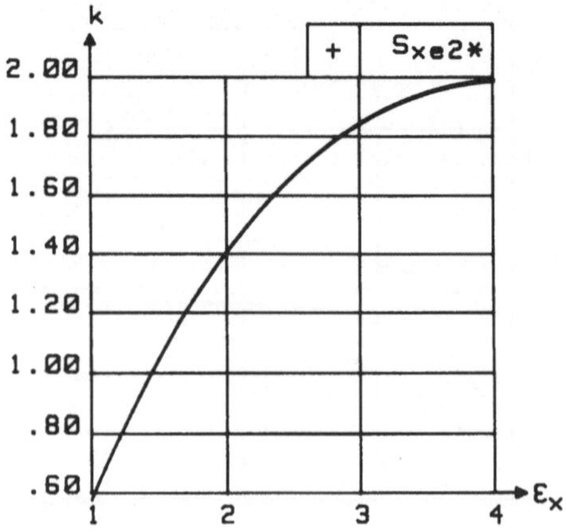

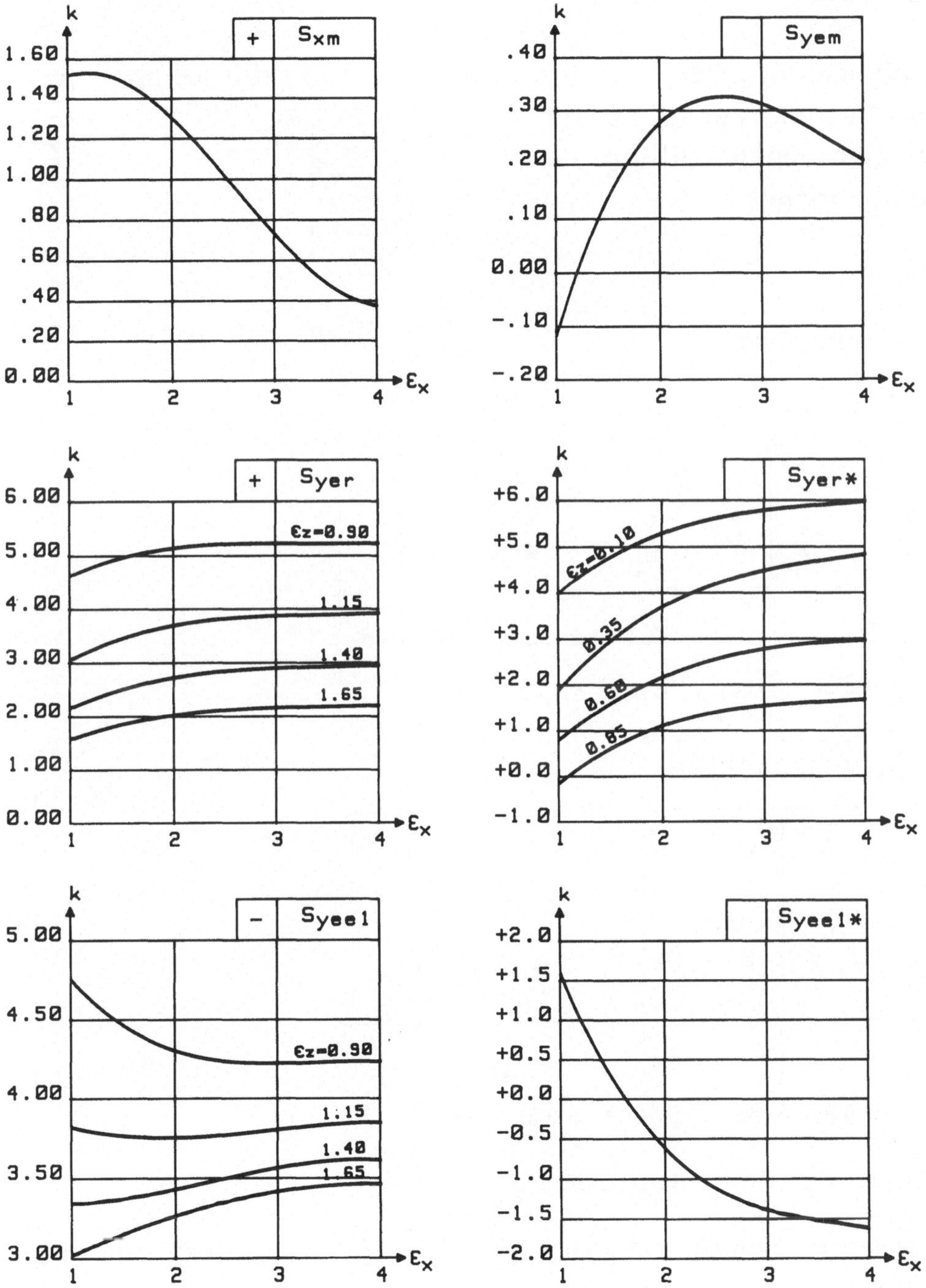
BEIWERTE k
TAFEL 2.3 <45°
k
+
Sxm
1.60
1.40
1.20
1.00
.80
.60
.40
.20
0.00
1
2
3
4
εx
Syem
.40
.30
.20
.10
0.00
-.10
-.20
Syer
6.00
5.00
4.00
3.00
2.00
1.00
εz=0.90
1.15
1.40
1.65
Syer*
+6.0
+5.0
+4.0
+3.0
+2.0
+1.0
+0.0
-1.0
εz=0.10
0.35
0.60
0.85
-
Syeel
5.00
4.50
4.00
3.50
3.00
Syeel*
+2.0
+1.5
+1.0
+0.5
+0.0
-0.5
-1.0
-1.5
-2.0

Lastfall 3

Erddruck infolge zentrischer Verkehrslast auf der Hinterfüllung (Linearanteil)

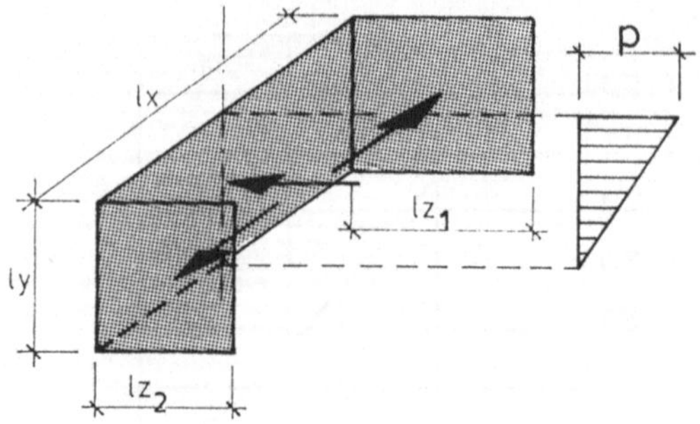

1) Biegemomente

$m = k \cdot p \cdot ly^2$

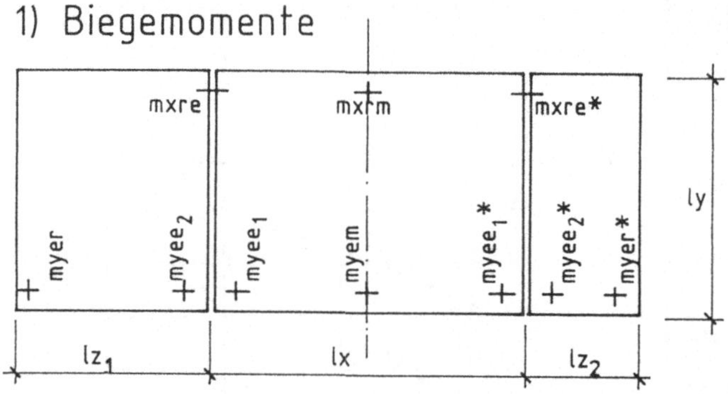

$myee_2 \approx 0{,}56 \quad myee_1 \;;\; myee_2{}^* \approx -0{,}25 \quad myee_1{}^*$

2) Scheibenkräfte

$S = k \cdot p \cdot ly$

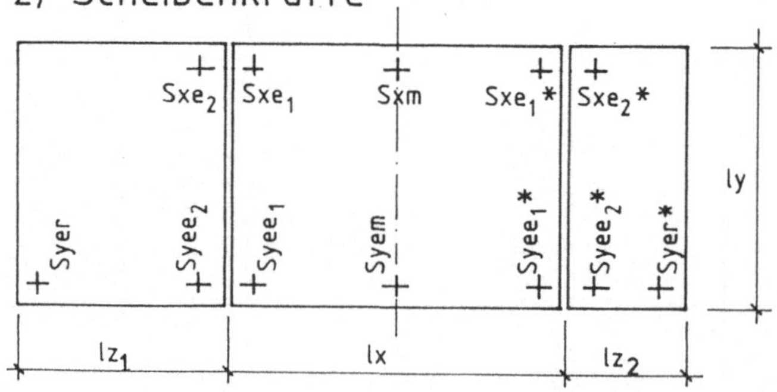

$Syee_2 = 0{,}85 \quad Syee_1 \;;\; Syee_2{}^* = 0{,}85 \quad Syee_1{}^*$

$l_x/l_y = \varepsilon_x \qquad l_{z_2}/l_y = \varepsilon_{z_2} \qquad l_{z_1}/l_y = \varepsilon_{z_1}$

∢ 75°: ε_{z_2} = 0,40; 0,65; 0,90; 1,15 $\qquad \varepsilon_{z_1}$ = 0,60; 0,85; 1,10; 1,35

∢ 60°: ε_{z_2} = 0,25; 0,50; 0,75; 1,00 $\qquad \varepsilon_{z_1}$ = 0,75; 1,00; 1,25; 1,50

∢ 45°: ε_{z_2} = 0,10; 0,35; 0,60; 0,85 $\qquad \varepsilon_{z_1}$ = 0,90; 1,15; 1,45; 1,65

BEIWERTE k
TAFEL 3.1 <75°
k
mxre
εz=1.35
1.10
0.85
0.60
.26
.24
.22
.20
.18
.16
.14
.12
.10
.08
1
2
3
4
εx
mxre*
εz=1.15
0.90
0.65
0.40
.25
.20
.15
.10
.05
myer
εz=1.35
1.10
0.85
0.60
.05
myer*
εz=0.40
0.65
0.90
1.15
0.00
-.05
-.10
-.15
-.20
-.25
myeel
εz=0.60
0.85
1.10
1.35
.08
.06
.04
.02
0.00
myeel*
εz=0.40
.12

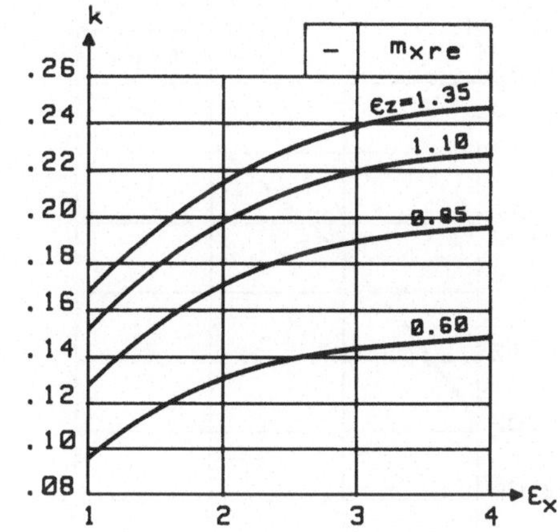

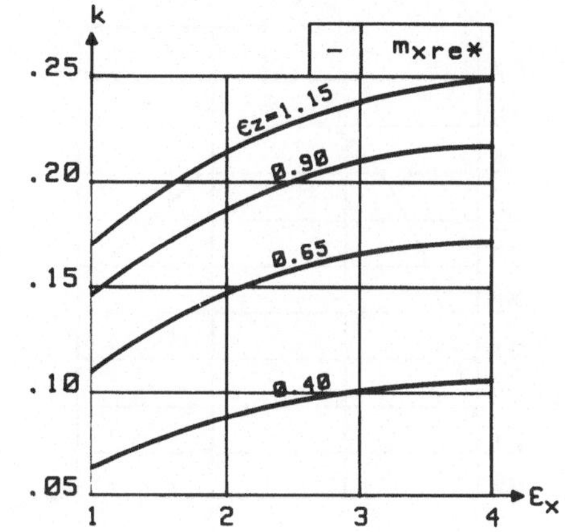

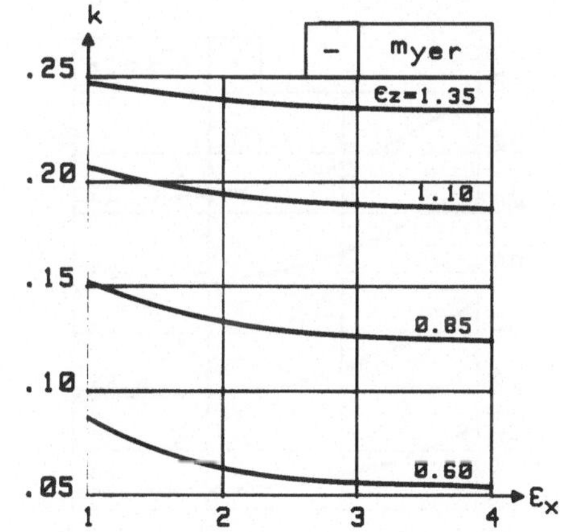

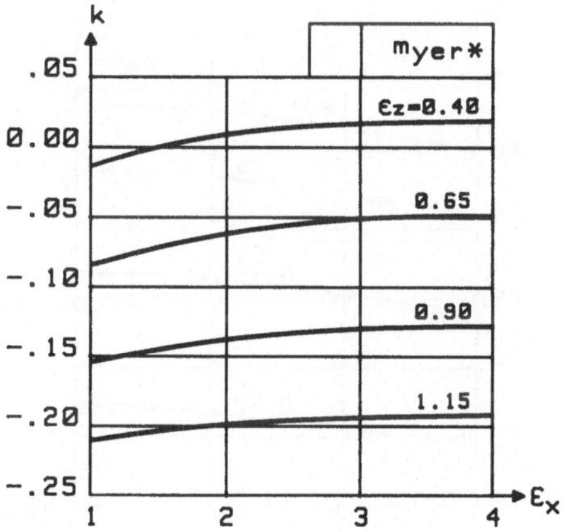

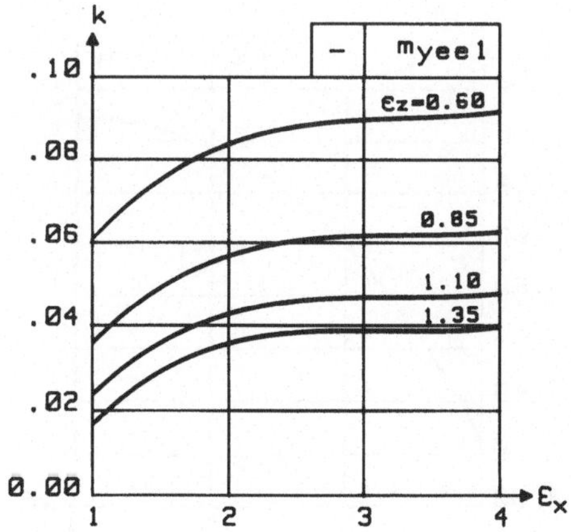

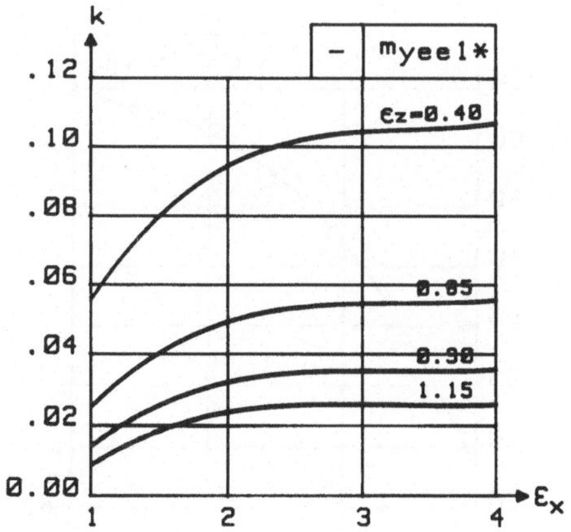

BEIWERTE k TAFEL 3.2 <75°

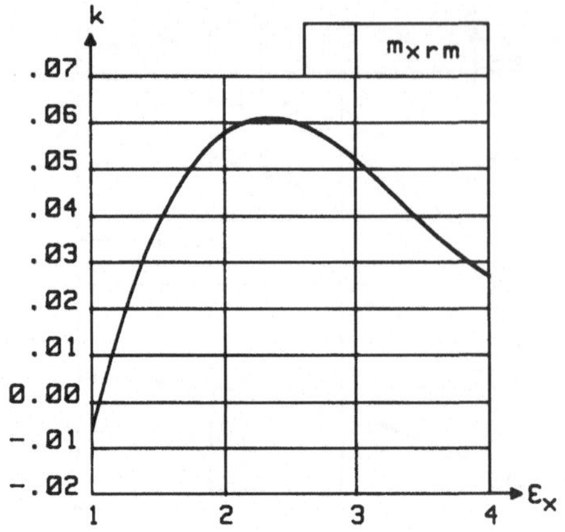

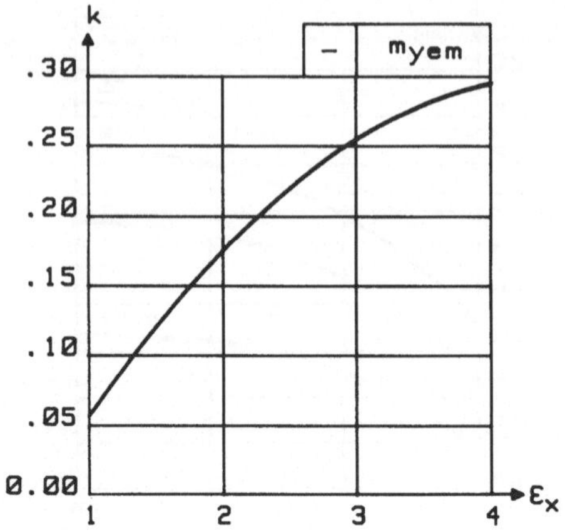

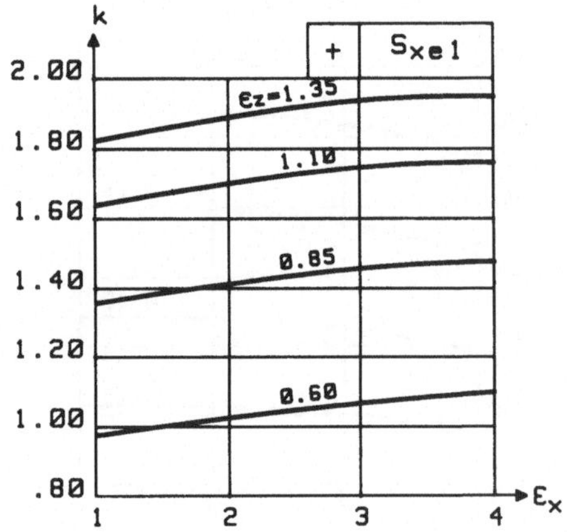

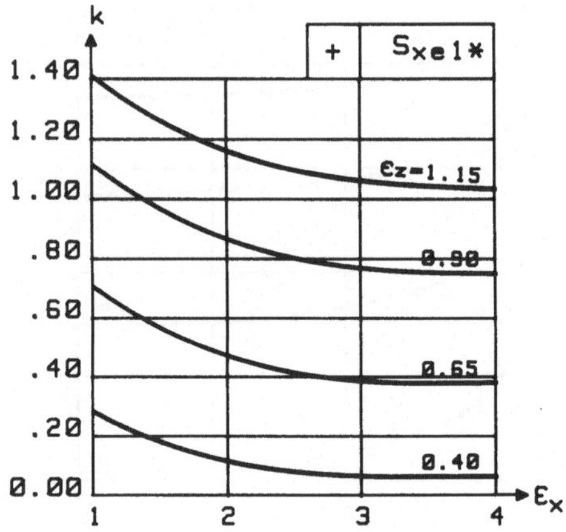

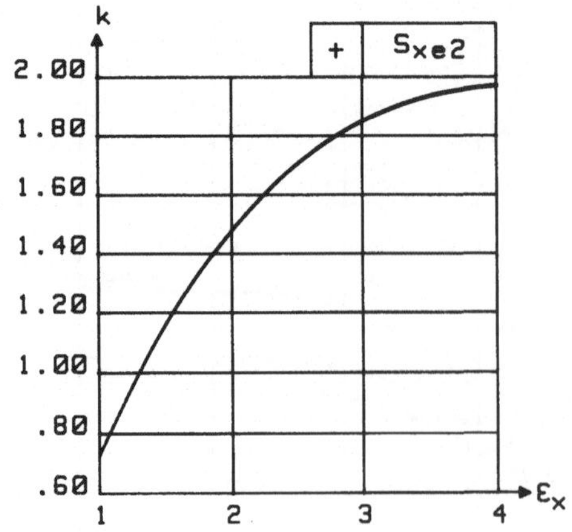

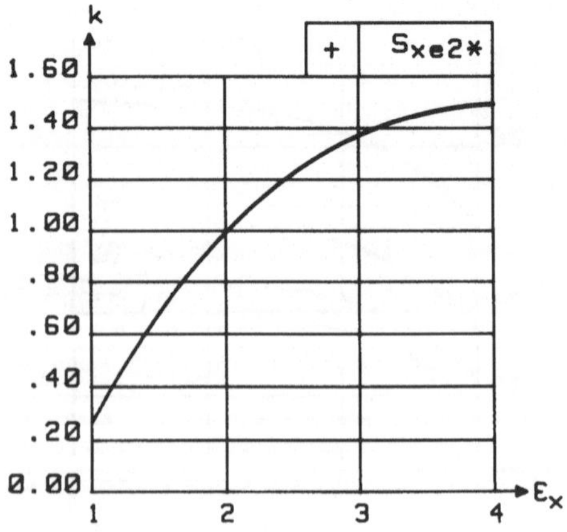

BEIWERTE k
TAFEL 3.3 <75°
k
+ | Sxm
1.10
1.00
.90
.80
.70
.60
.50
.40
.30
.20
1 2 3 4 εx
k
Syem
.30
.20
.10
0.00
-.10
-.20
-.30
εz=1.15/1.35
0.90/1.10
0.65/0.85
0.40/0.60
1 2 3 4 εx
k
+ | Syer
4.50
4.00
3.50
3.00
2.50
2.00
1.50
1.00
.50
εz=0.60
0.85
1.10
1.35
1 2 3 4 εx
k
+ | Syer*
5.00
4.00
3.00
2.00
1.00
0.00
εz=0.40
0.65
0.90
1.15
1 2 3 4 εx
k
− | Syeel
2.40
2.20
2.00
1.80
1.60
1.40
1.20
1.00
εz=0.60
0.85
1.10
1.35
1 2 3 4 εx
k
− | Syeel*
2.50
2.00
1.50
1.00
.50
0.00
εz=0.40
0.65
0.90
1.15
1 2 3 4 εx

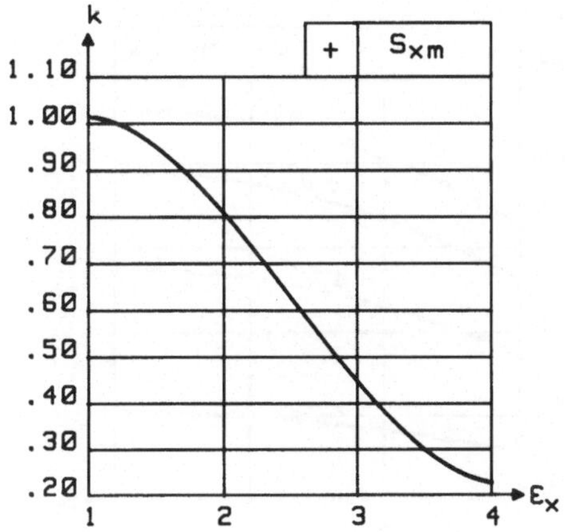

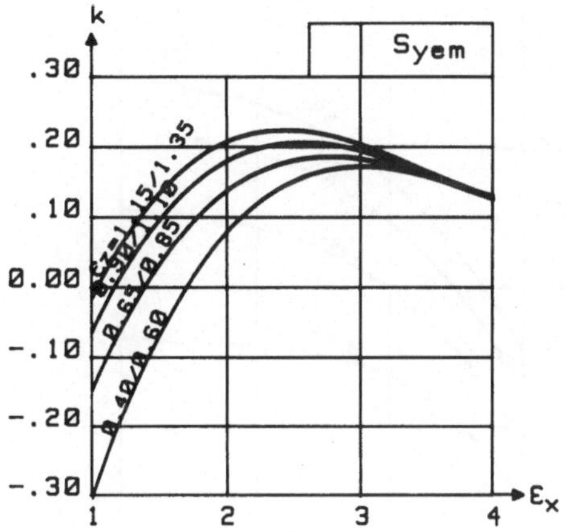

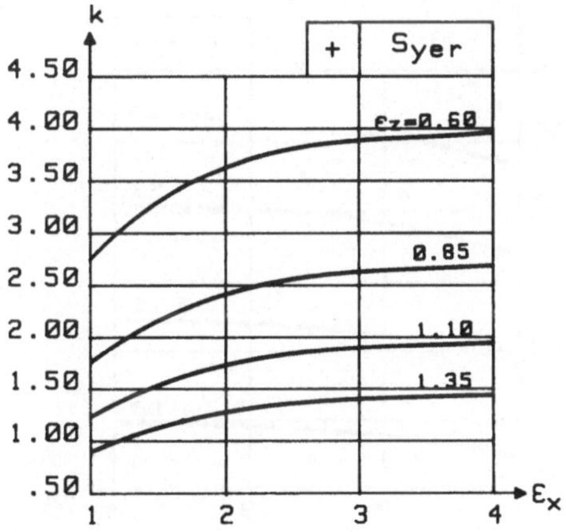

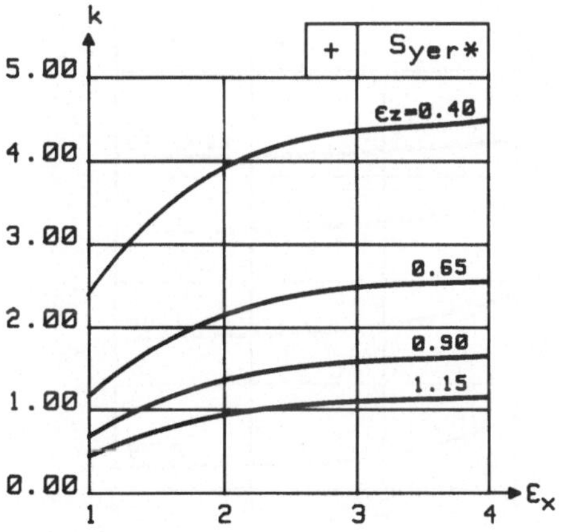

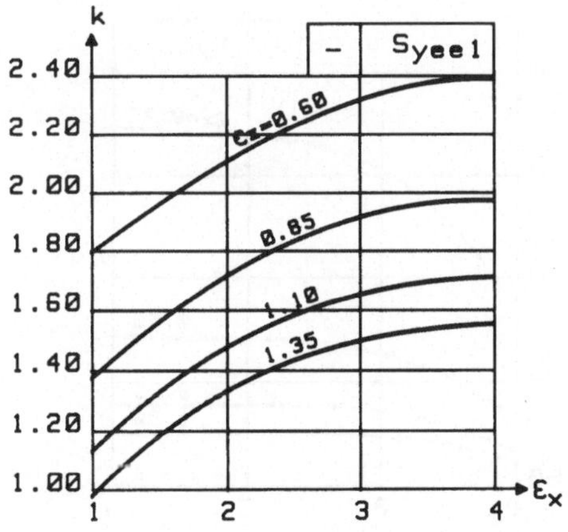

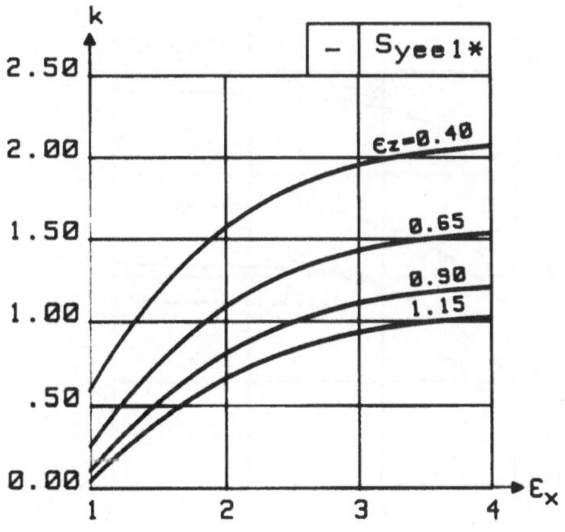

BEIWERTE k
TAFEL 3.1 <60°
k
– mxre
εz=1.50
1.25
1.00
0.75
.24
.22
.20
.18
.16
.14
.12
1
2
3
4
εx
– mxre*
εz=1.00
0.75
0.50
0.25
.25
.20
.15
.10
.05
0.00
– myer
εz=1.50
1.25
1.00
0.75
.30
.25
.20
.15
.10
myer*
εz=0.25
0.50
0.75
1.00
.10
.05
0.00
-.05
-.10
-.15
-.20
– myee1
εz=0.75
1.00
1.25
1.50
.10
.08
.06
.04
.02
– myee1*
εz=0.25
0.50
0.75
1.00
.20
.15
.10
.05
0.00

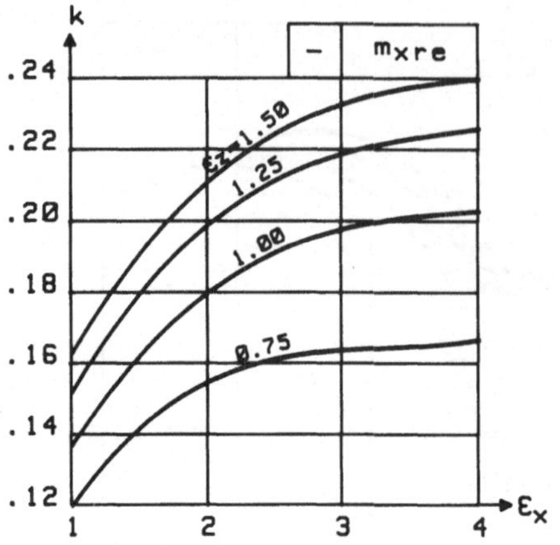

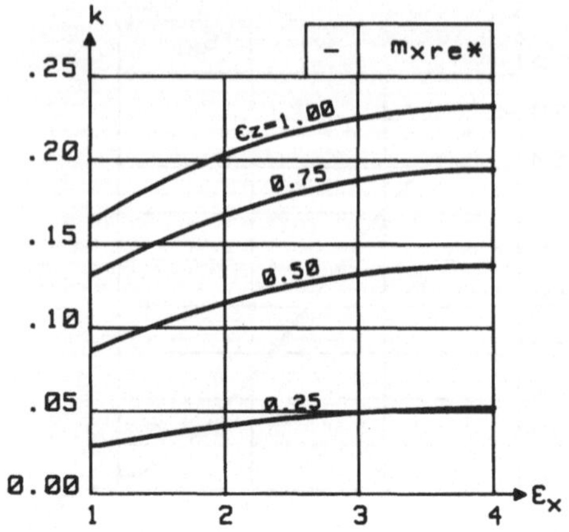

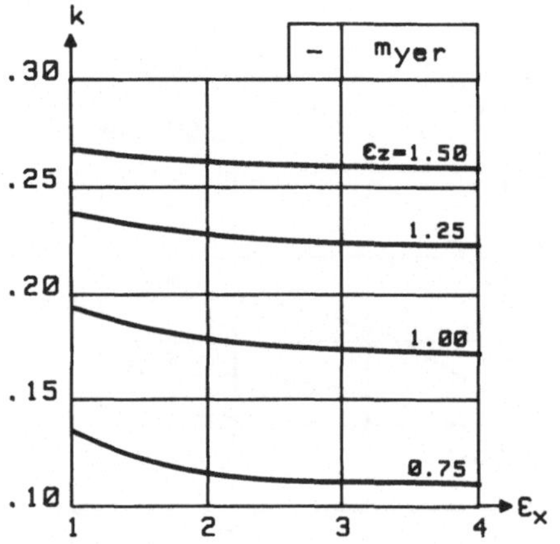

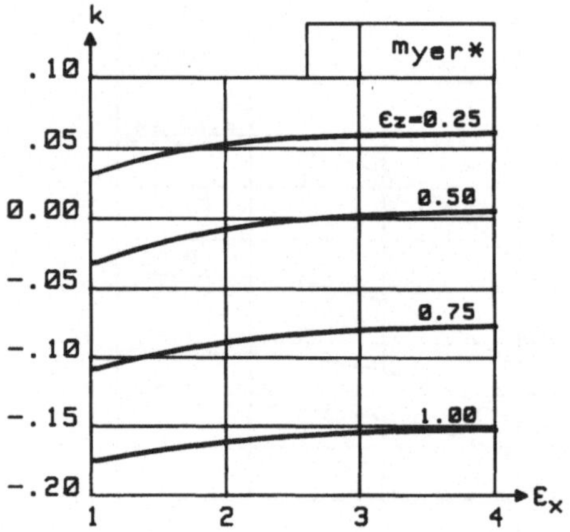

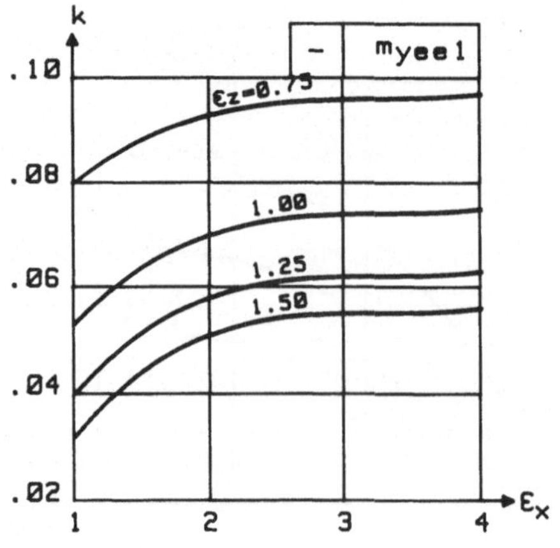

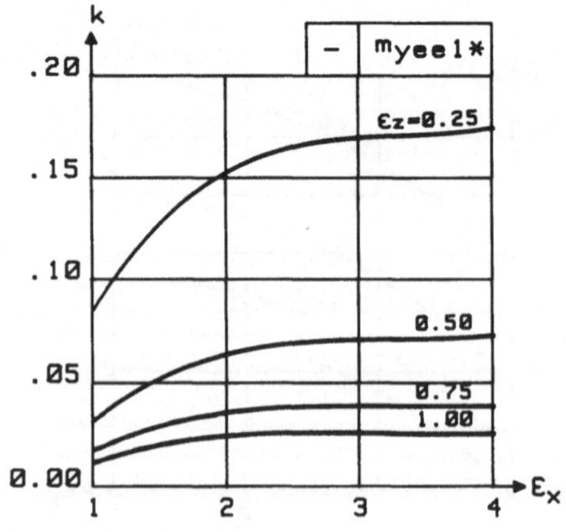

BEIWERTE k   TAFEL 3.2 <60°

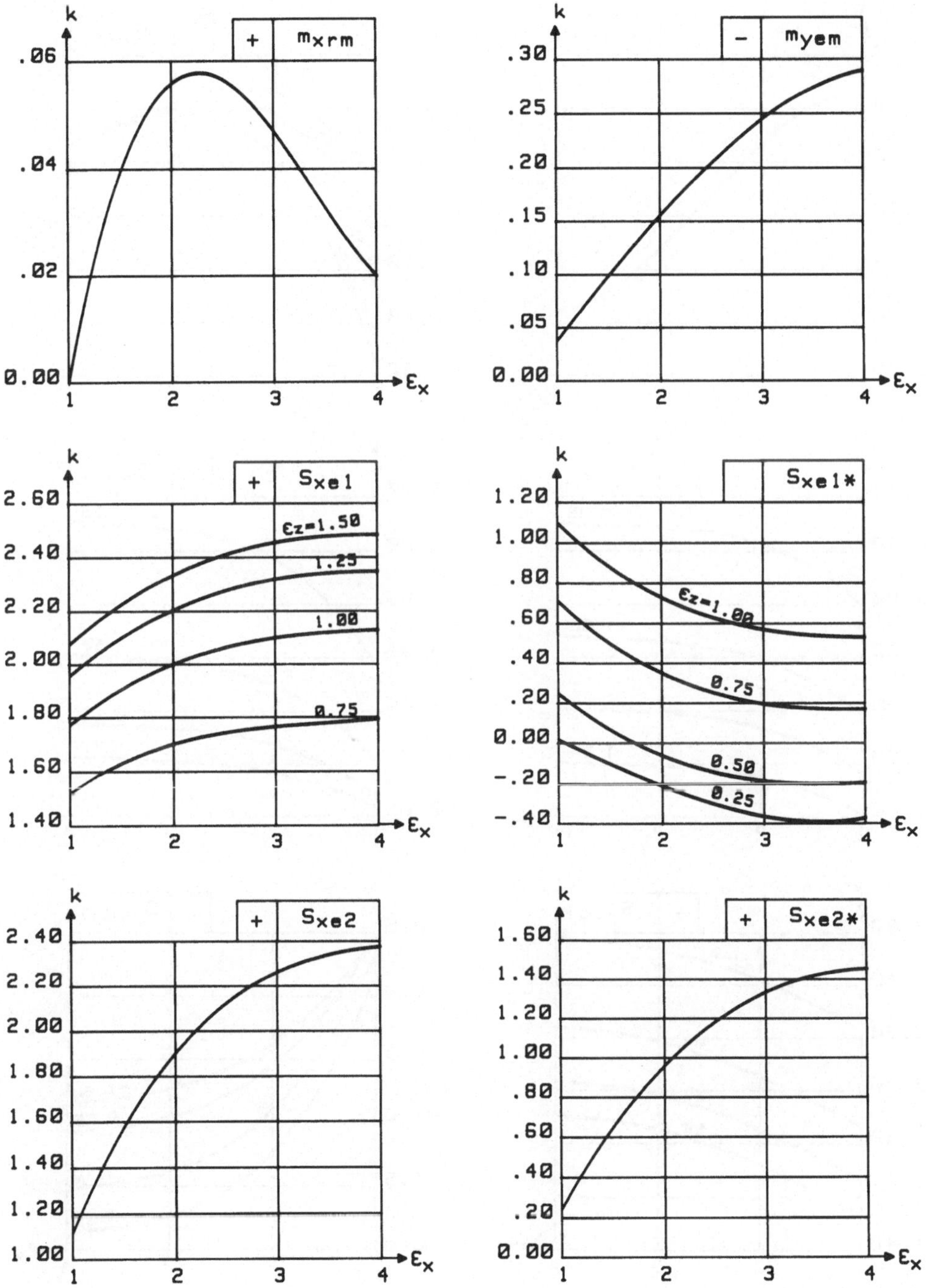

BEIWERTE k TAFEL 3.3 <60°

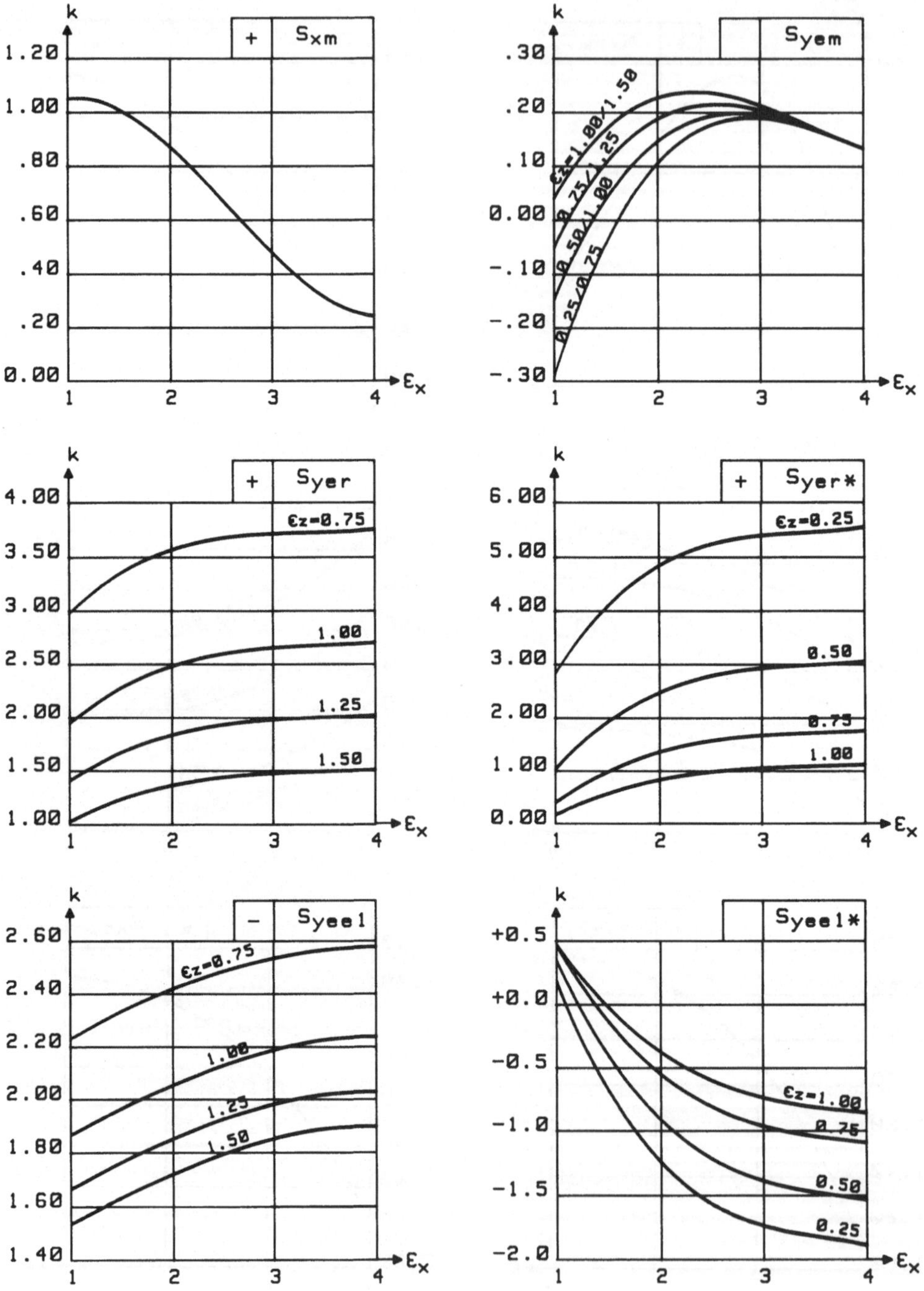

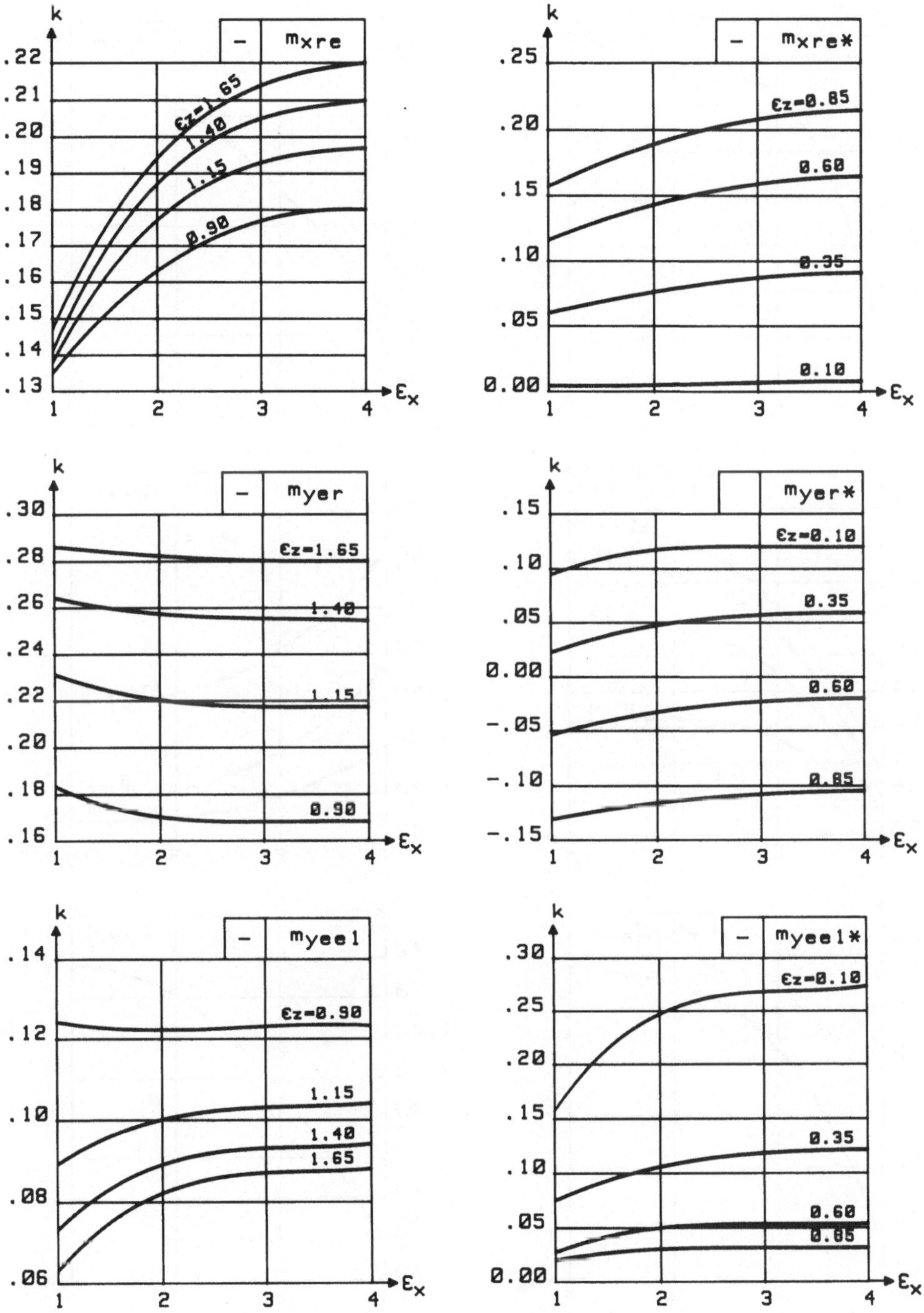

BEIWERTE k
TAFEL 3.1 <45°
k
mxre
εz=1.65
1.40
1.15
0.90
.22
.21
.20
.19
.18
.17
.16
.15
.14
.13
1
2
3
4
εx
mxre*
εz=0.85
0.60
0.35
0.10
.25
.20
.15
.10
.05
0.00
myer
εz=1.65
1.40
1.15
0.90
.30
.28
.26
.24
.22
.20
.18
.16
myer*
εz=0.10
0.35
0.60
0.85
.15
.10
.05
0.00
-.05
-.10
-.15
myeel
εz=0.90
1.15
1.40
1.65
.14
.12
.10
.08
.06
myeel*
εz=0.10
0.35
0.60
0.85
.30
.25
.20
.15
.10
.05
0.00

BEIWERTE k TAFEL 3.2 <45°

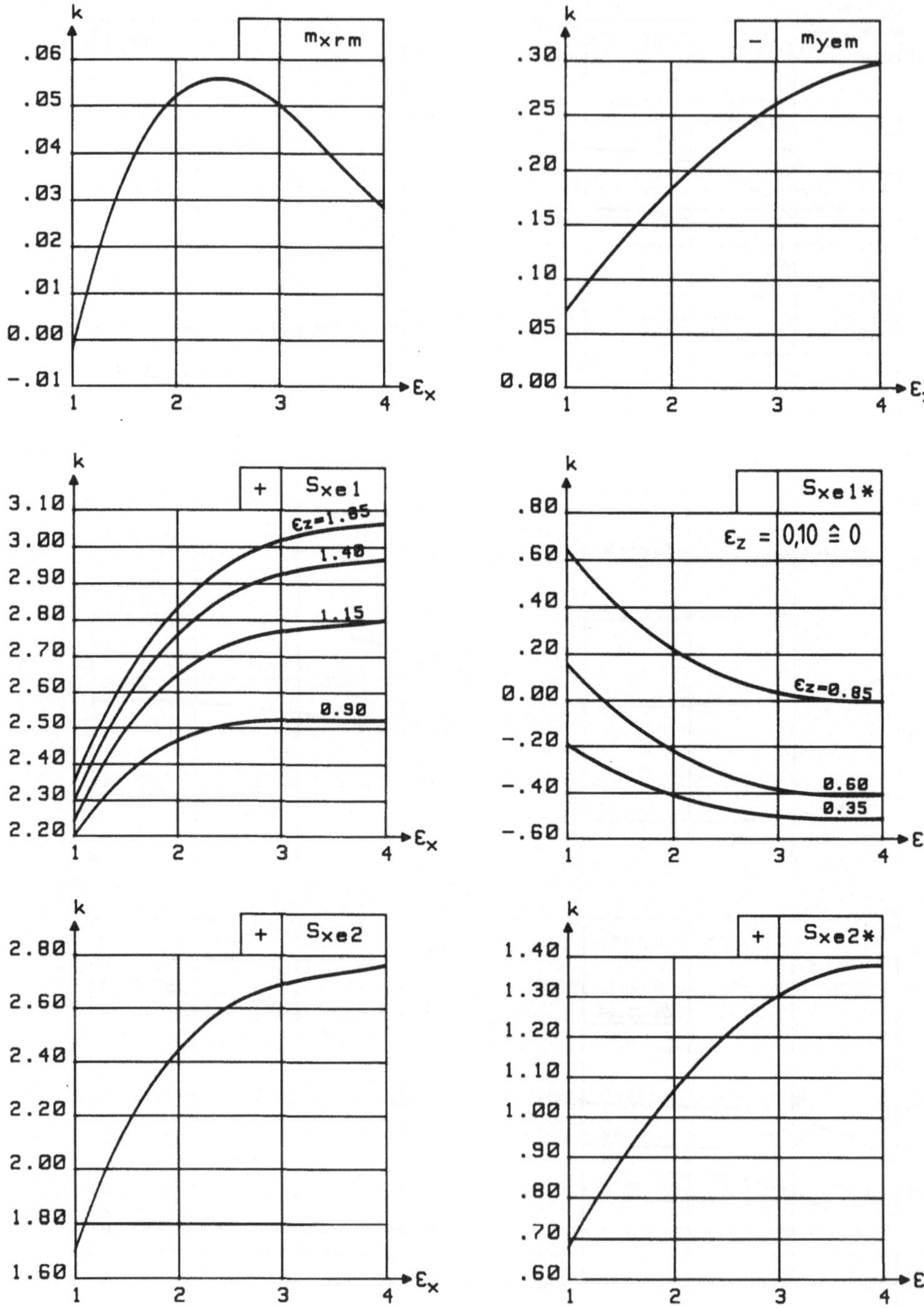

BEIWERTE k
TAFEL 3.3 <45°
k
+
S_{xm}
1.20
1.00
.80
.60
.40
.20
0.00
1
2
3
4
ε_x
k
S_{yem}
.30
.20
.10
0.00
-.10
-.20
1
2
3
4
ε_x
k
+
S_{yer}
4.00
3.50
3.00
2.50
2.00
1.50
1.00
εz=0.90
1.15
1.40
1.65
1
2
3
4
ε_x
k
S_{yer*}
+4.0
+3.5
+3.0
+2.5
+2.0
+1.5
+1.0
+0.5
+0.0
-0.5
εz=0.10
0.35
0.60
0.85
1
2
3
4
ε_x
k
-
S_{yeel}
3.40
3.20
3.00
2.80
2.60
2.40
2.20
2.00
εz=0.90
1.15
1.40
1.65
1
2
3
4
ε_x
k
S_{yeel*}
+1.5
+1.0
+0.5
+0.0
-0.5
-1.0
1
2
3
4
ε_x

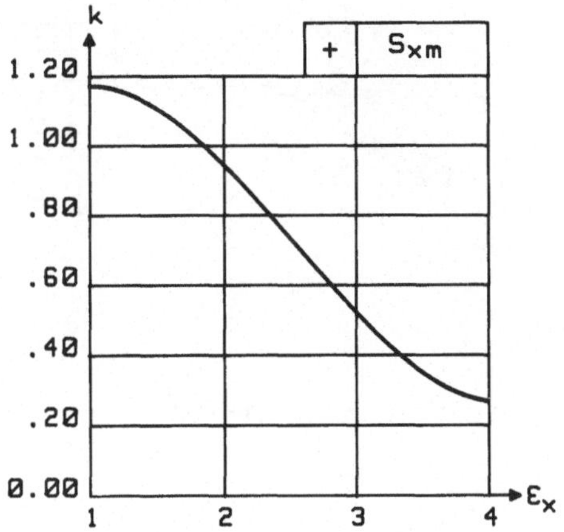

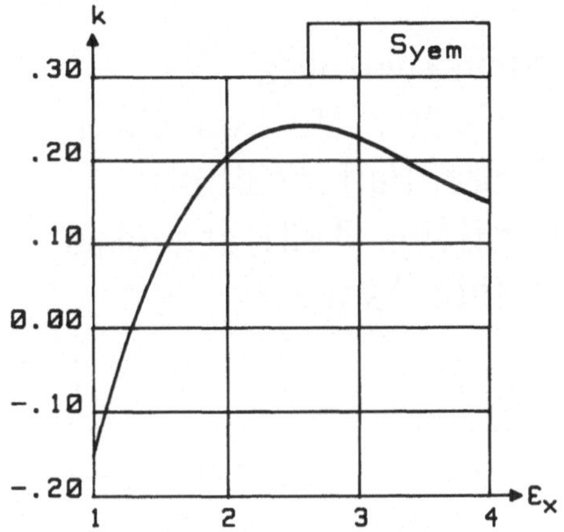

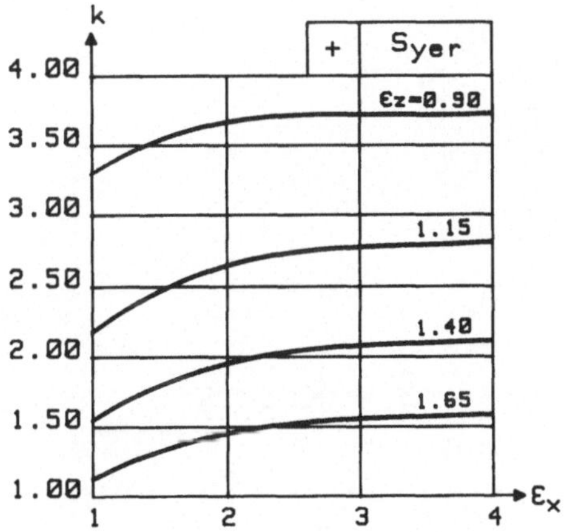

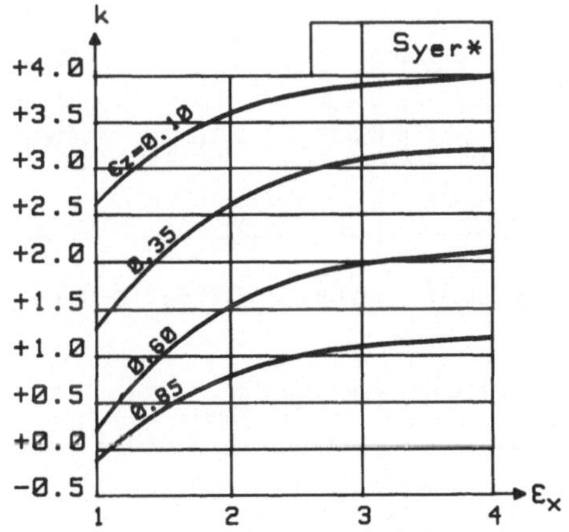

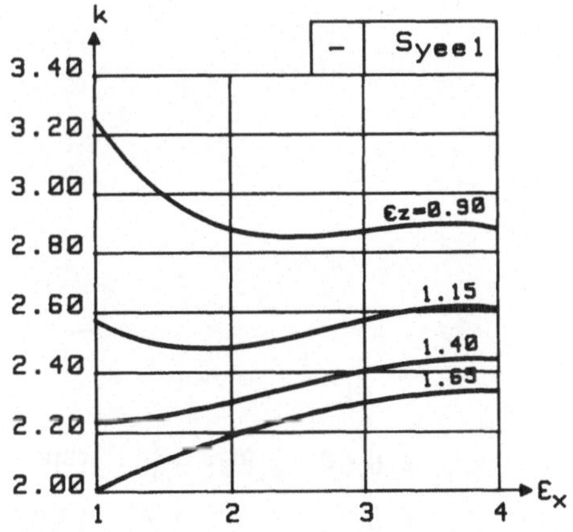

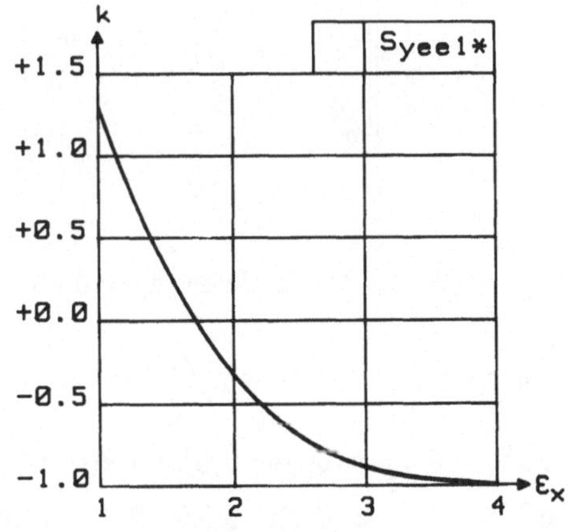

Lastfall 4

Erddruck infolge zentrischer Verkehrslast auf der Hinterfüllung als mittige Teilflächenlast (Gleichlastanteil)

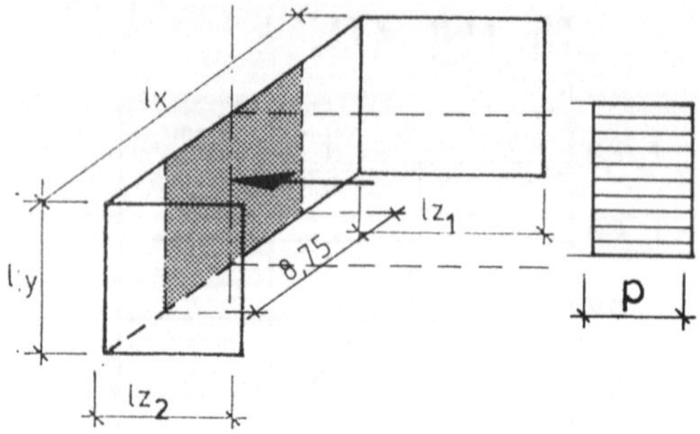

1) Biegemomente $\qquad m = k \cdot p \cdot ly^2$

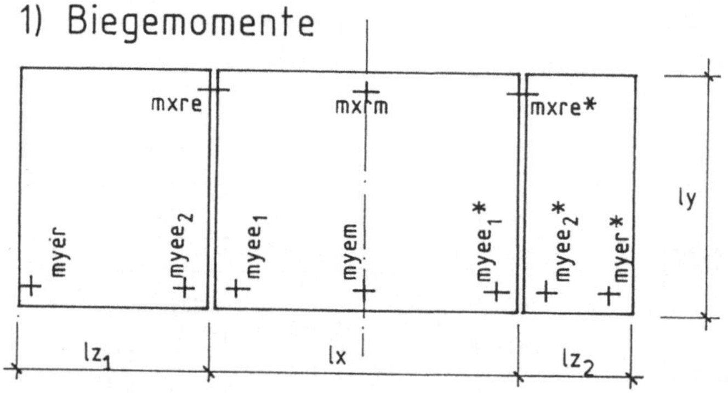

$myee_2 \approx 0{,}17 \quad myee_1 \; ; \; myee_2^* \approx -0{,}36 \quad myee_1^*$

2) Scheibenkräfte $\qquad S = k \cdot p \cdot ly$

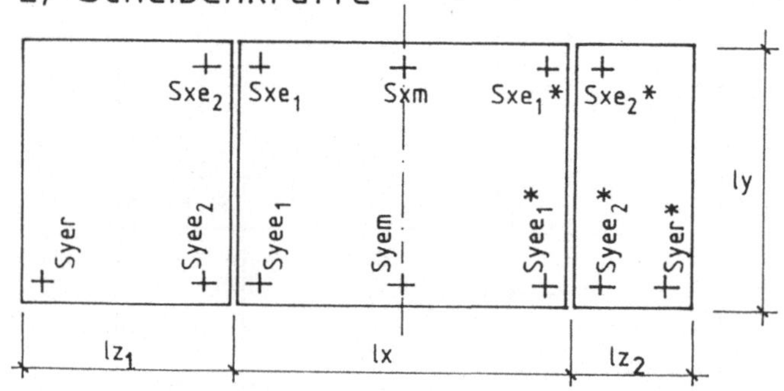

$Syee_2 = 0{,}85 \; Syee_1 \; ; \; Syee_2^* = 0{,}85 \; Syee_1^*$

$l_x/l_y = \varepsilon_x \qquad l_{z_2}/l_y = \varepsilon_{z_2} \qquad l_{z_1}/l_y = \varepsilon_{z_1}$

∢ 75°: ε_{z_2} = 0,40; 0,65; 0,90; 1,15 $\qquad \varepsilon_{z_1}$ = 0,60; 0,85; 1,10; 1,35

∢ 60°: ε_{z_2} = 0,25; 0,50; 0,75; 1,00 $\qquad \varepsilon_{z_1}$ = 0,75; 1,00; 1,25; 1,50

∢ 45°: ε_{z_2} = 0,10; 0,35; 0,60; 0,85 $\qquad \varepsilon_{z_1}$ = 0,90; 1,15; 1,45; 1,65

BEIWERTE k TAFEL 4.1 <75°

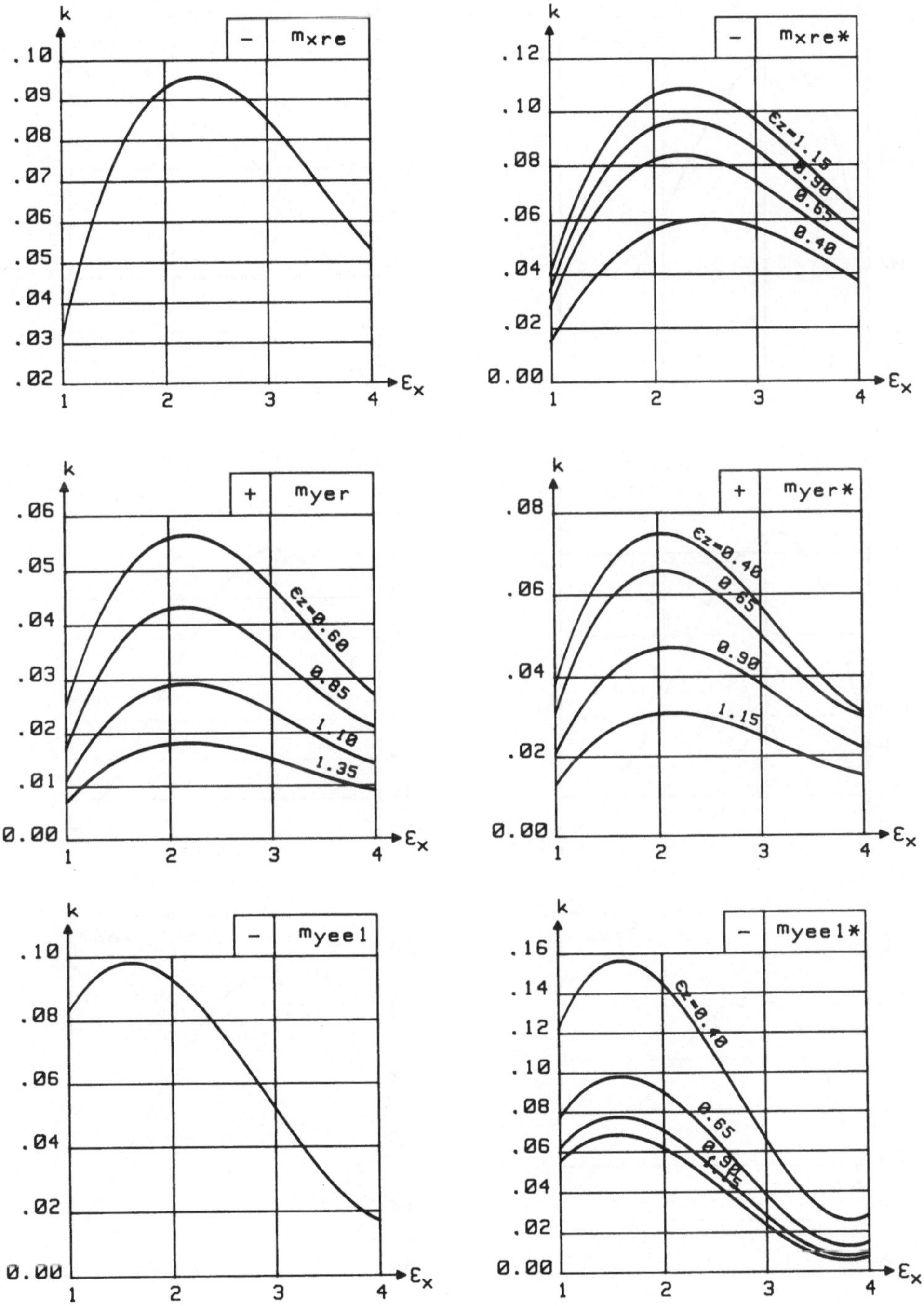

BEIWERTE k **TAFEL 4.2 <75°**

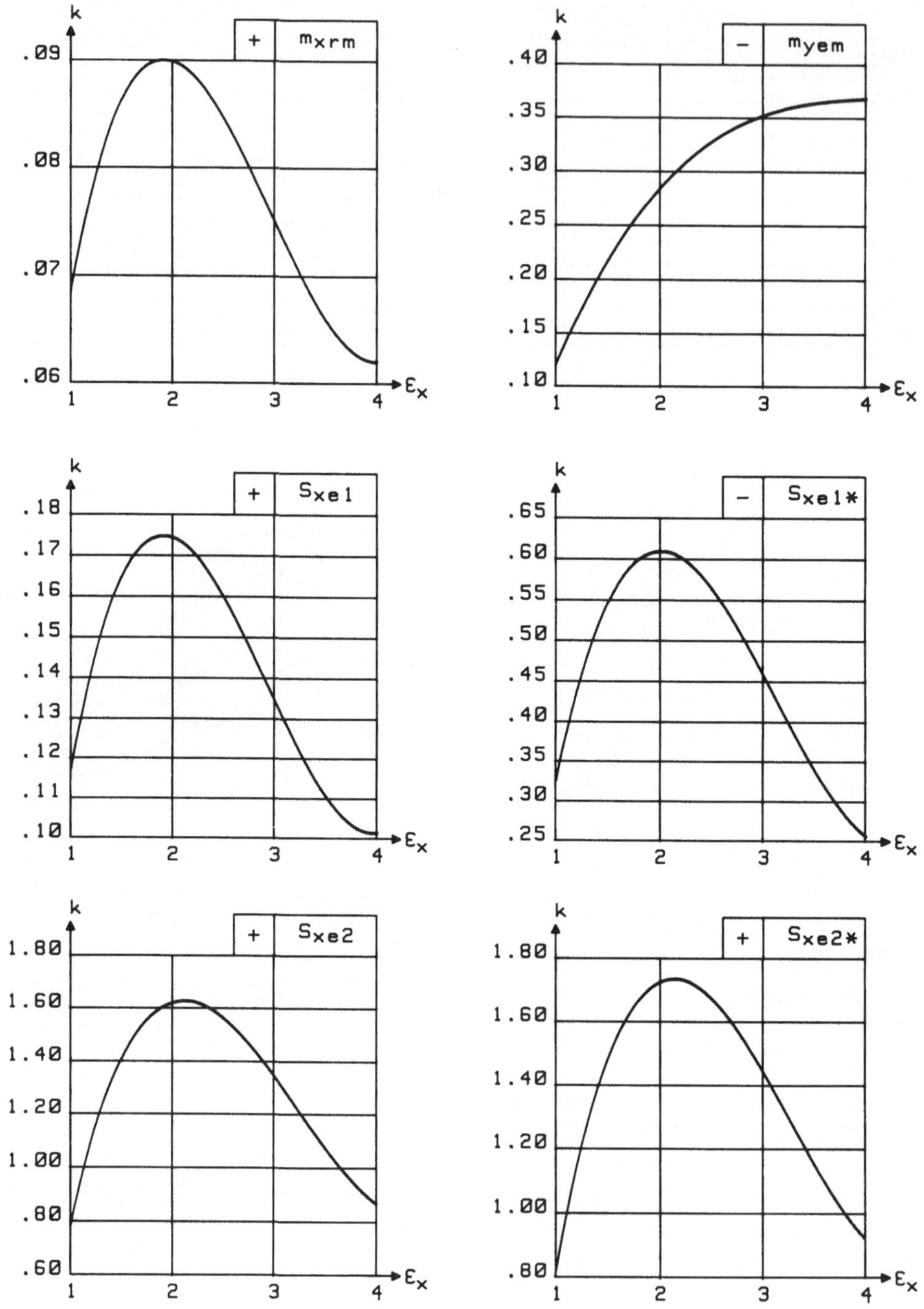

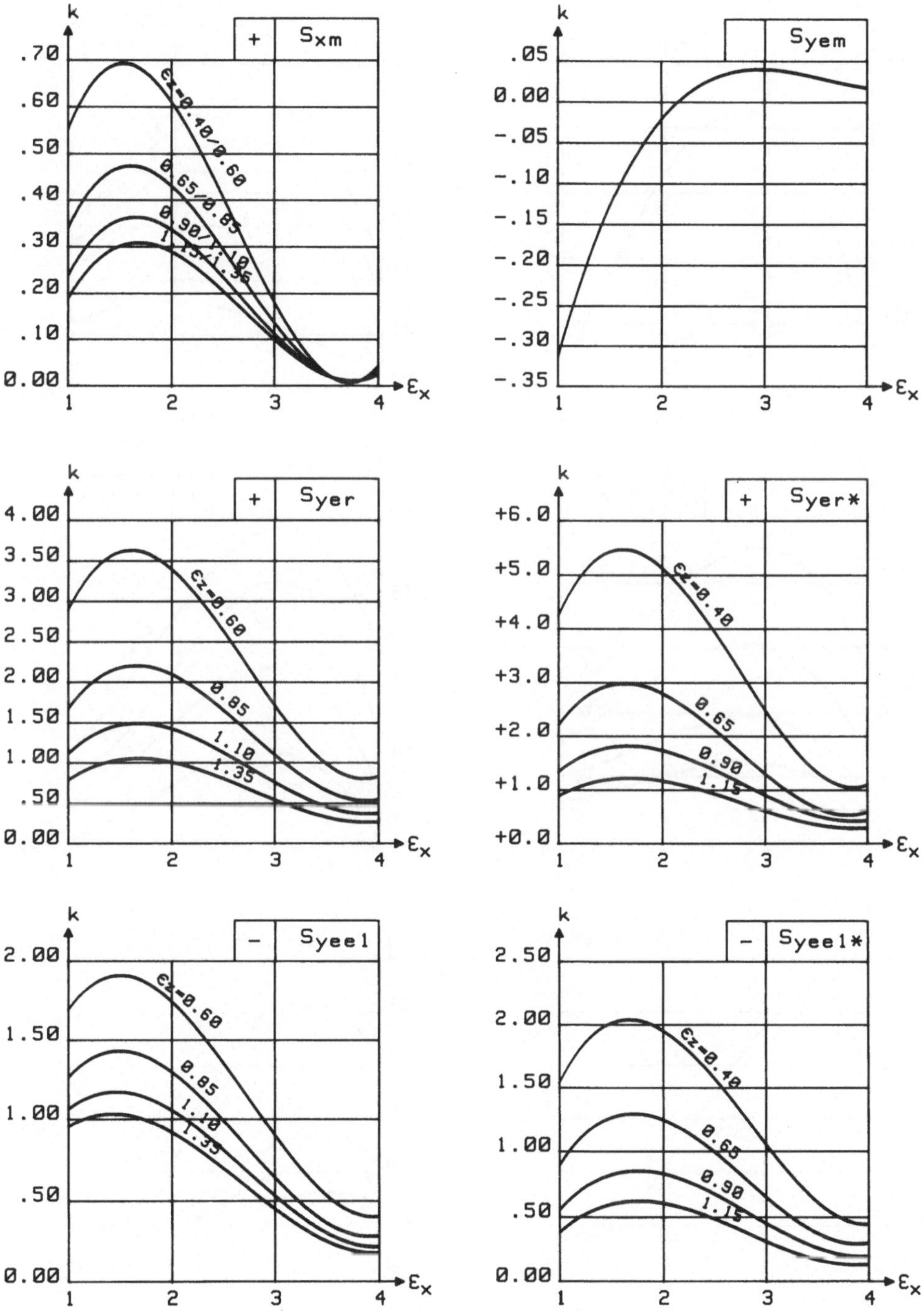
BEIWERTE k
TAFEL 4.3 <75°
+ Sxm
εz=0.40/0.60
0.65/0.85
0.90/1.10
1.15/1.35
Syem
+ Syer
εz=0.60
0.85
1.10
1.35
+ Syer*
εz=0.40
0.65
0.90
1.15
− Syeel
εz=0.60
0.85
1.10
1.35
− Syeel*
εz=0.40
0.65
0.90
1.15
k
εx

BEIWERTE k TAFEL 4.1 <60°

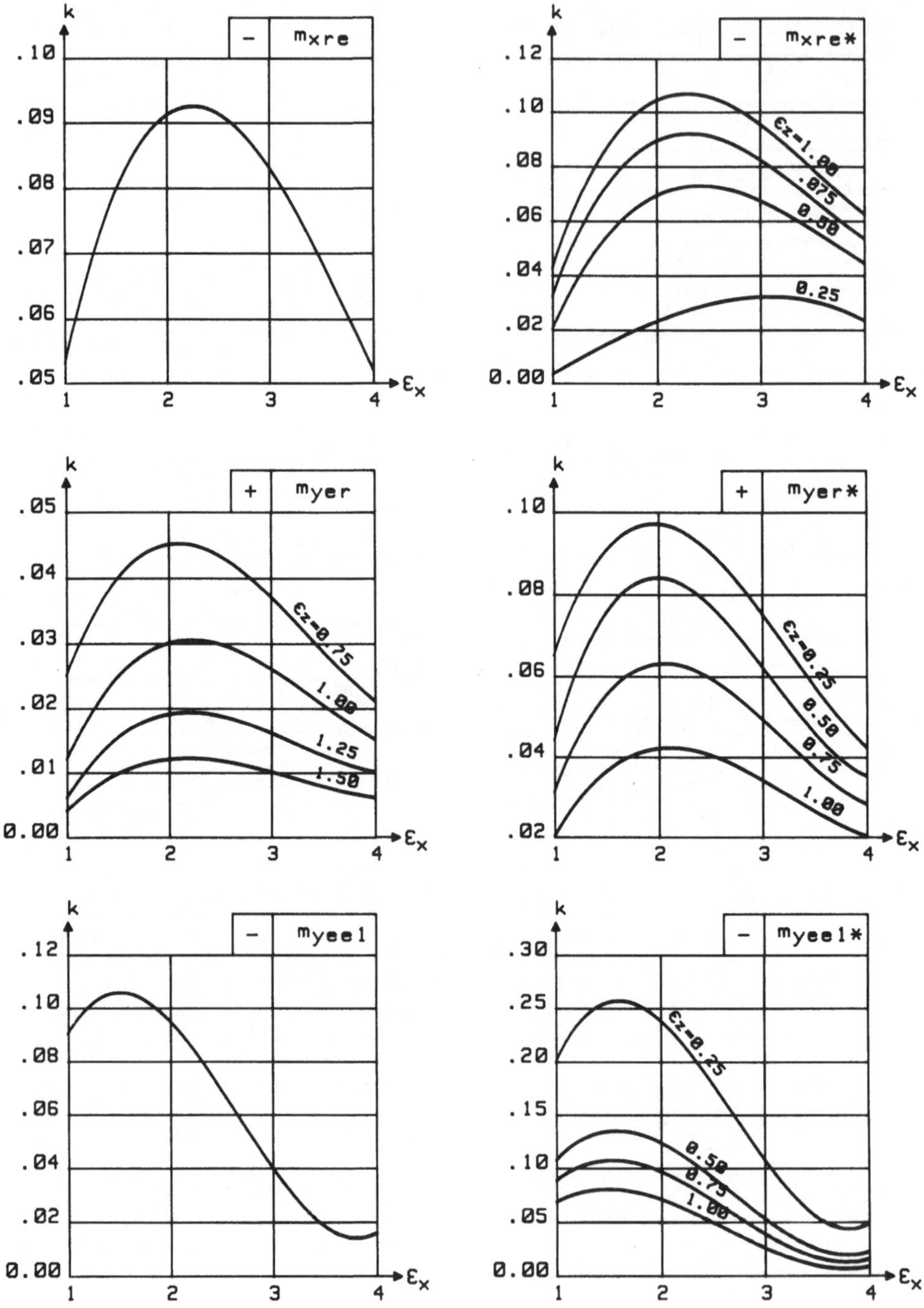

BEIWERTE k   TAFEL 4.2   <60°

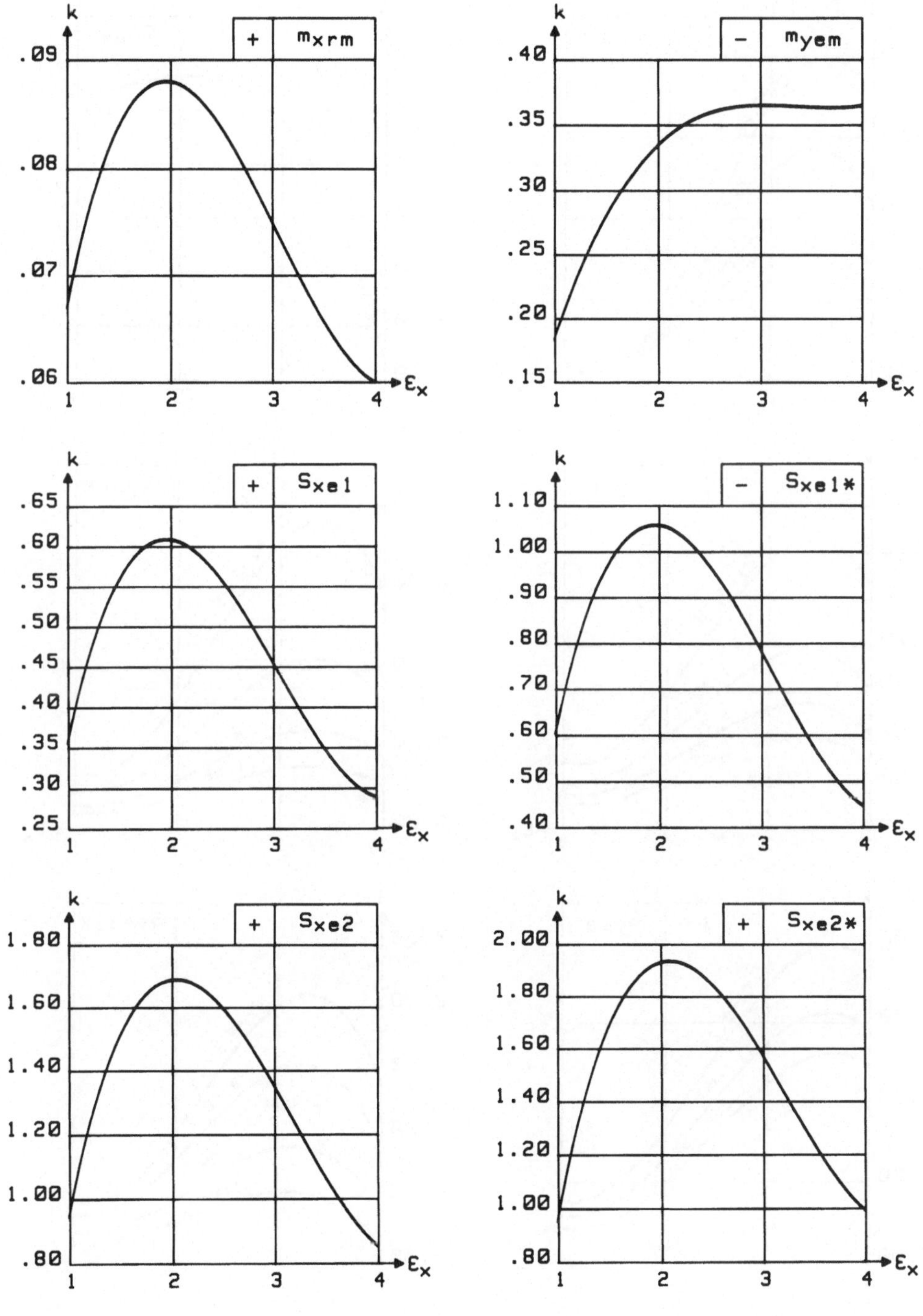

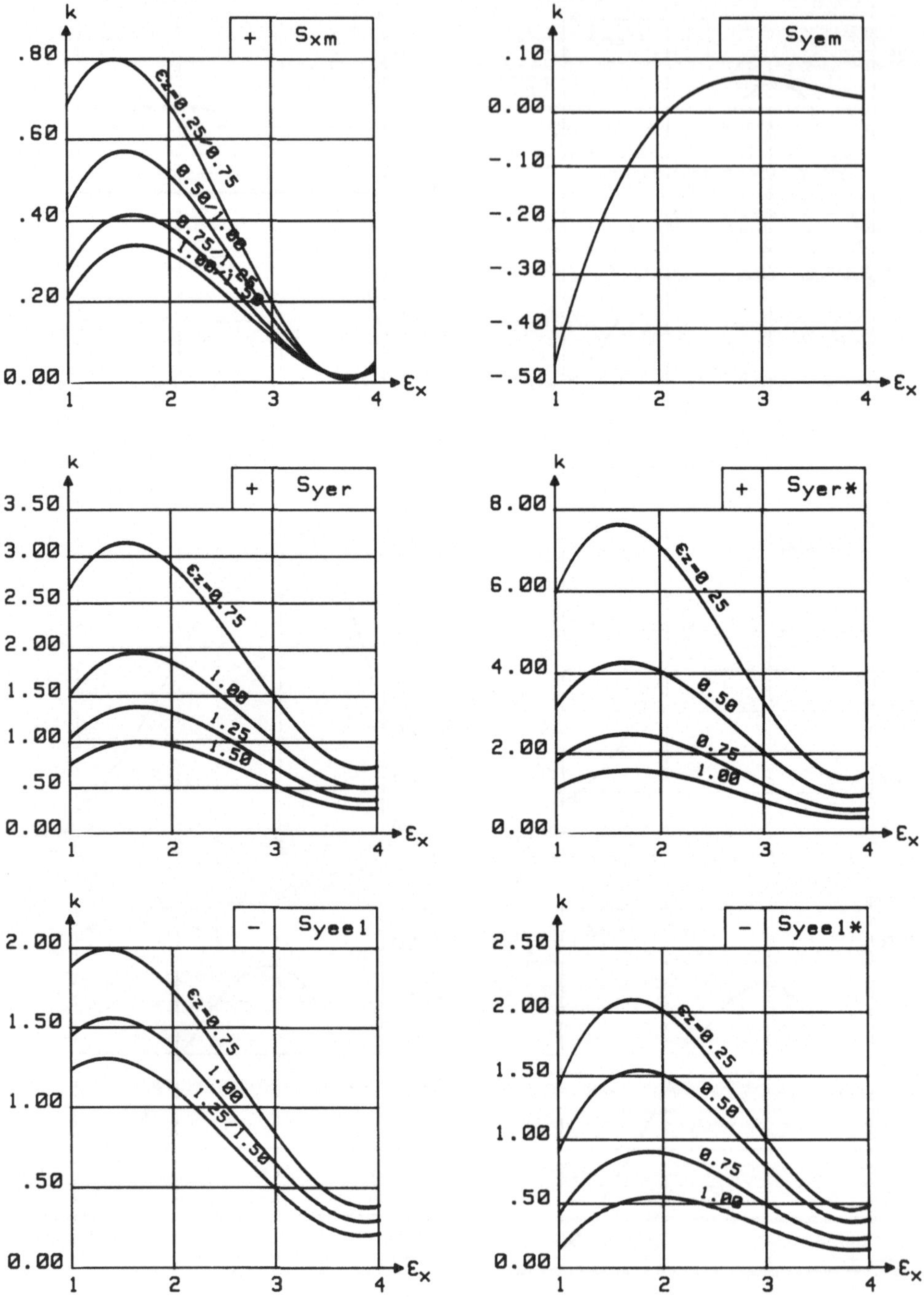

BEIWERTE k
TAFEL 4.3 <60°
+ Sxm
εz=0.25/0.75
0.50/1.00
0.75/1.25
1.00/1.50
Syem
+ Syer
εz=0.75
1.00
1.25
1.50
+ Syer*
εz=0.25
0.50
0.75
1.00
− Syeel
εz=0.75
1.00
1.25/1.50
− Syeel*
εz=0.25
0.50
0.75
1.00
k
εx

BEIWERTE k TAFEL 4.1 <45°

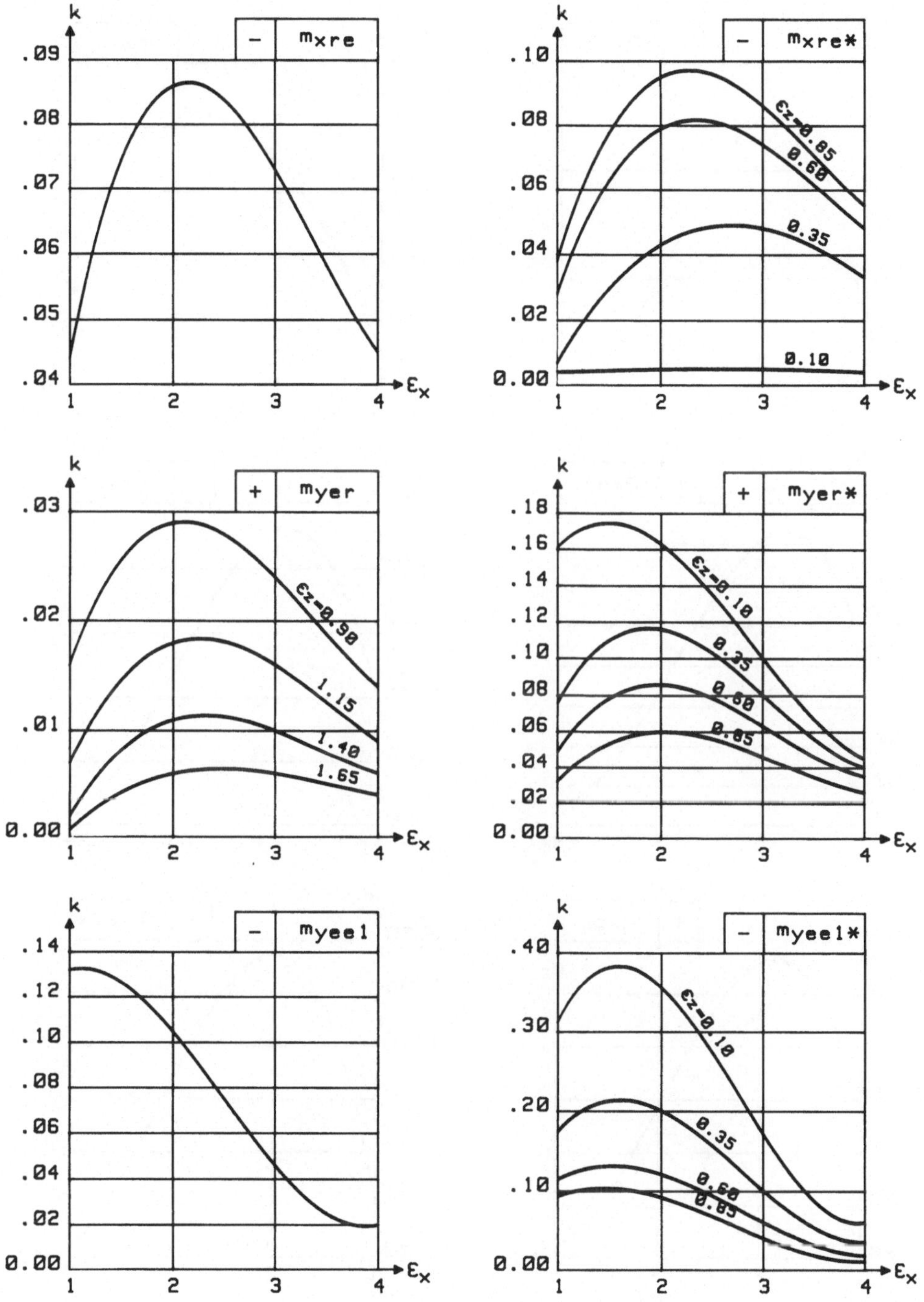

BEIWERTE k TAFEL 4.2 <45°

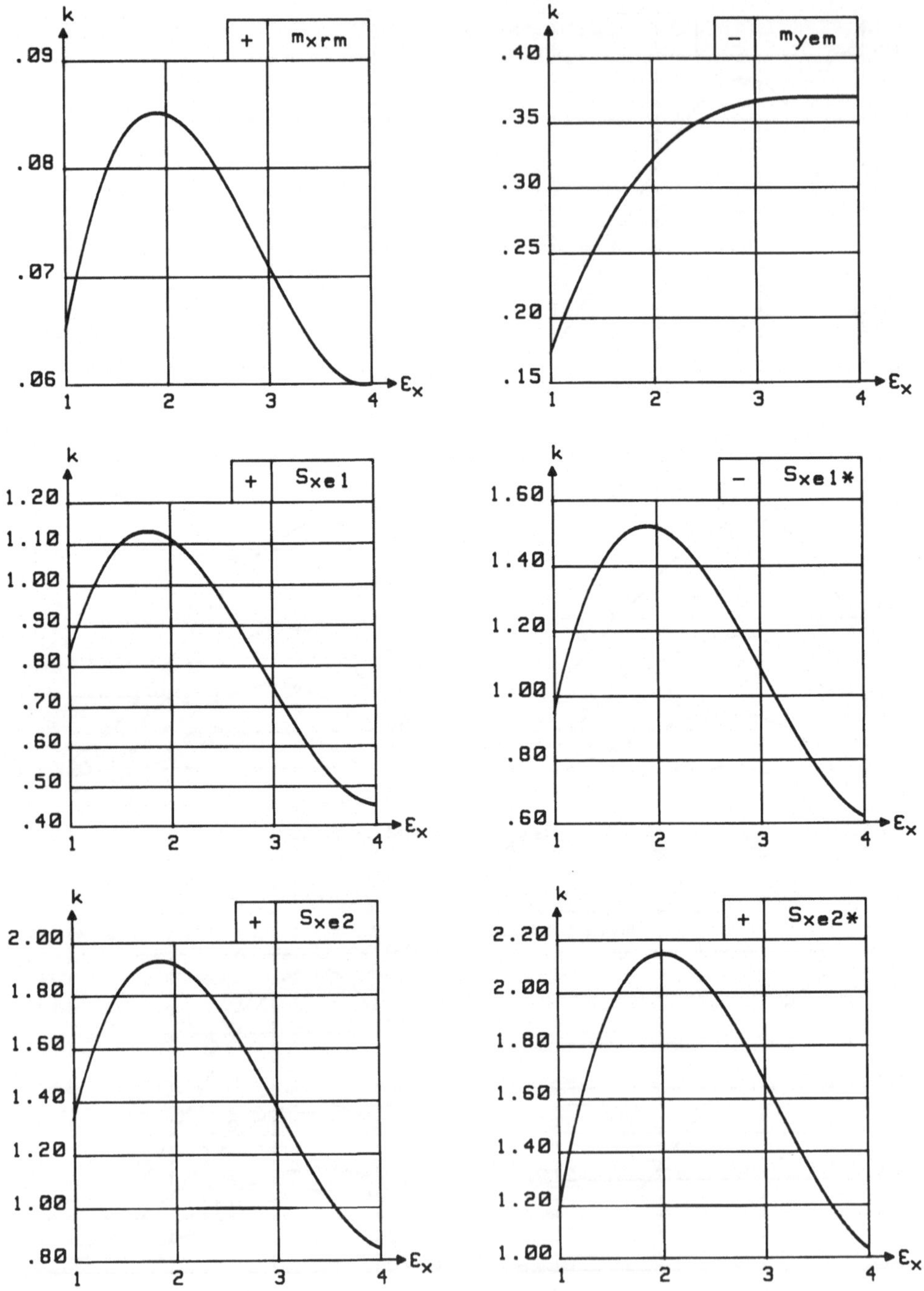

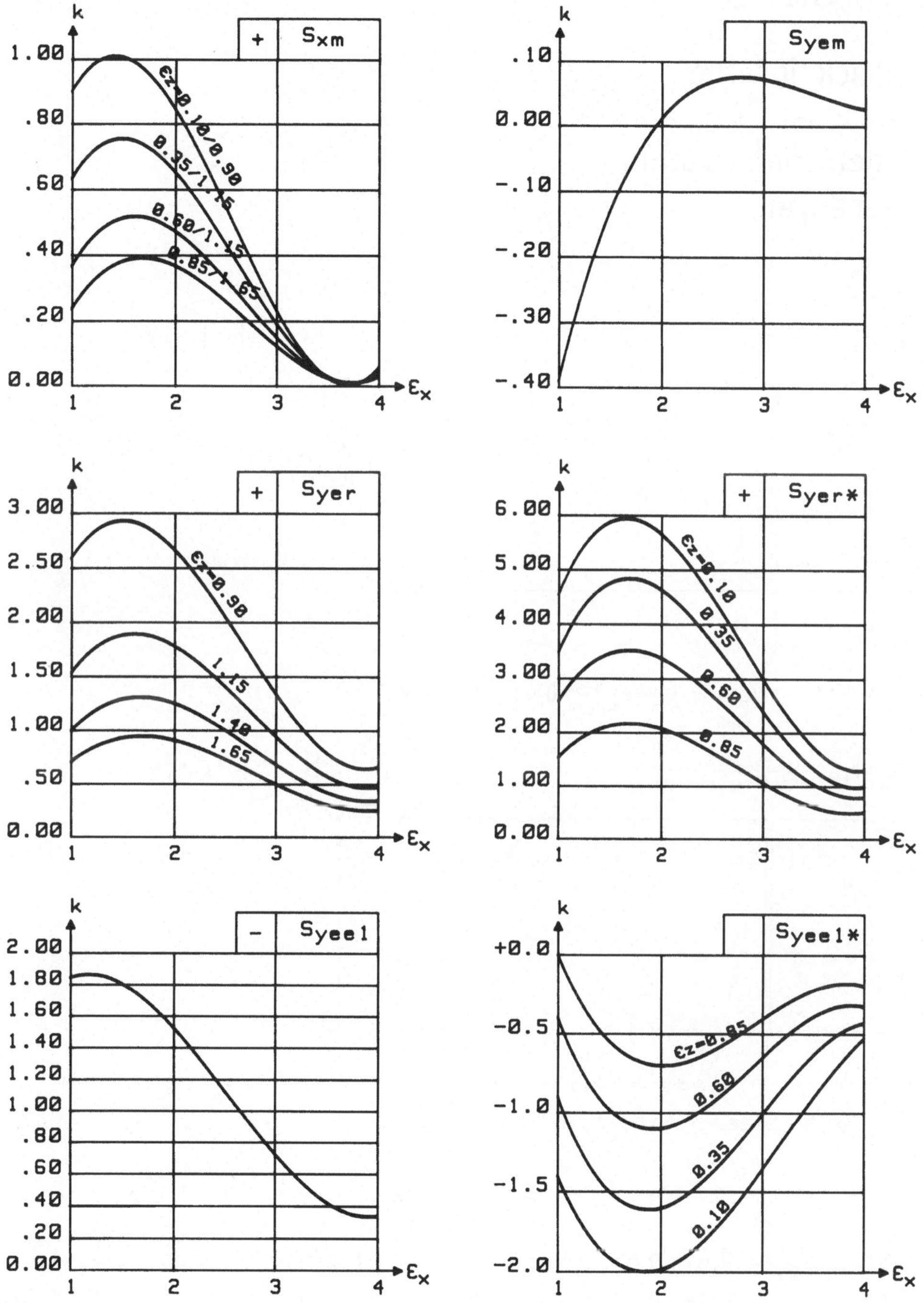
BEIWERTE k
TAFEL 4.3 <45°
k
+
Sxm
1.00
.80
.60
.40
.20
0.00
εz=0.10/0.90
0.35/1.15
0.60/1.15
0.85/1.65
1
2
3
4
εx
Syem
.10
0.00
-.10
-.20
-.30
-.40
+
Syer
3.00
2.50
2.00
1.50
1.00
.50
εz=0.90
1.15
1.40
1.65
Syer*
6.00
5.00
4.00
3.00
2.00
1.00
εz=0.10
0.35
0.60
0.85
-
Syeel
2.00
1.80
1.60
1.40
1.20
1.00
.80
.60
.40
.20
Syeel*
+0.0
-0.5
-1.0
-1.5
-2.0
εz=0.85
0.60
0.35
0.10

Lastfall 5

Erddruck infolge zentrischer Verkehrslast auf der Hinterfüllung (Linearanteil)

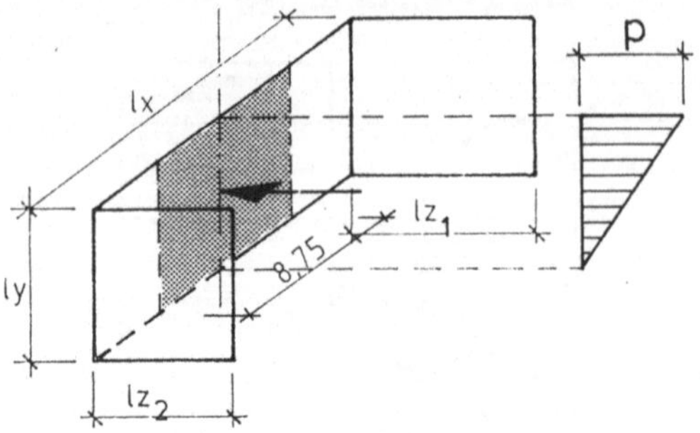

1) Biegemomente

$m = k \cdot p \cdot ly^2$

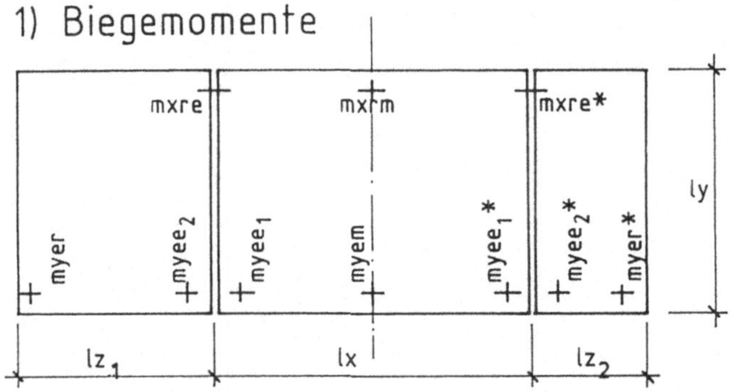

$myee_2 \approx 0{,}17 \quad myee_1 \;;\; myee_2^* \approx -0{,}40 \quad myee_1^*$

2) Scheibenkräfte

$S = k \cdot p \cdot ly$

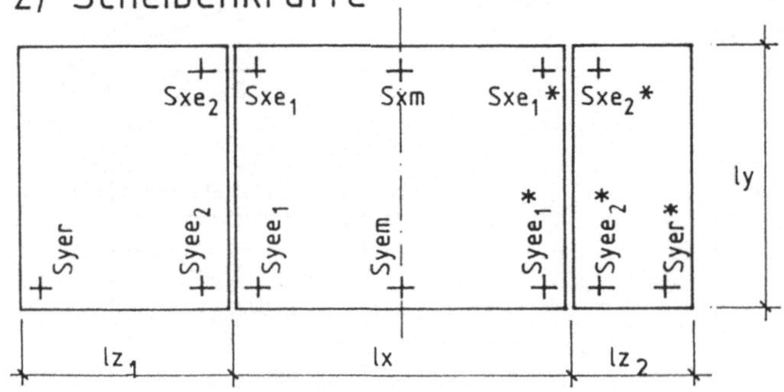

$Syee_2 = 0{,}85 \; Syee_1 \;;\; Syee_2^* = 0{,}85 \; Syee_1^*$

$l_x / l_y = \varepsilon_x \qquad l_{z_2} / l_y = \varepsilon_{z_2} \qquad l_{z_1} / l_y = \varepsilon_{z_1}$

∢ 75°: ε_{z_2} = 0,40; 0,65; 0,90; 1,15 ε_{z_1} = 0,60; 0,85; 1,10; 1,35

∢ 60°: ε_{z_2} = 0,25; 0,50; 0,75; 1,00 ε_{z_1} = 0,75; 1,00; 1,25; 1,50

∢ 45°: ε_{z_2} = 0,10; 0,35; 0,60; 0,85 ε_{z_1} = 0,90; 1,15; 1,45; 1,65

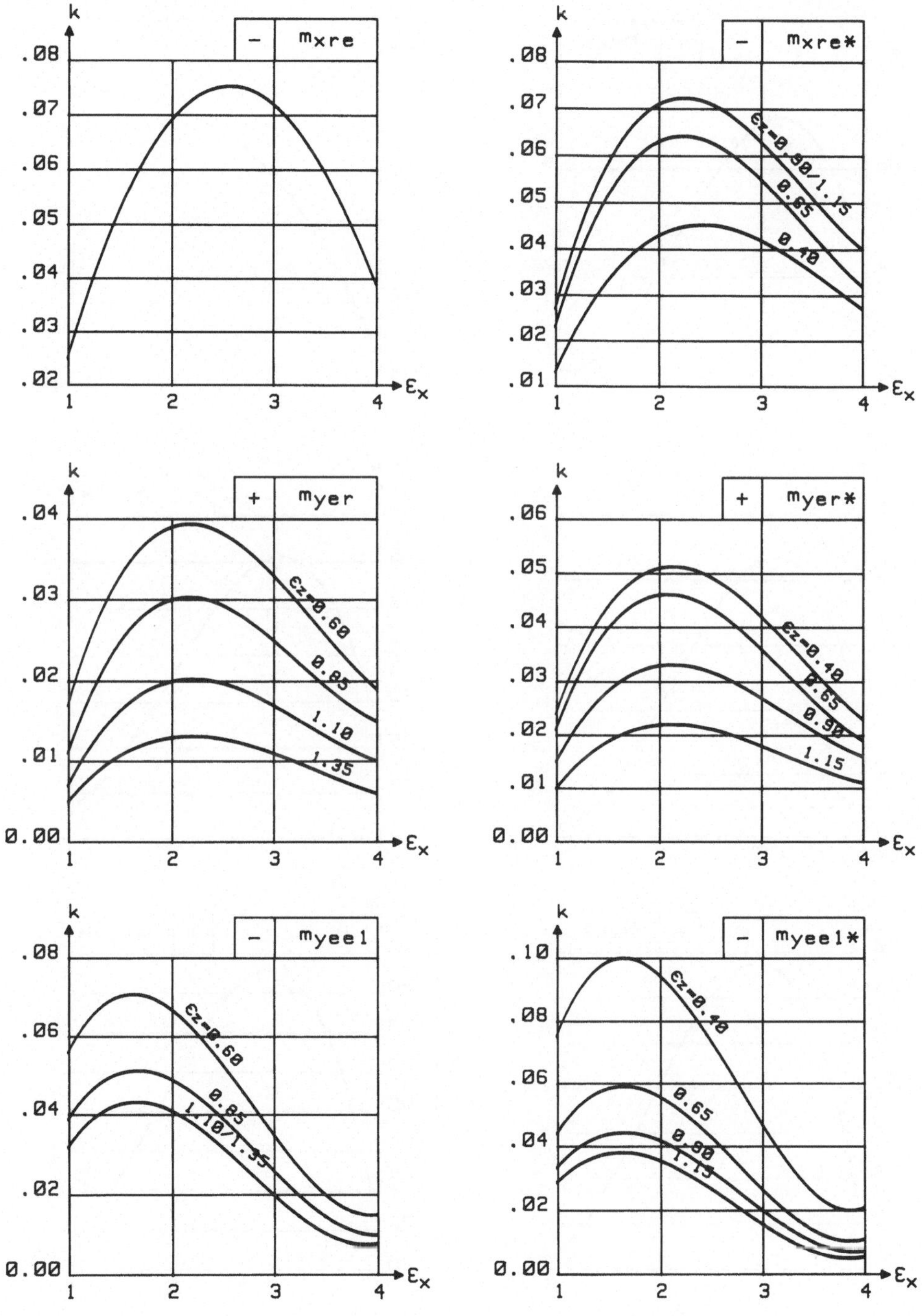
BEIWERTE k
TAFEL 5.1 <75°
k
− m_{xre}
.08
.07
.06
.05
.04
.03
.02
1
2
3
4
ε_x
− m_{xre}*
ε_z=0.90/1.15
0.65
0.40
.01
+ m_{yer}
ε_z=0.60
0.85
1.10
1.35
0.00
+ m_{yer}*
ε_z=0.40
0.65
0.90
1.15
− m_{yeel}
ε_z=0.60
0.85
1.10/1.35
− m_{yeel}*
ε_z=0.40
0.65
0.90
1.15
.10

BEIWERTE k TAFEL 5.2 <75°

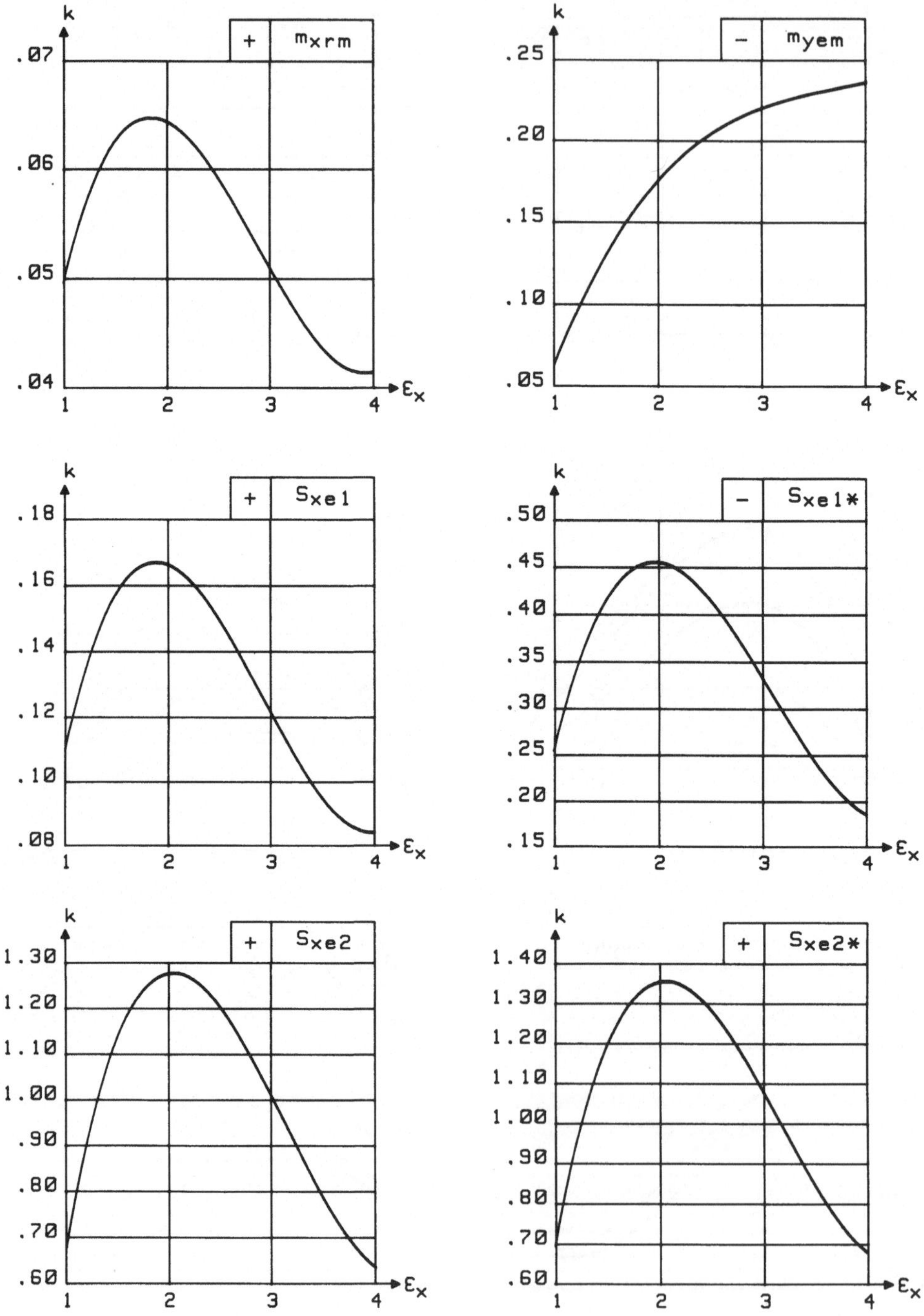

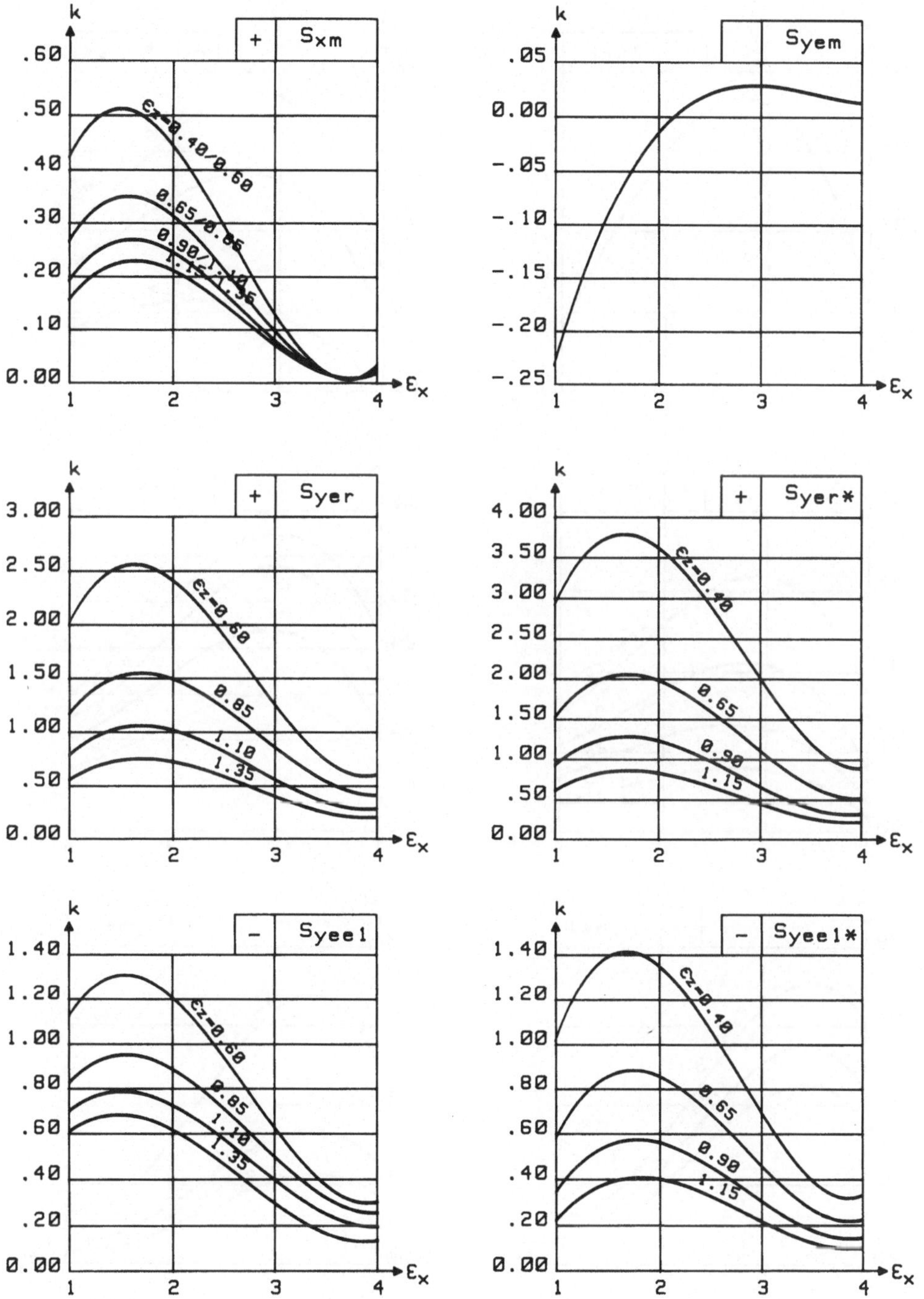
BEIWERTE k
TAFEL 5.3 <75°
+ Sxm
εz=0.40/0.60
0.65/0.85
0.90/1.10
1.15/1.35
Syem
+ Syer
εz=0.60
0.85
1.10
1.35
+ Syer*
εz=0.40
0.65
0.90
1.15
− Syeel
εz=0.60
0.85
1.10
1.35
− Syeel*
εz=0.40
0.65
0.90
1.15
k
εx

BEIWERTE k   TAFEL 5.1 <60°

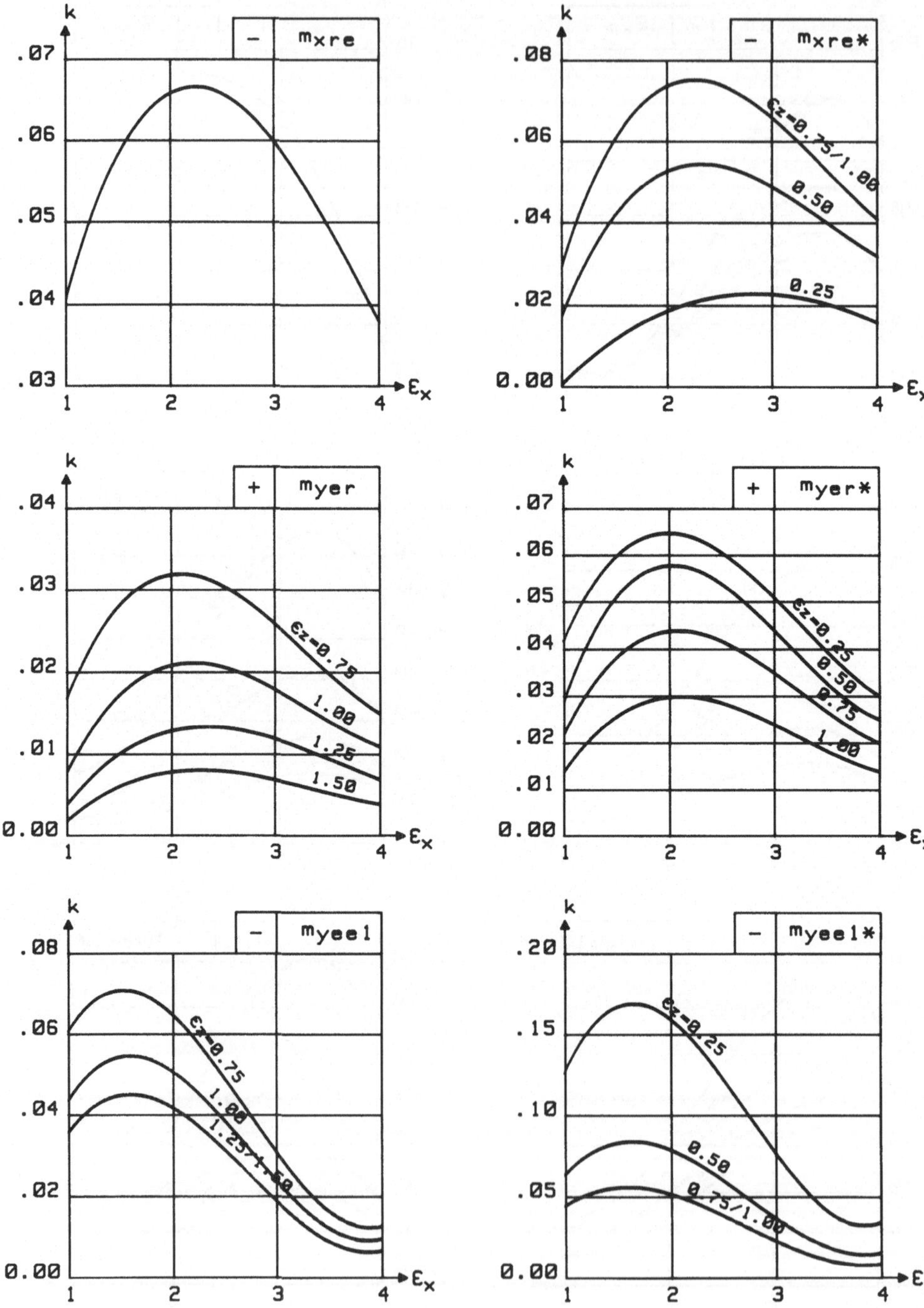

BEIWERTE k TAFEL 5.2 <60°

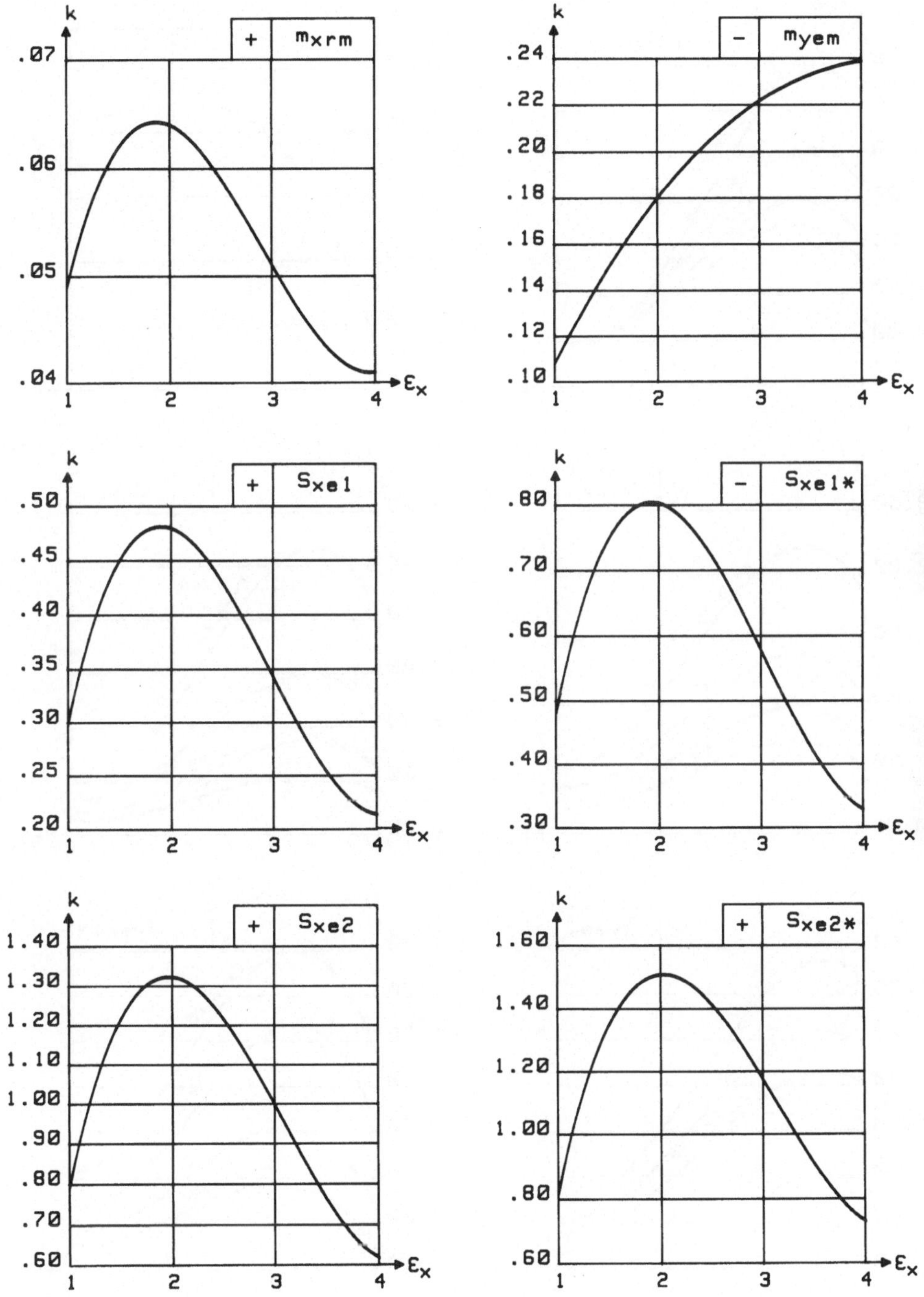

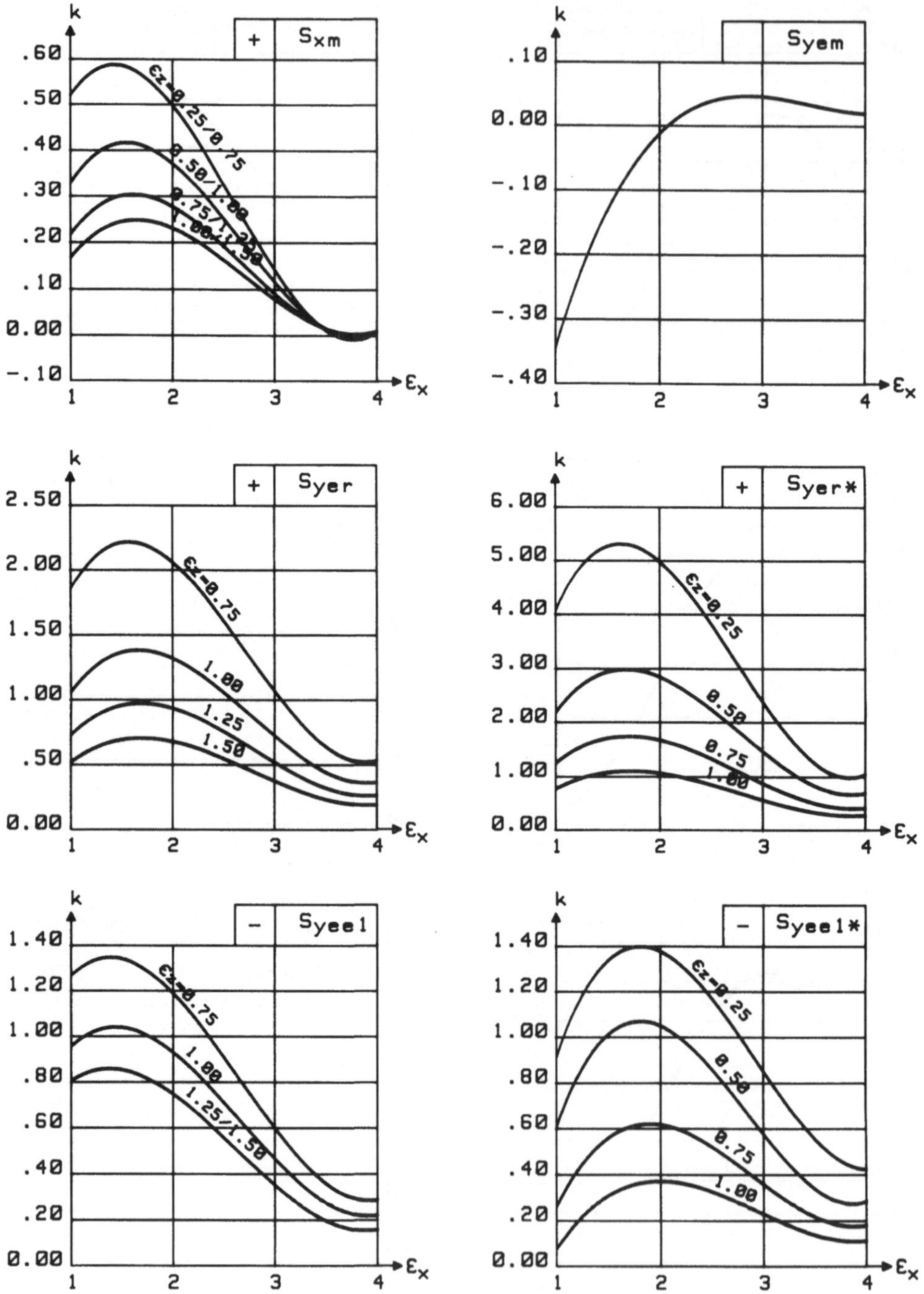
BEIWERTE k
TAFEL 5.3 <60°
+ Sxm
εz=0.25/0.75
0.50/1.00
0.75/1.25
1.00/1.50
Syem
+ Syer
εz=0.75
1.00
1.25
1.50
+ Syer*
εz=0.25
0.50
0.75
1.00
− Syee1
εz=0.75
1.00
1.25/1.50
− Syee1*
εz=0.25
0.50
0.75
1.00
k
εx

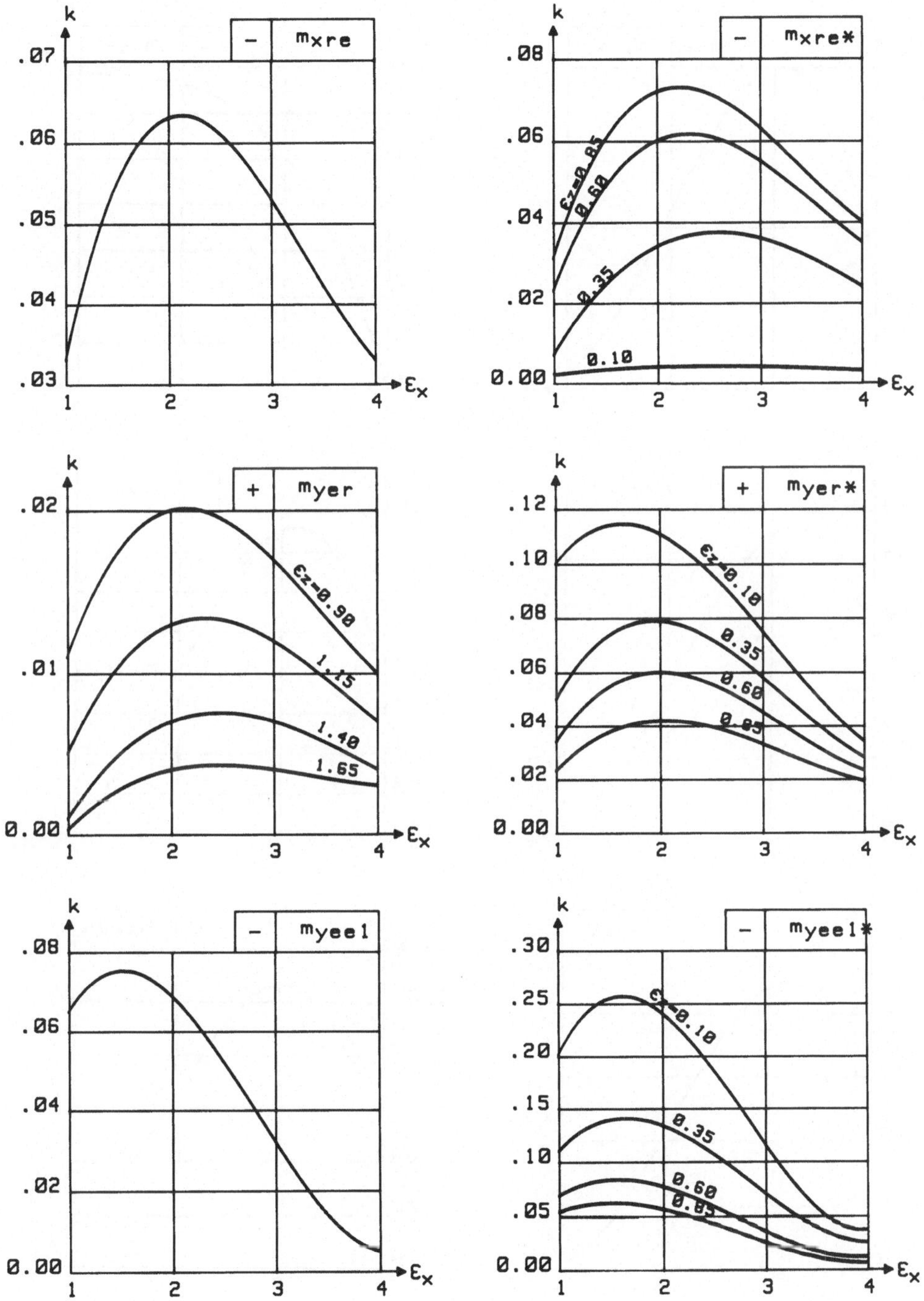
BEIWERTE k
TAFEL 5.1 <45°
− mxre
− mxre*
εz=0.85
0.60
0.35
0.10
+ myer
εz=0.90
1.15
1.40
1.65
+ myer*
εz=0.10
0.35
0.60
0.85
− myeel
− myeel*
εz=0.10
0.35
0.60
0.85
k
εx

BEIWERTE k TAFEL 5.2 <45°

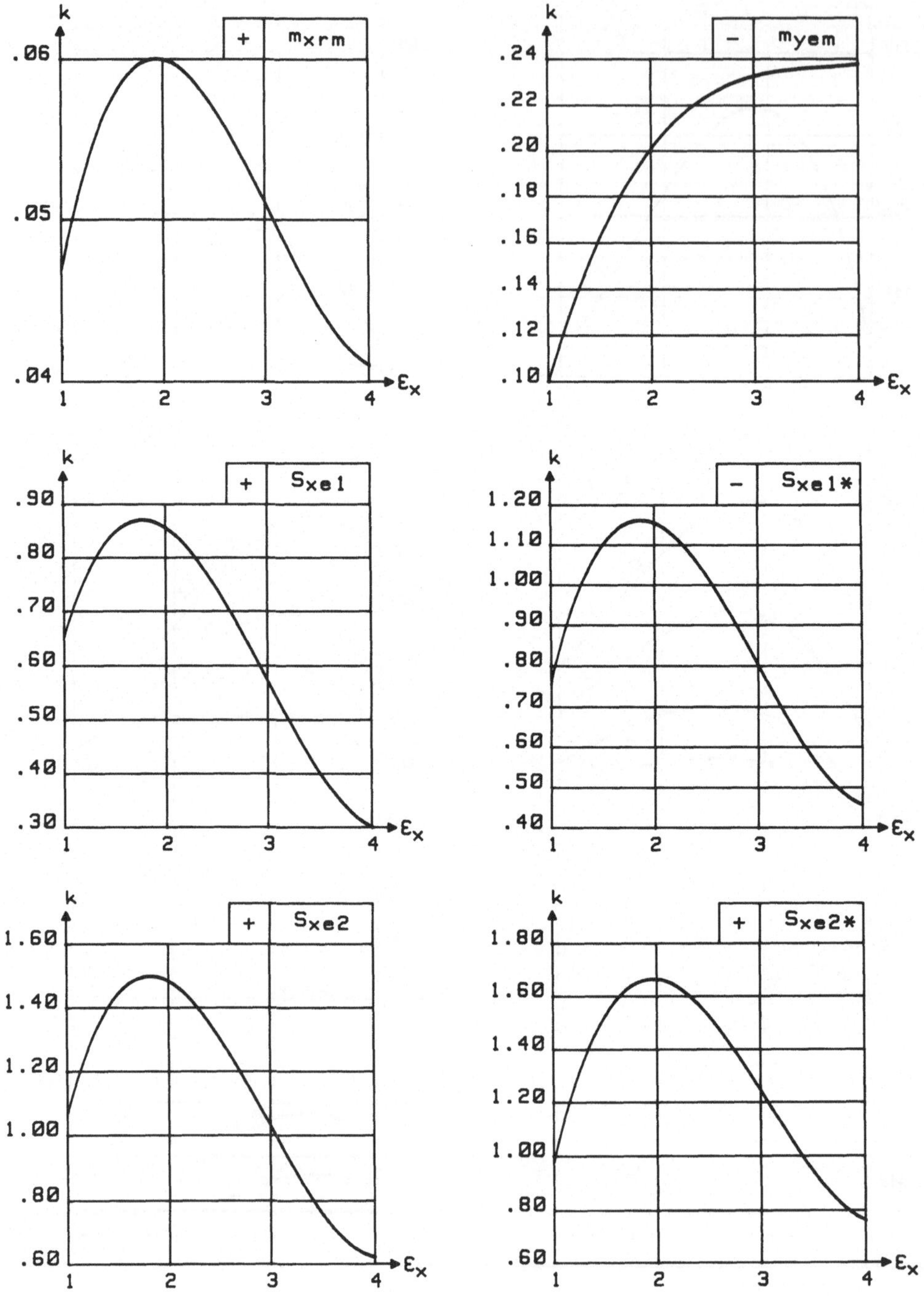

BEIWERTE k TAFEL 5.3 <45°

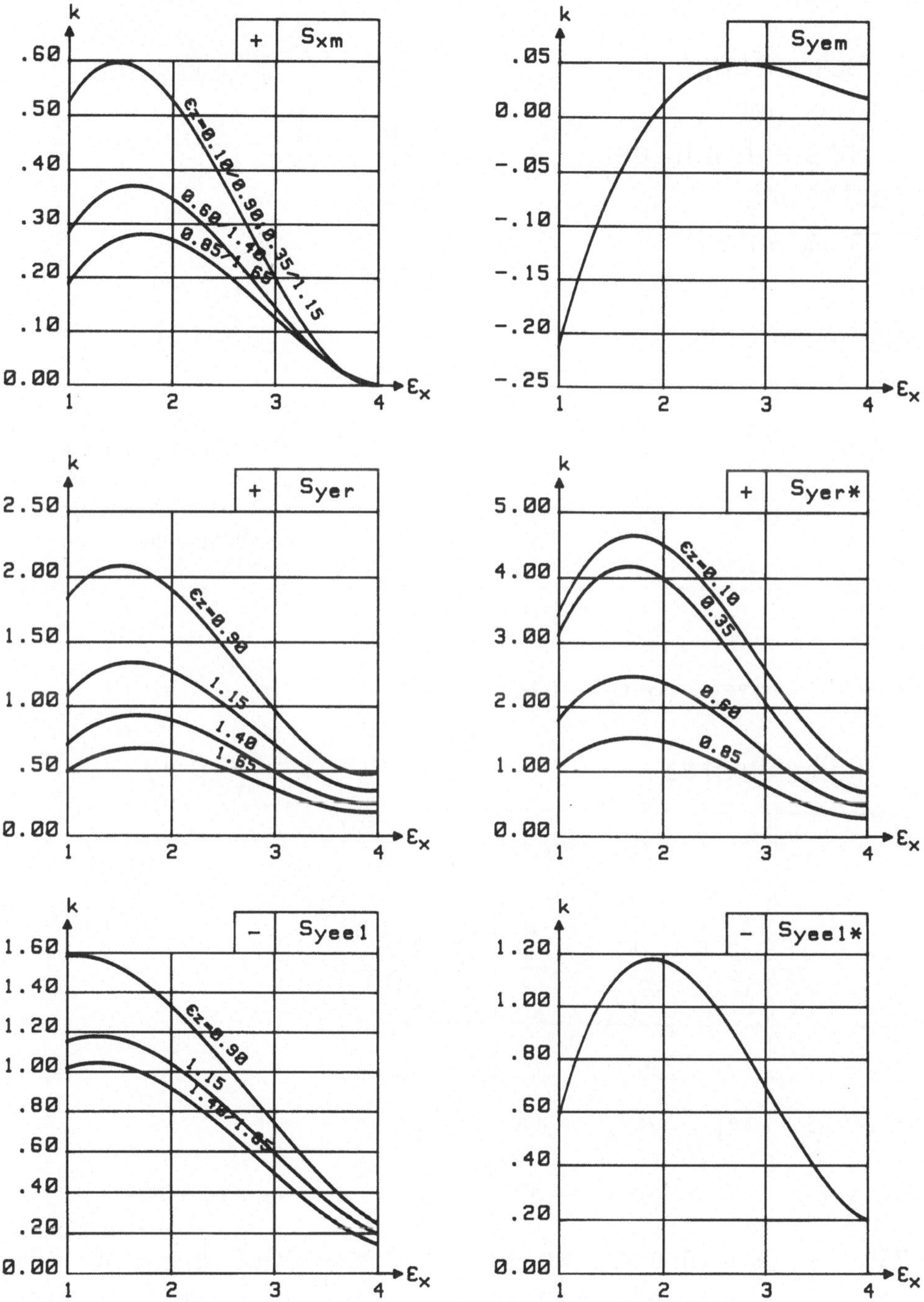

Lastfall 6

Erddruck infolge exzentrischer Verkehrslast auf der Hinterfüllung (Gleichlastanteil)

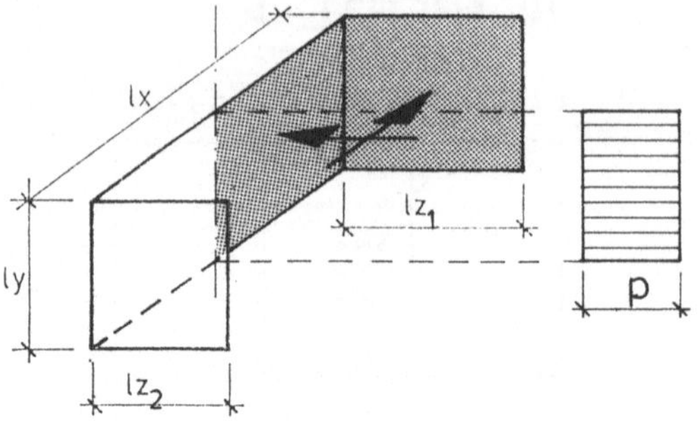

1) Biegemomente

$m = k \cdot p \cdot ly^2$

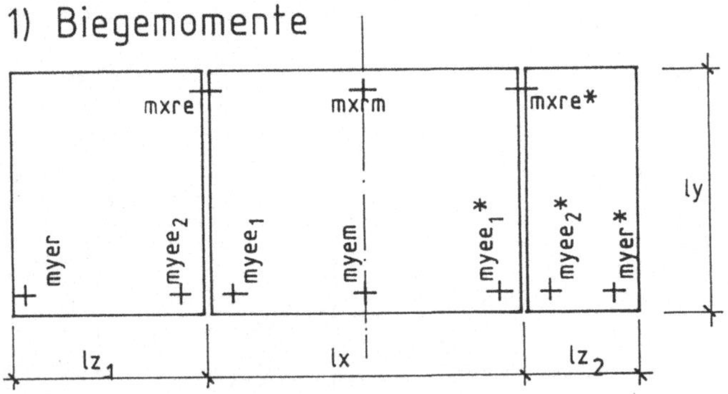

Anm.
Die Schnittgrößen an der spitzen Ecke (*) ergeben sich aus dem korresspondierenden Lastfall.

$myee_2 \approx 0{,}60 \quad myee_1 \; ; \; myee_2^* \approx 0{,}65 \quad myee_1^*$

2) Scheibenkräfte

$S = k \cdot p \cdot ly$

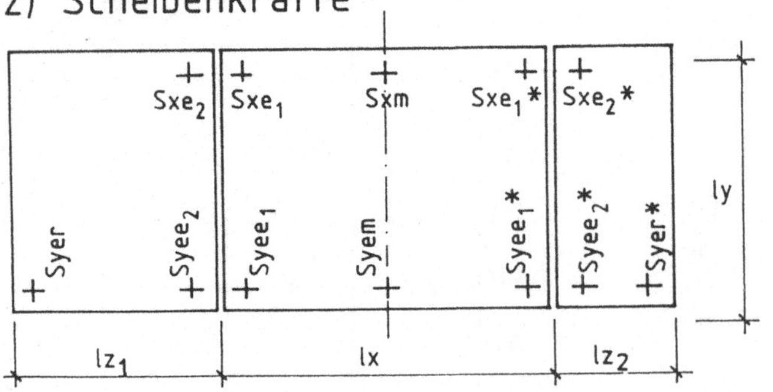

$Syee_2 = 0{,}85 \quad Syee_1 \; ; \; Syee_2^* = 0{,}85 \quad Syee_1^*$

$l_x / l_y = \varepsilon_x \qquad l_{z_2} / l_y = \varepsilon_{z_2} \qquad l_{z_1} / l_y = \varepsilon_{z_1}$

∢ 75°: $\varepsilon_{z_2} = 0{,}40;\ 0{,}65;\ 0{,}90;\ 1{,}15$ $\qquad \varepsilon_{z_1} = 0{,}60;\ 0{,}85;\ 1{,}10;\ 1{,}35$

∢ 60°: $\varepsilon_{z_2} = 0{,}25;\ 0{,}50;\ 0{,}75;\ 1{,}00$ $\qquad \varepsilon_{z_1} = 0{,}75;\ 1{,}00;\ 1{,}25;\ 1{,}50$

∢ 45°: $\varepsilon_{z_2} = 0{,}10;\ 0{,}35;\ 0{,}60;\ 0{,}85$ $\qquad \varepsilon_{z_1} = 0{,}90;\ 1{,}15;\ 1{,}45;\ 1{,}65$

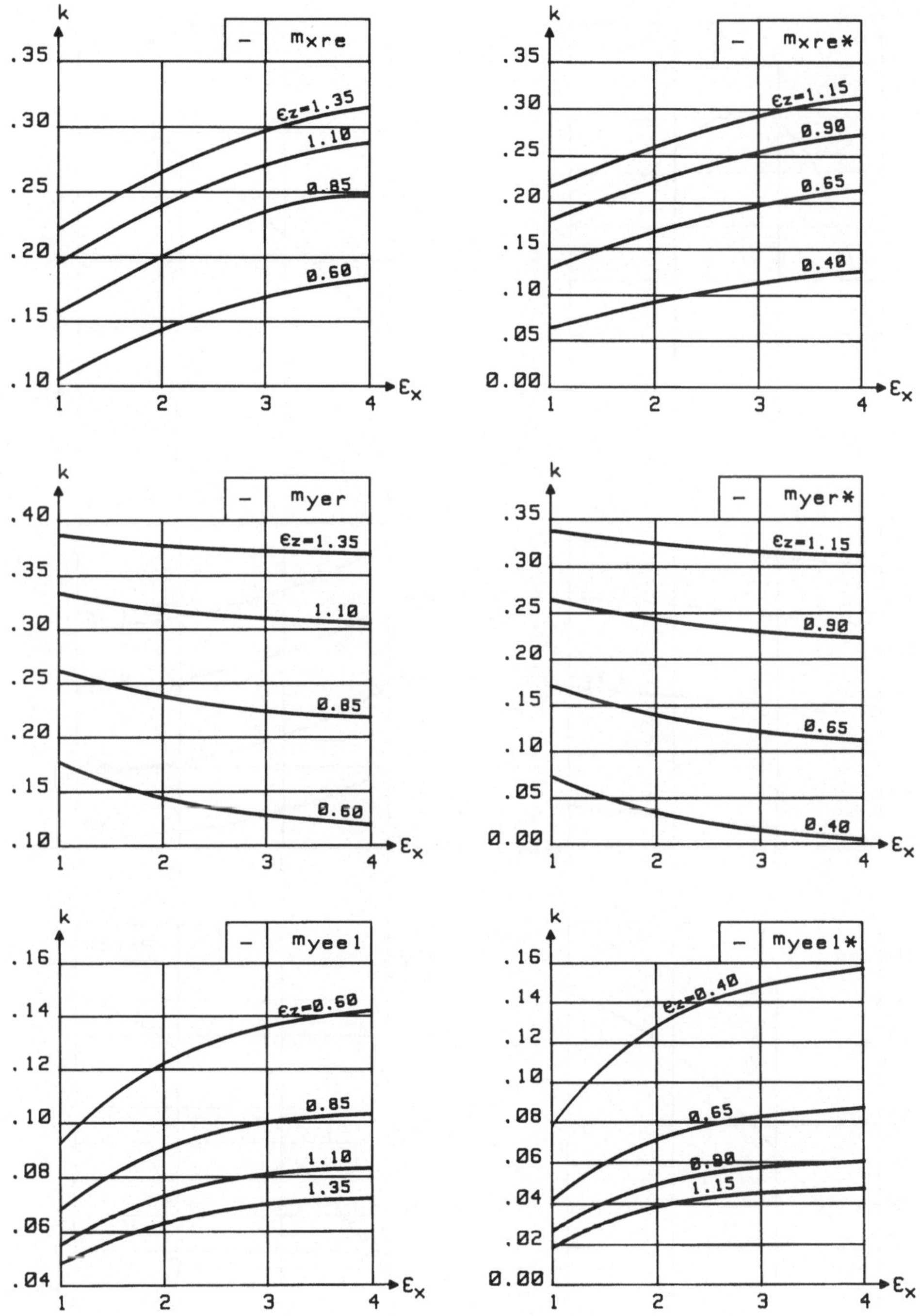
BEIWERTE k
TAFEL 6.1 <75°
k
– m_{xre}
ε_z=1.35
1.10
0.85
0.60
.35
.30
.25
.20
.15
.10
1
2
3
4
ε_x
– m_{xre}*
ε_z=1.15
0.90
0.65
0.40
.35
.30
.25
.20
.15
.10
.05
0.00
– m_{yer}
ε_z=1.35
1.10
0.85
0.60
.40
– m_{yer}*
ε_z=1.15
0.90
0.65
0.40
– m_{yeel}
ε_z=0.60
0.85
1.10
1.35
.16
.14
.12
.10
.08
.06
.04
– m_{yeel}*
ε_z=0.40
0.65
0.90
1.15
.02

BEIWERTE k TAFEL 6.2 <75°

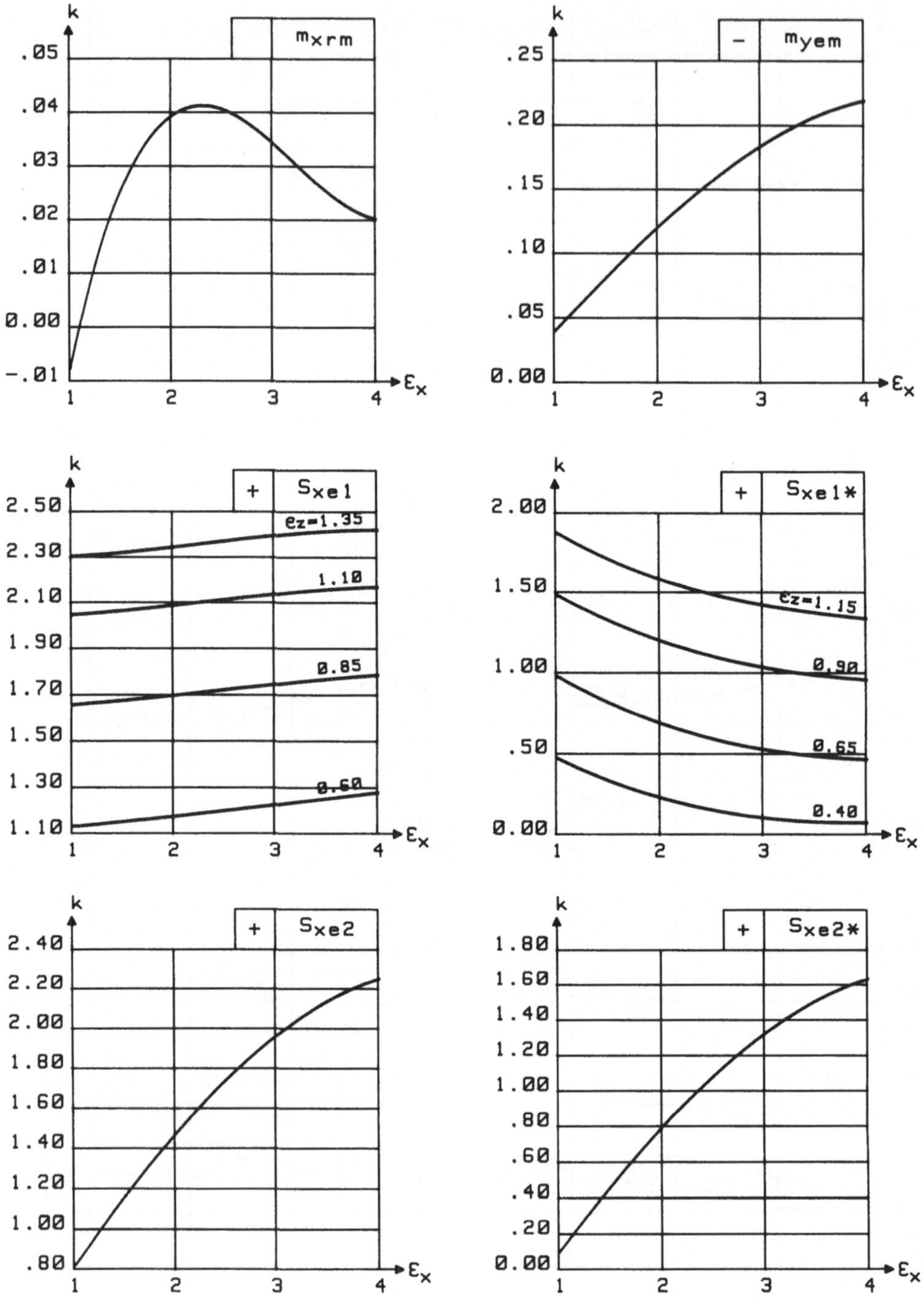

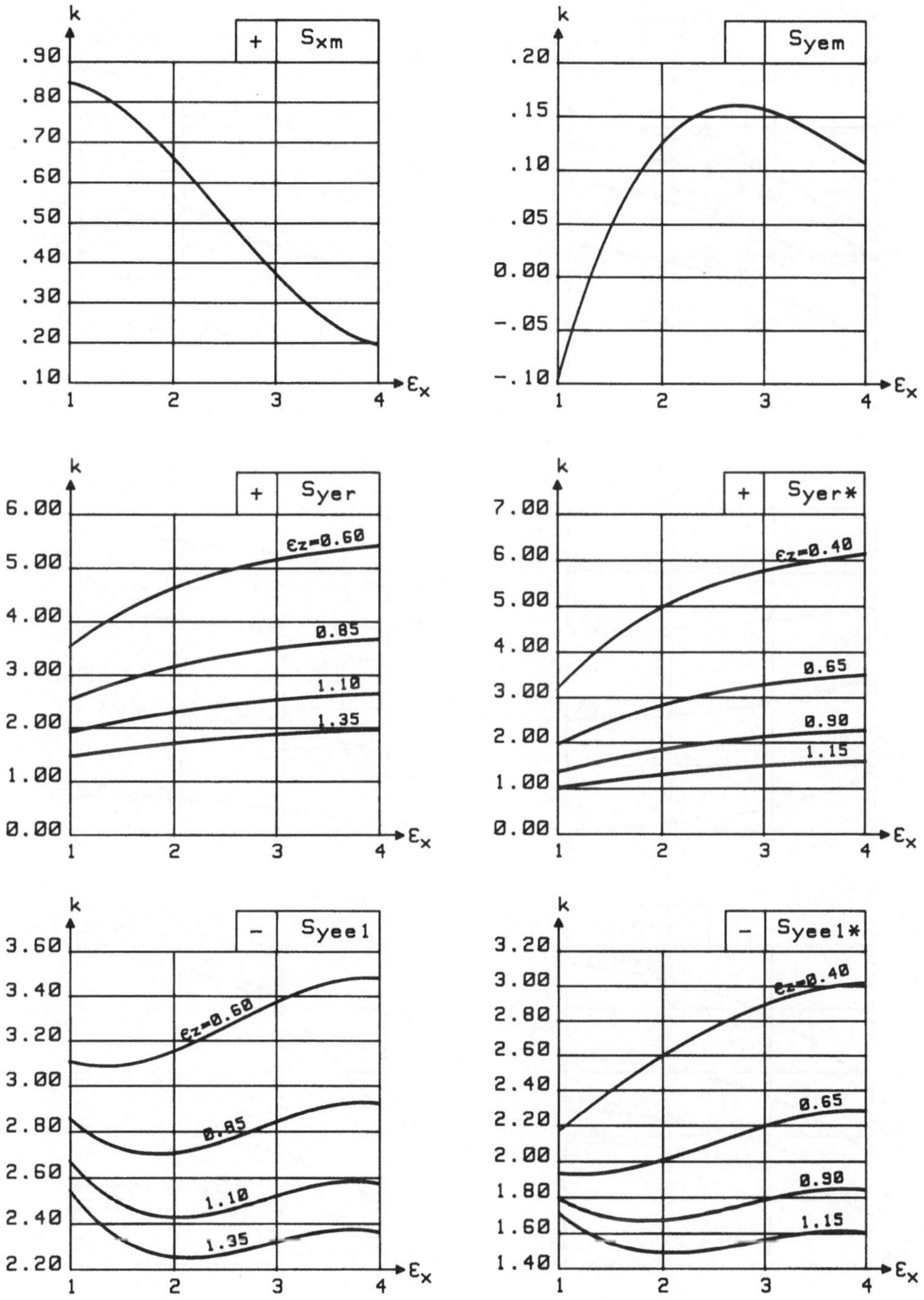

BEIWERTE k
TAFEL 6.3 <75°
+ Sxm
Syem
+ Syer
εz=0.60
0.85
1.10
1.35
+ Syer*
εz=0.40
0.65
0.90
1.15
− Syeel
εz=0.60
0.85
1.10
1.35
− Syeel*
εz=0.40
0.65
0.90
1.15
k
εx

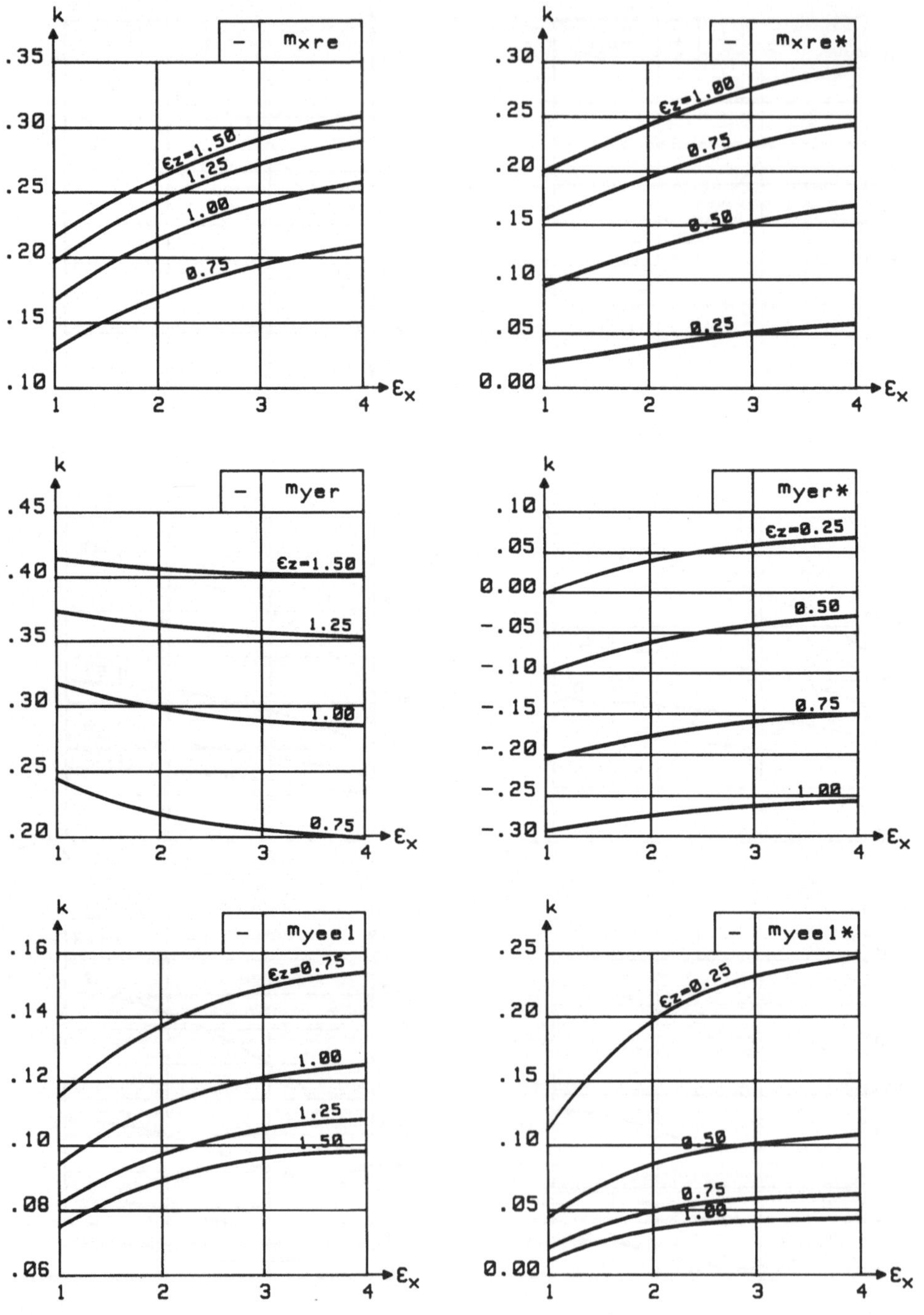
BEIWERTE k
TAFEL 6.1 <60°
mxre
εz=1.50
1.25
1.00
0.75
mxre*
εz=1.00
0.75
0.50
0.25
myer
εz=1.50
1.25
1.00
0.75
myer*
εz=0.25
0.50
0.75
1.00
myee1
εz=0.75
1.00
1.25
1.50
myee1*
εz=0.25
0.50
0.75
1.00
k
εx

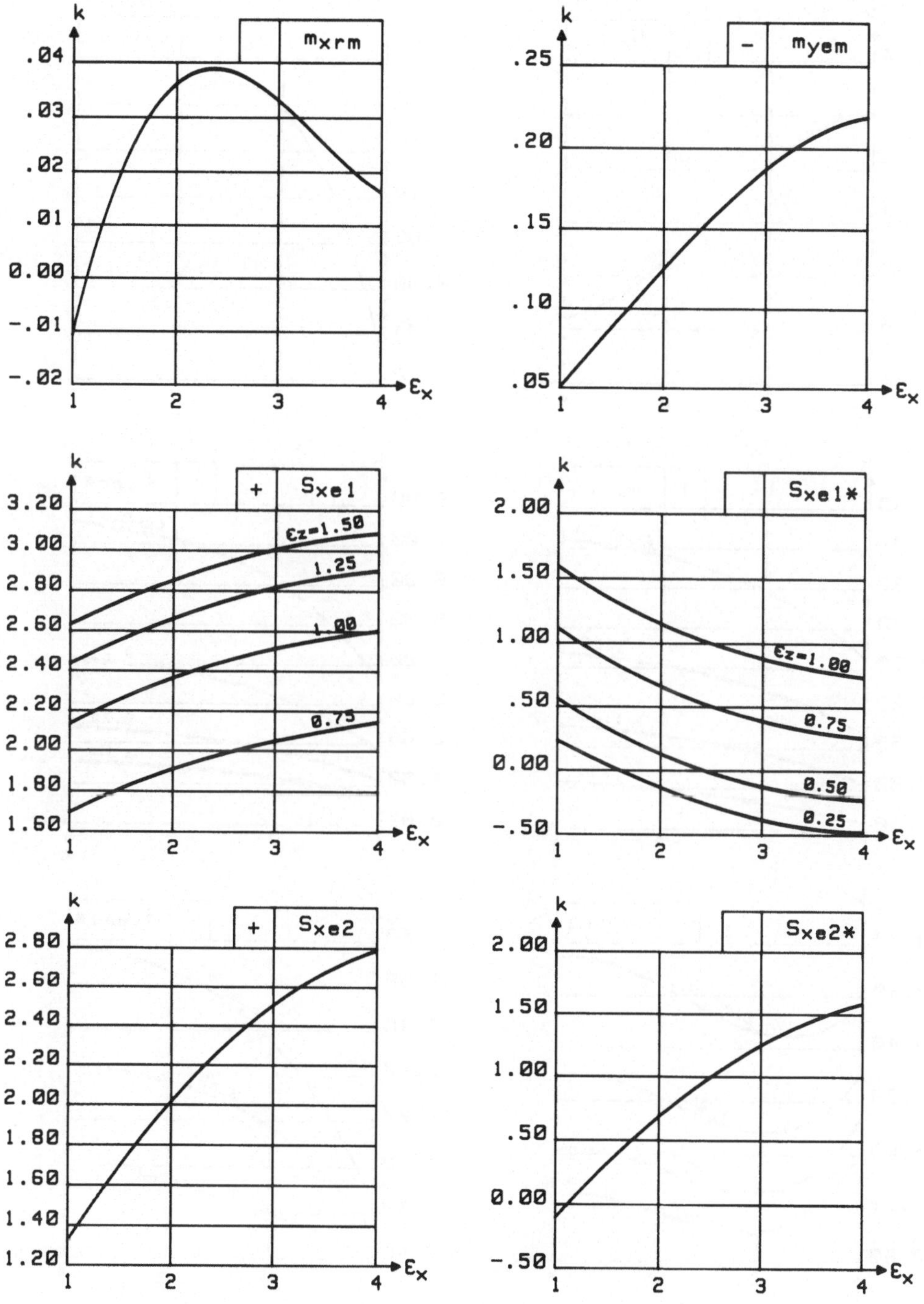

BEIWERTE k
TAFEL 6.2 <60°
k
m_{xrm}
.04
.03
.02
.01
0.00
-.01
-.02
1
2
3
4
ε_x
k
-
m_{yem}
.25
.20
.15
.10
.05
1
2
3
4
ε_x
k
+
S_{xe1}
ε_z=1.50
1.25
1.00
0.75
3.20
3.00
2.80
2.60
2.40
2.20
2.00
1.80
1.60
1
2
3
4
ε_x
k
S_{xe1*}
ε_z=1.00
0.75
0.50
0.25
2.00
1.50
1.00
.50
0.00
-.50
1
2
3
4
ε_x
k
+
S_{xe2}
2.80
2.60
2.40
2.20
2.00
1.80
1.60
1.40
1.20
1
2
3
4
ε_x
k
S_{xe2*}
2.00
1.50
1.00
.50
0.00
-.50
1
2
3
4
ε_x

BEIWERTE k   TAFEL 6.3 <60°

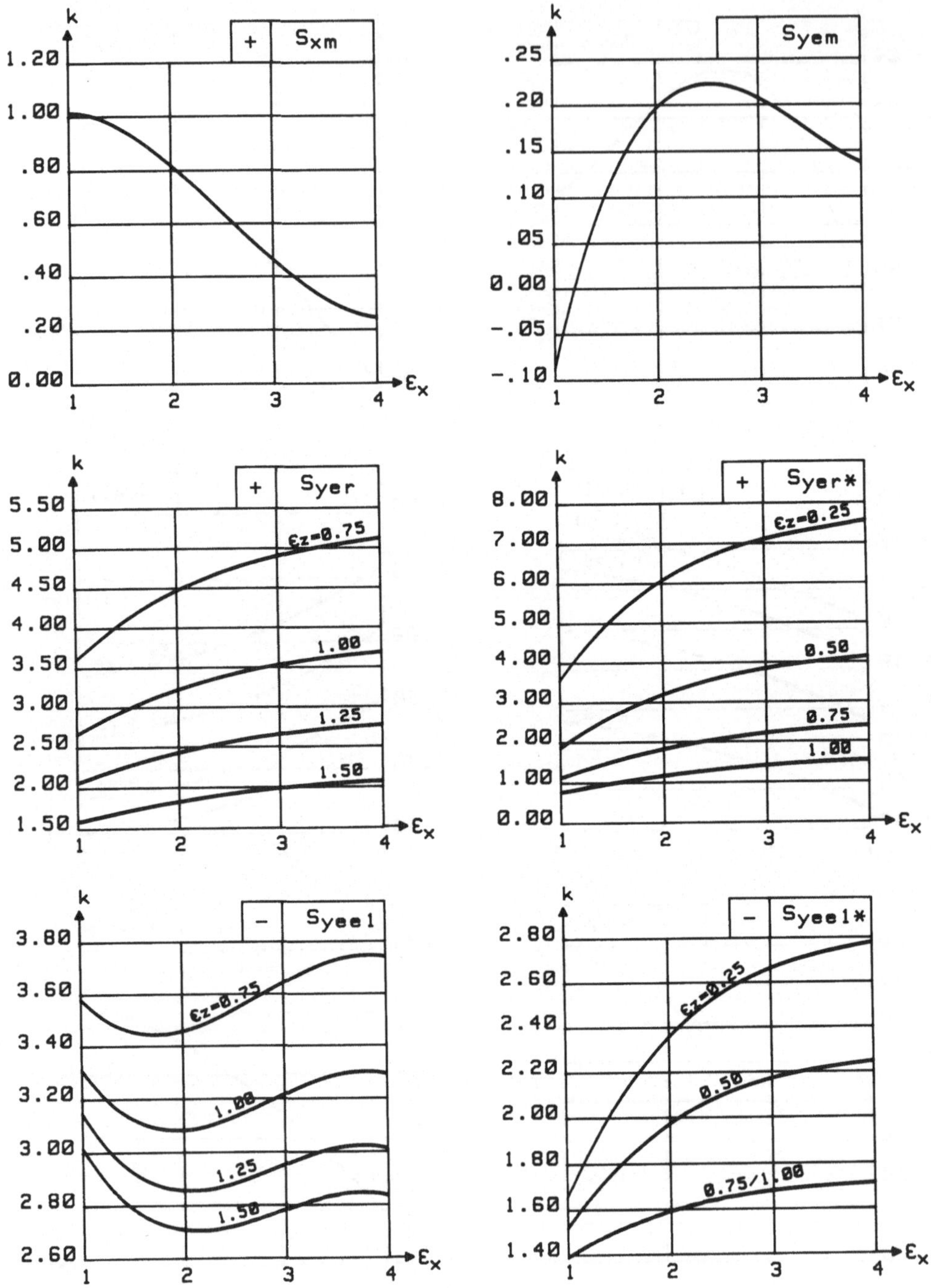

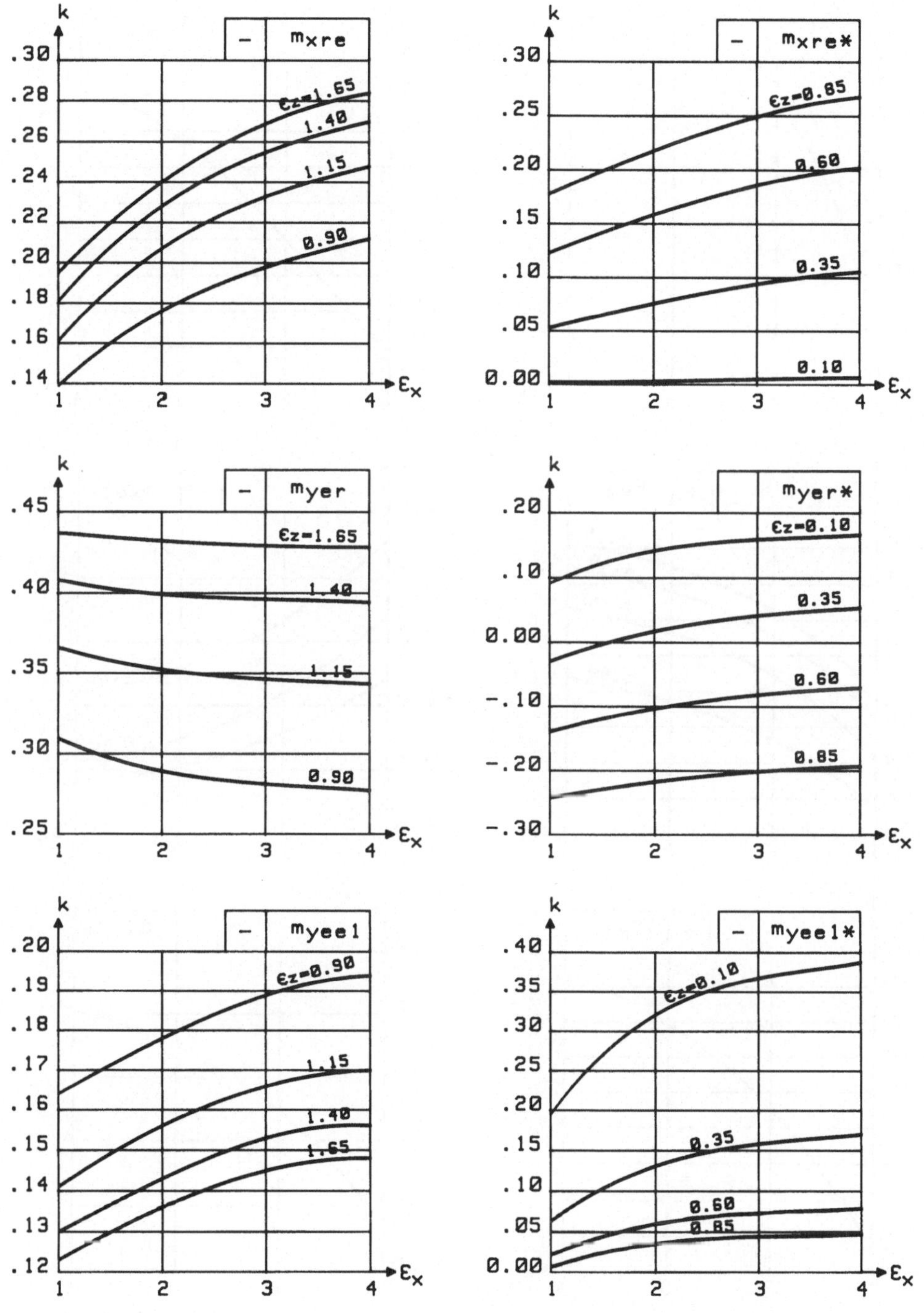
BEIWERTE k
TAFEL 6.1 <45°
k
–
mxre
εz=1.65
1.40
1.15
0.90
.30
.28
.26
.24
.22
.20
.18
.16
.14
1
2
3
4
εx
k
–
mxre*
εz=0.85
0.60
0.35
0.10
.30
.25
.20
.15
.10
.05
0.00
1
2
3
4
εx
k
–
myer
εz=1.65
1.40
1.15
0.90
.45
.40
.35
.30
.25
1
2
3
4
εx
k
myer*
εz=0.10
0.35
0.60
0.85
.20
.10
0.00
–.10
–.20
–.30
1
2
3
4
εx
k
–
myee1
εz=0.90
1.15
1.40
1.65
.20
.19
.18
.17
.16
.15
.14
.13
.12
1
2
3
4
εx
k
–
myee1*
εz=0.10
0.35
0.60
0.85
.40
.35
.30
.25
.20
.15
.10
.05
0.00
1
2
3
4
εx

BEIWERTE k TAFEL 6.2 <45°

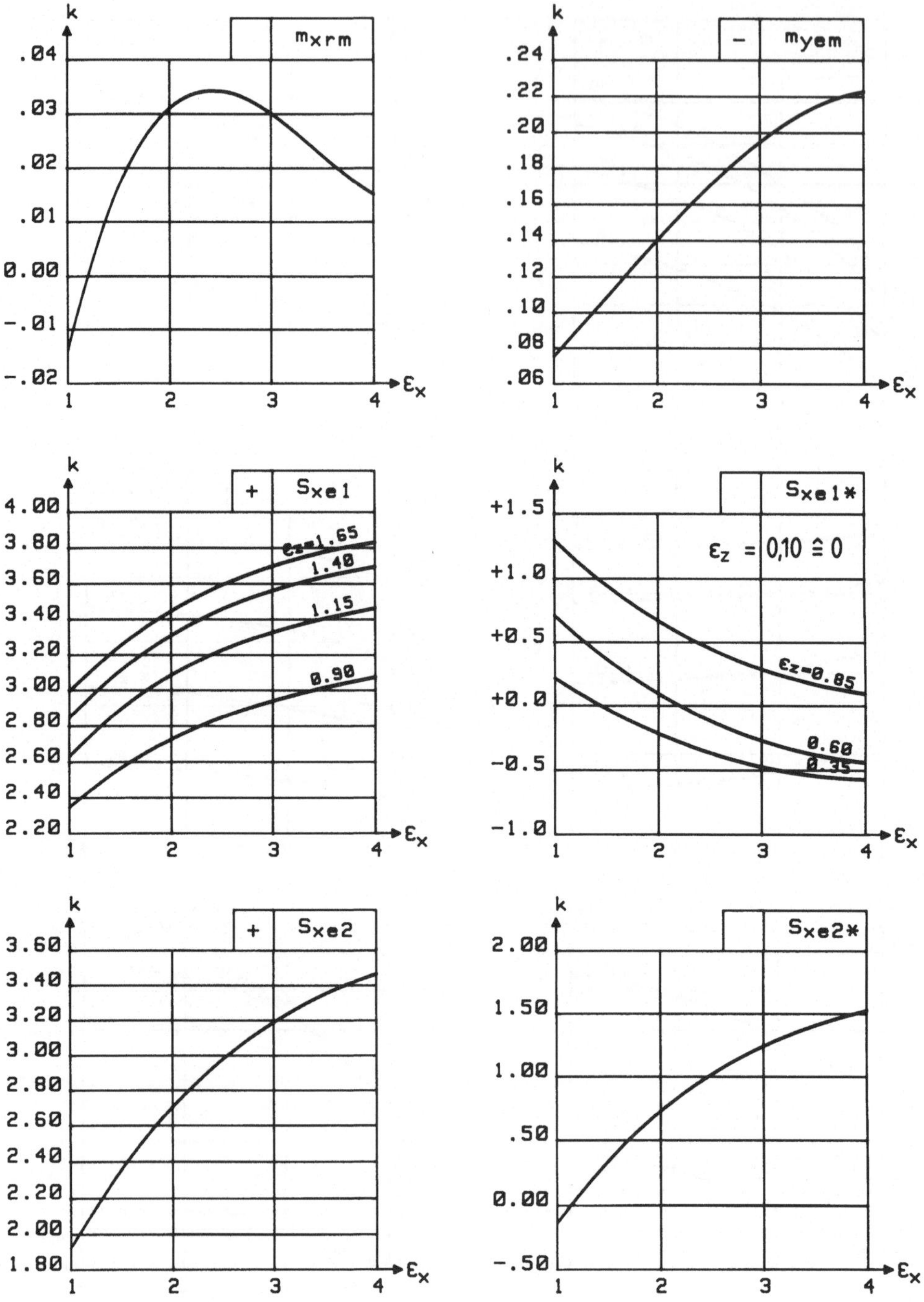

BEIWERTE k
k
+
Sxm
1.30
1.20
1.10
1.00
.90
.80
.70
.60
.50
.40
.30
.20
1
2
3
4
εx

TAFEL 6.3 <45°

k
Syem
.30
.25
.20
.15
.10
.05
0.00
-.05
-.10
1
2
3
4
εx

k
+
Syer
5.00
4.50
4.00
3.50
3.00
2.50
2.00
1.50
εz=0.90
1.15
1.40
1.65
1
2
3
4
εx

k
+
Syer*
6.00
5.00
4.00
3.00
2.00
1.00
0.00
εz=0.10
0.35
0.60
0.85
1
2
3
4
εx

k
−
Syeel
4.20
4.00
3.80
3.60
3.40
3.20
εz=0.90
1.15
1.40
1.65
1
2
3
4
εx

k
−
Syeel*
2.60
2.40
2.20
2.00
1.80
1.60
1.40
1.20
1.00
.80
εz=0.10
0.35
0.60
0.85
1
2
3
4
εx

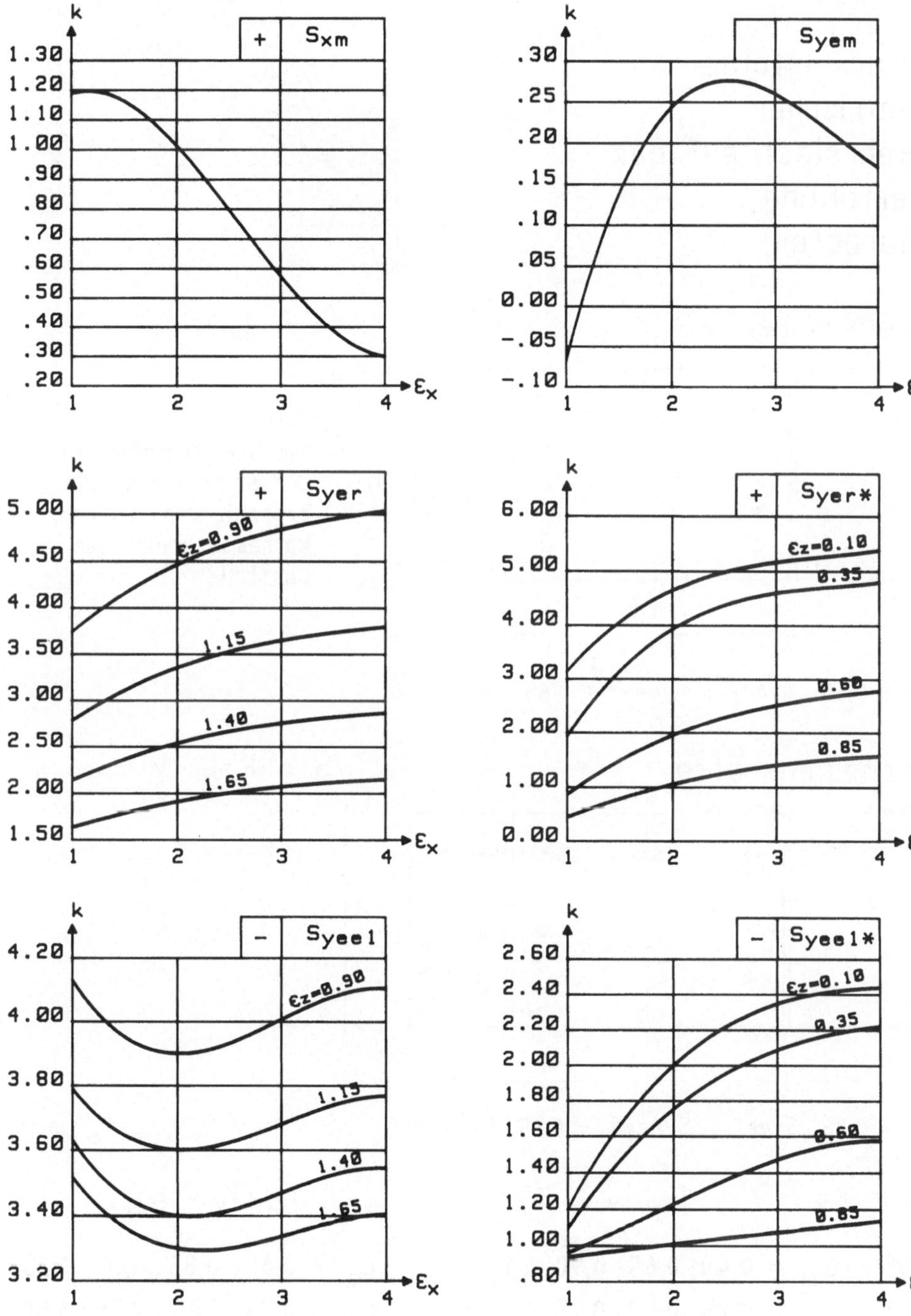

Lastfall 7

Erddruck infolge exzentrischer Verkehrslast auf der Hinterfüllung (Linearanteil)

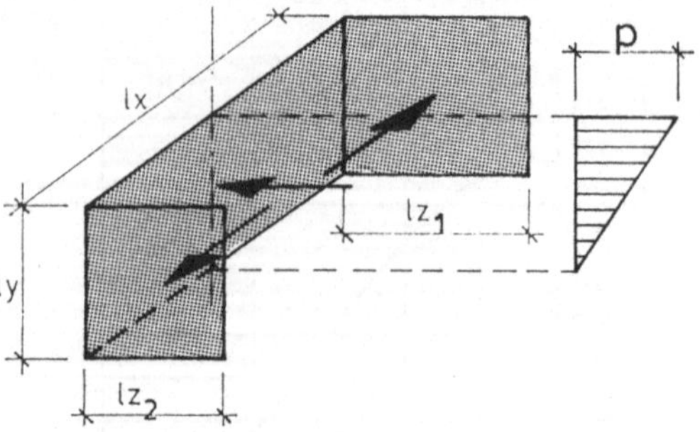

1) Biegemomente

$m = k \cdot p \cdot ly^2$

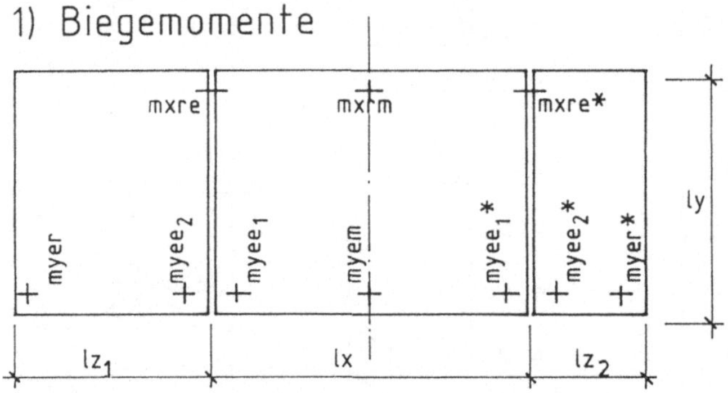

Anm.
Die Schnittgrößen an der spitzen Ecke (*) ergeben sich aus dem korresspondierenden Lastfall.

$myee_2 \approx 0{,}60\ myee_1$; $myee_2{}^* \approx 0{,}65\ myee_1{}^*$

2) Scheibenkräfte

$S = k \cdot p \cdot ly$

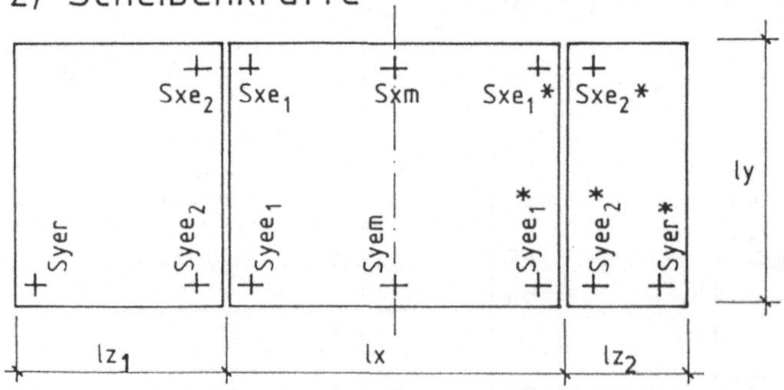

$Syee_2 = 0{,}85\ Syee_1$; $Syee_2{}^* = 0{,}85\ Syee_1{}^*$

$l_x/l_y = \varepsilon_x$ $\quad l_{z_2}/l_y = \varepsilon_{z_2}$ $\quad l_{z_1}/l_y = \varepsilon_{z_1}$

∢ 75°: ε_{z_2} = 0,40; 0,65; 0,90; 1,15 $\quad \varepsilon_{z_1}$ = 0,60; 0,85; 1,10; 1,35

∢ 60°: ε_{z_2} = 0,25; 0,50; 0,75; 1,00 $\quad \varepsilon_{z_1}$ = 0,75; 1,00; 1,25; 1,50

∢ 45°: ε_{z_2} = 0,10; 0,35; 0,60; 0,85 $\quad \varepsilon_{z_1}$ = 0,90; 1,15; 1,45; 1,65

BEIWERTE k
TAFEL 7.1 <75°
k
– mxre
.24
.22
.20
.18
.16
.14
.12
.10
.08
εz=1.35
1.10
0.85
0.60
1
2
3
4
εx
k
– mxre*
.25
.20
.15
.10
.05
εz=1.15
0.90
0.65
0.40
1
2
3
4
εx
k
– myer
.25
.20
.15
.10
.05
εz=1.35
1.10
0.85
0.60
1
2
3
4
εx
k
myer*
.05
0.00
-.05
-.10
-.15
-.20
-.25
εz=0.40
0.65
0.90
1.15
1
2
3
4
εx
k
– myeel
.10
.08
.06
.04
.02
εz=0.60
0.85
1.10
1.35
1
2
3
4
εx
k
– myeel*
.12
.10
.08
.06
.04
.02
0.00
εz=0.40
0.65
0.90
1.15
1
2
3
4
εx

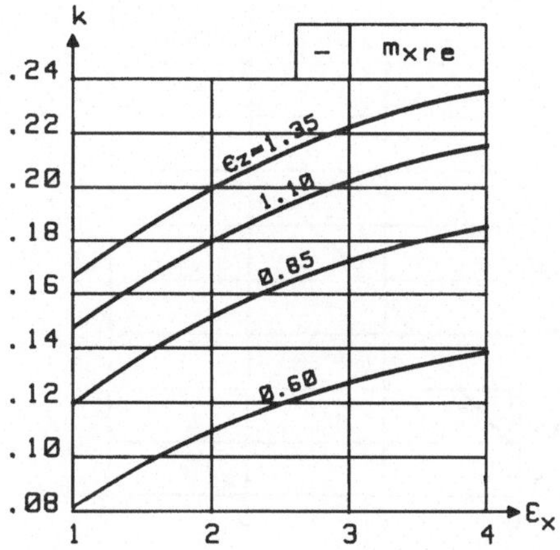

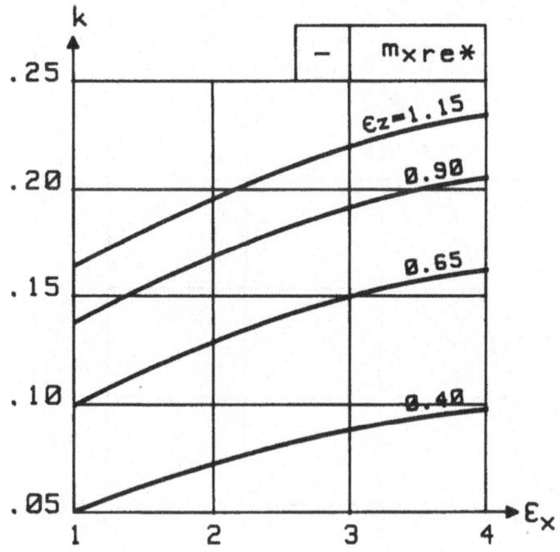

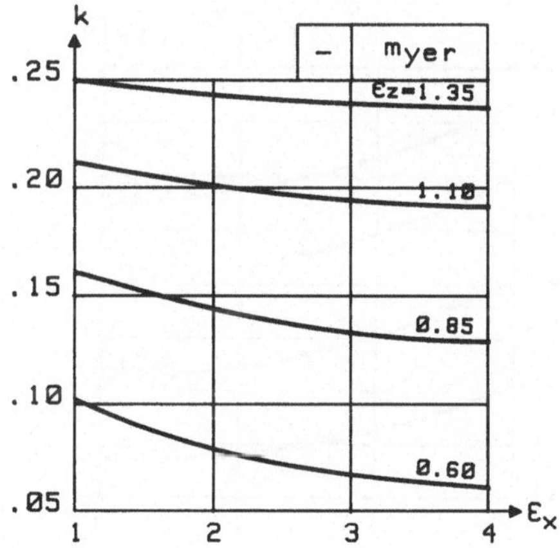

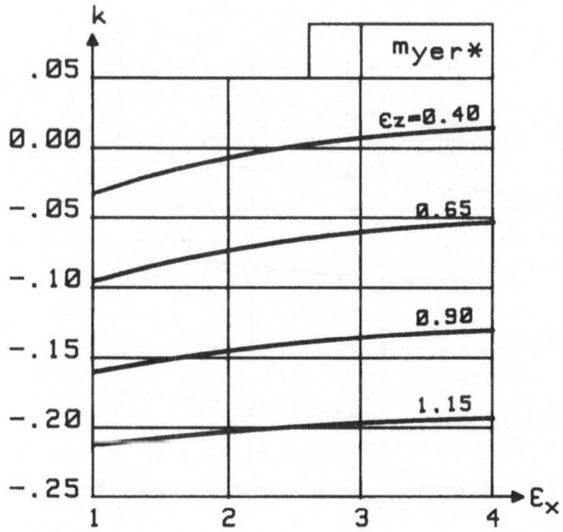

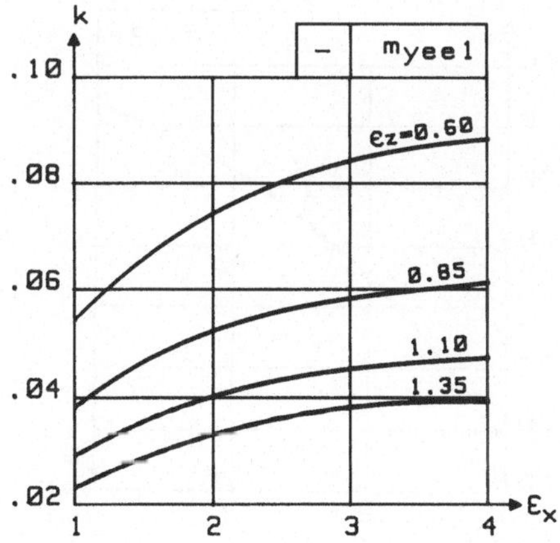

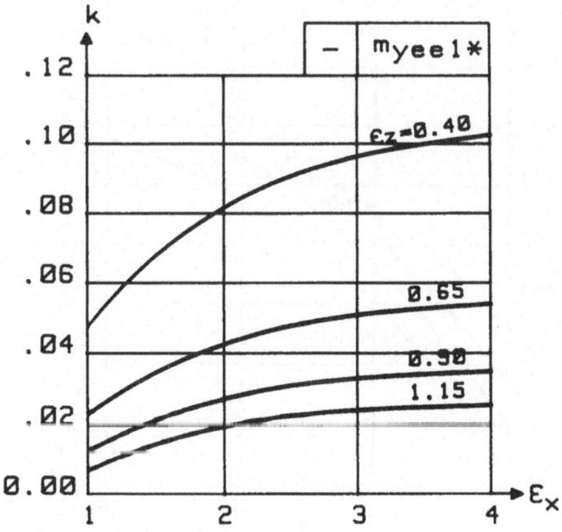

BEIWERTE k   TAFEL 7.2 <75°

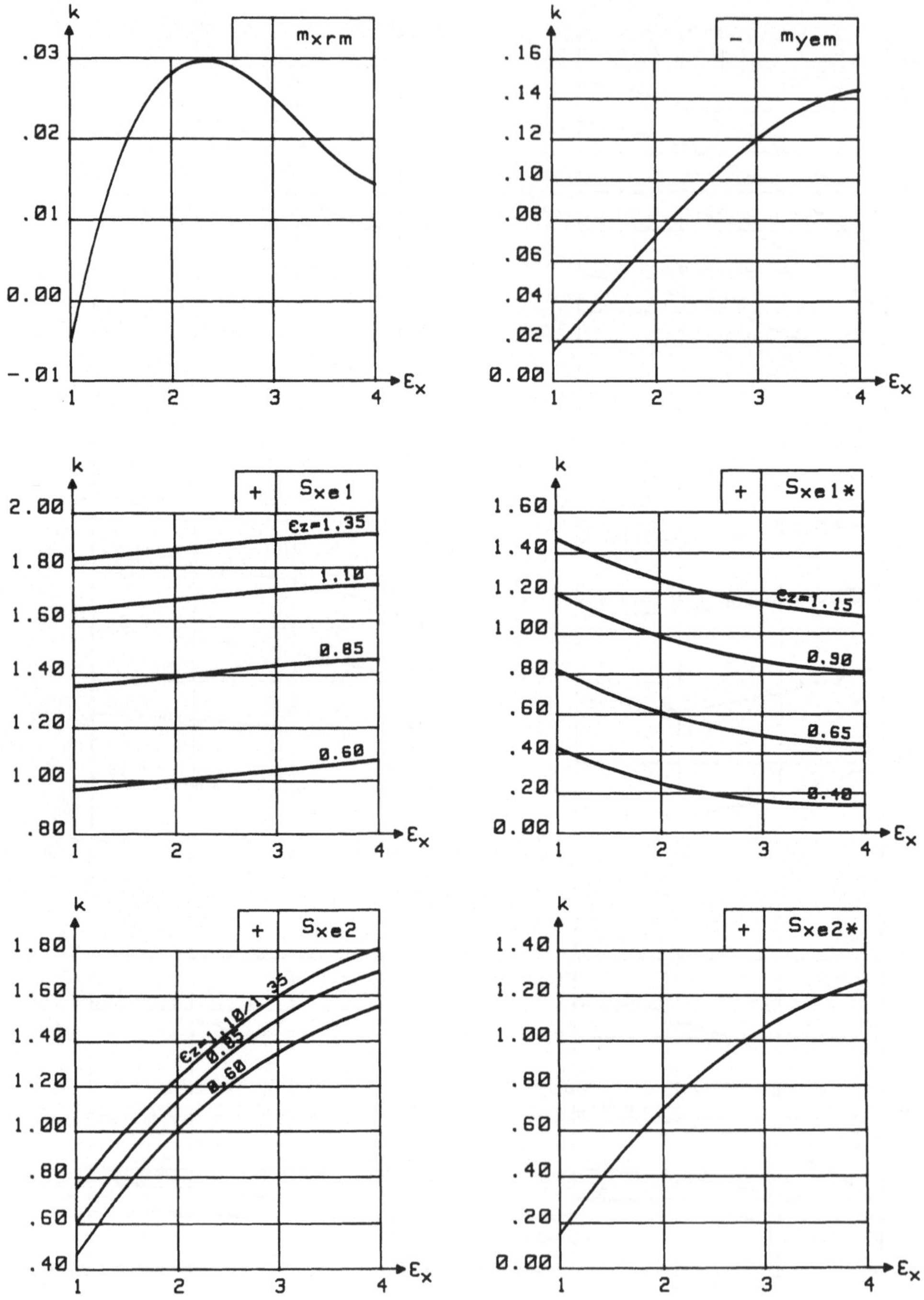

BEIWERTE k
TAFEL 7.3 <75°
k
+ Sxm
.70
.60
.50
.40
.30
.20
.10
0.00
1 2 3 4
εx
k
Syem
.15
.10
.05
0.00
-.05
-.10
1 2 3 4
εx
k
+ Syer
4.00
3.50
3.00
2.50
2.00
1.50
1.00
εz=0.60
0.85
1.10
1.35
1 2 3 4
εx
k
+ Syer*
4.50
4.00
3.50
3.00
2.50
2.00
1.50
1.00
.50
0.00
εz=0.40
0.65
0.90
1.15
1 2 3 4
εx
k
- Syeel
2.40
2.20
2.00
1.80
1.60
1.40
εz=0.60
0.85
1.10
1.35
1 2 3 4
εx
k
- Syeel*
2.20
2.00
1.80
1.60
1.40
1.20
1.00
.80
εz=0.40
0.65
0.90
1.15
1 2 3 4
εx

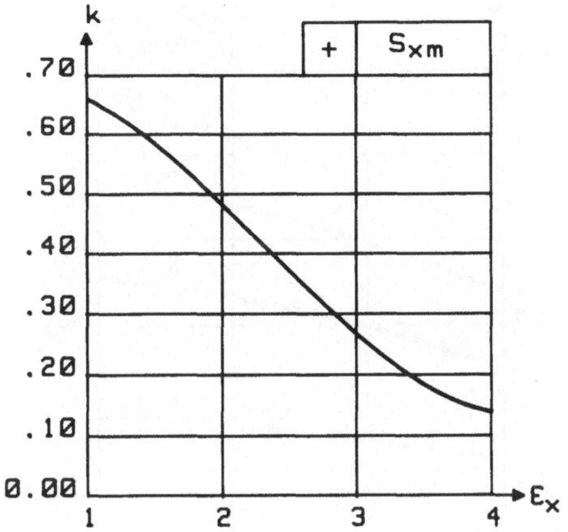

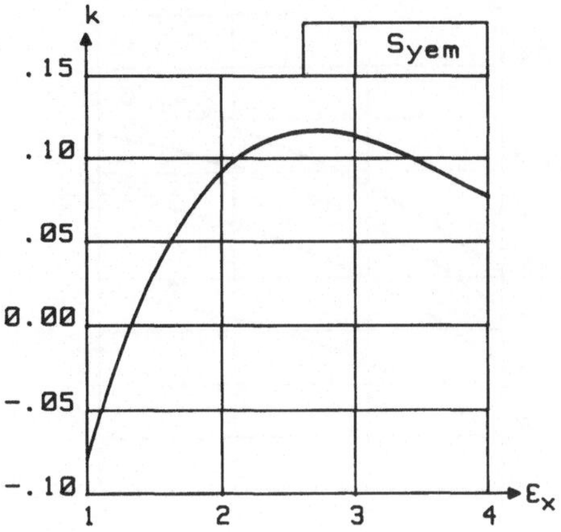

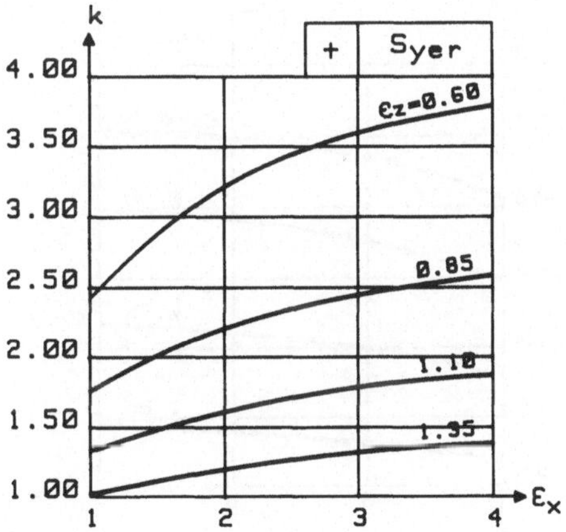

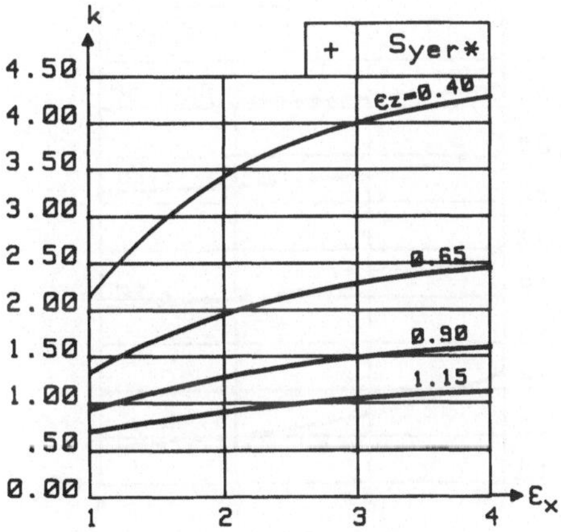

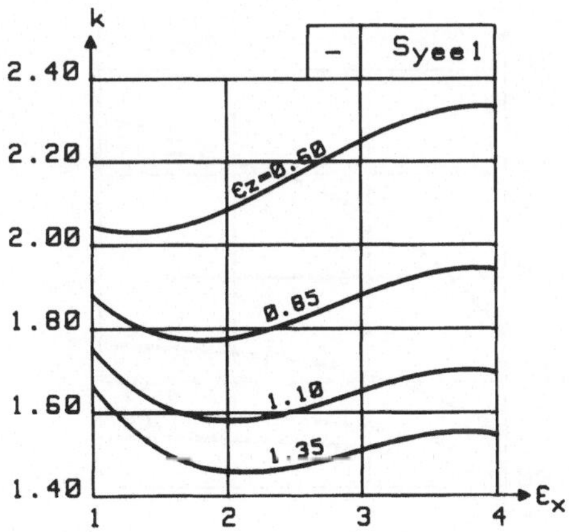

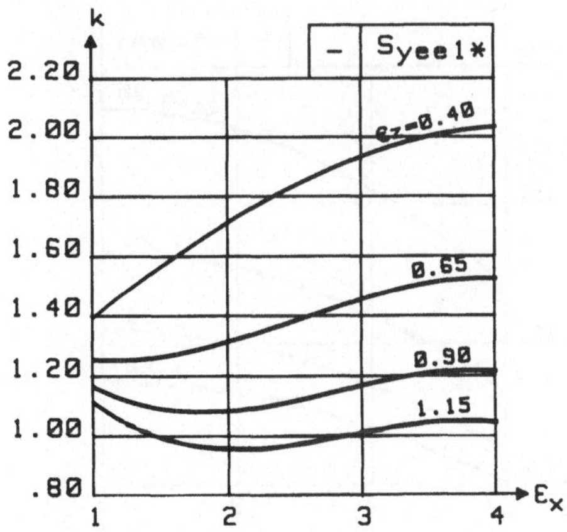

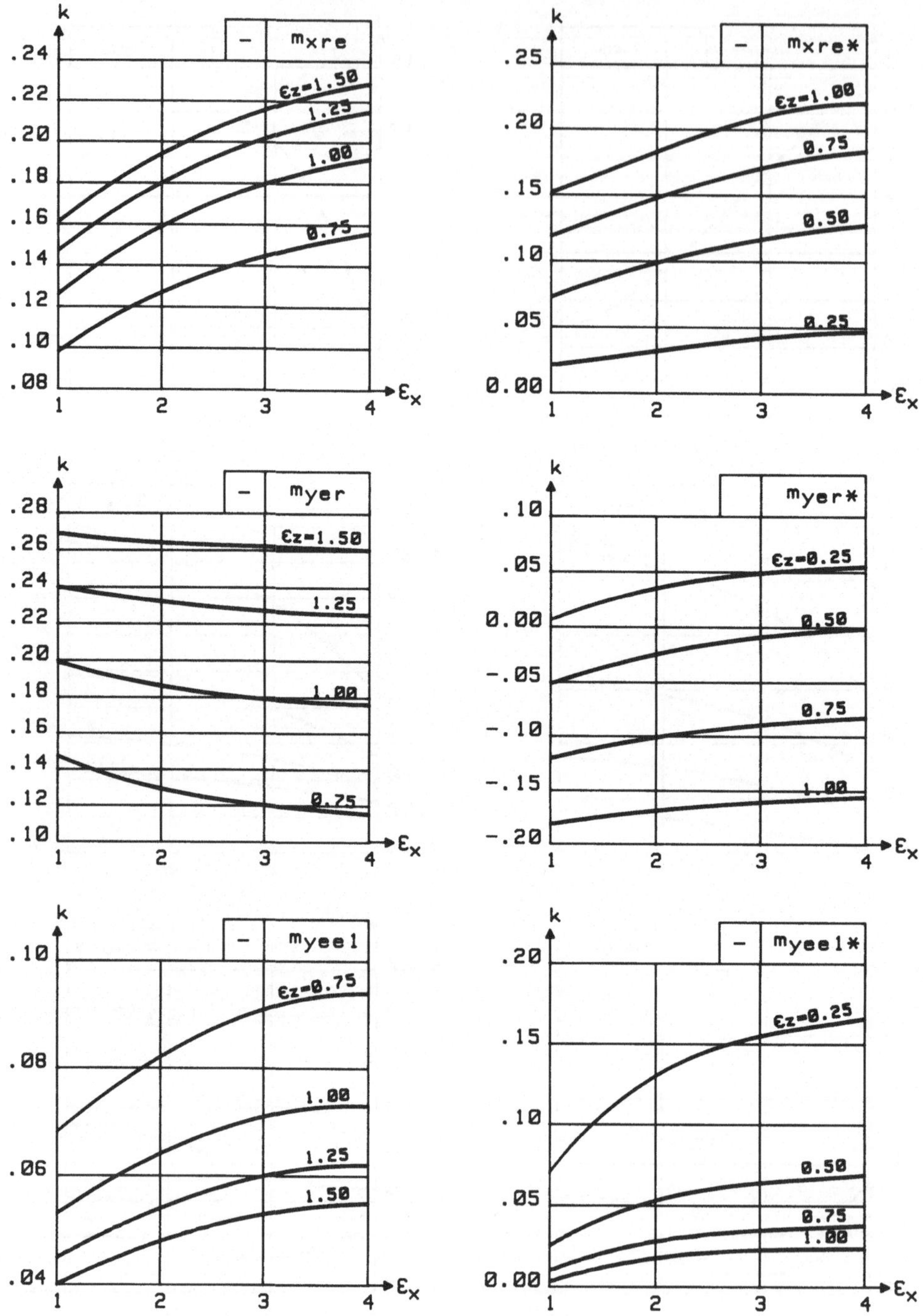

BEIWERTE k
TAFEL 7.1 <60°
k
–
m_{xre}
εz=1.50
1.25
1.00
0.75
.24
.22
.20
.18
.16
.14
.12
.10
.08
1
2
3
4
εx
k
–
$m_{xre}*$
εz=1.00
0.75
0.50
0.25
.25
.20
.15
.10
.05
0.00
k
–
m_{yer}
εz=1.50
1.25
1.00
0.75
.28
.26
.24
.22
.20
.18
.16
.14
.12
.10
k
$m_{yer}*$
εz=0.25
0.50
0.75
1.00
.10
.05
0.00
–.05
–.10
–.15
–.20
k
–
m_{yeel}
εz=0.75
1.00
1.25
1.50
.10
.08
.06
.04
k
–
$m_{yeel}*$
εz=0.25
0.50
0.75
1.00
.20
.15
.10
.05
0.00

BEIWERTE k

TAFEL 7.2 <60°

k
m_{xrm}
.03
.02
.01
0.00
-.01
1
2
3
4
ε_x

k
-
m_{yem}
.16
.14
.12
.10
.08
.06
.04
.02
0.00
1
2
3
4
ε_x

k
+
S_{xe1}
2.60
2.40
2.20
2.00
1.80
1.60
1.40
ε_z=1.50
1.25
1.00
0.75
1
2
3
4
ε_x

k
S_{xe1*}
1.40
1.20
1.00
.80
.60
.40
.20
0.00
-.20
ε_z=1.00
0.75
0.50
0.25
1
2
3
4
ε_x

k
+
S_{xe2}
2.40
2.20
2.00
1.80
1.60
1.40
1.20
1.00
.80
ε_z=1.25/1.50
1.00
0.75
1
2
3
4
ε_x

k
S_{xe2*}
1.40
1.20
1.00
.80
.60
.40
.20
0.00
-.20
1
2
3
4
ε_x

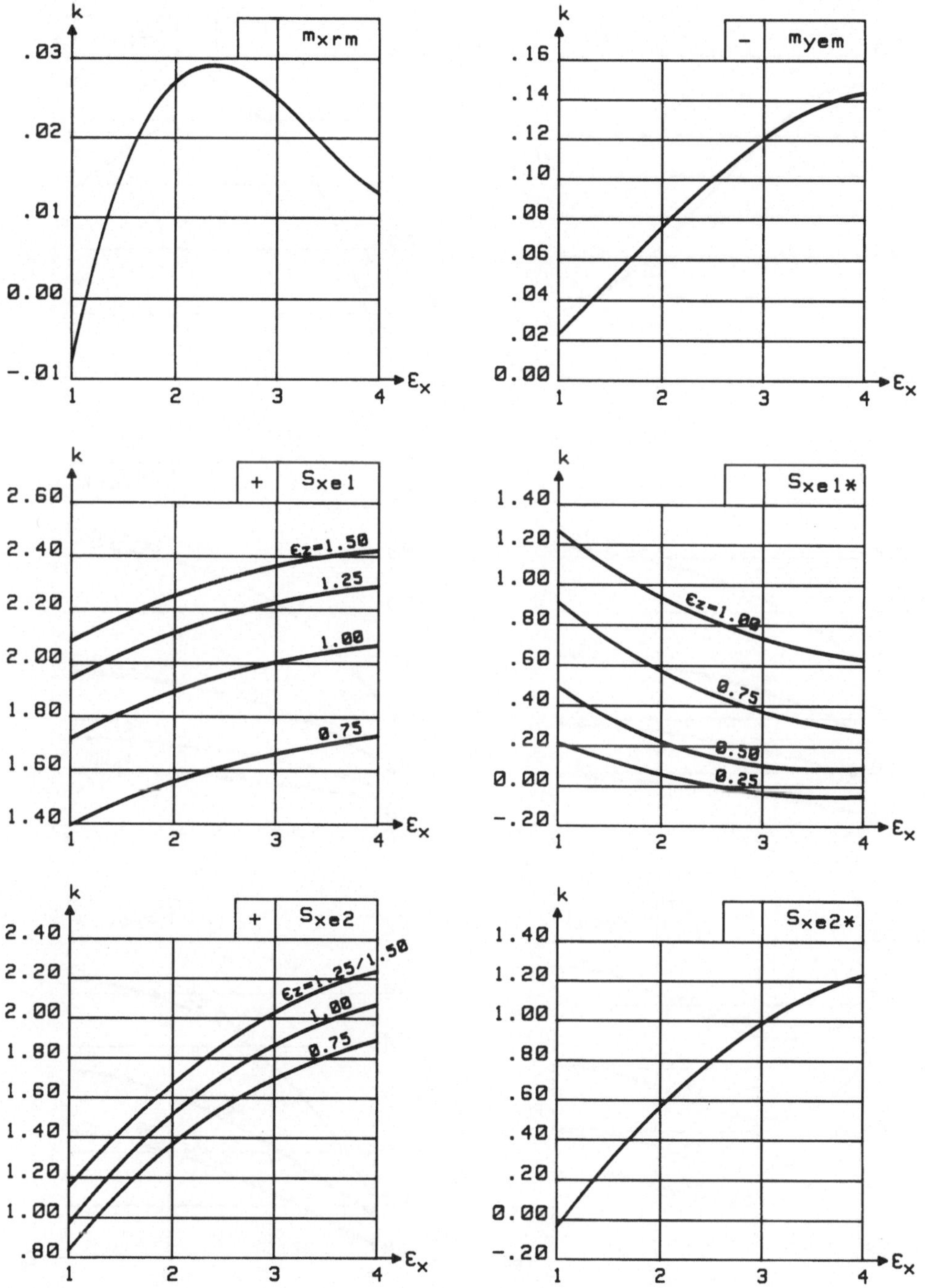

BEIWERTE k

TAFEL 7.3 <60°

k
+
Sxm
.80
.70
.60
.50
.40
.30
.20
.10
0.00
1
2
3
4
εx

k
Syem
.20
.15
.10
.05
0.00
-.05
1
2
3
4
εx

k
+
Syer
4.00
3.50
3.00
2.50
2.00
1.50
1.00
εz=0.75
1.00
1.25
1.50
1
2
3
4
εx

k
+
Syer*
6.00
5.00
4.00
3.00
2.00
1.00
0.00
εz=0.25
0.50
0.75
1.00
1
2
3
4
εx

k
−
Syeel
2.60
2.40
2.20
2.00
1.80
1.60
εz=0.75
1.00
1.25
1.50
1
2
3
4
εx

k
−
Syeel*
2.00
1.80
1.60
1.40
1.20
1.00
.80
εz=0.25
0.50
0.75/1.00
1
2
3
4
εx

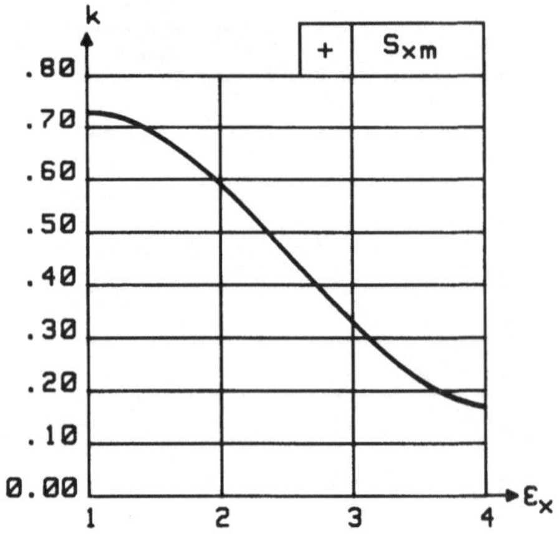

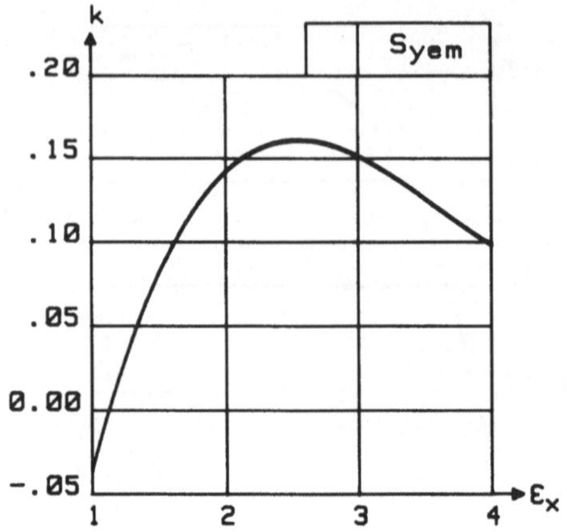

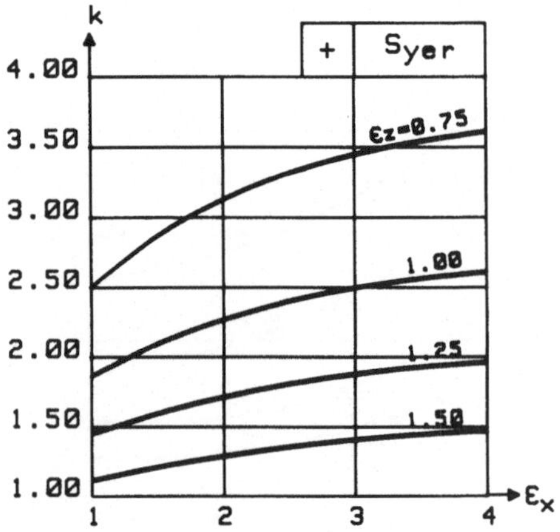

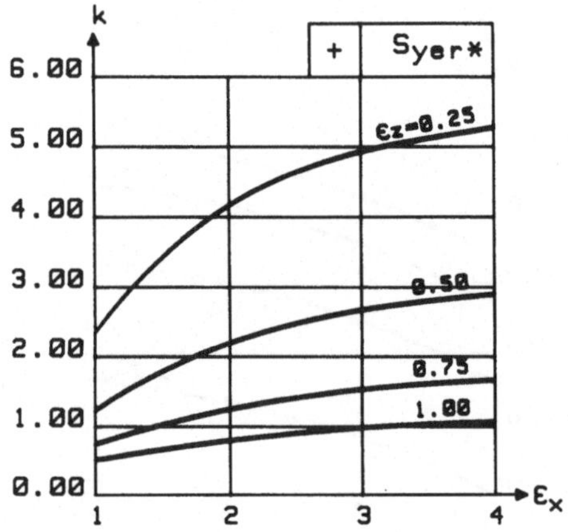

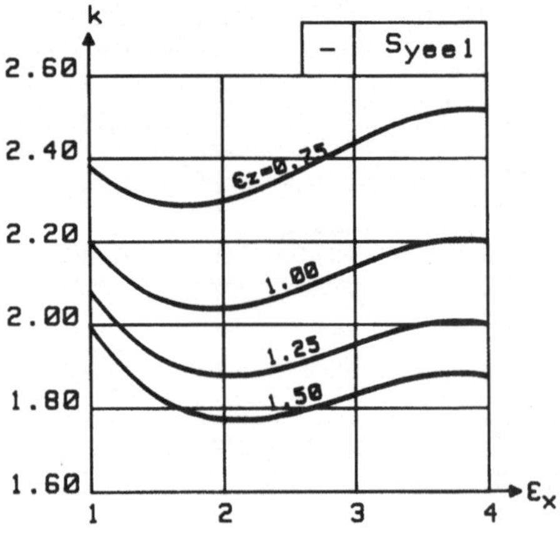

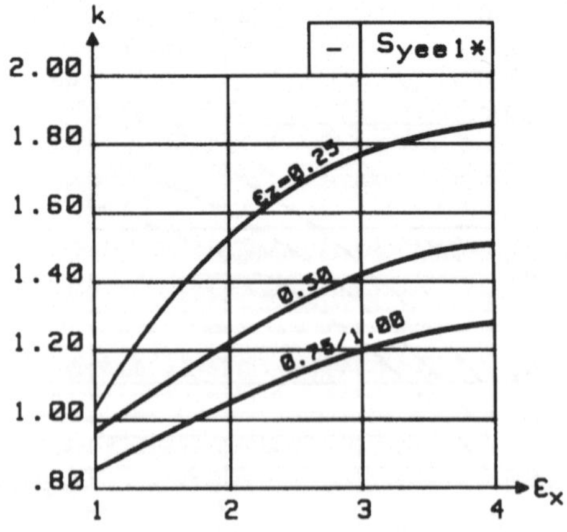

BEIWERTE k TAFEL 7.1 <45°

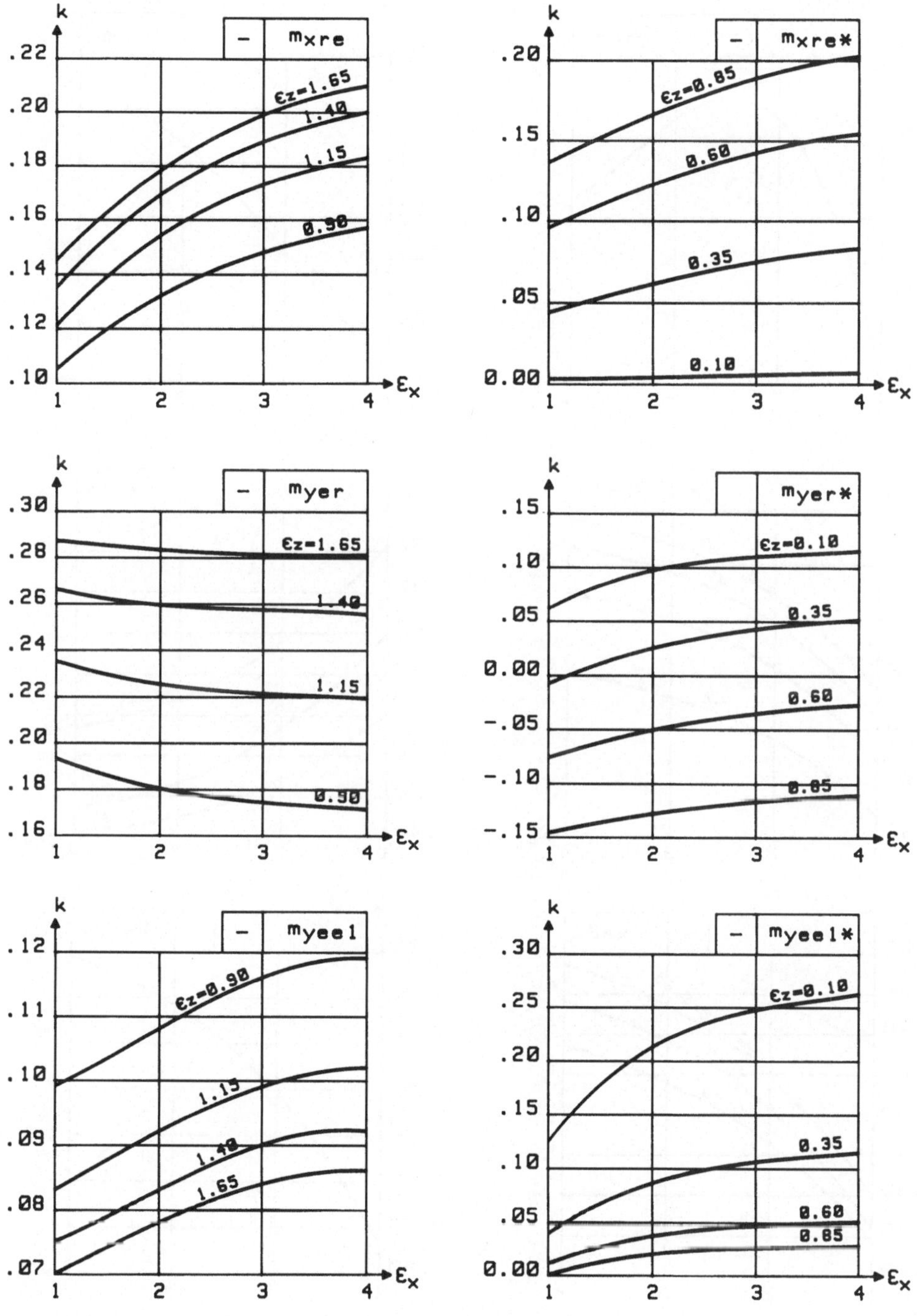

BEIWERTE k   TAFEL 7.2 <45°

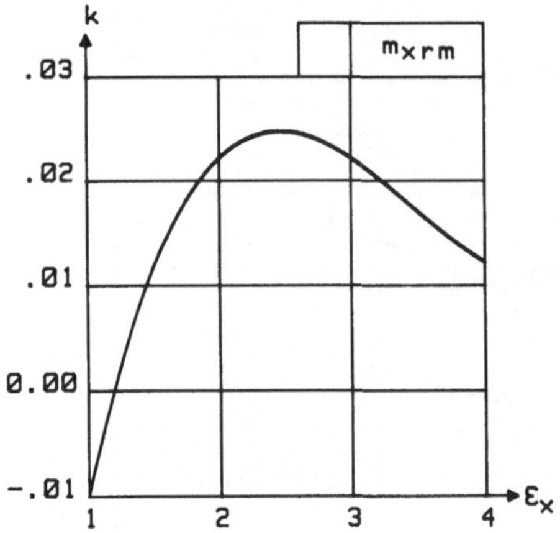

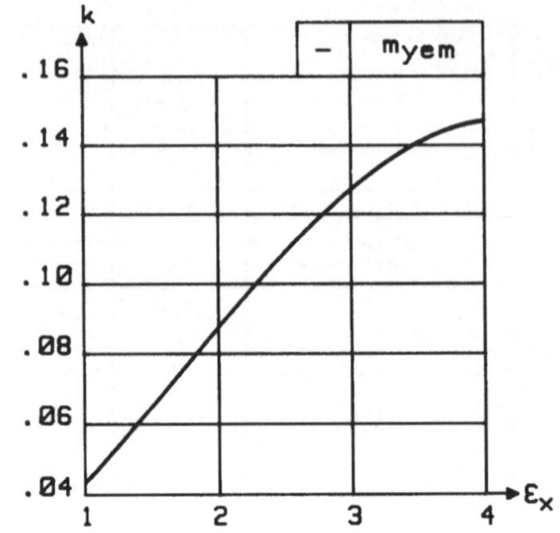

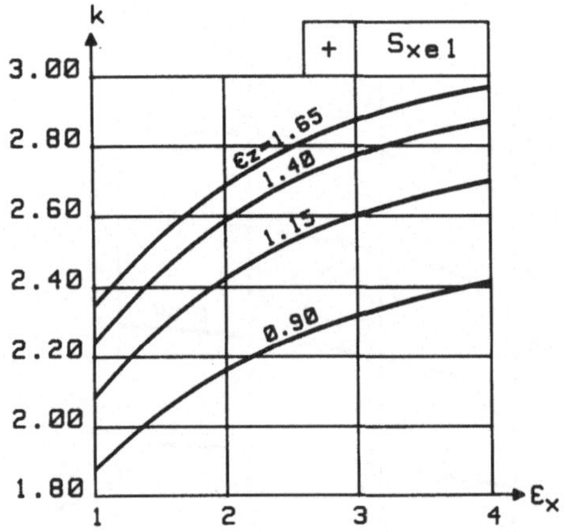

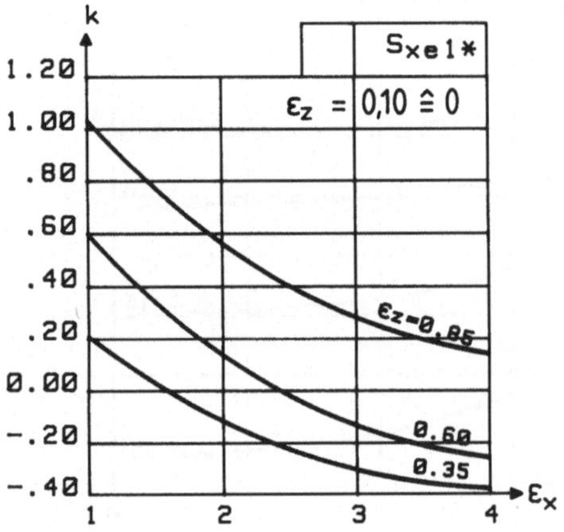

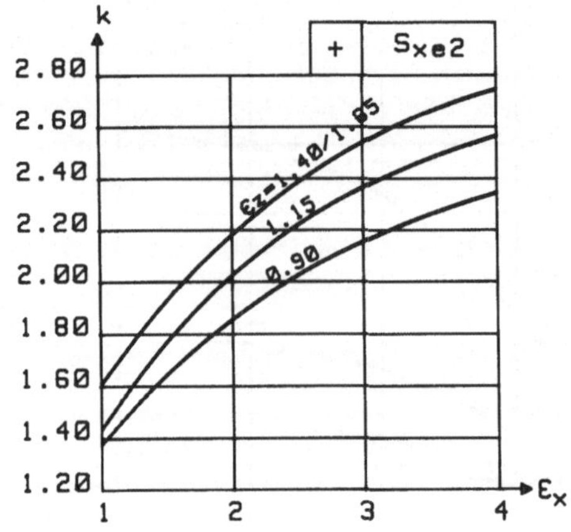

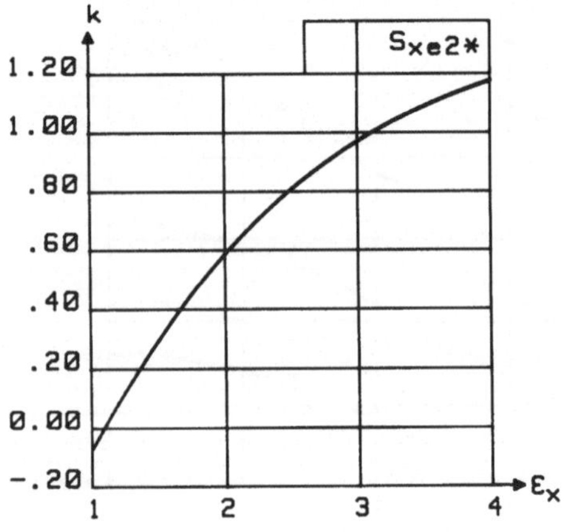

BEIWERTE k
k
+
Sxm
.90
.80
.70
.60
.50
.40
.30
.20
1
2
3
4
εx

TAFEL 7.3 <45°

k
Syem
.20
.15
.10
.05
0.00
-.05
-.10
1
2
3
4
εx

k
+
Syer
4.00
3.50
3.00
2.50
2.00
1.50
1.00
εz=0.90
1.15
1.40
1.65
1
2
3
4
εx

k
+
Syer*
4.00
3.50
3.00
2.50
2.00
1.50
1.00
.50
0.00
εz=0.10
0.35
0.60
0.85
1
2
3
4
εx

k
−
Syeel
2.80
2.70
2.60
2.50
2.40
2.30
2.20
2.10
εz=0.90
1.15
1.40
1.65
1
2
3
4
εx

k
−
Syeel*
1.60
1.40
1.20
1.00
.80
.60
εz=0.10
0.35
0.60
0.85
1
2
3
4
εx

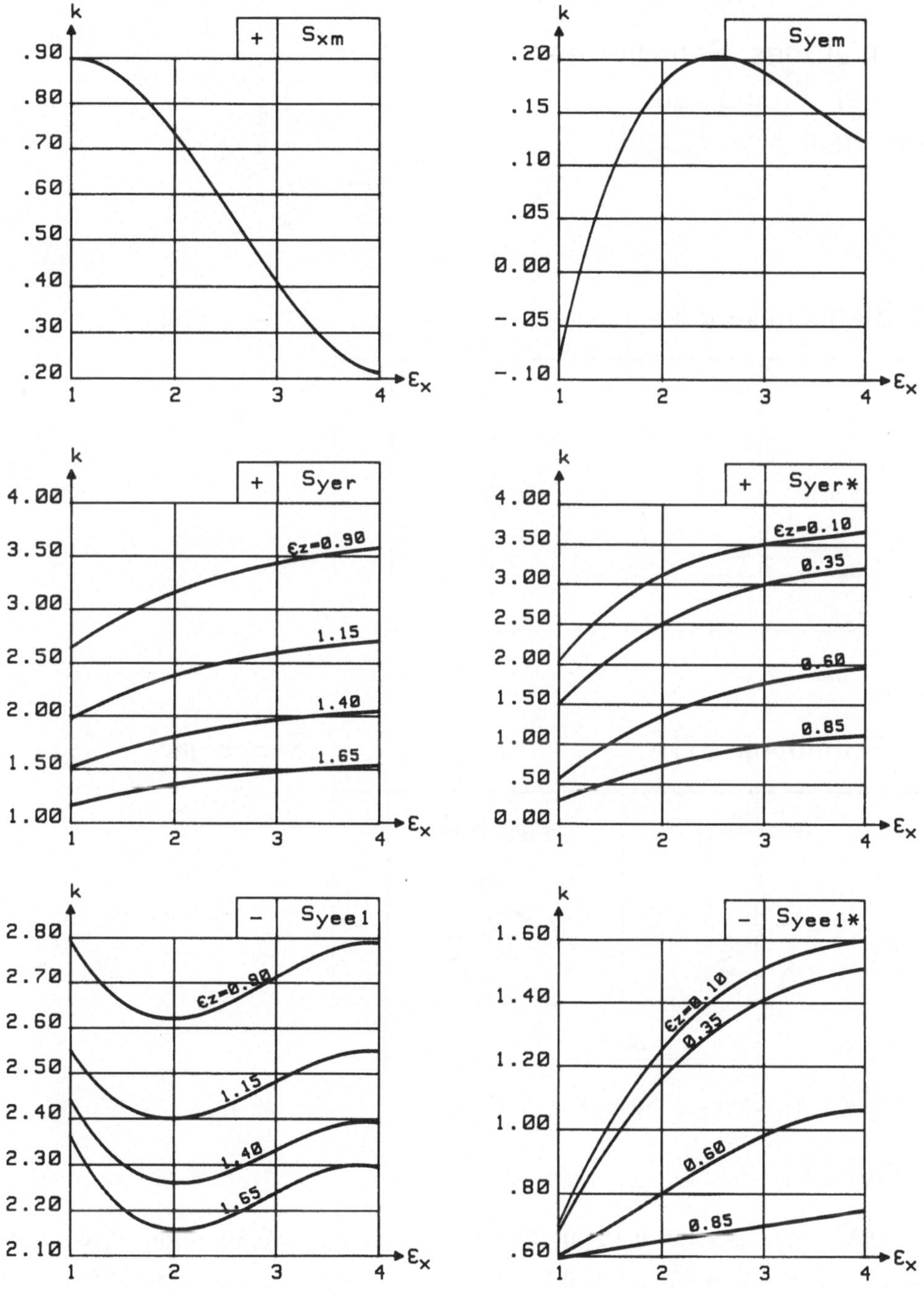

Lastfall 8

Beidseitiges Randmoment an der Flügelwand aus dem Kragflügel

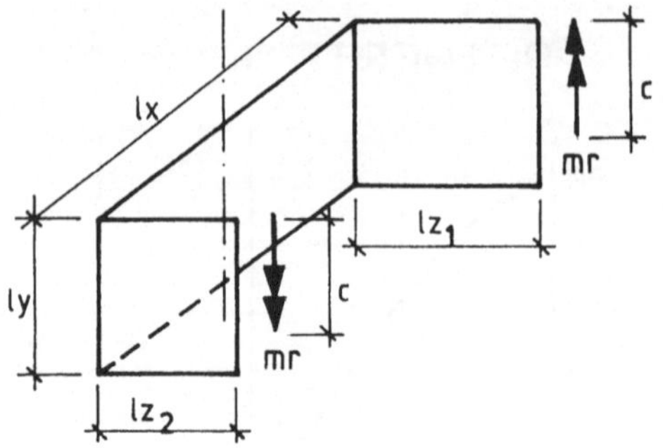

1) Biegemomente

$m = k \cdot mr$

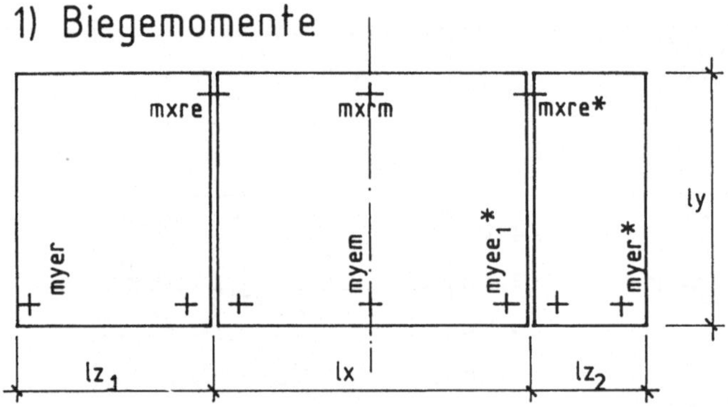

2) Scheibenkräfte

$S = k \cdot mr$

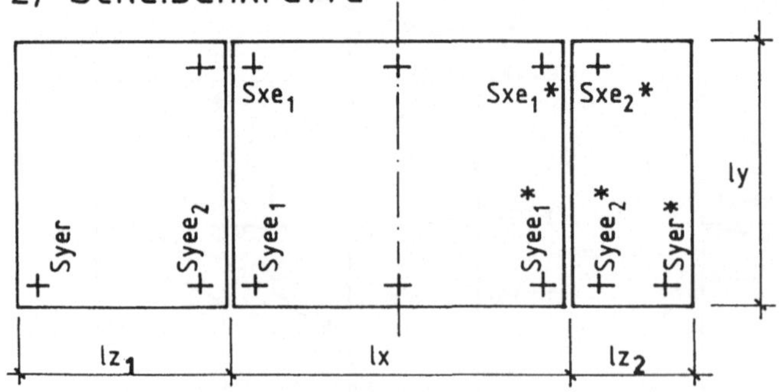

$Syee_2 = 0{,}85\ Syee_1$; $Syee_2{}^* = 0{,}85\ Syee_1{}^*$

$l_x/l_y = \varepsilon_x$ $\qquad$ $l_{z_2}/l_y = \varepsilon_{z_2}$ $\qquad$ $l_{z_1}/l_y = \varepsilon_{z_1}$

∢ 75°: ε_{z_2} = 0,40; 0,65; 0,90; 1,15 $\qquad$ ε_{z_1} = 0,60; 0,85; 1,10; 1,35

∢ 60°: ε_{z_2} = 0,25; 0,50; 0,75; 1,00 $\qquad$ ε_{z_1} = 0,75; 1,00; 1,25; 1,50

∢ 45°: ε_{z_2} = 0,10; 0,35; 0,60; 0,85 $\qquad$ ε_{z_1} = 0,90; 1,15; 1,45; 1,65

BEIWERTE k

TAFEL 8.1 <75°

k
–
mxre
.45
.40
.35
.30
.25
.20
.15
.10
.05
0.00
0.60
0.85
1.10
1.35
εz

k
–
mxre*
.70
.60
.50
.40
.30
.20
.10
0.00
0.40
0.65
0.90
1.15
εz

k
–
myer
β=1.00
0.75
0.50
0.25
1.40
1.20
1.00
.80
.60
.40
.20
0.00
0.60
0.85
1.10
1.35
ε

k
–
myer*
β=1.00
0.75
0.50
0.25
1.40
1.20
1.00
.80
.60
.40
.20
0.00
0.40
0.65
0.90
1.15
εz

myeel= 0

k
–
myeel*
β=1.00
0.75
0.50
0.25
.07
.06
.05
.04
.03
.02
.01
0.00
0.40
0.65
0.90
1.15
εz

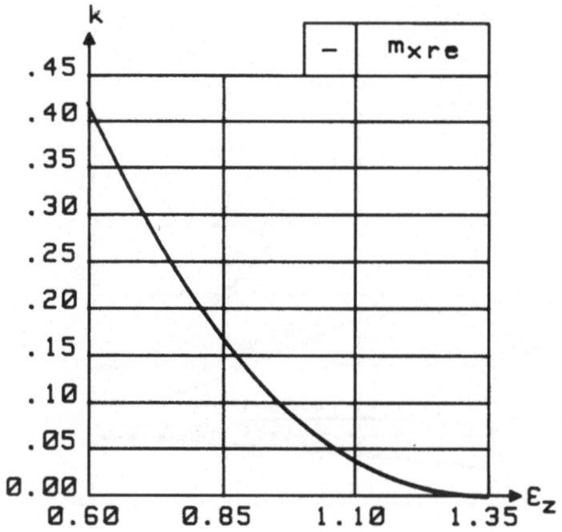

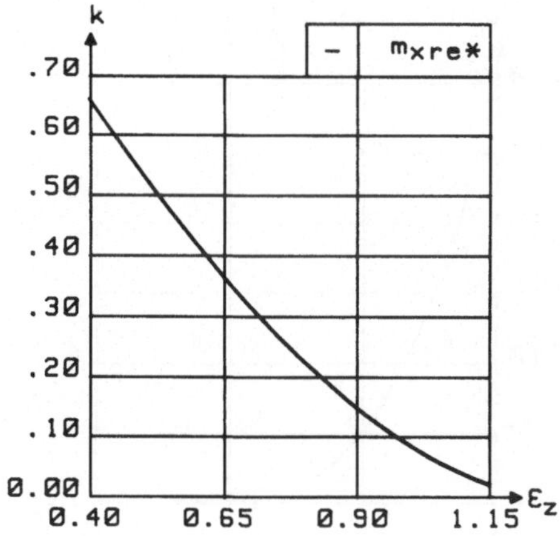

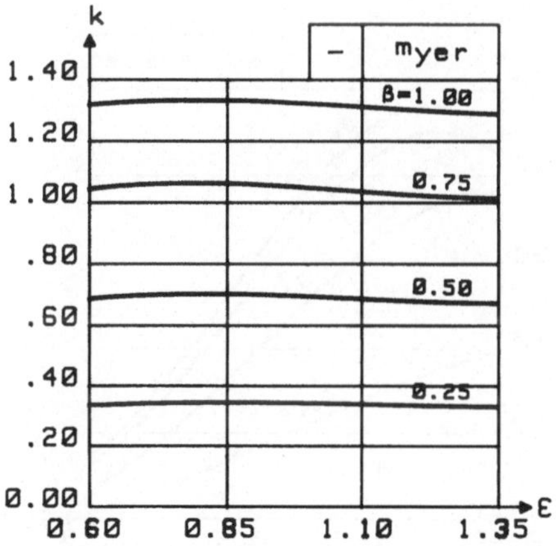

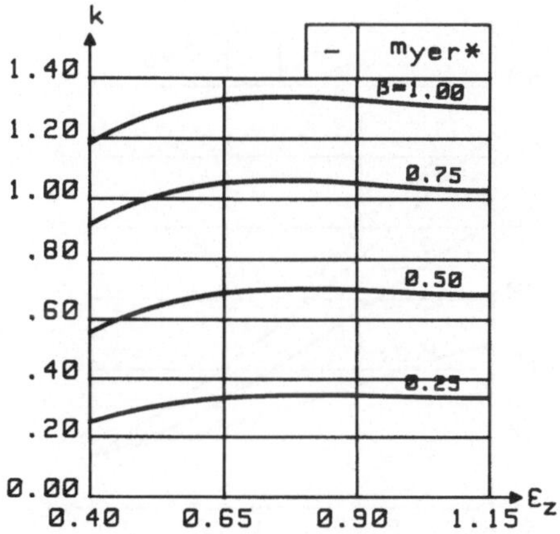

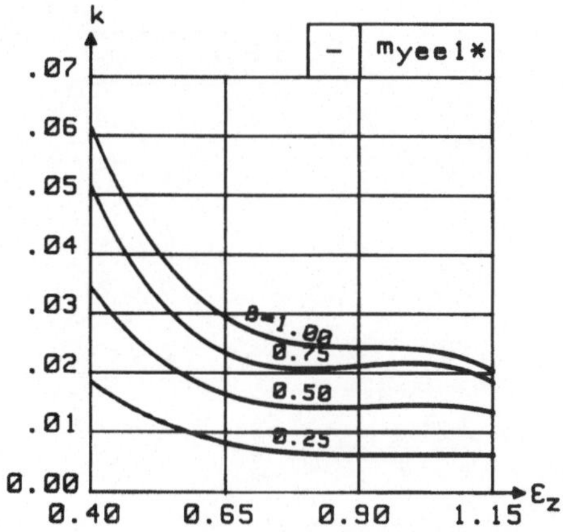

BEIWERTE k

TAFEL 8.2 <75°

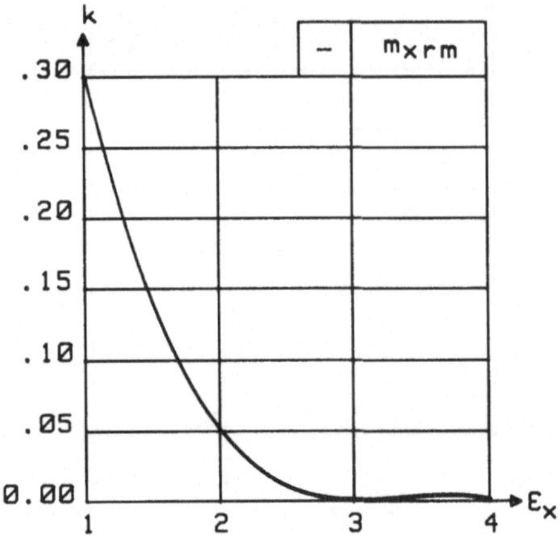

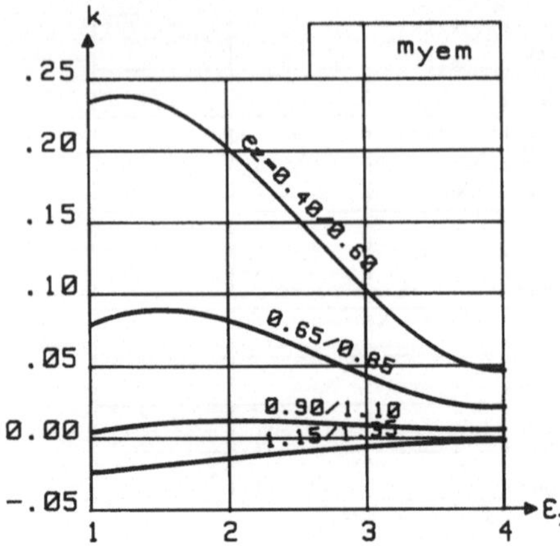

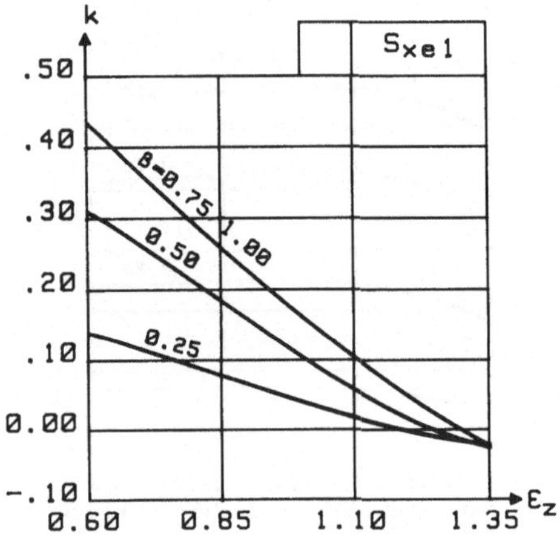

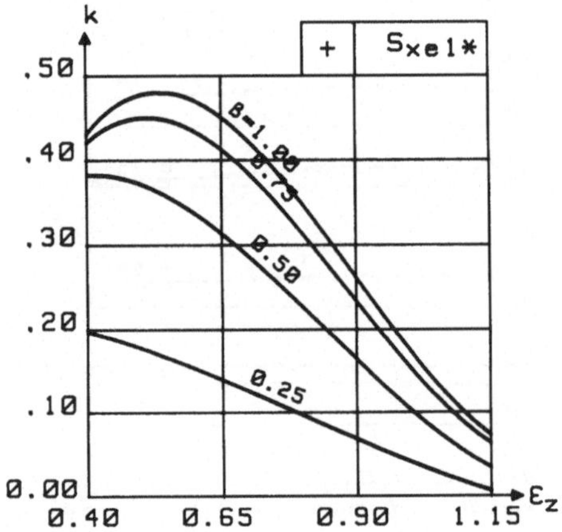

Sxe2 = 0

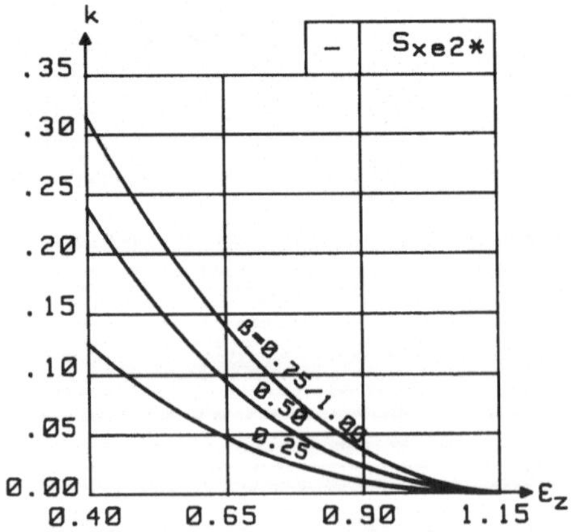

BEIWERTE k TAFEL 8.3 <75°

S_{xm} = 0

S_{yem} = 0

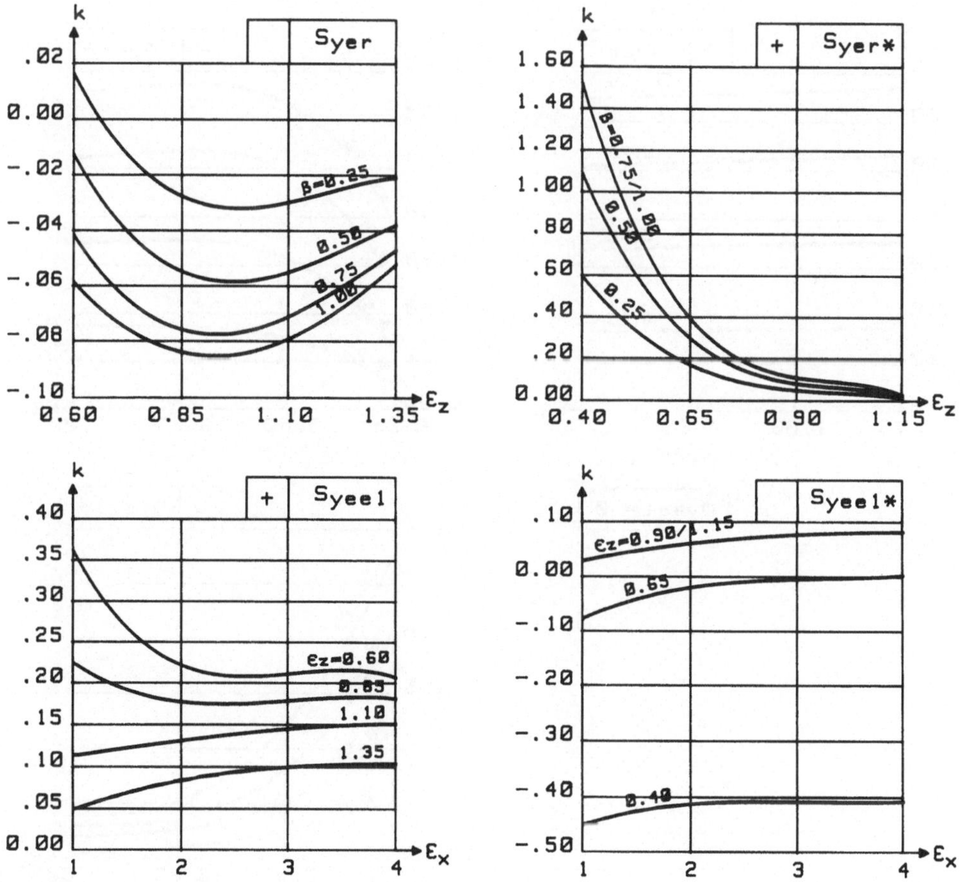

BEIWERTE k TAFEL 8.1 <60°

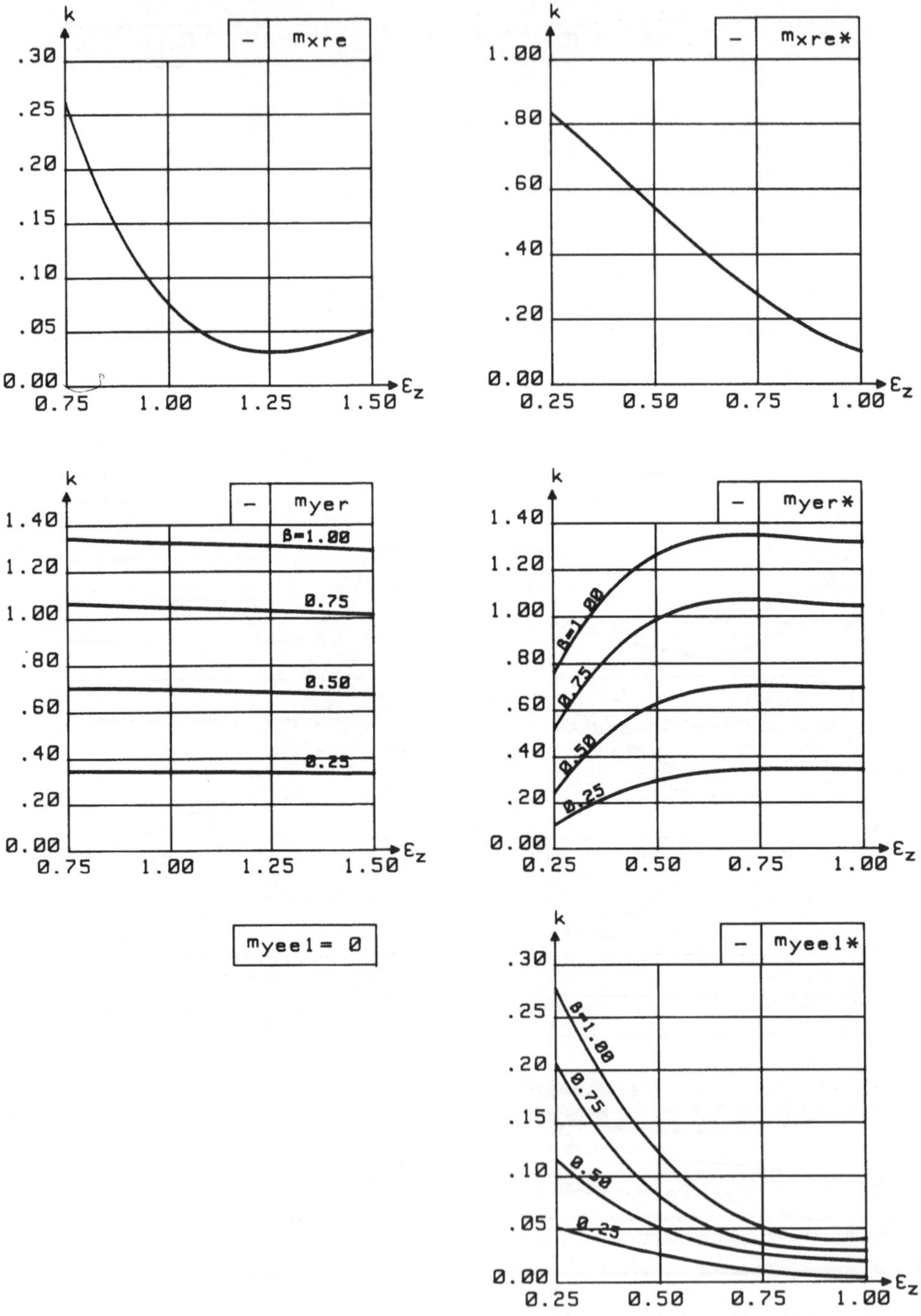

BEIWERTE k TAFEL 8.2 <60°

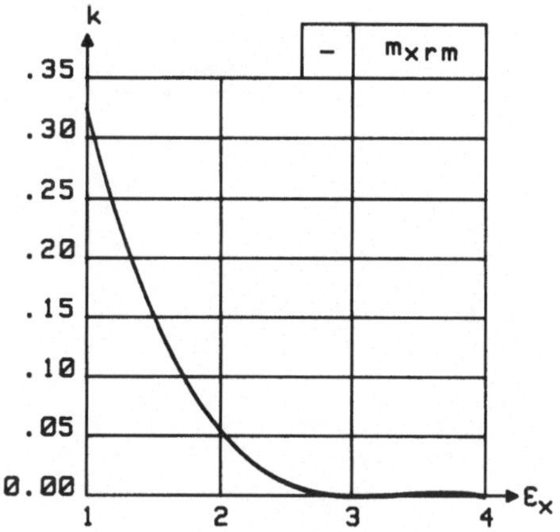

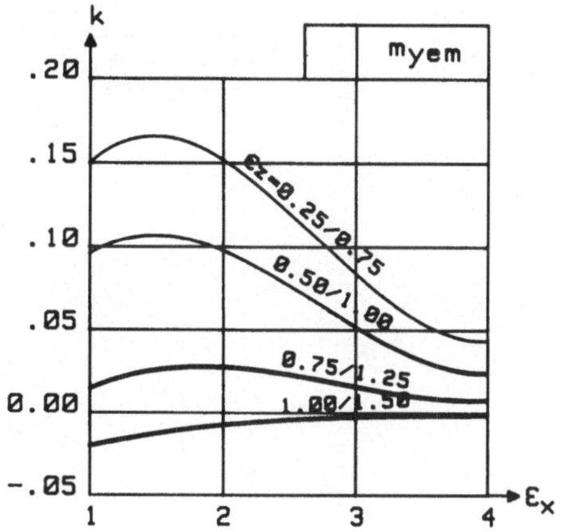

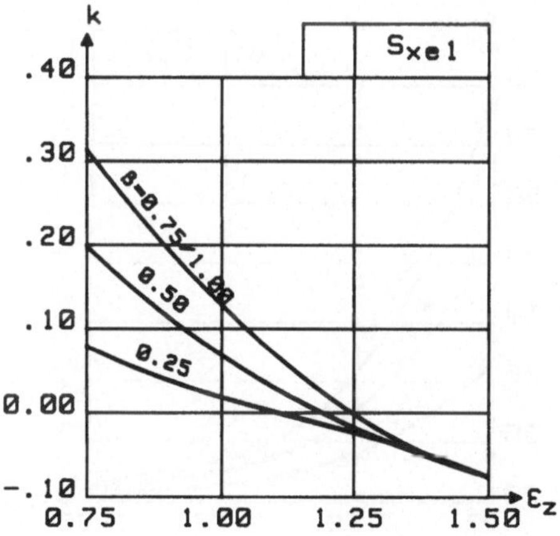

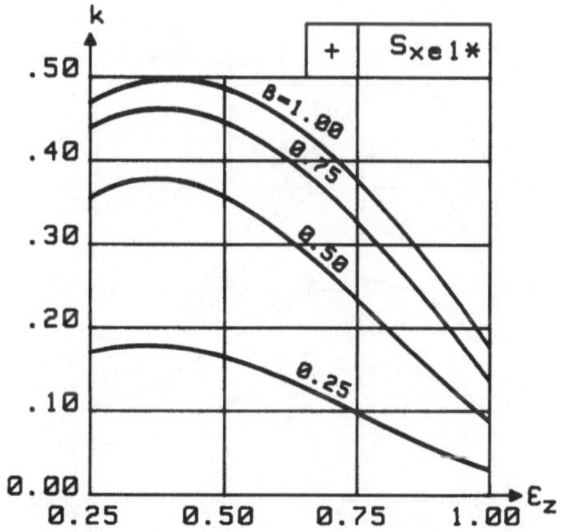

Sxe2 = 0

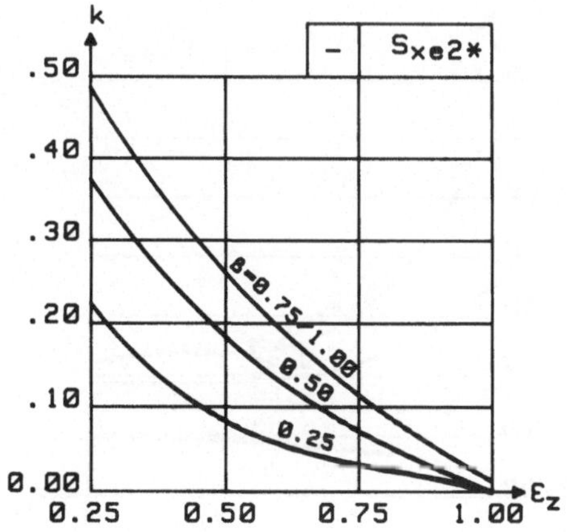

BEIWERTE k   TAFEL 8.3 <60°

Sxm = 0   Syem = 0

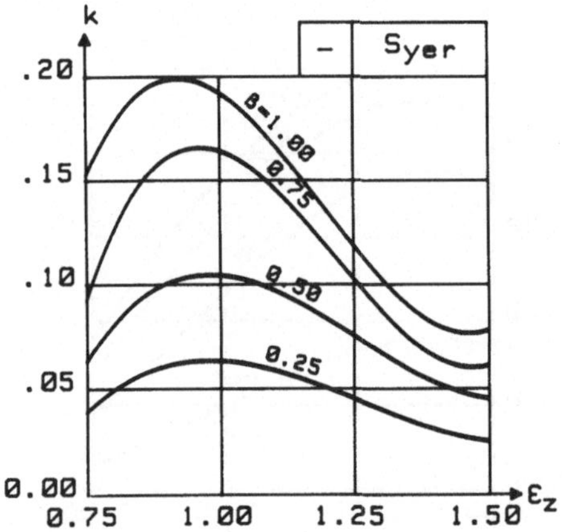

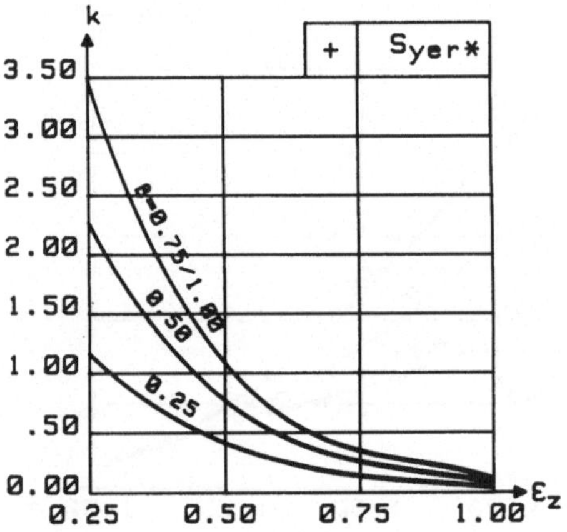

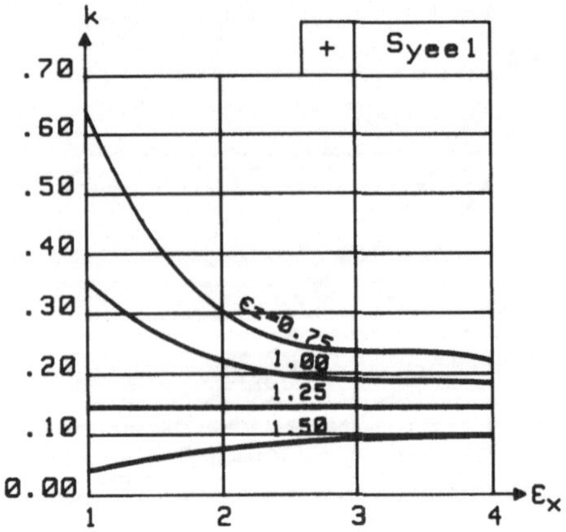

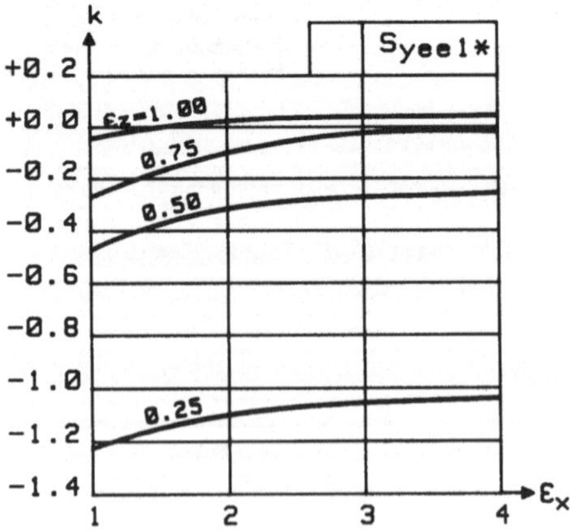

BEIWERTE k

TAFEL 8.1 <45°

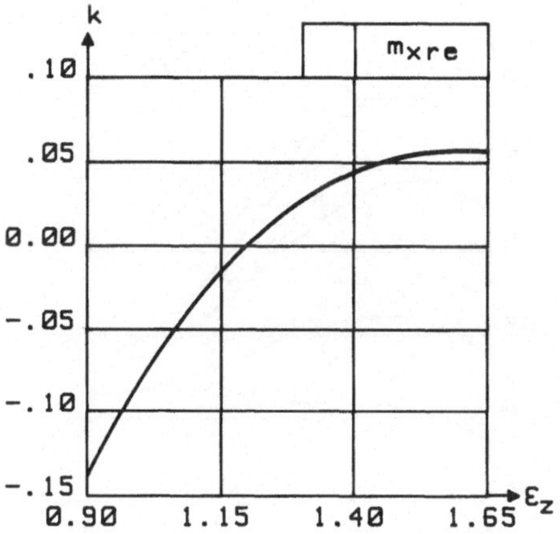

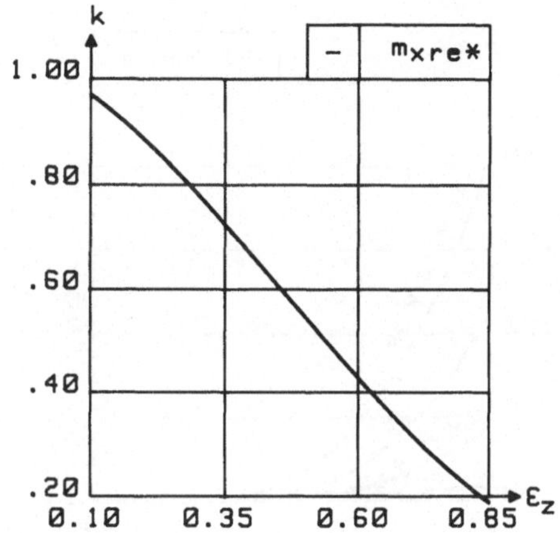

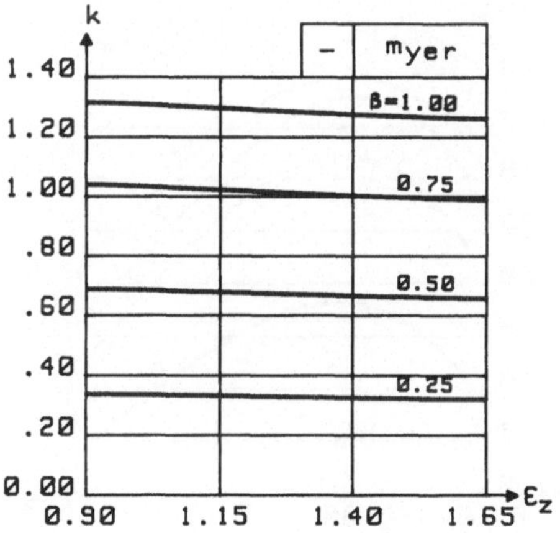

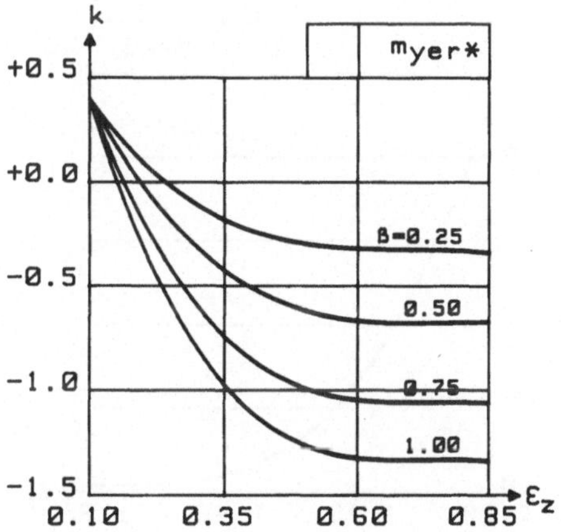

myeel= 0

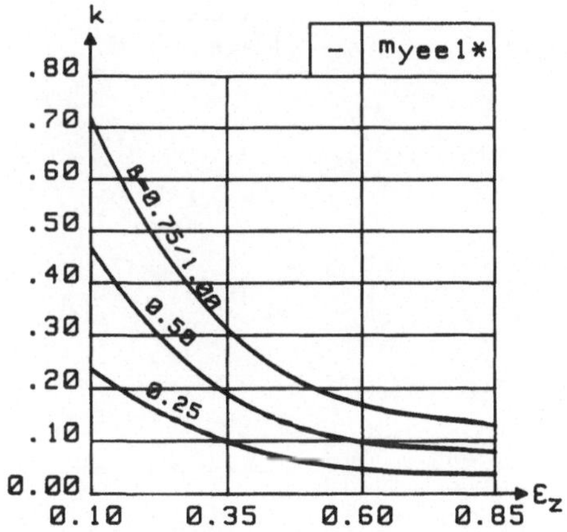

BEIWERTE k TAFEL 8.2 <45°

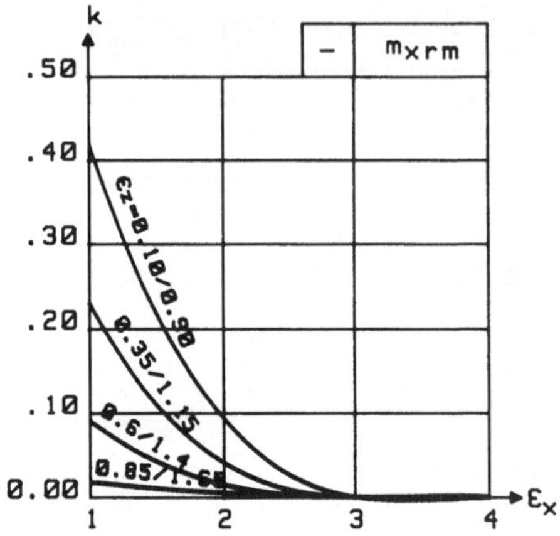

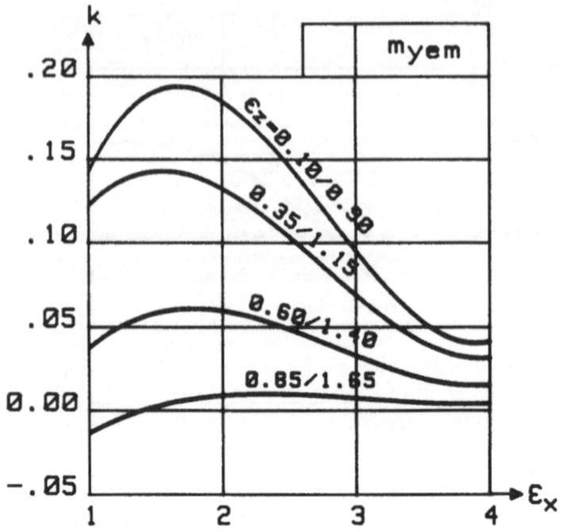

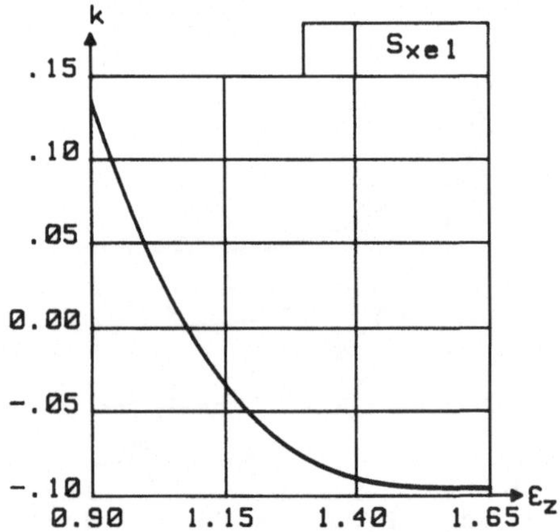

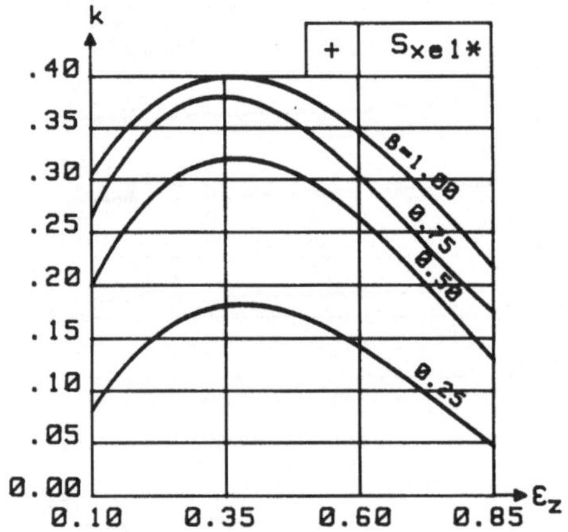

$S_{xe2} = 0$

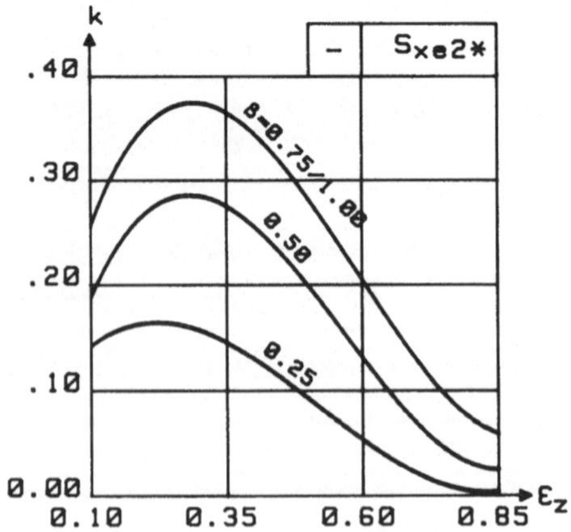

BEIWERTE k

TAFEL 8.3 <45°

Sxm = 0

Syem = 0

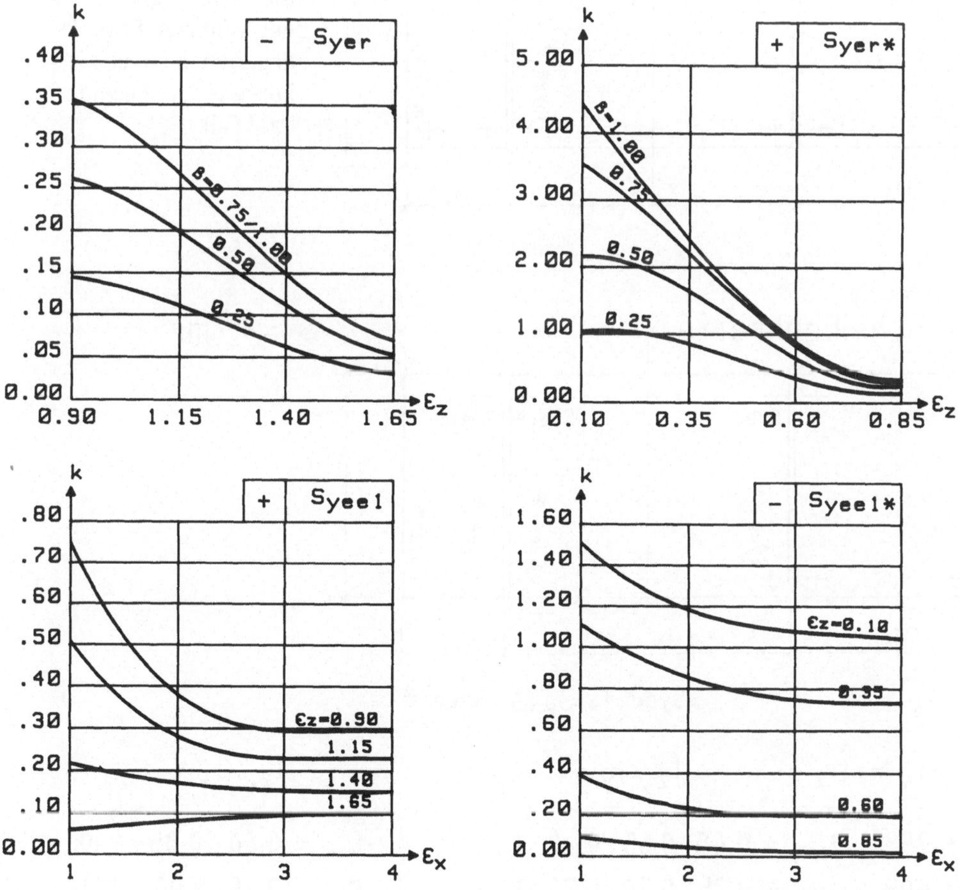

Lastfall 9

Einseitiges Randmoment an der Flügelwand aus dem Kragflügel

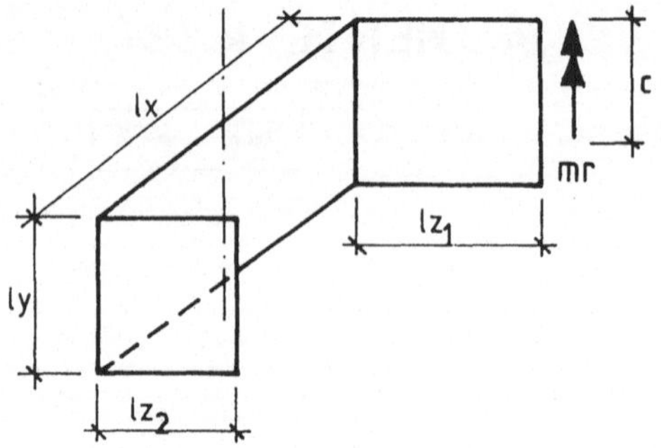

1) Biegemomente

$m = k \cdot mr$

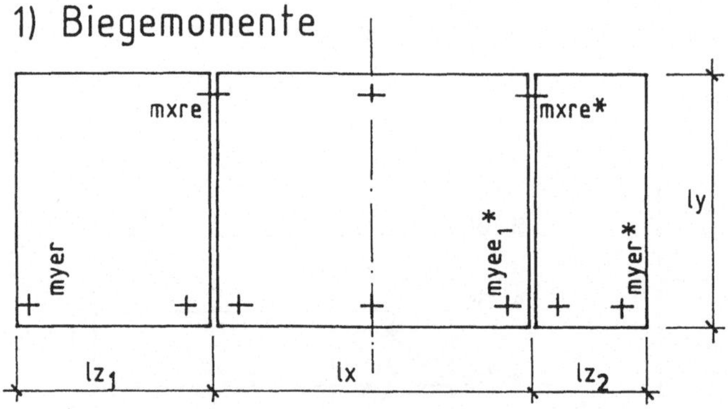

Anm.
Die Schnittgrößen an der spitzen Ecke (*) ergeben sich aus dem korresspondierenden Lastfall.

2) Scheibenkräfte

$S = k \cdot mr$

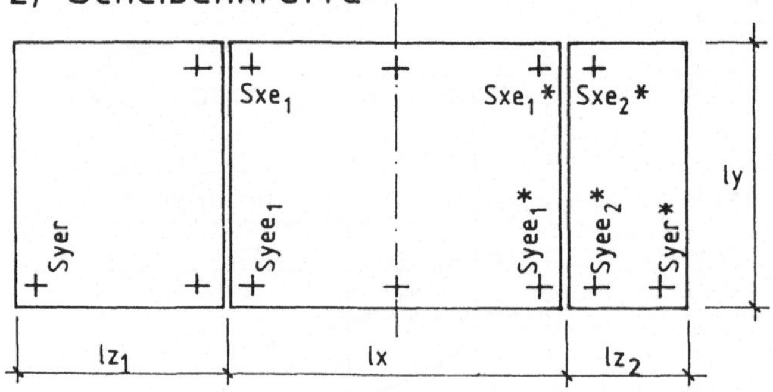

$Syee_2^* = 0{,}85 \; Syee_1^*$

$l_x/l_y = \varepsilon_x$ $l_{z_2}/l_y = \varepsilon_{z_2}$ $l_{z_1}/l_y = \varepsilon_{z_1}$

∢ 75°: $\varepsilon_{z_2} = 0{,}40;\ 0{,}65;\ 0{,}90;\ 1{,}15$ $\varepsilon_{z_1} = 0{,}60;\ 0{,}85;\ 1{,}10;\ 1{,}35$

∢ 60°: $\varepsilon_{z_2} = 0{,}25;\ 0{,}50;\ 0{,}75;\ 1{,}00$ $\varepsilon_{z_1} = 0{,}75;\ 1{,}00;\ 1{,}25;\ 1{,}50$

∢ 45°: $\varepsilon_{z_2} = 0{,}10;\ 0{,}35;\ 0{,}60;\ 0{,}85$ $\varepsilon_{z_1} = 0{,}90;\ 1{,}15;\ 1{,}45;\ 1{,}65$

BEIWERTE k TAFEL 9.1 <75°

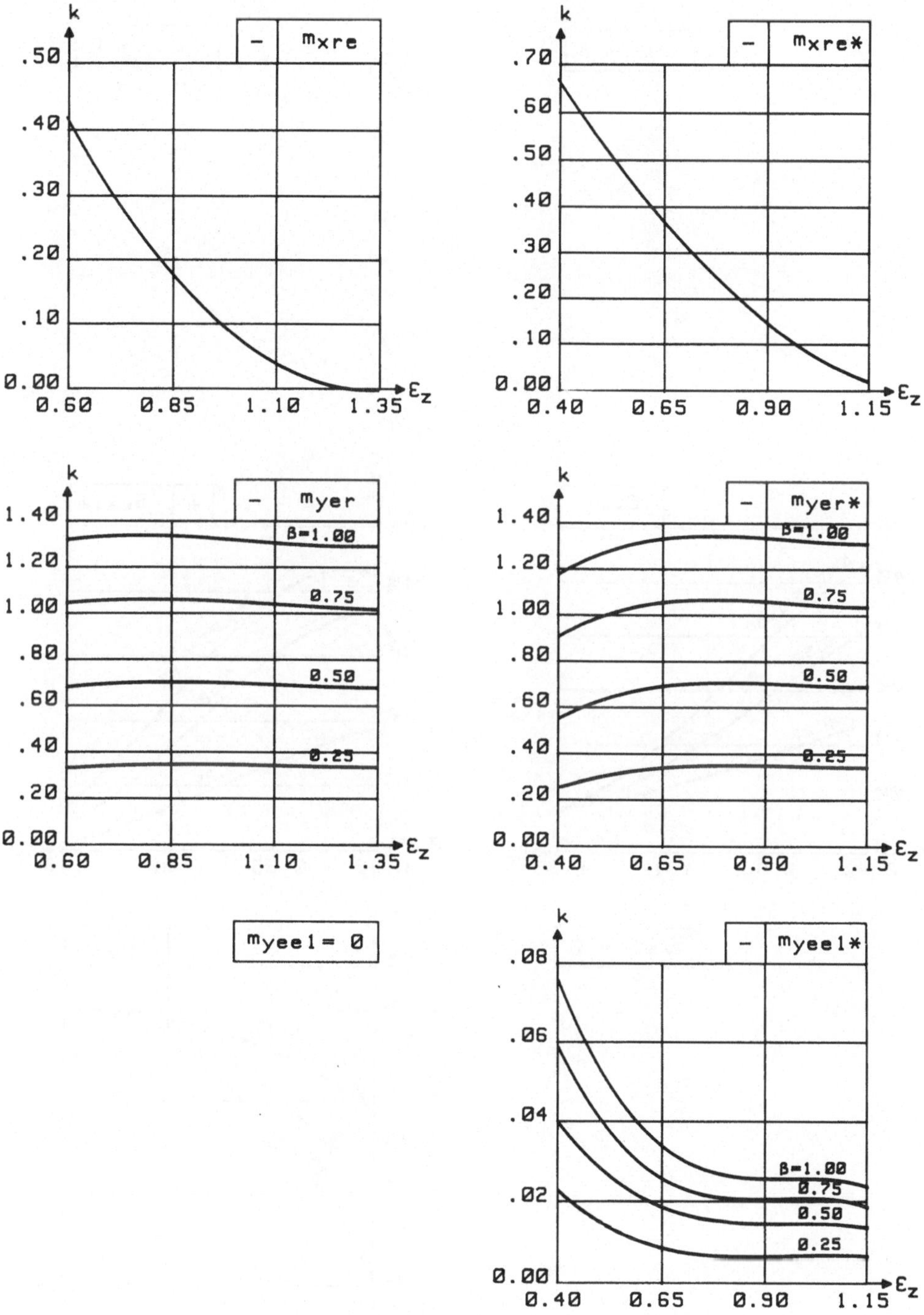

BEIWERTE k   TAFEL 9.2 <75°

$m_{xrm} = 0$ $m_{yem} = 0$

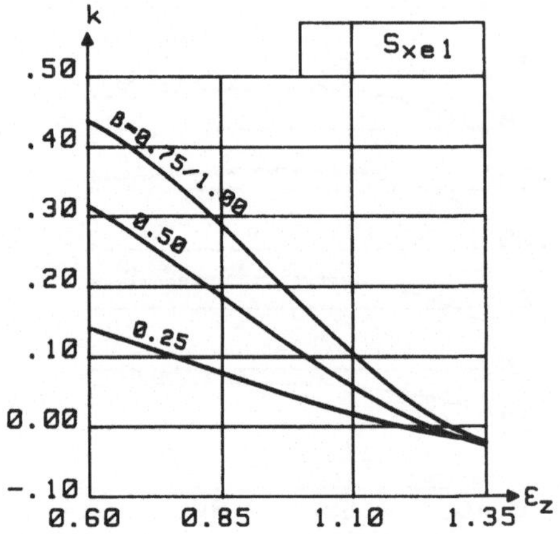

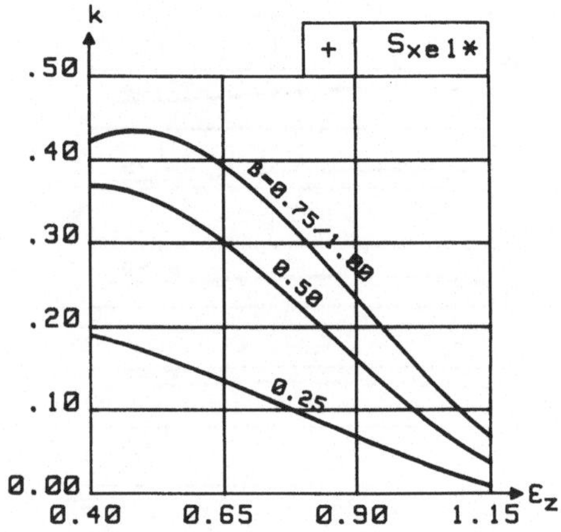

$S_{xe2} = 0$

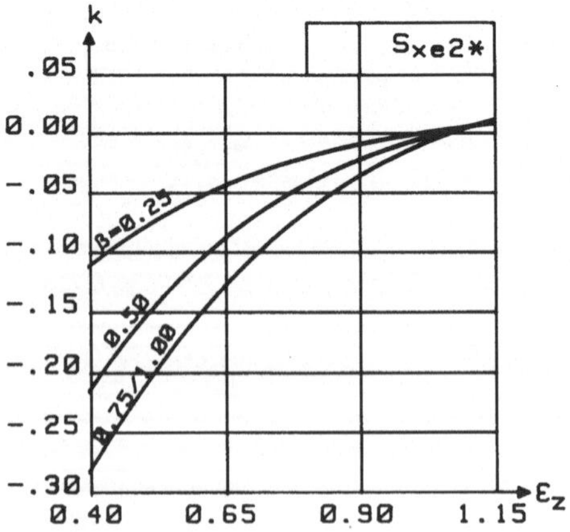

BEIWERTE k

TAFEL 9.3 <75°

$S_{xm} = 0$

$S_{yem} = 0$

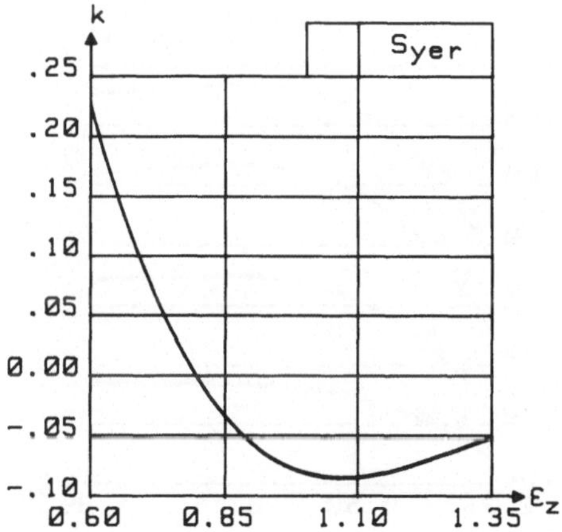

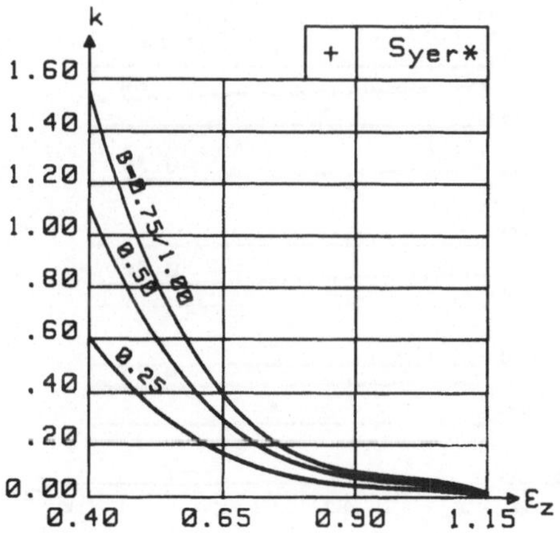

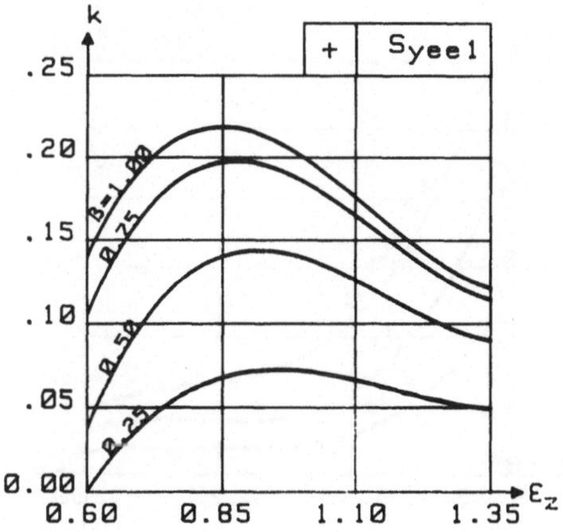

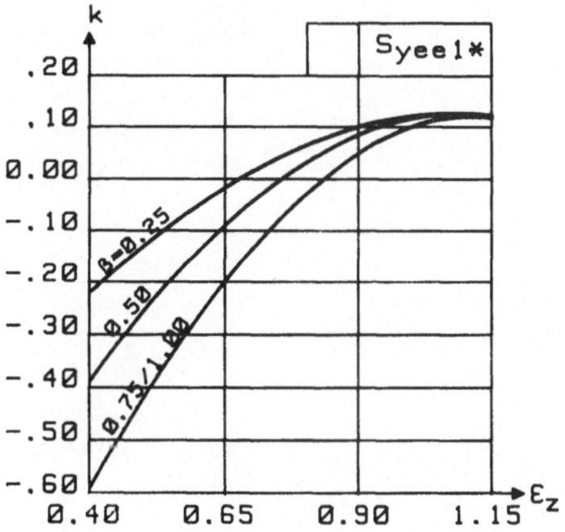

BEIWERTE k TAFEL 9.1 <60°

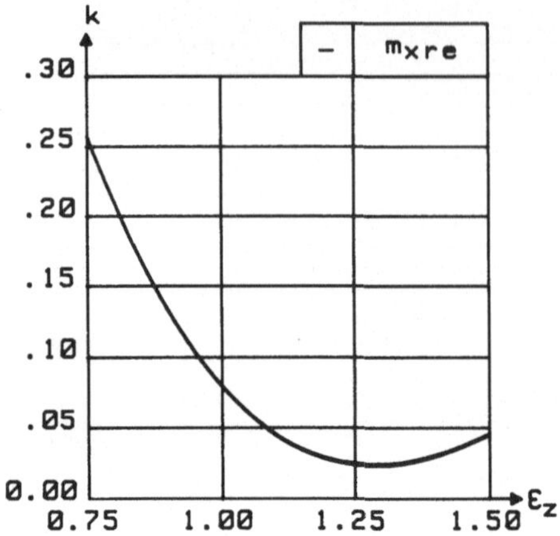

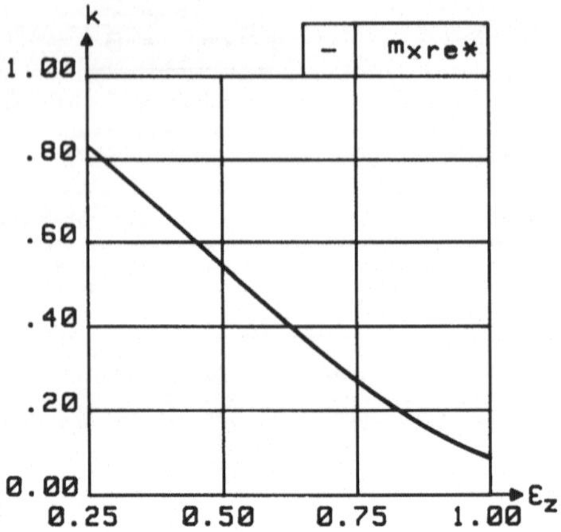

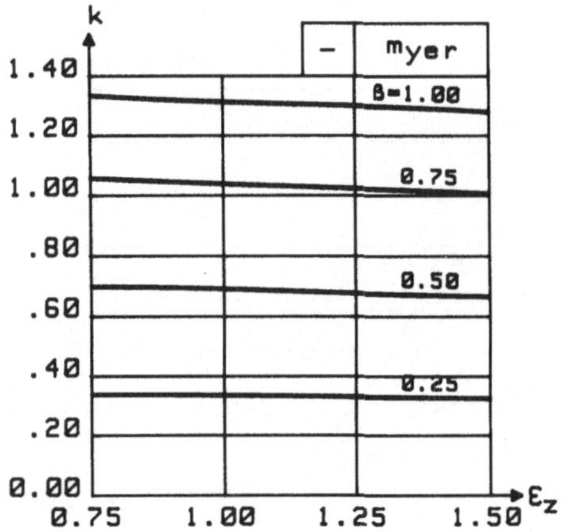

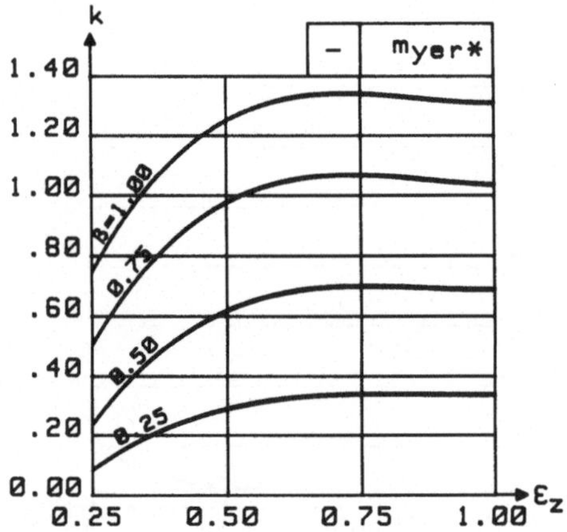

myeel = 0

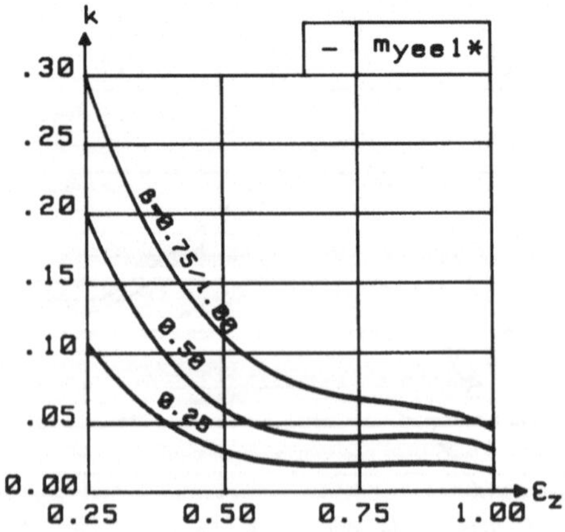

BEIWERTE k TAFEL 9.2 <60°

$m_{xrm} = 0$ $m_{yem} = 0$

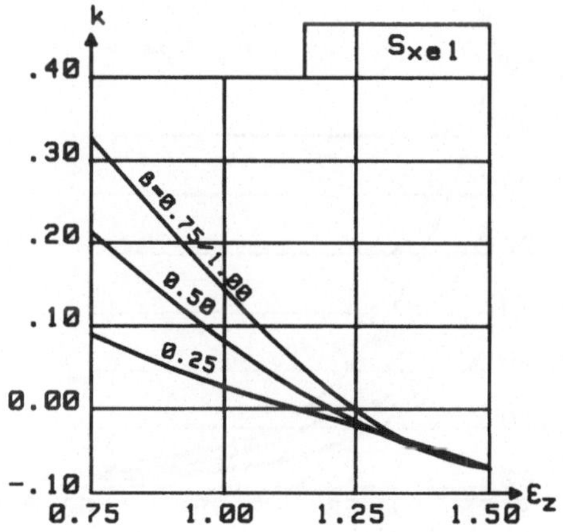

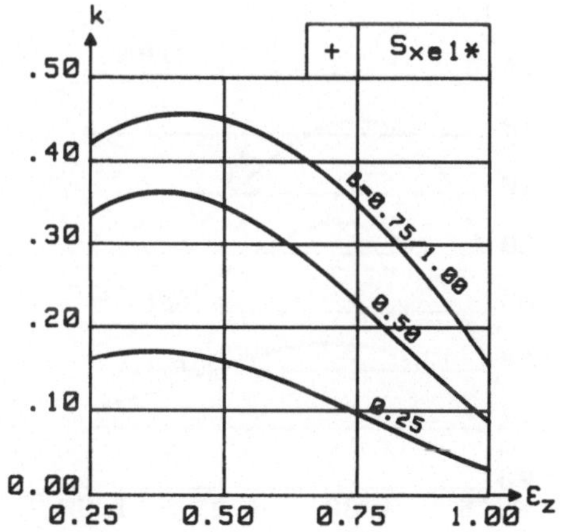

$S_{xe2} = 0$

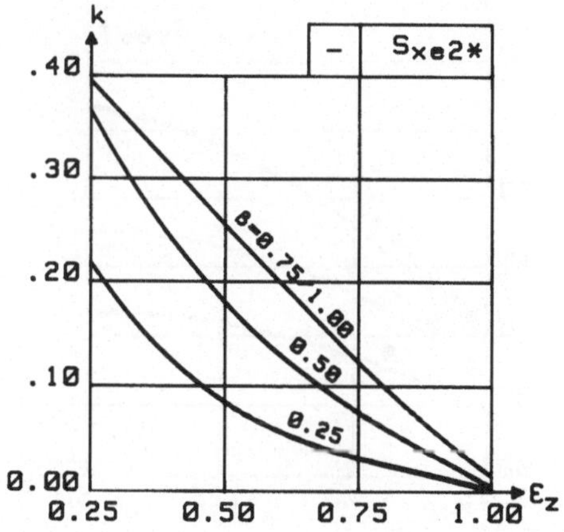

BEIWERTE k TAFEL 9.3 <60°

S_{xm} = 0 S_{yem} = 0

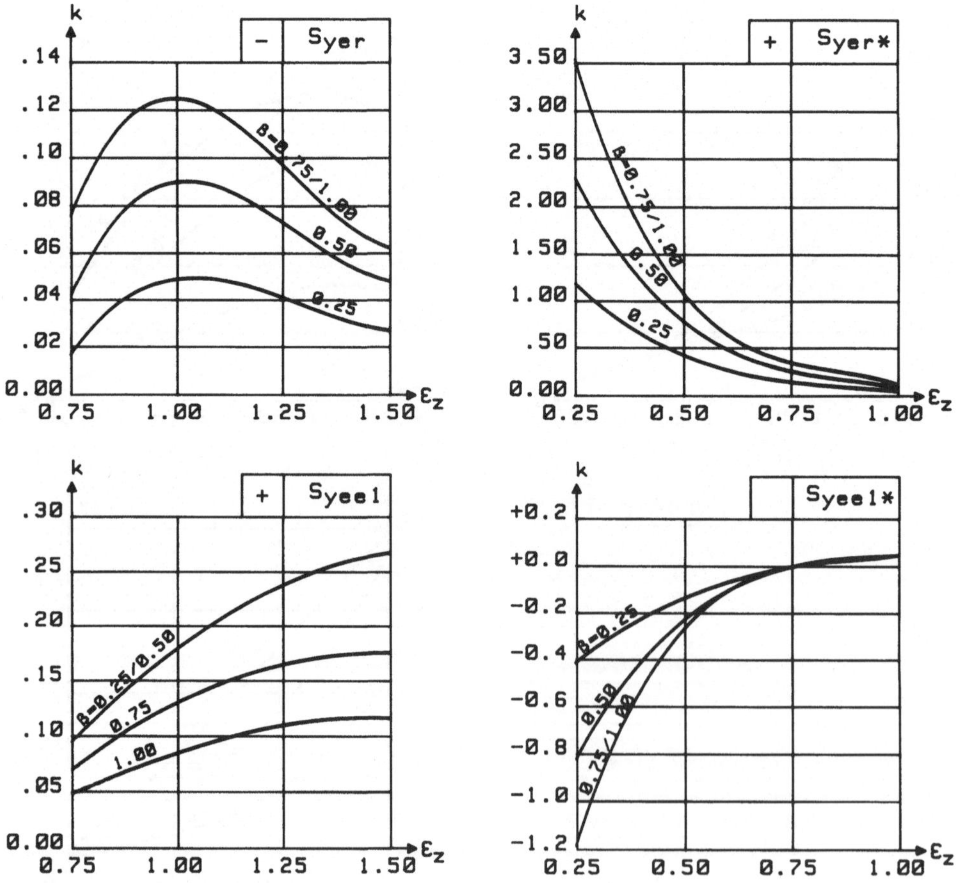

BEIWERTE k   TAFEL 9.1 <45°

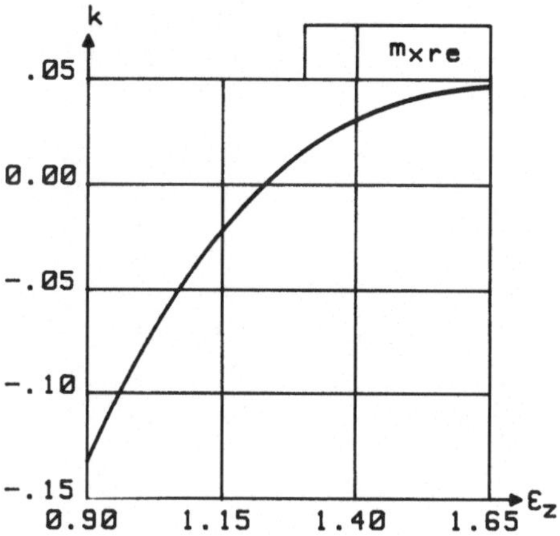

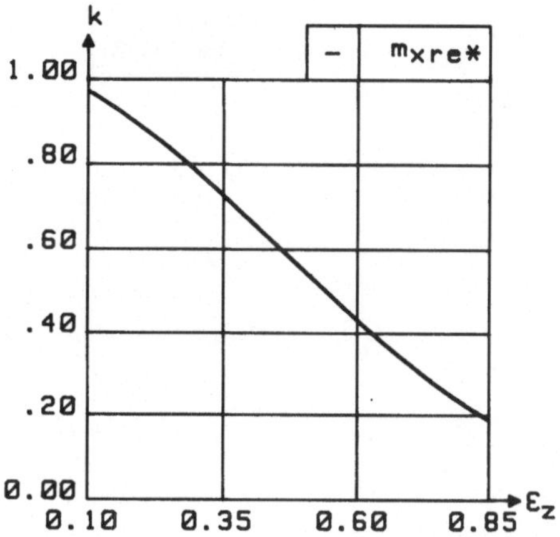

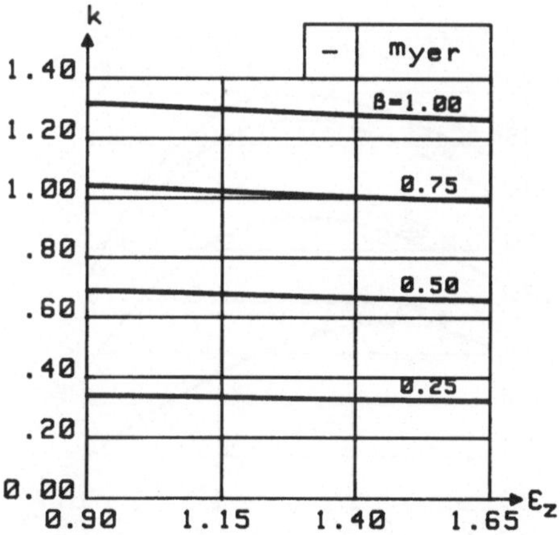

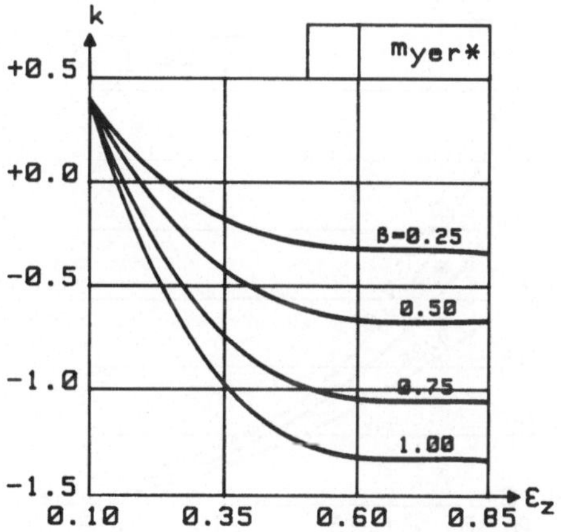

myeel= 0

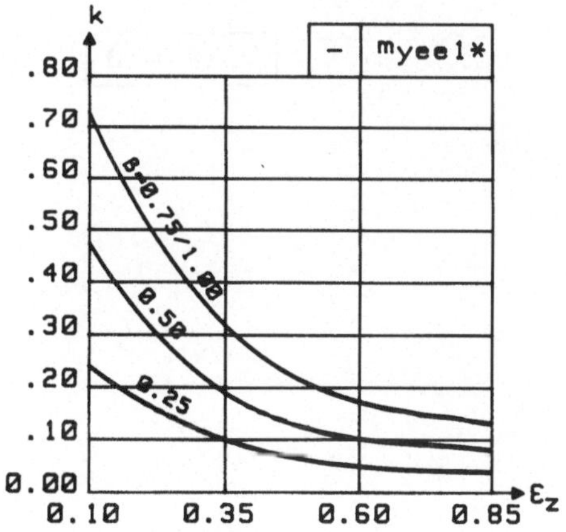

mxre
.05
0.00
-.05
-.10
-.15
0.90
1.15
1.40
1.65
εz
mxre*
1.00
.80
.60
.40
.20
0.00
0.10
0.35
0.60
0.85
εz
myer
1.40
1.20
1.00
.80
.60
.40
.20
0.00
ß=1.00
0.75
0.50
0.25
0.90
1.15
1.40
1.65
εz
myer*
+0.5
+0.0
-0.5
-1.0
-1.5
ß=0.25
0.50
0.75
1.00
0.10
0.35
0.60
0.85
εz
myee1= 0
myee1*
.80
.70
.60
.50
.40
.30
.20
.10
0.00
ß=0.75/1.00
0.50
0.25
0.10
0.35
0.60
0.85
εz

BEIWERTE k — TAFEL 9.2 <45°

$m_{xrm} = 0$

$m_{yem} = 0$

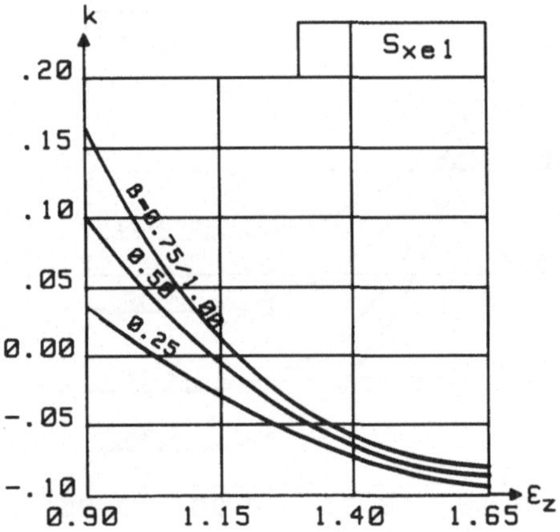

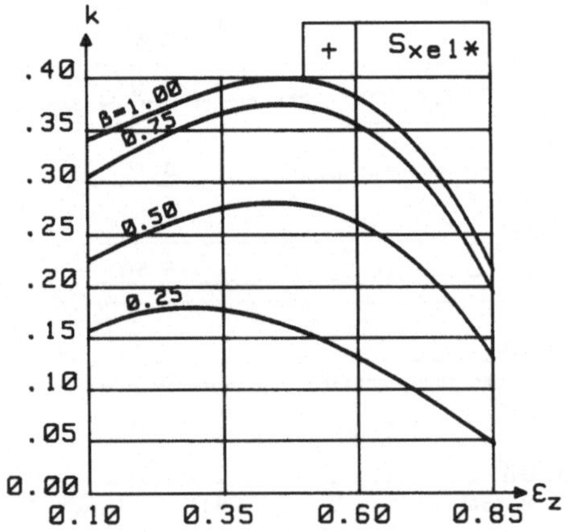

$S_{xe2} = 0$

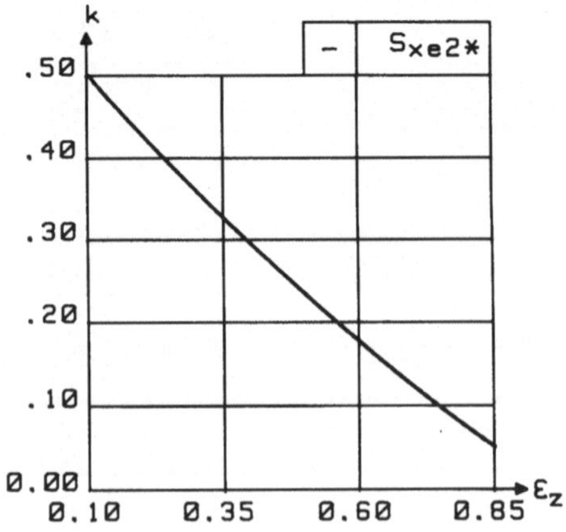

BEIWERTE k

TAFEL 9.3 <45°

Sxm = 0

Syem = 0

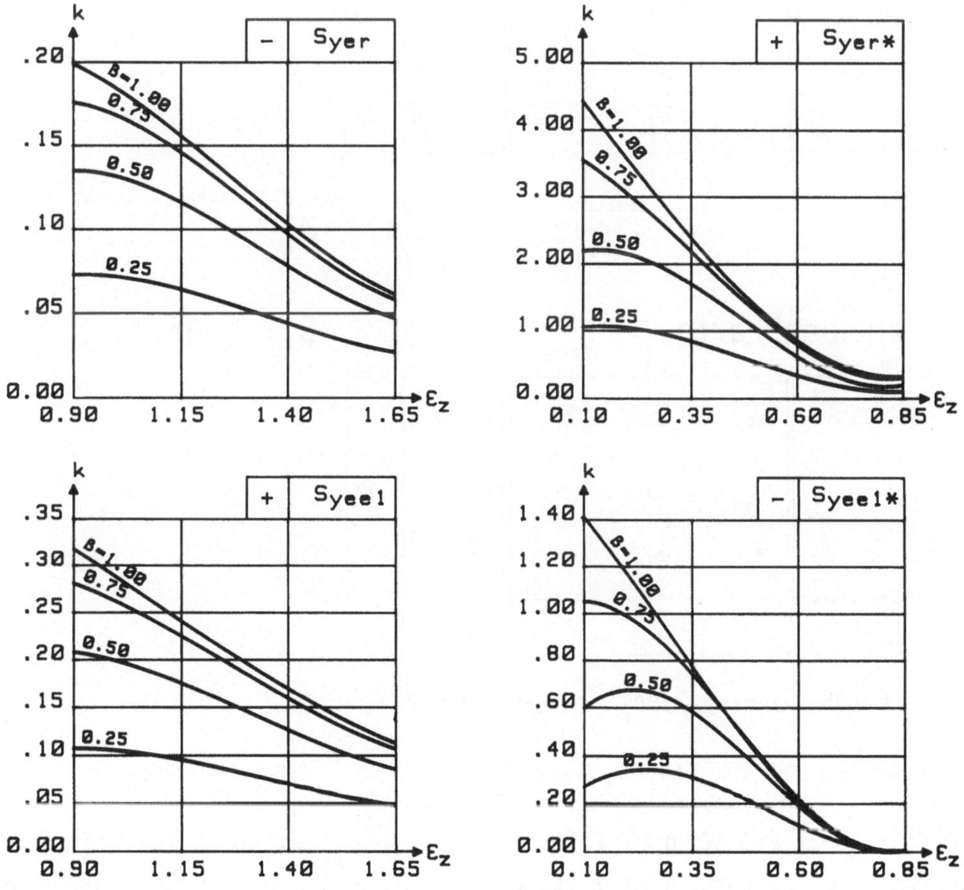

Lastfall 10

Beidseitige Randquerkraft an der Flügelwand aus dem Kragflügel

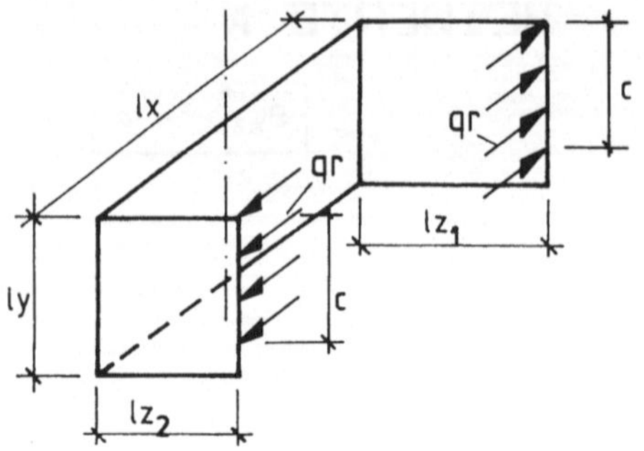

1) Biegemomente

$m = k \cdot qr \cdot ly$

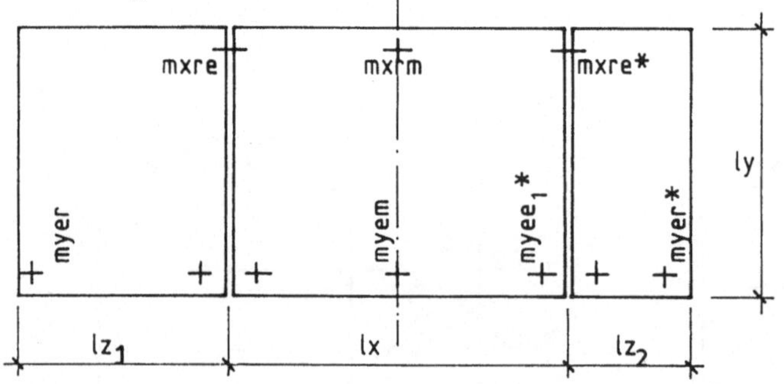

2) Scheibenkräfte

$S = k \cdot qr \cdot ly$

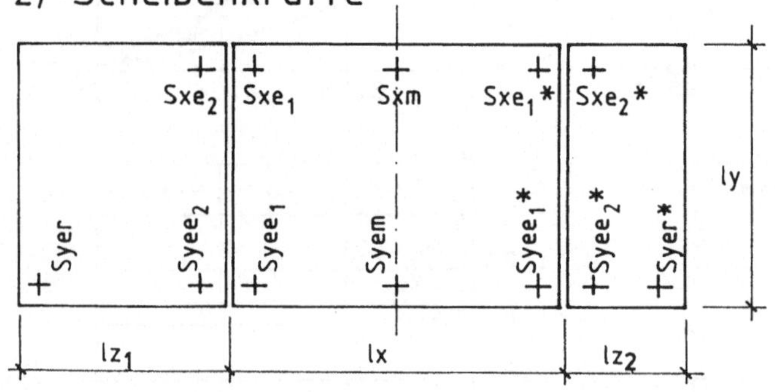

$Syee_2 = 0{,}85\ Syee_1$; $Syee_2{}^* = 0{,}85\ Syee_1{}^*$

$l_x / l_y = \varepsilon_x$ $\quad l_{z_2} / l_y = \varepsilon_{z_2}$ $\quad l_{z_1} / l_y = \varepsilon_{z_1}$

$\sphericalangle$ 75°: $\varepsilon_{z_2} = 0{,}40;\ 0{,}65;\ 0{,}90;\ 1{,}15$ $\quad \varepsilon_{z_1} = 0{,}60;\ 0{,}85;\ 1{,}10;\ 1{,}35$

$\sphericalangle$ 60°: $\varepsilon_{z_2} = 0{,}25;\ 0{,}50;\ 0{,}75;\ 1{,}00$ $\quad \varepsilon_{z_1} = 0{,}75;\ 1{,}00;\ 1{,}25;\ 1{,}50$

$\sphericalangle$ 45°: $\varepsilon_{z_2} = 0{,}10;\ 0{,}35;\ 0{,}60;\ 0{,}85$ $\quad \varepsilon_{z_1} = 0{,}90;\ 1{,}15;\ 1{,}45;\ 1{,}65$

BEIWERTE k　　　　TAFEL 10.1 <75°

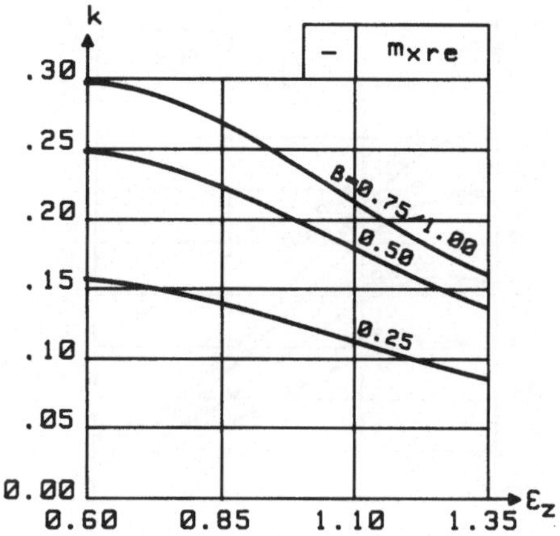

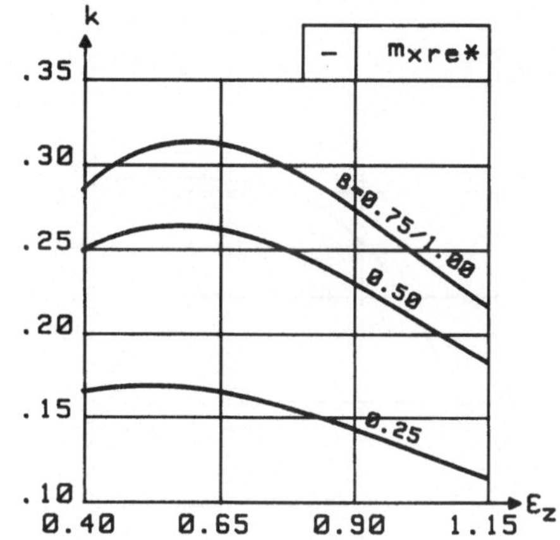

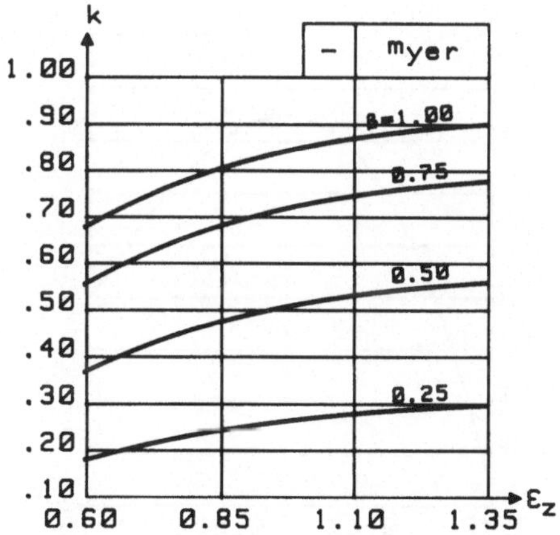

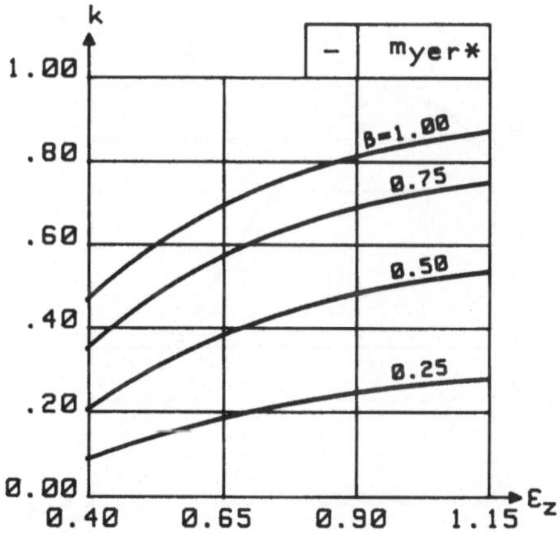

myeel= 0

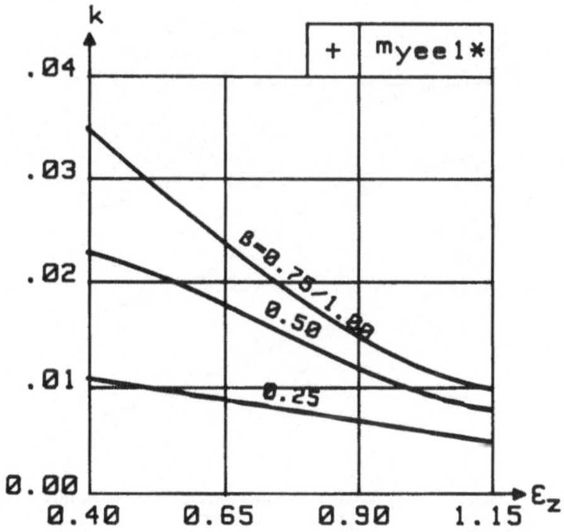

BEIWERTE k TAFEL 10.2 <75°

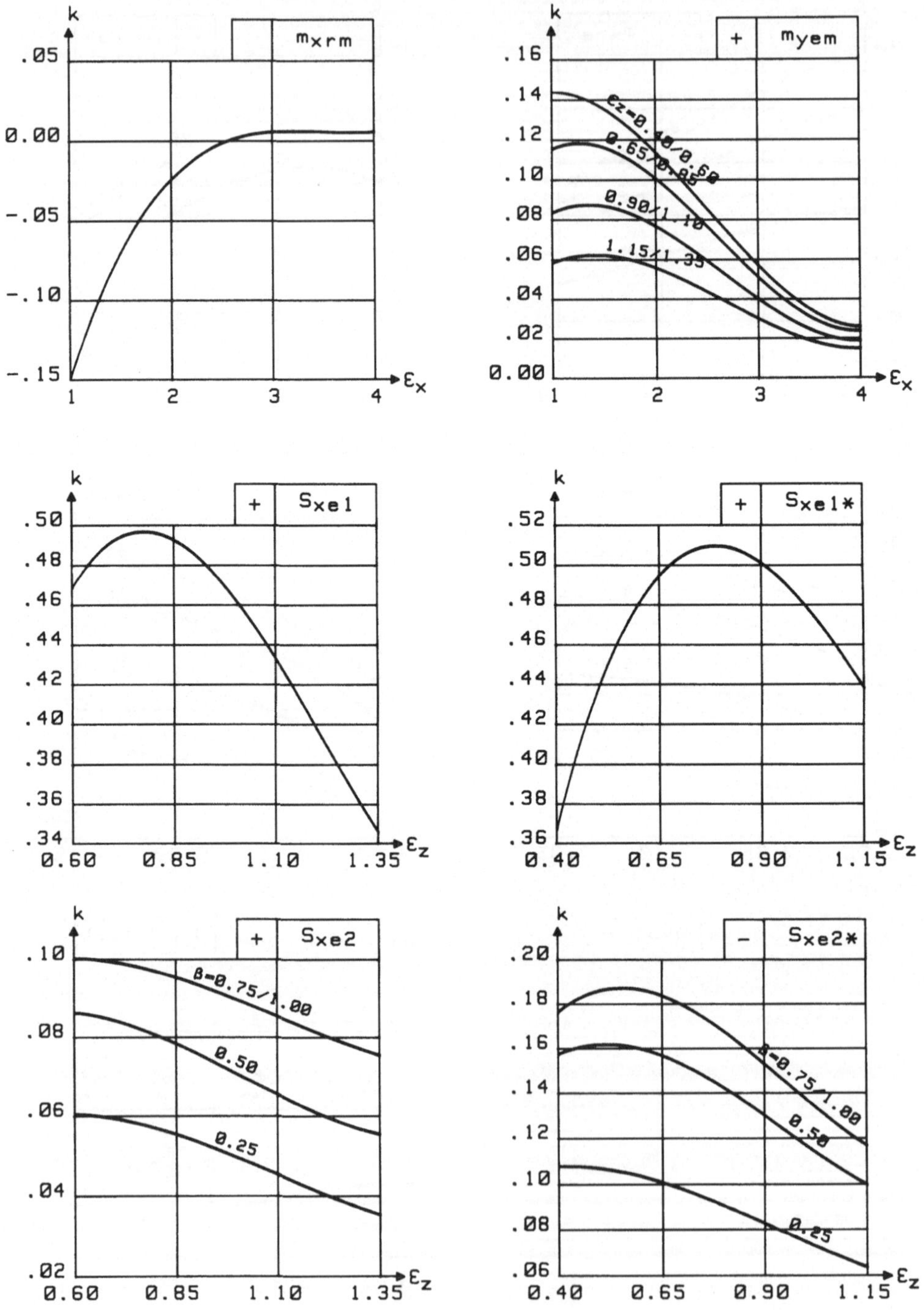

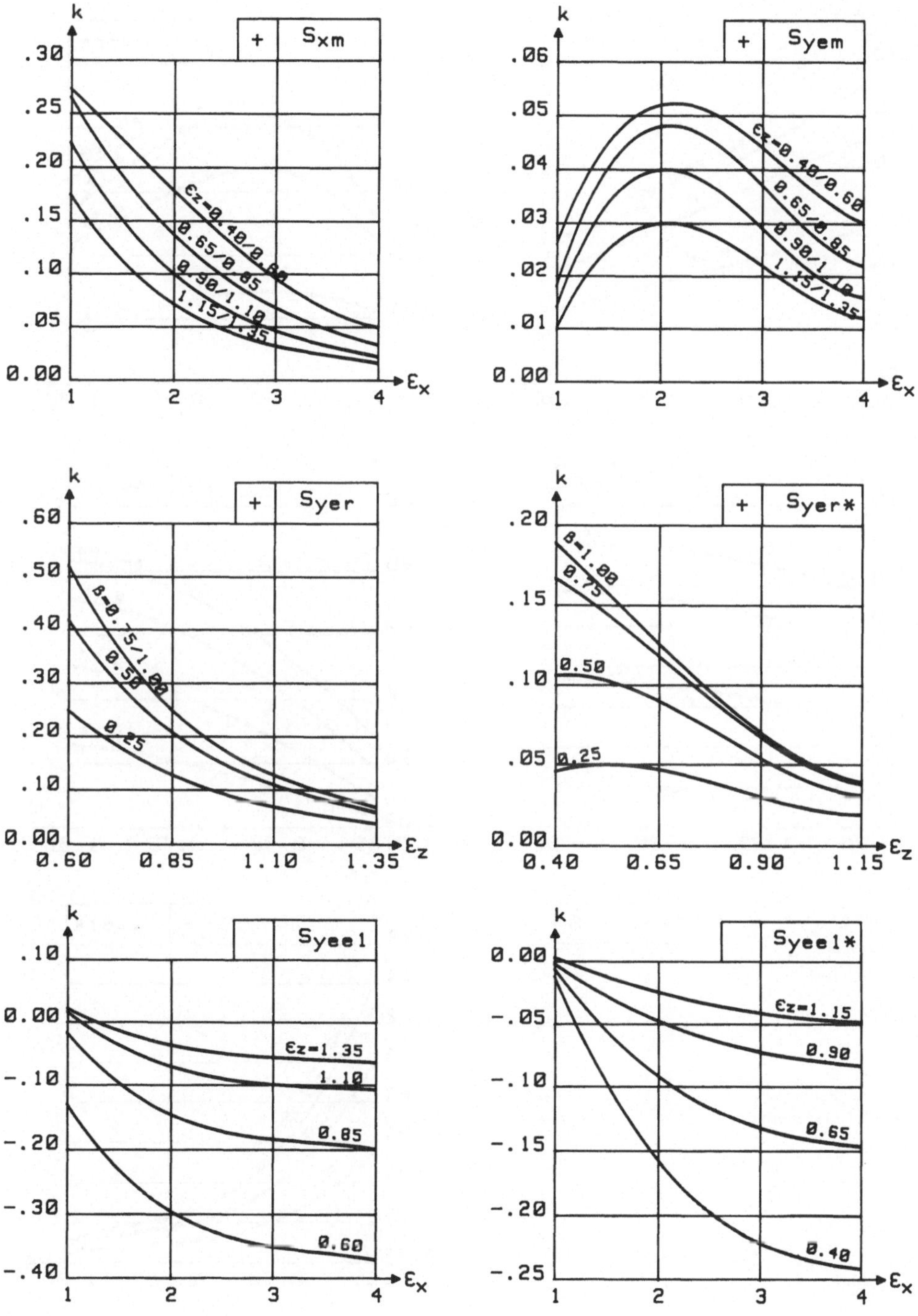
BEIWERTE k
TAFEL 10.3 <75°
+ Sxm
εz=0.40/0.60
0.65/0.85
0.90/1.10
1.15/1.35
+ Syem
εz=0.40/0.60
0.65/0.85
0.90/1
1.15/1.35
+ Syer
β=0.75/1.00
0.50
0.25
+ Syer*
β=1.00
0.75
0.50
0.25
Syeel
εz=1.35
1.10
0.85
0.60
Syeel*
εz=1.15
0.90
0.65
0.40

BEIWERTE k

TAFEL 10.1 <60°

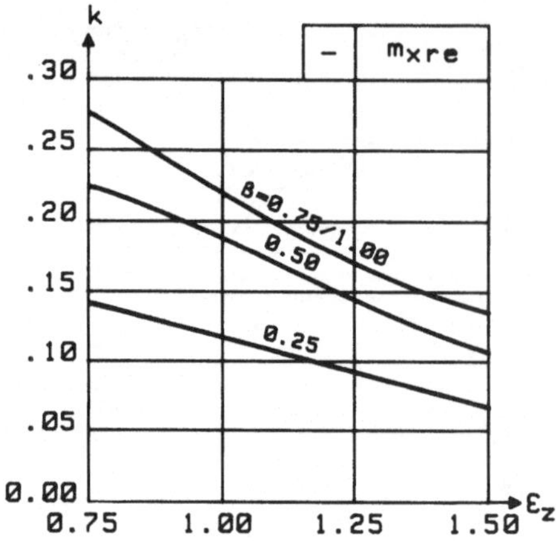

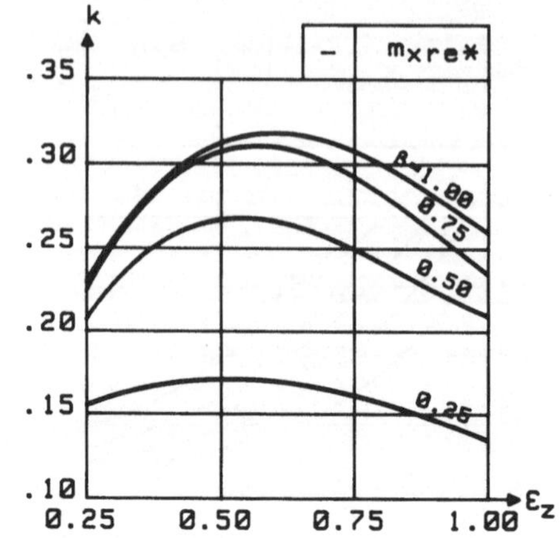

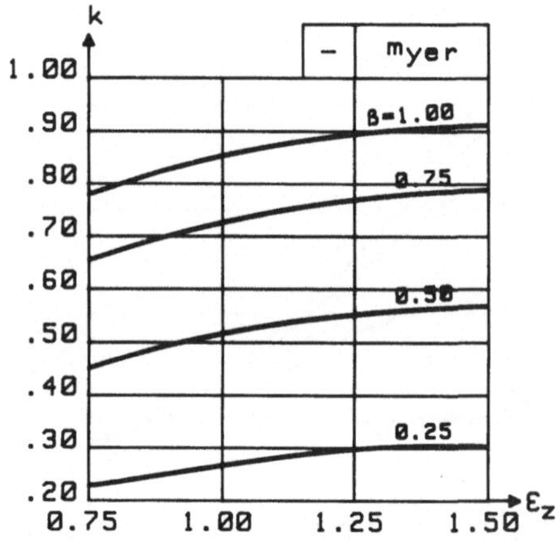

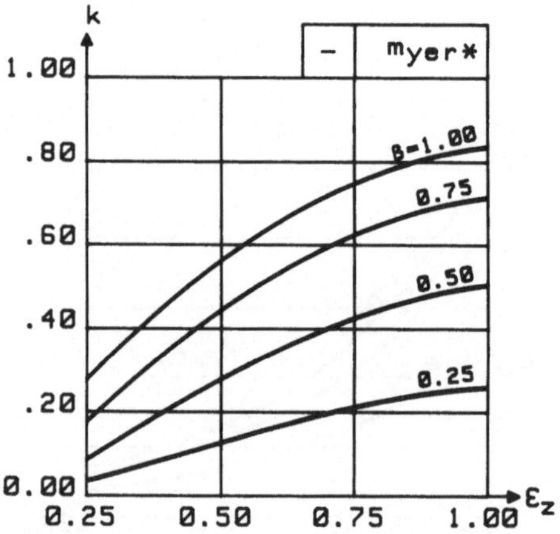

myeel = 0

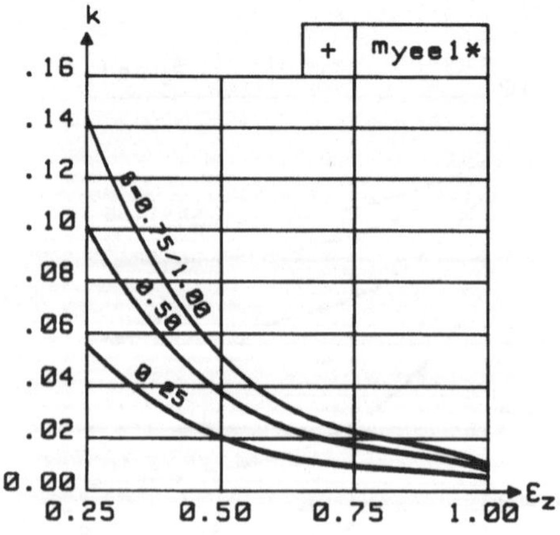

BEIWERTE k   TAFEL 10.2 <60°

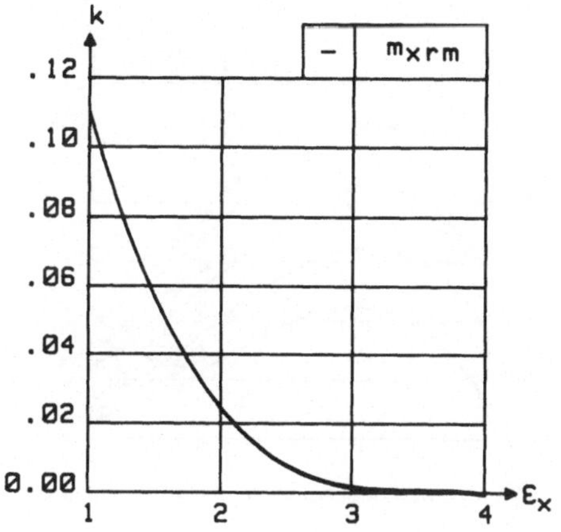

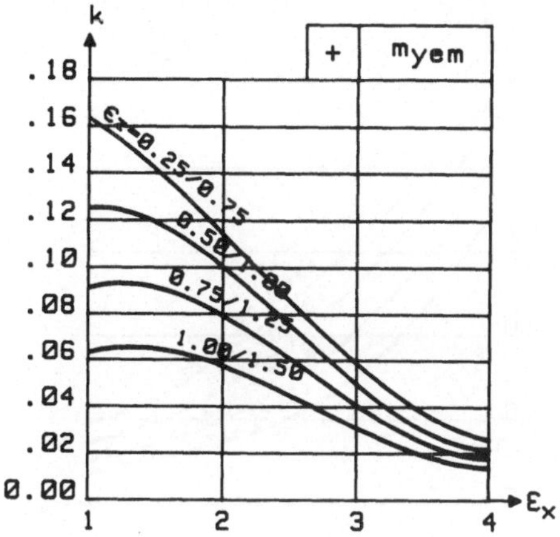

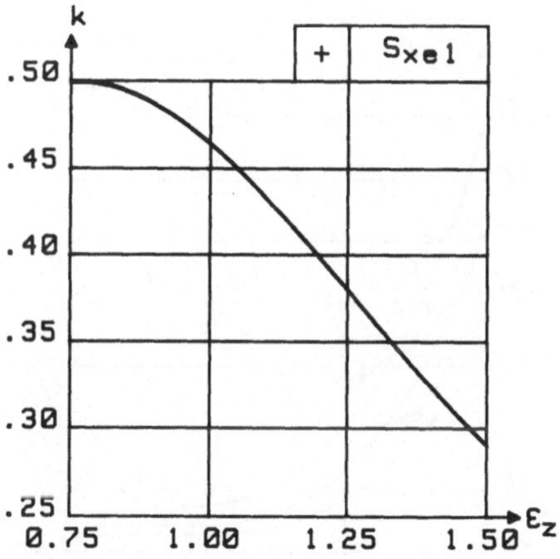

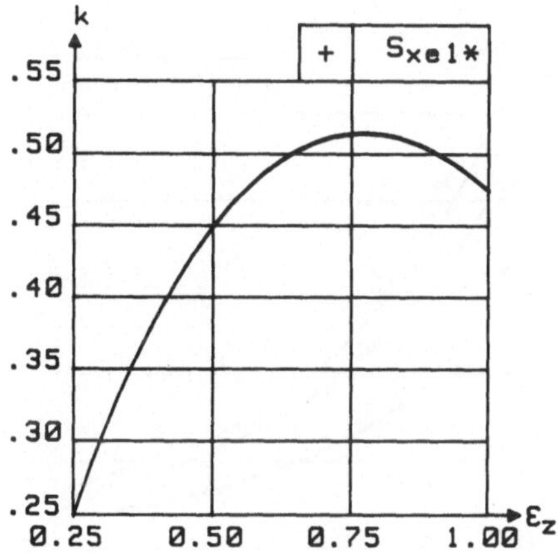

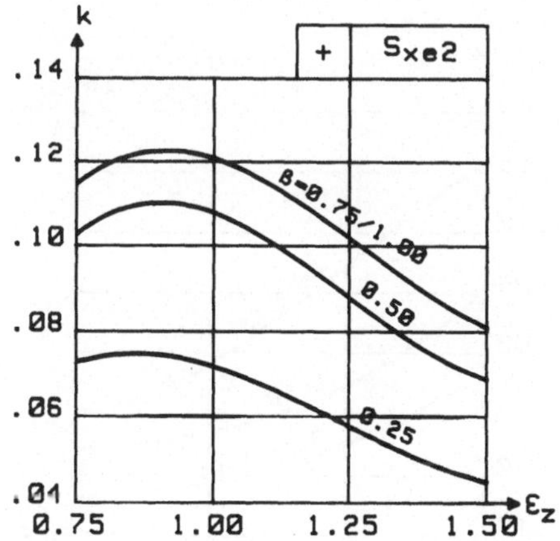

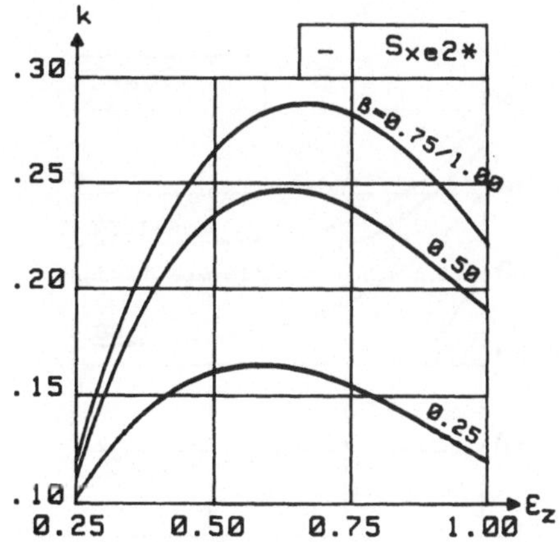

BEIWERTE k TAFEL 10.3 <60°

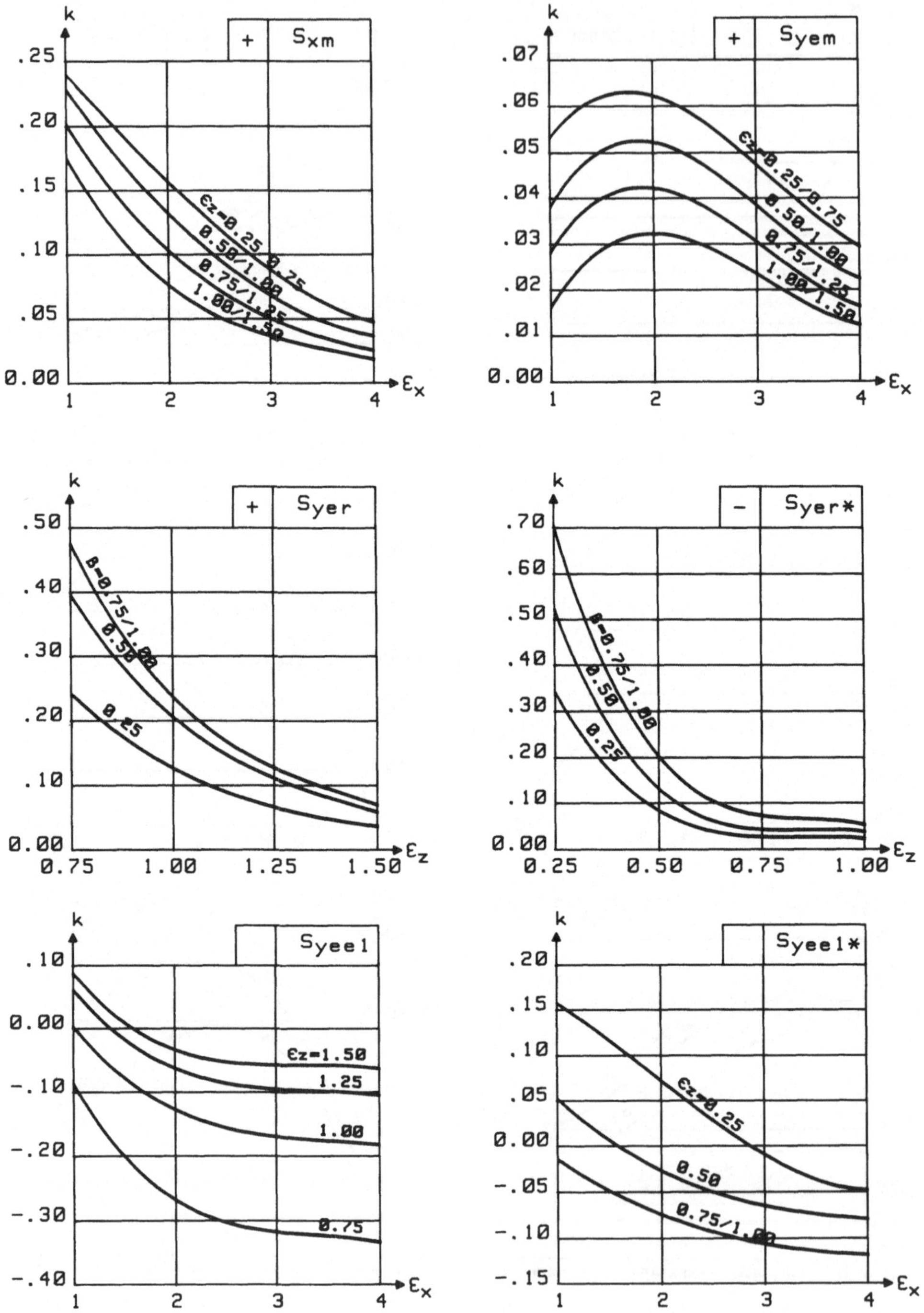

BEIWERTE k TAFEL 10.1 <45°

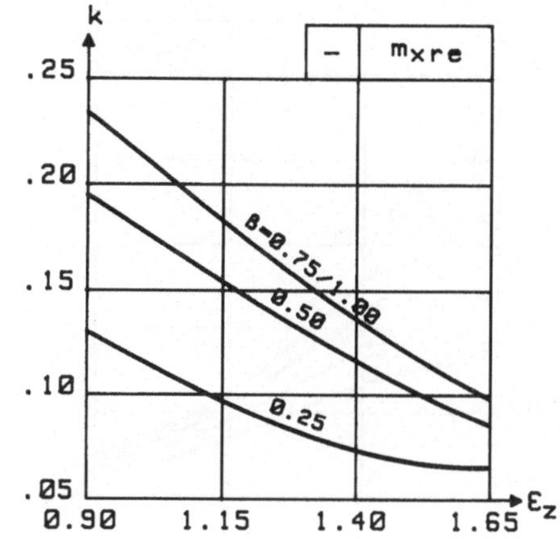

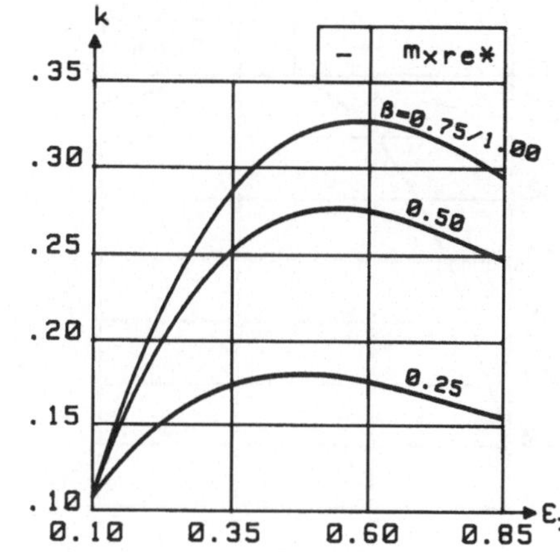

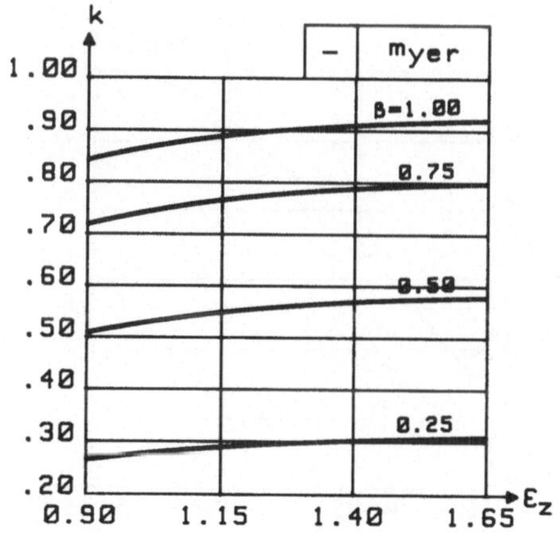

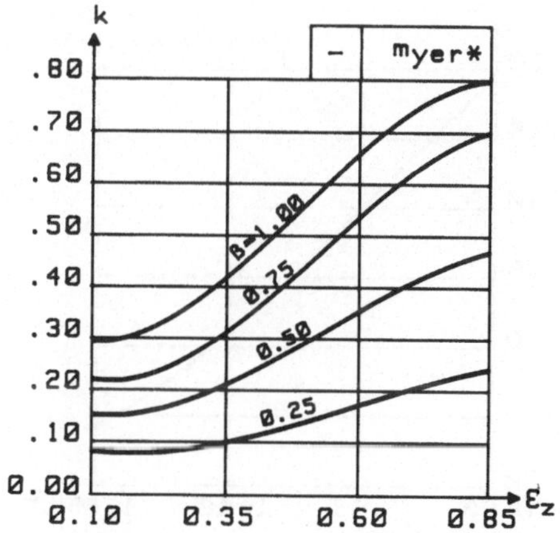

myeel = 0

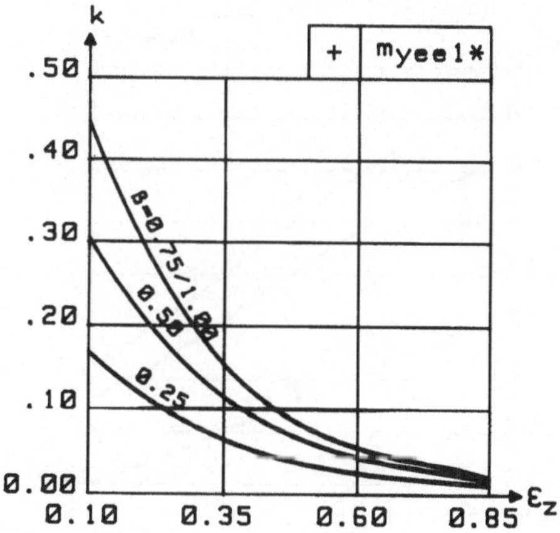

BEIWERTE k TAFEL 10.2 <45°

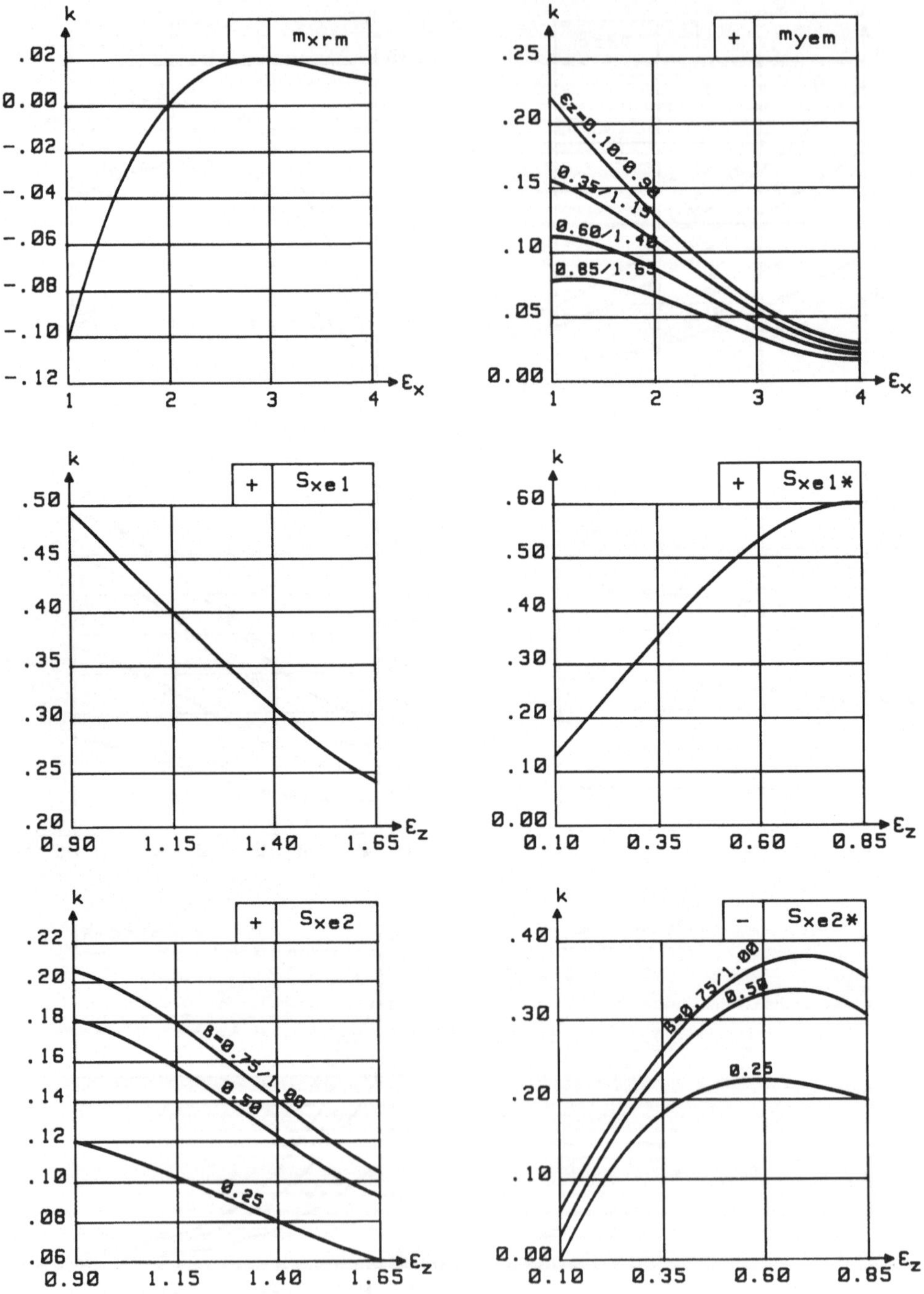

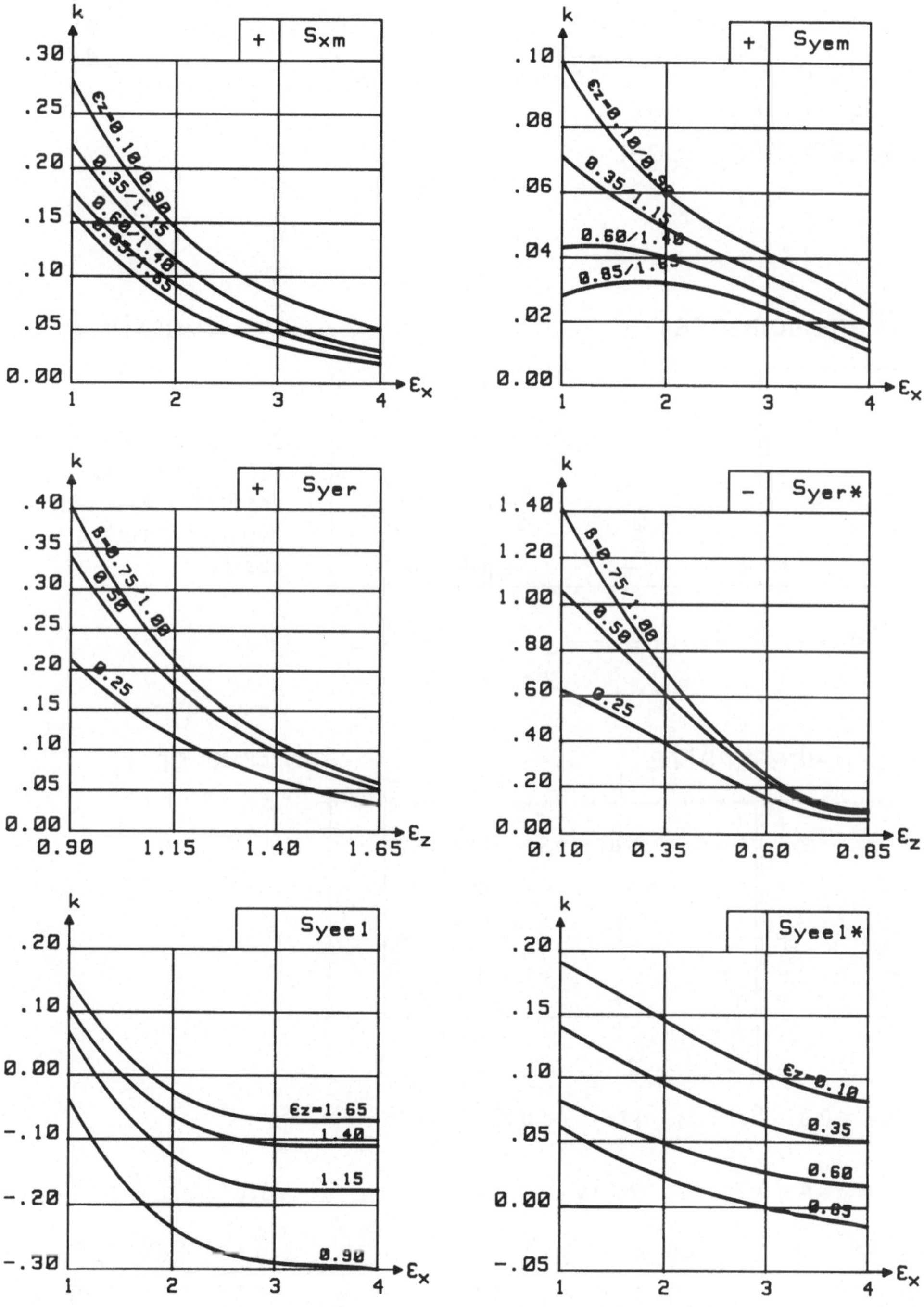
BEIWERTE k
TAFEL 10.3 <45°
k
+
Sxm
.30
.25
.20
.15
.10
.05
0.00
εz=0.10/0.90
0.35/1.15
0.60/1.40
0.85/1.65
1
2
3
4
εx
k
+
Syem
.10
.08
.06
.04
.02
0.00
εz=0.10/0.90
0.35/1.15
0.60/1.40
0.85/1.65
1
2
3
4
εx
k
+
Syer
.40
.35
.30
.25
.20
.15
.10
.05
0.00
β=0.75/1.00
0.50
0.25
0.90
1.15
1.40
1.65
εz
k
–
Syer*
1.40
1.20
1.00
.80
.60
.40
.20
0.00
β=0.75/1.00
0.50
0.25
0.10
0.35
0.60
0.85
εz
k
Syeel
.20
.10
0.00
-.10
-.20
-.30
εz=1.65
1.40
1.15
0.90
1
2
3
4
εx
k
Syeel*
.20
.15
.10
.05
0.00
-.05
εz=0.10
0.35
0.60
0.85
1
2
3
4
εx

Lastfall 11

Einseitige Randquerkraft an der Flügelwand aus dem Kragflügel

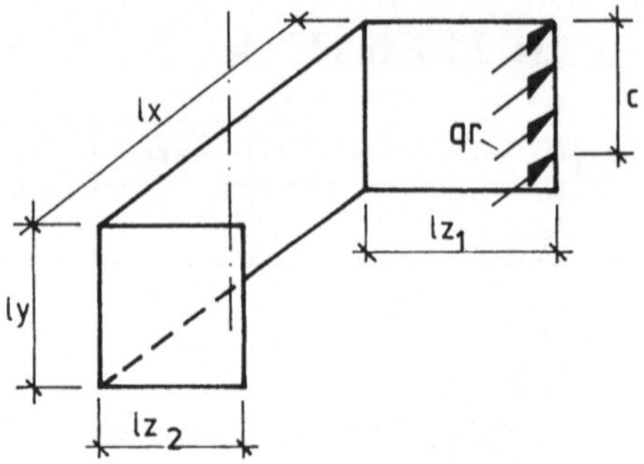

1) Biegemomente

$m = k \cdot qr \cdot ly$

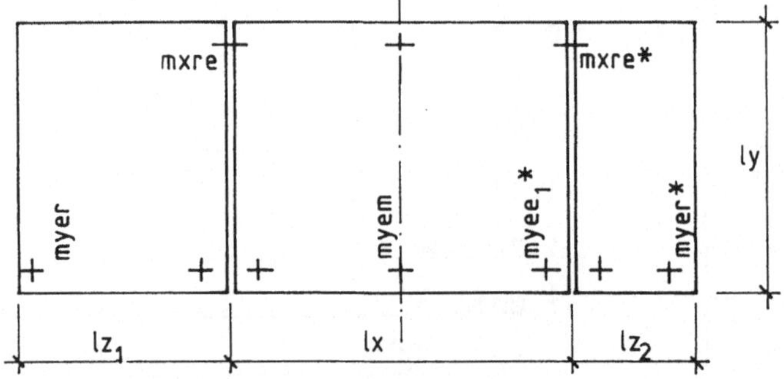

Anm.
Die Schnittgrößen an der spitzen Ecke (*) ergeben sich aus dem korresspondierenden Lastfall.

2) Scheibenkräfte

$S = k \cdot qr \cdot ly$

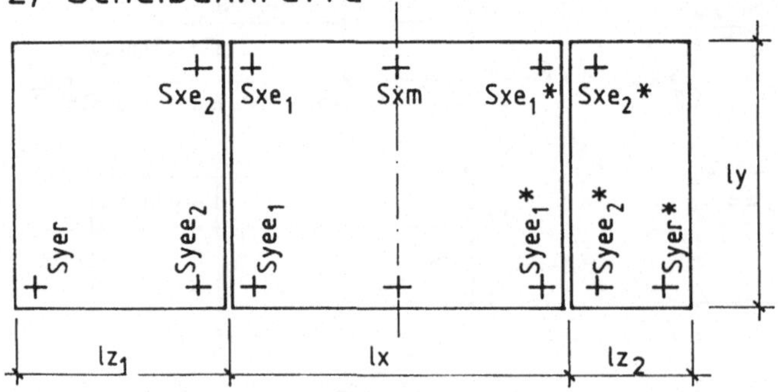

$Syee_2 = 0{,}85\ Syee_1$; $Syee_2^* = 0{,}85\ Syee_1^*$

$l_x / l_y = \varepsilon_x$ $\qquad l_{z_2} / l_y = \varepsilon_{z_2}$ $\qquad l_{z_1} / l_y = \varepsilon_{z_1}$

∢ 75°: $\varepsilon_{z_2} = 0{,}40;\ 0{,}65;\ 0{,}90;\ 1{,}15$ $\qquad \varepsilon_{z_1} = 0{,}60;\ 0{,}85;\ 1{,}10;\ 1{,}35$

∢ 60°: $\varepsilon_{z_2} = 0{,}25;\ 0{,}50;\ 0{,}75;\ 1{,}00$ $\qquad \varepsilon_{z_1} = 0{,}75;\ 1{,}00;\ 1{,}25;\ 1{,}50$

∢ 45°: $\varepsilon_{z_2} = 0{,}10;\ 0{,}35;\ 0{,}60;\ 0{,}85$ $\qquad \varepsilon_{z_1} = 0{,}90;\ 1{,}15;\ 1{,}45;\ 1{,}65$

BEIWERTE k

TAFEL 11.1 <75°

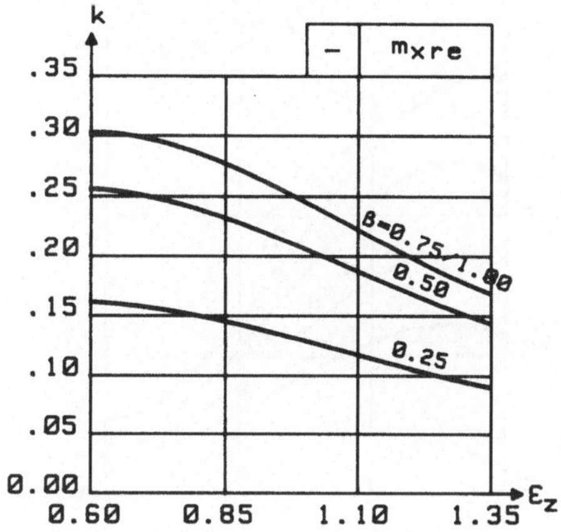

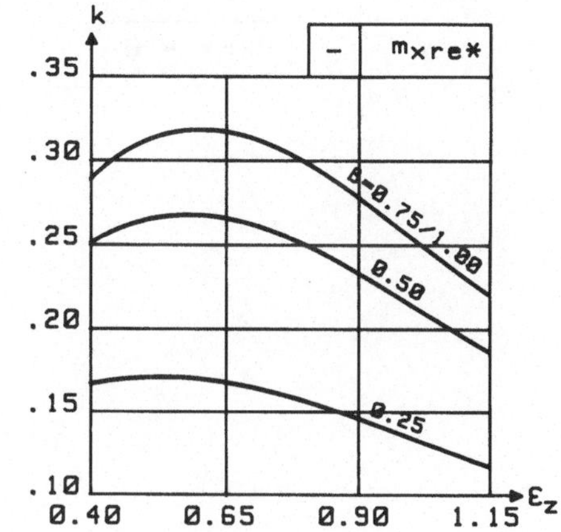

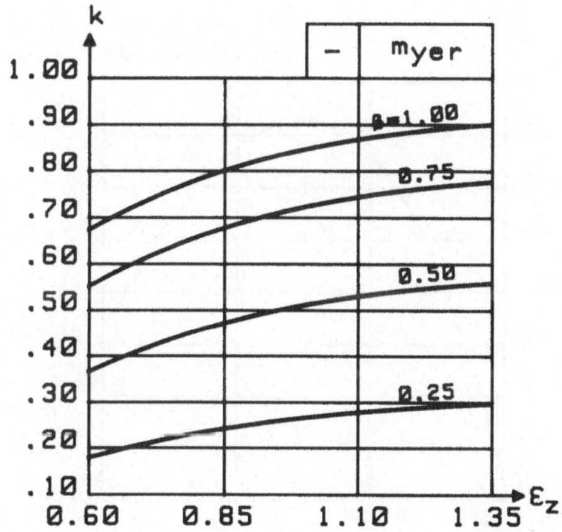

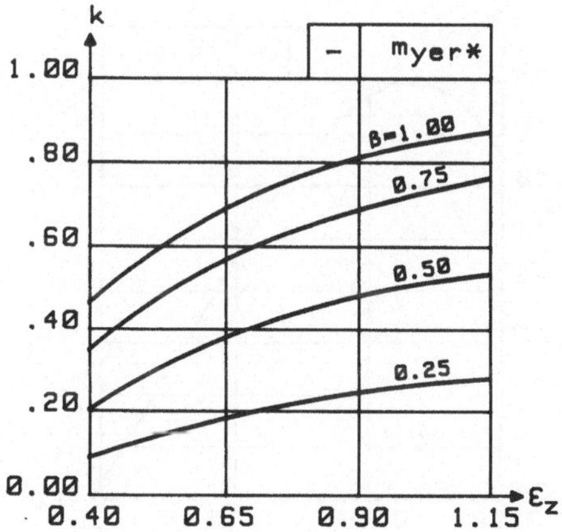

myeel= 0

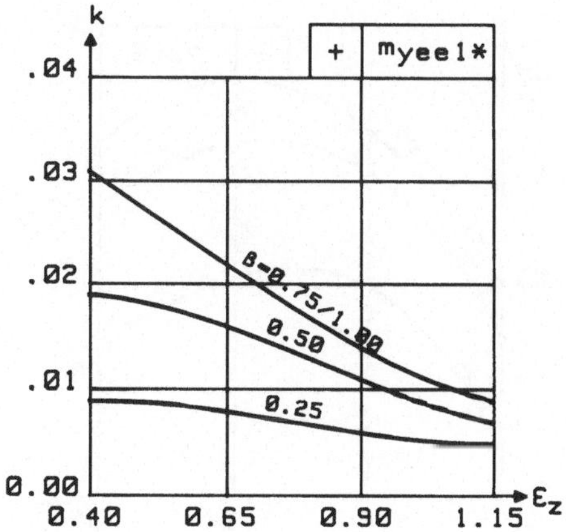

BEIWERTE k TAFEL 11.2 <75°

$m_{xrm} = 0$

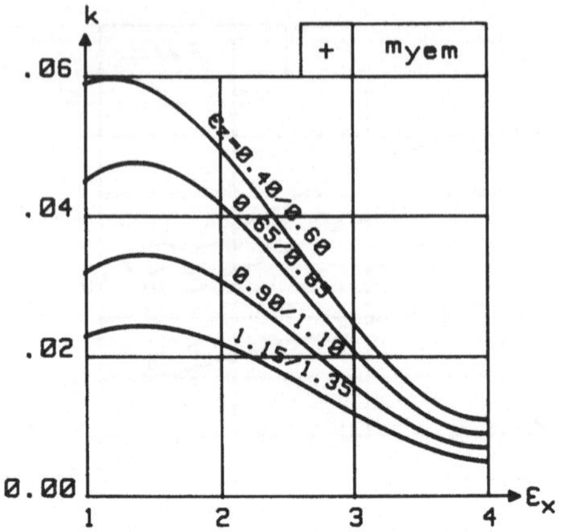

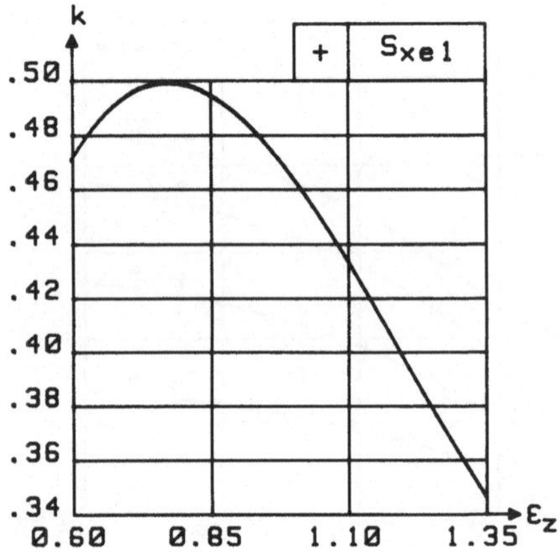

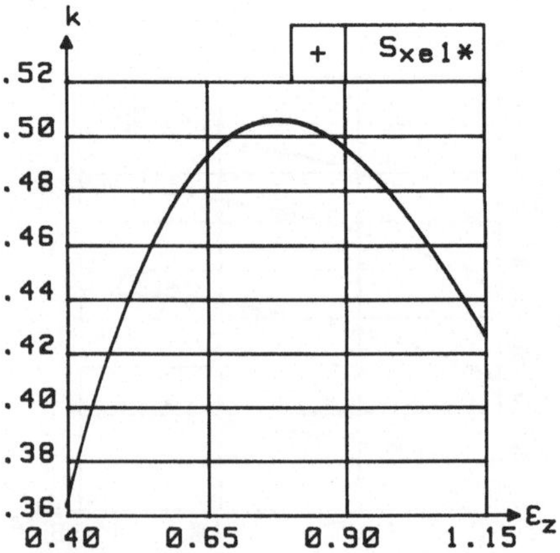

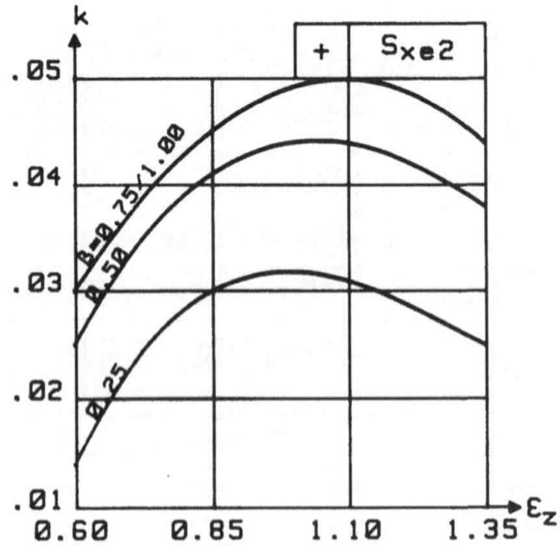

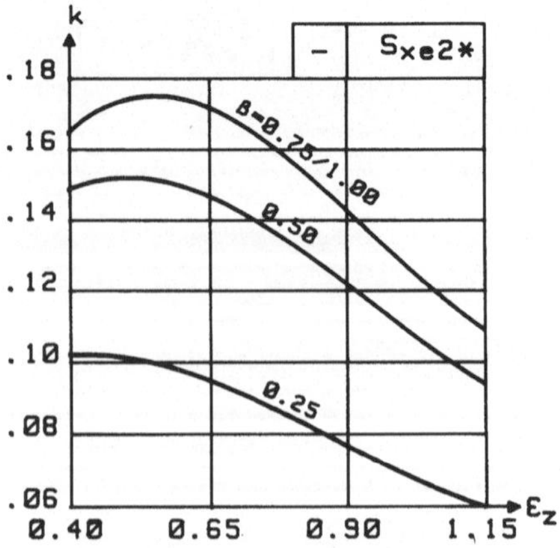

BEIWERTE k

TAFEL 11.3 <75°

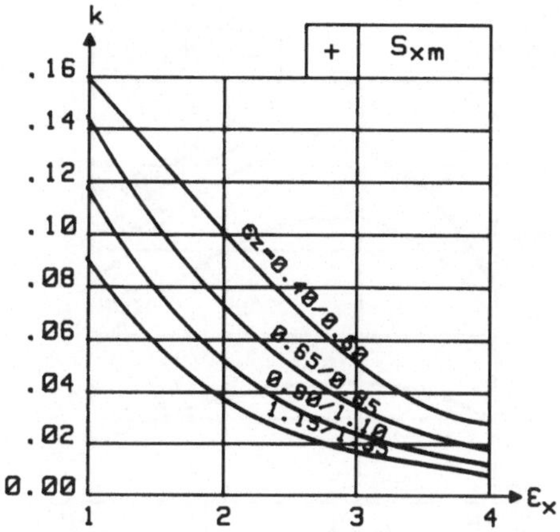

Syem = 0

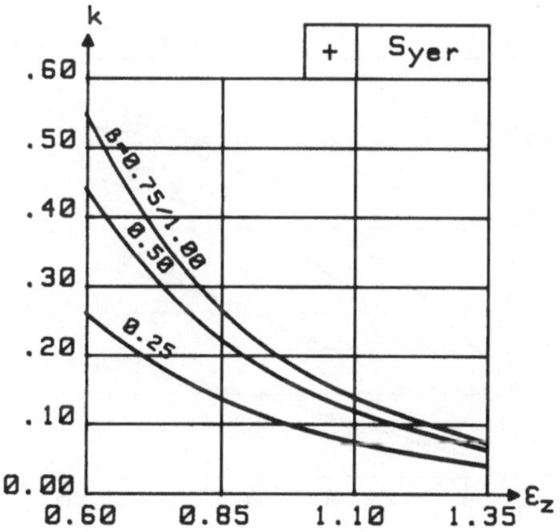

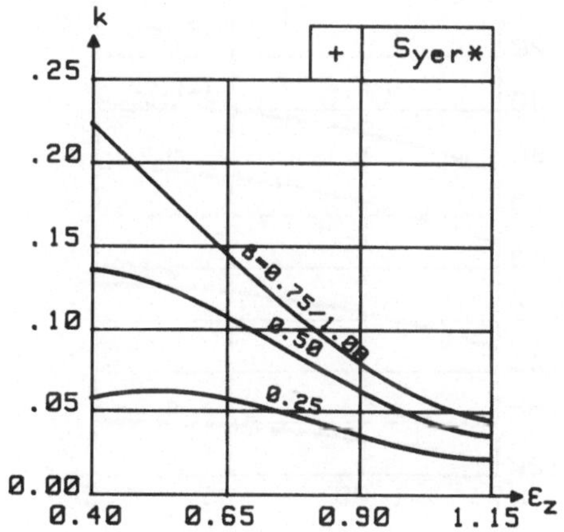

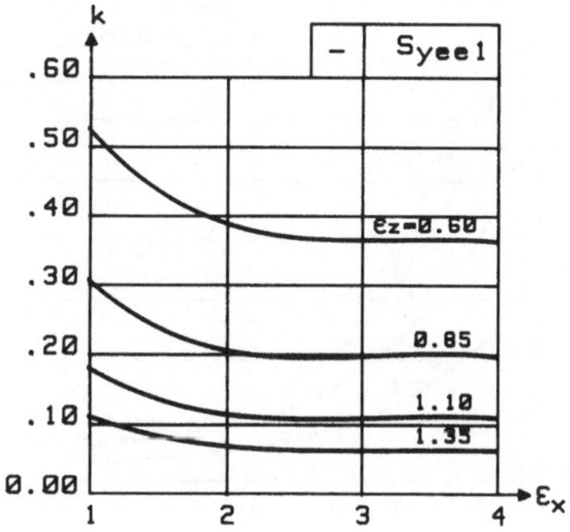

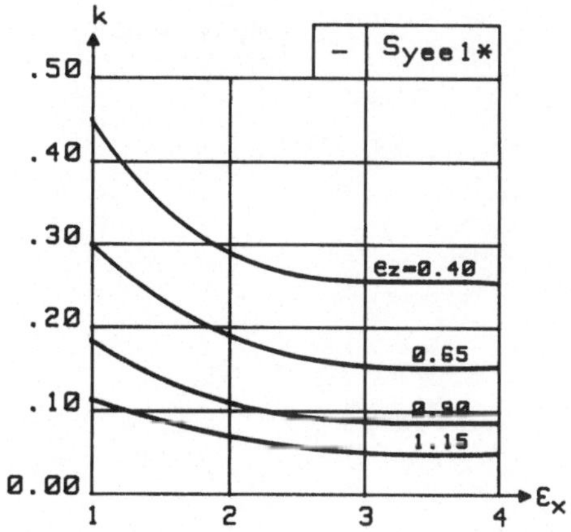

BEIWERTE k TAFEL 11.1 <60°

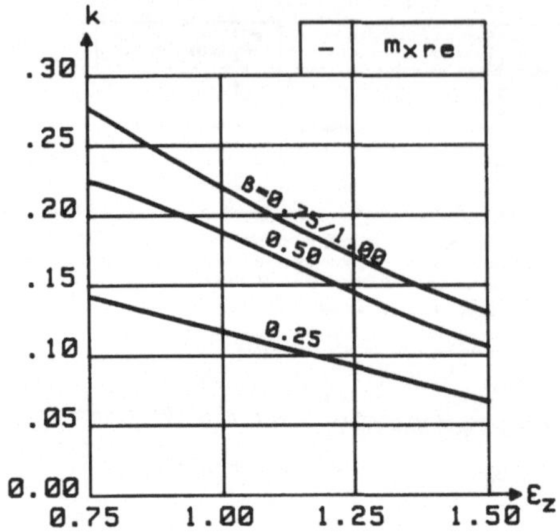

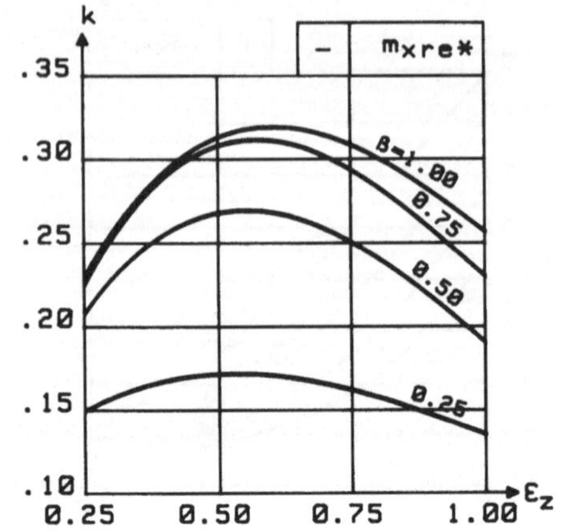

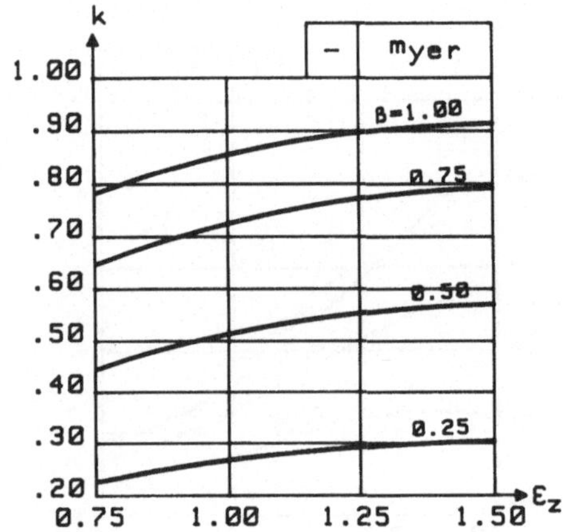

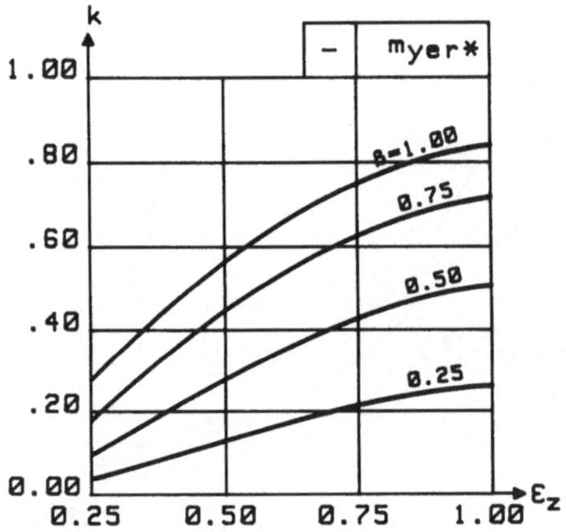

myeel = 0

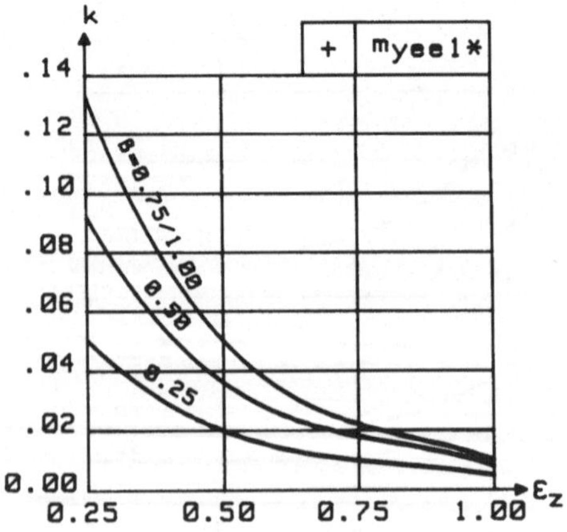

BEIWERTE k

TAFEL 11.2 <60°

$m_{xrm} = 0$

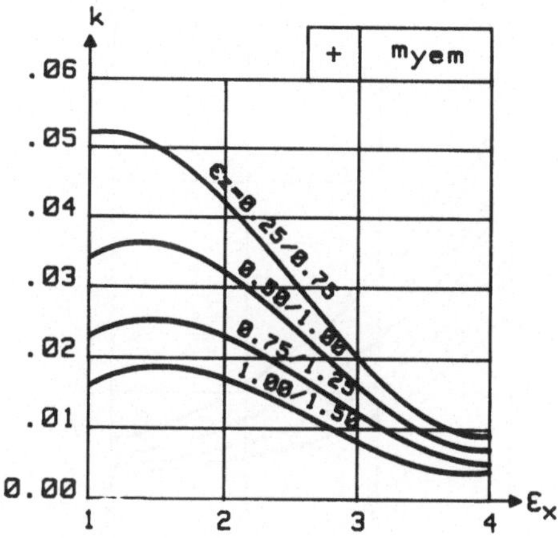

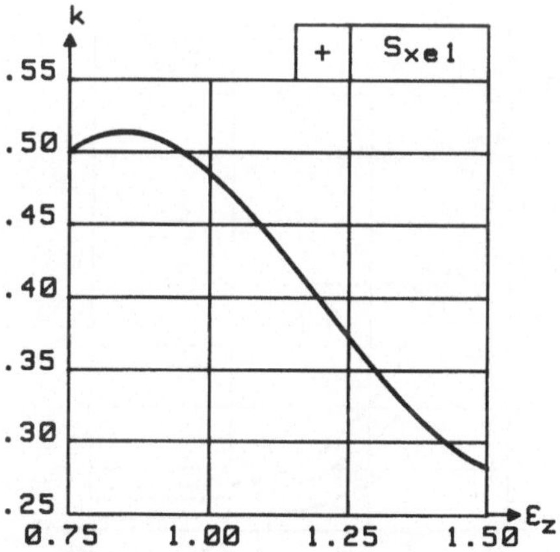

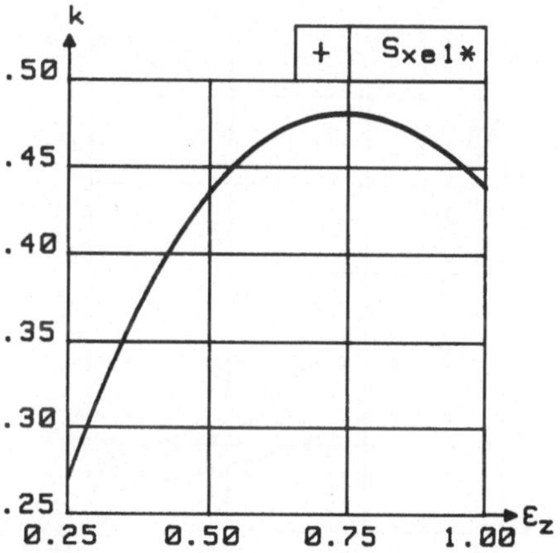

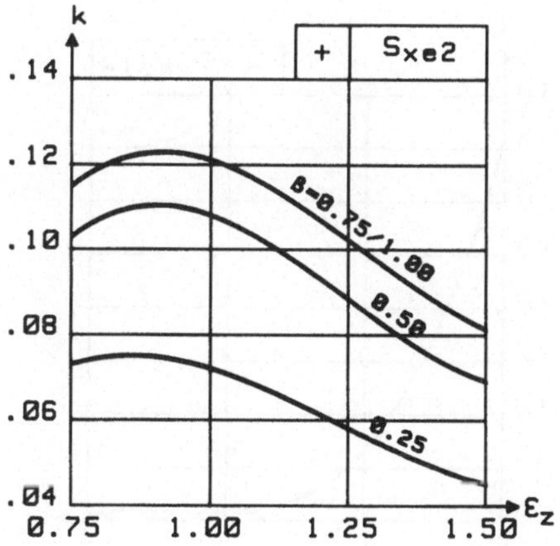

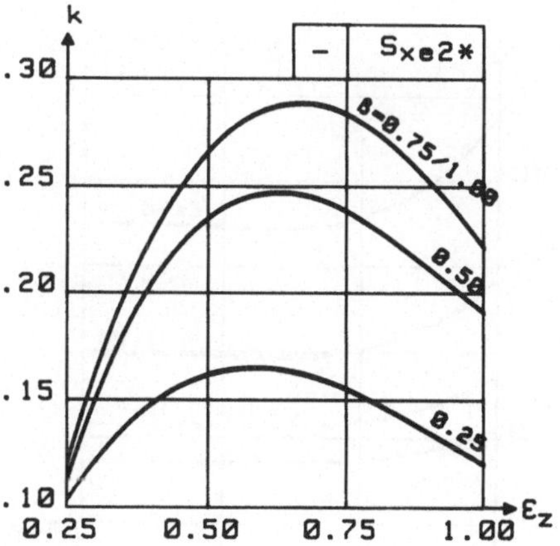

BEIWERTE k

TAFEL 11.3 <60°

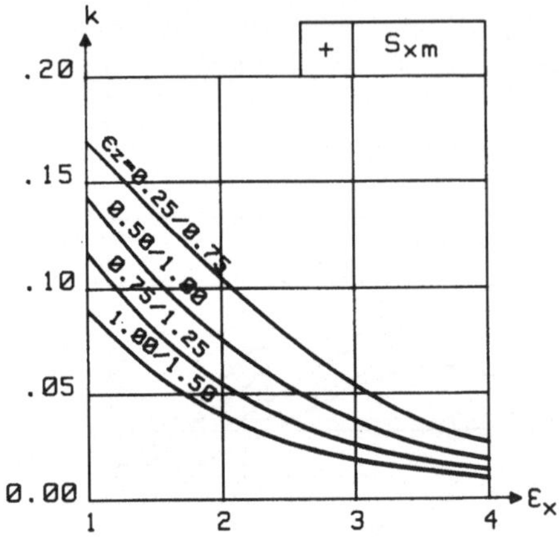

Syem = 0

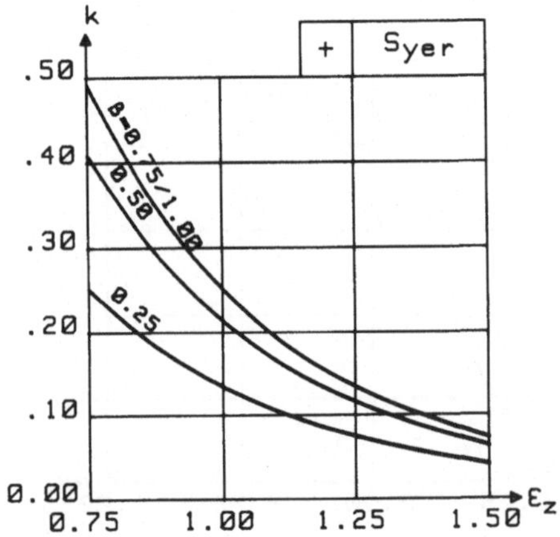

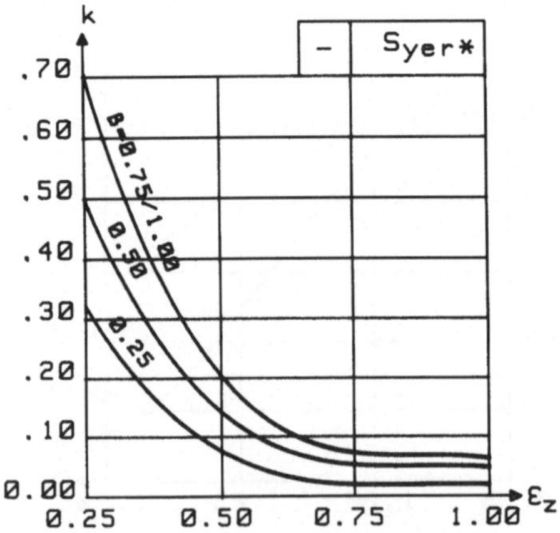

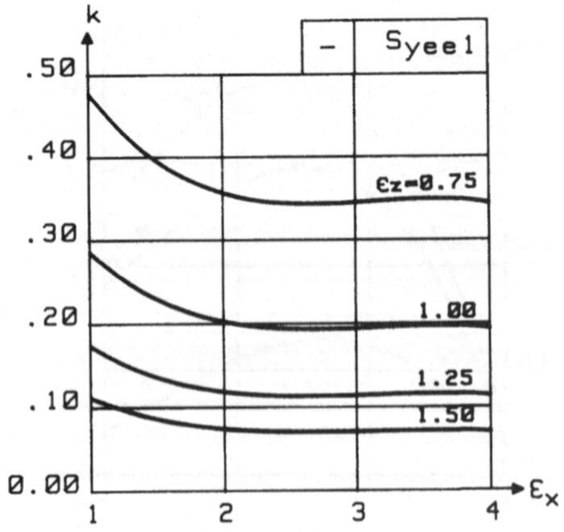

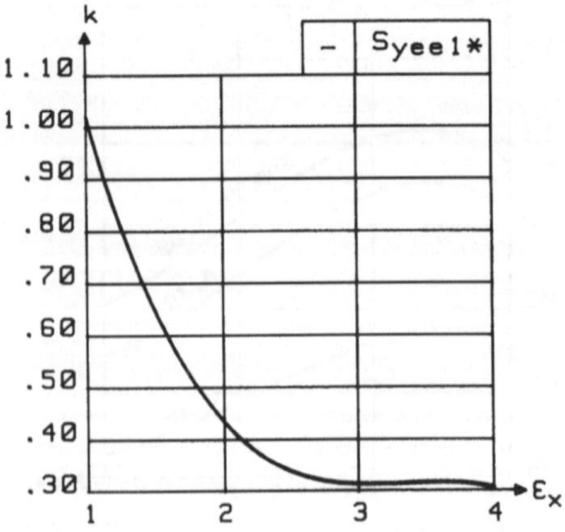

BEIWERTE k   TAFEL 11.1 <45°

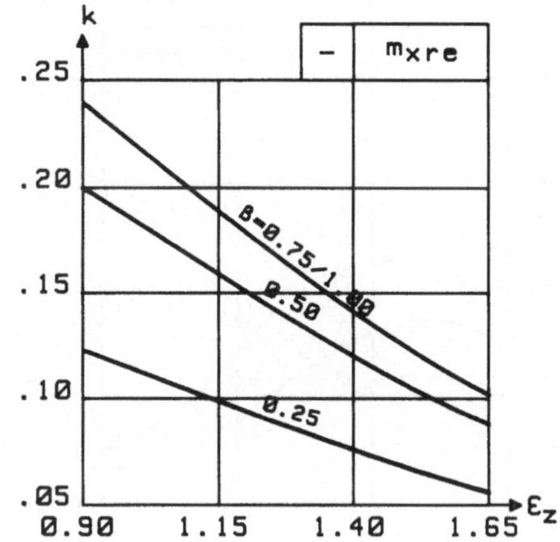

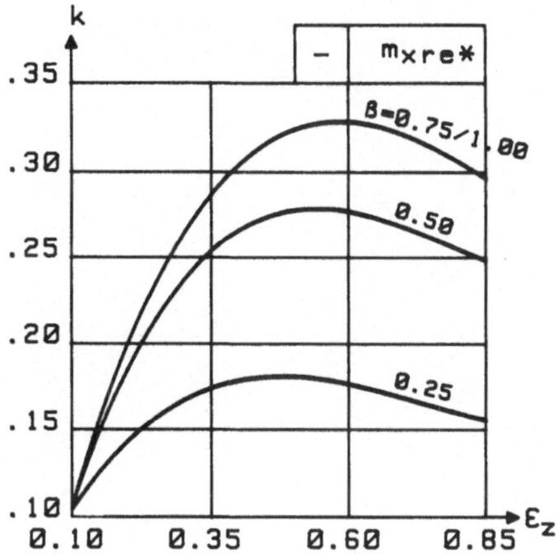

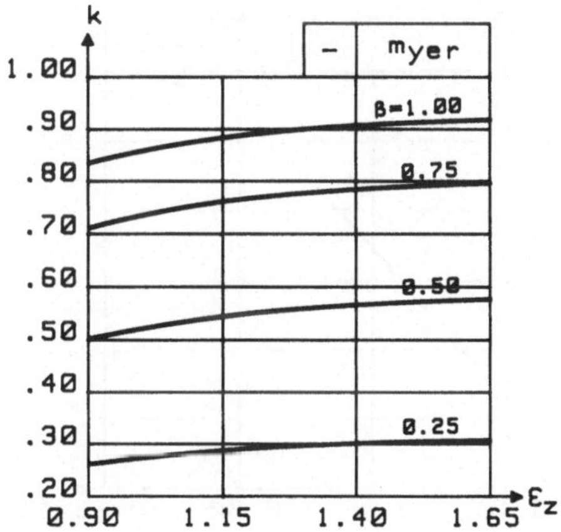

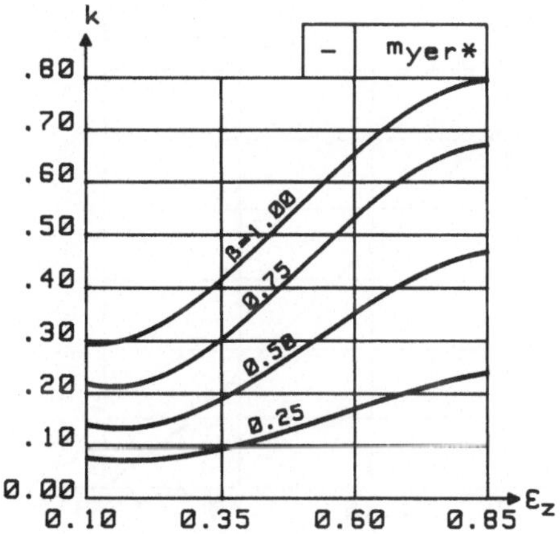

$m_{yeel} = 0$

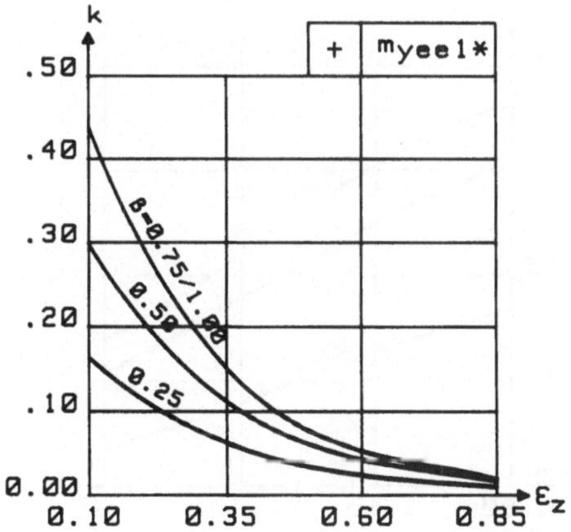

BEIWERTE k

TAFEL 11.2 <45°

$m_{xrm} = 0$

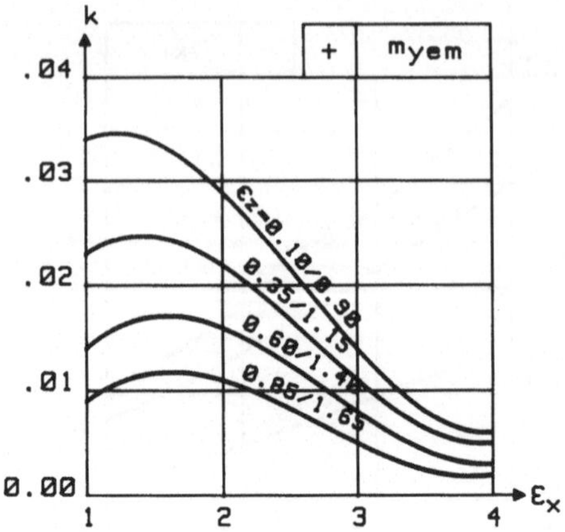

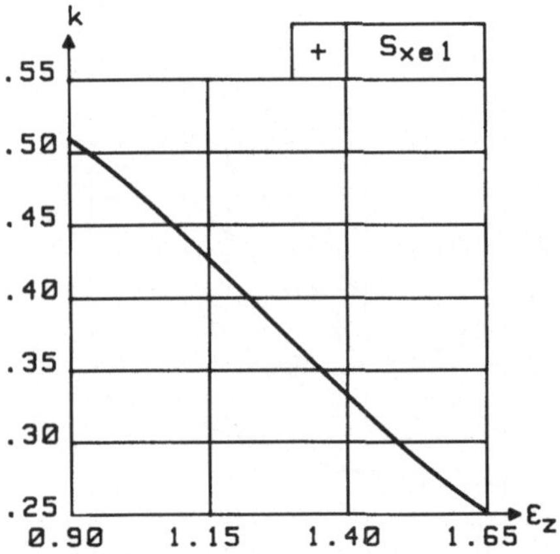

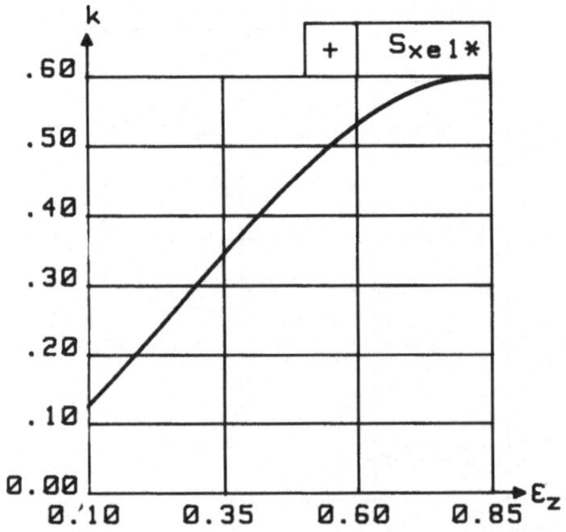

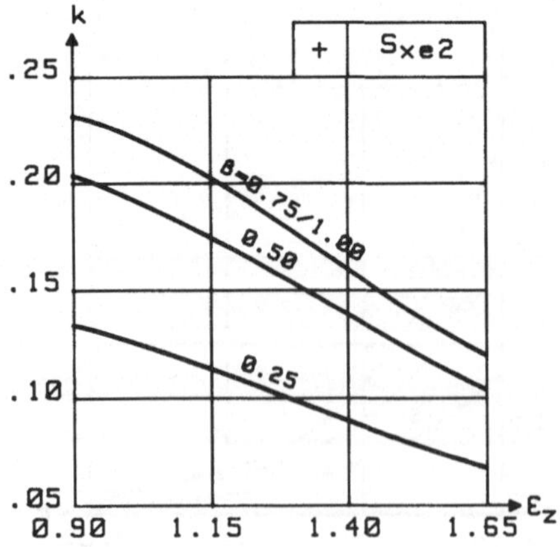

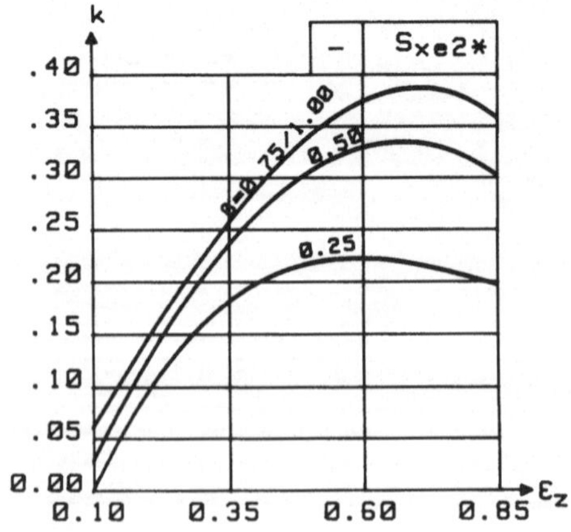

BEIWERTE k

TAFEL 11.3 <45°

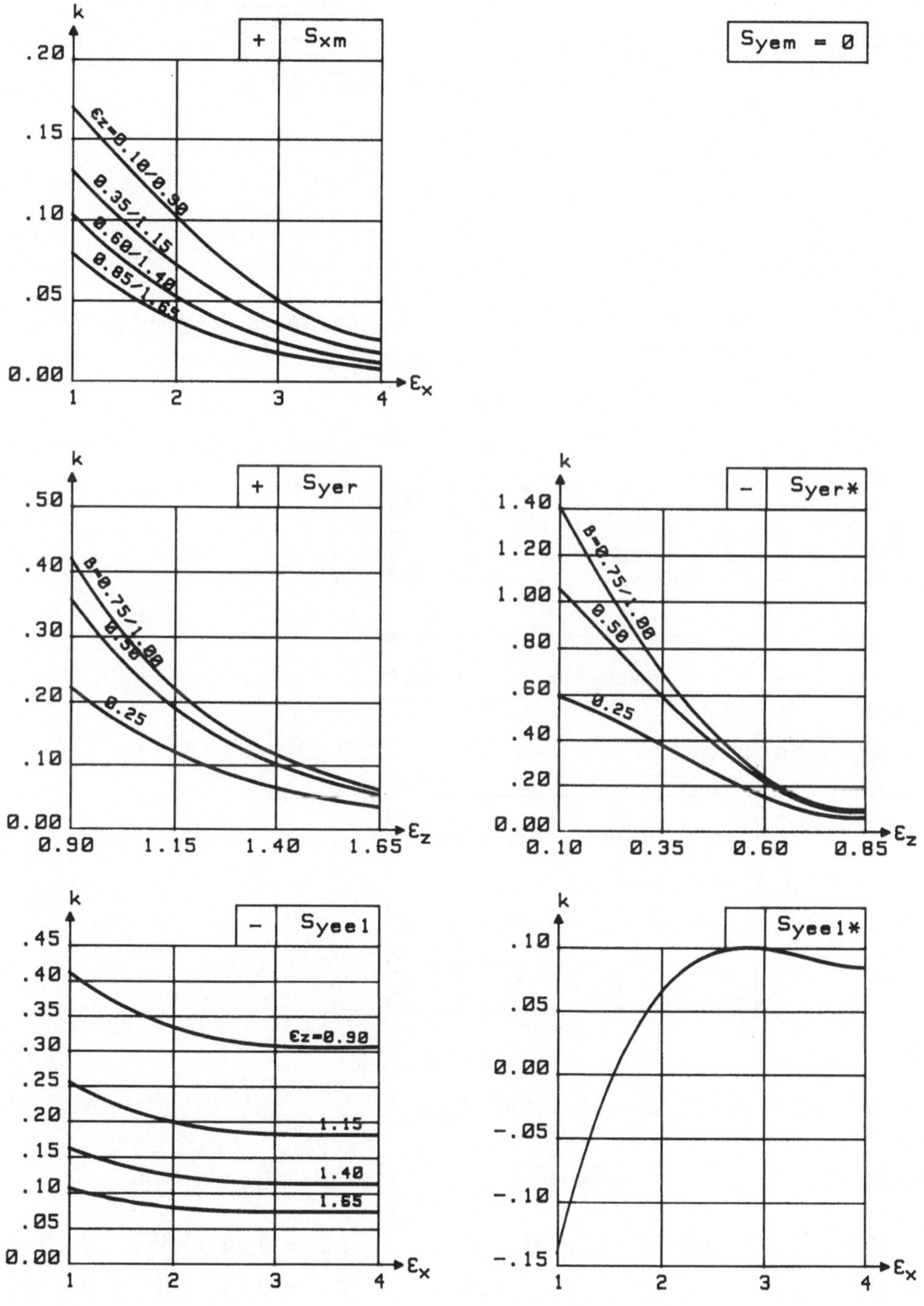

Lastfall 12

Horizontalkraft an der Oberkante der Widerlagerwand

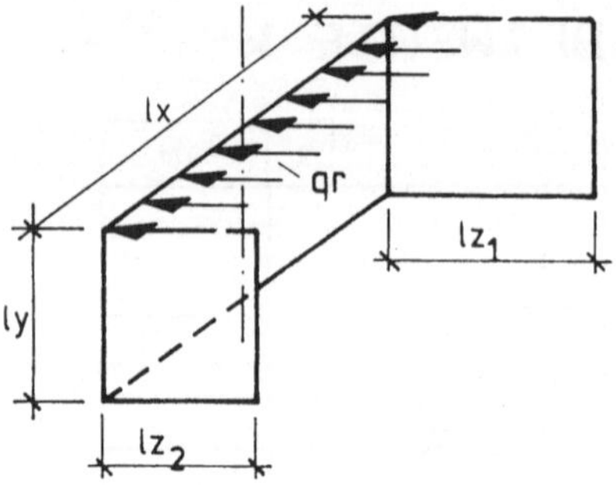

1) Biegemomente

$m = k \cdot qr \cdot ly$

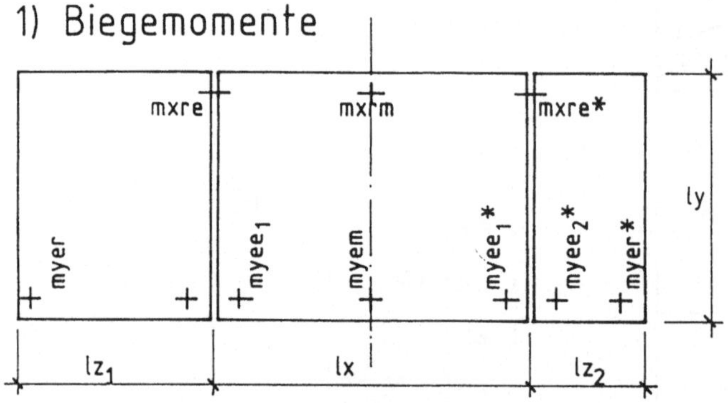

$myee_2{*} = -0{,}38\ myee_1{*}$

2) Scheibenkräfte

$S = k \cdot qr \cdot ly$

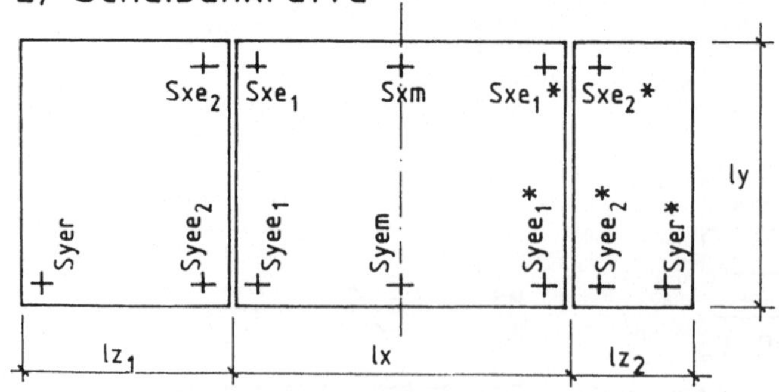

$Syee_2 = 0{,}85\ Syee_1$; $Syee_2{*} = 0{,}85\ Syee_1{*}$

$l_x/l_y = \varepsilon_x$ $\quad l_{z_2}/l_y = \varepsilon_{z_2}$ $\quad l_{z_1}/l_y = \varepsilon_{z_1}$

∢ 75°: ε_{z_2} = 0,40; 0,65; 0,90; 1,15 $\quad \varepsilon_{z_1}$ = 0,60; 0,85; 1,10; 1,35

∢ 60°: ε_{z_2} = 0,25; 0,50; 0,75; 1,00 $\quad \varepsilon_{z_1}$ = 0,75; 1,00; 1,25; 1,50

∢ 45°: ε_{z_2} = 0,10; 0,35; 0,60; 0,85 $\quad \varepsilon_{z_1}$ = 0,90; 1,15; 1,45; 1,65

BEIWERTE k TAFEL 12.1 <75°

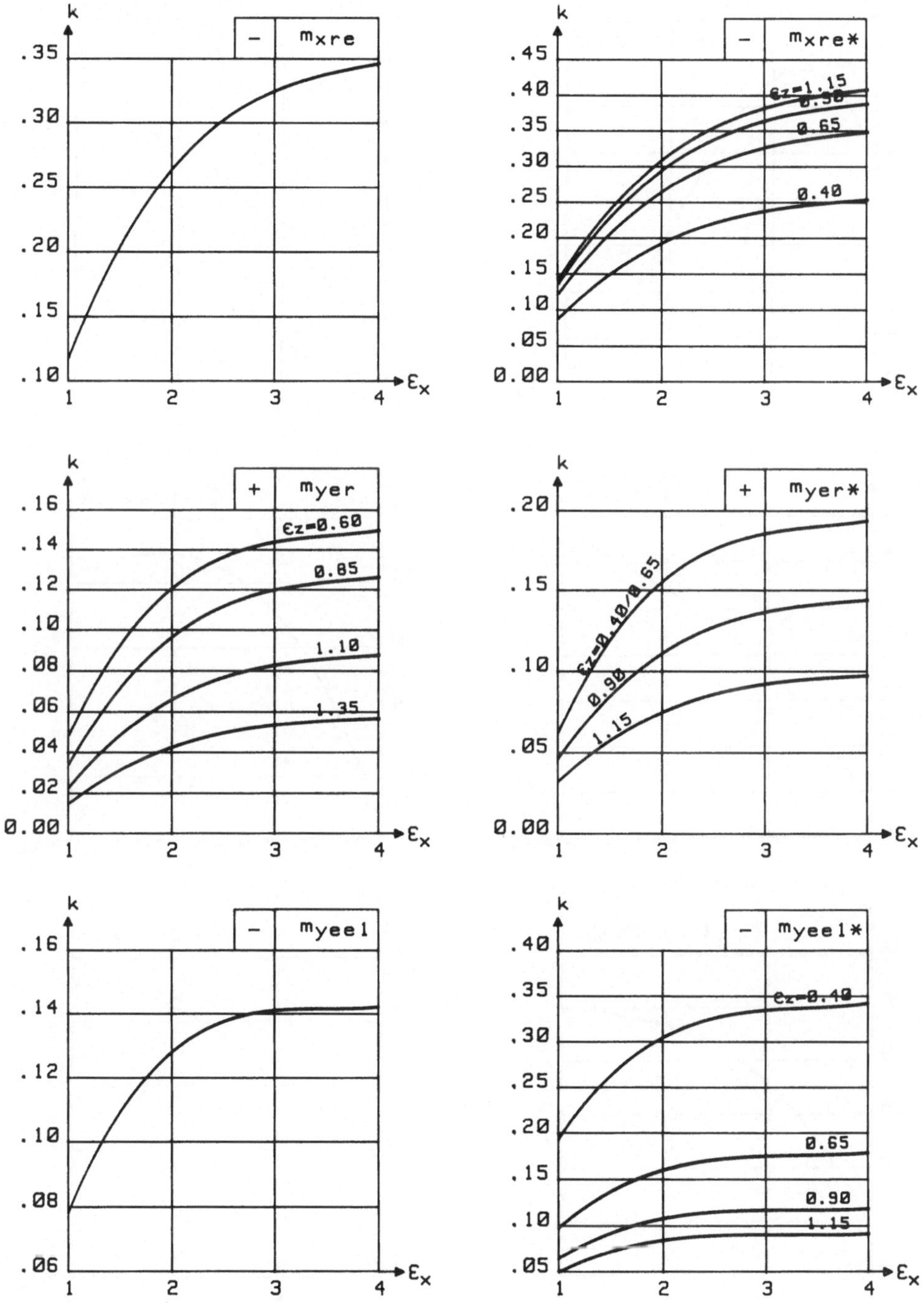

BEIWERTE k TAFEL 12.2 <75°

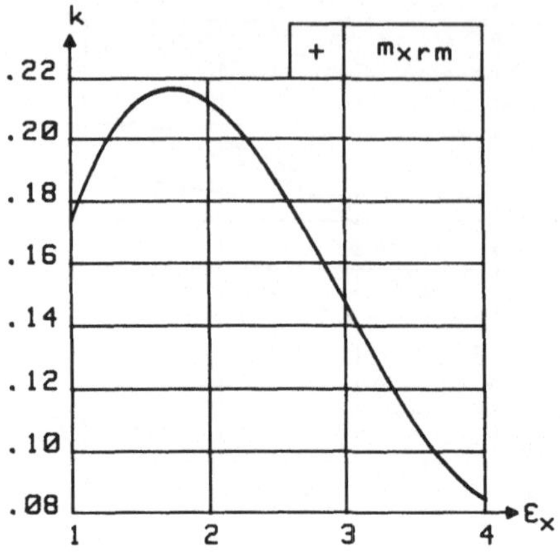

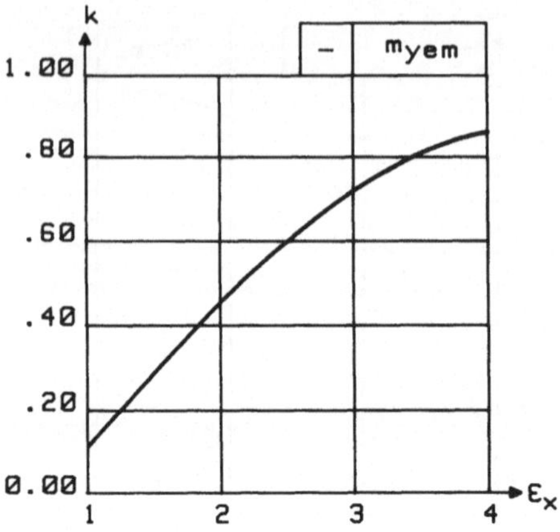

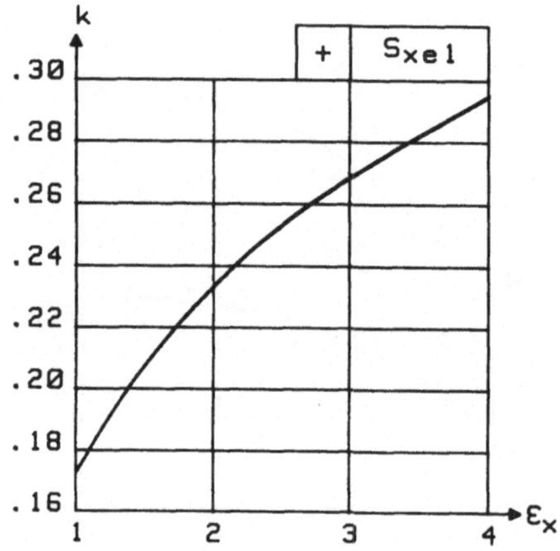

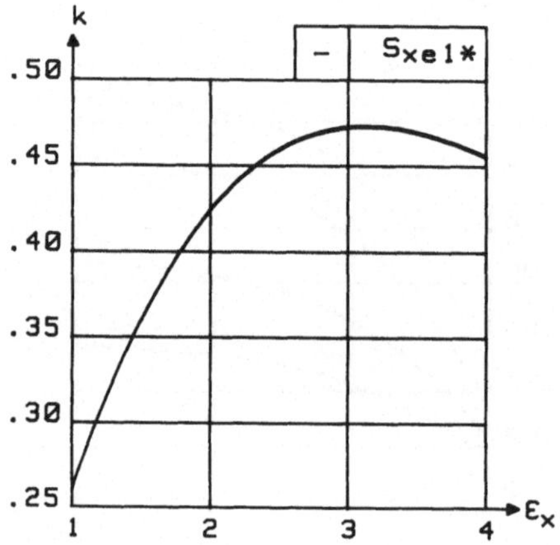

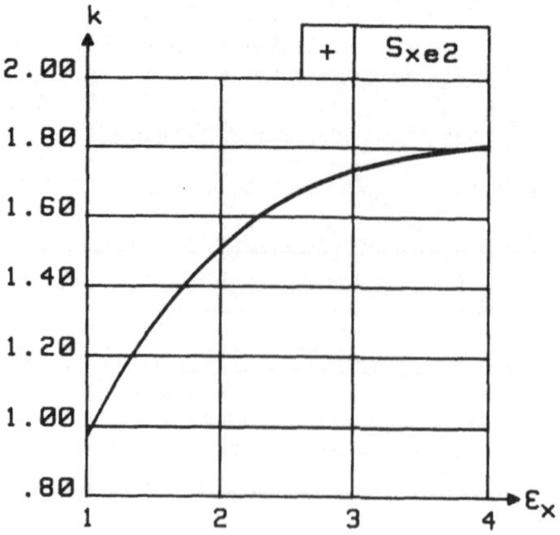

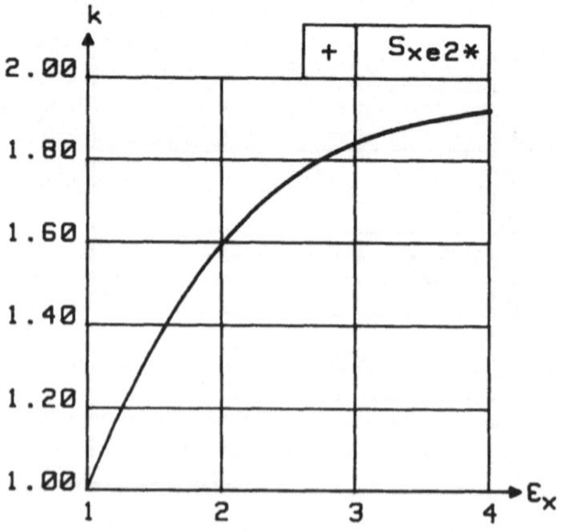

BEIWERTE k TAFEL 12.3 <75°

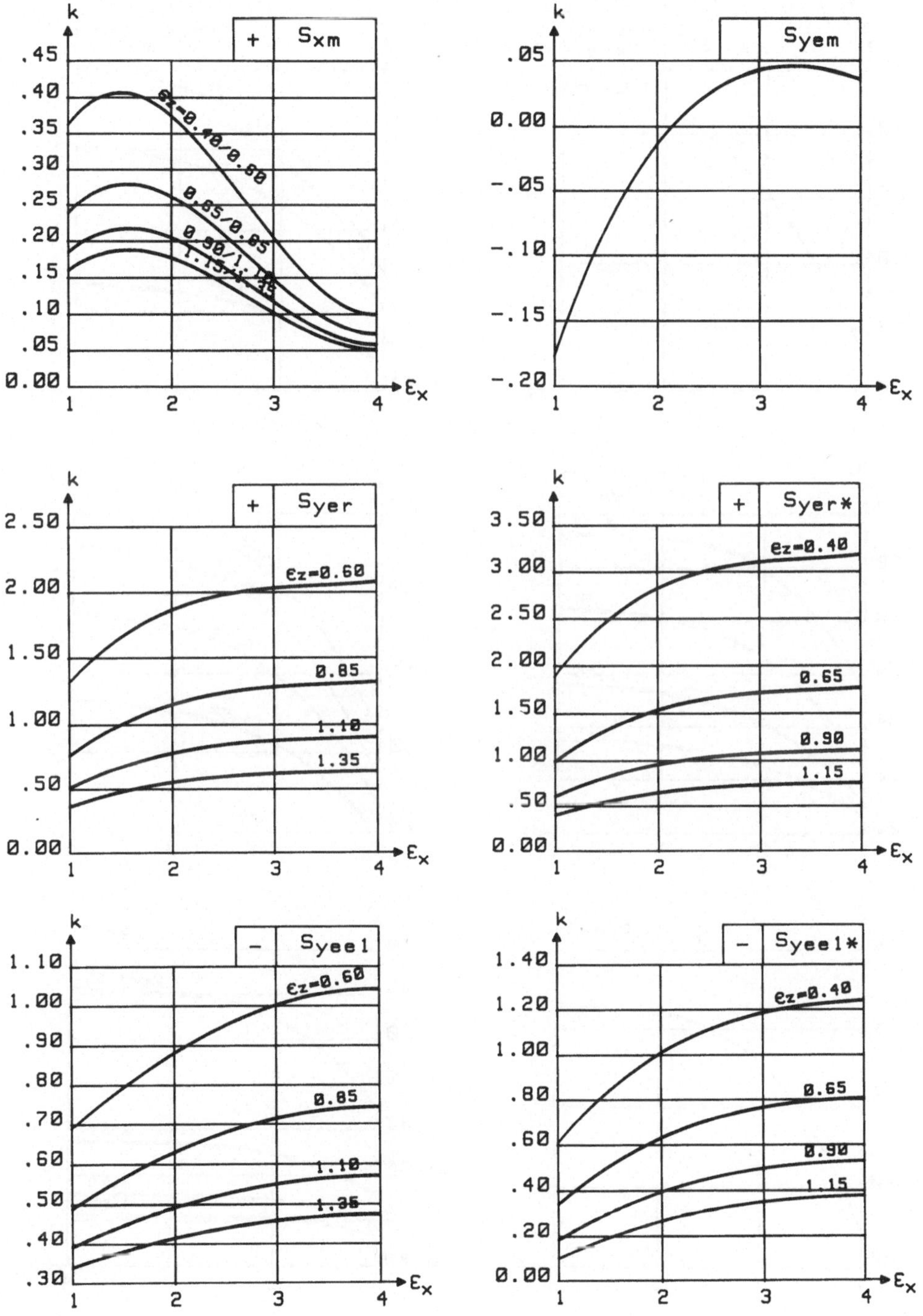

BEIWERTE k
k
– mxre
.35
.30
.25
.20
.15
.10
1
2
3
4
εx

TAFEL 12.1 <60°

k
– mxre*
.40
.30
.20
.10
0.00
εz=1.00
0.75
0.50
0.25
1
2
3
4
εx

k
+ myer
.12
.10
.08
.06
.04
.02
0.00
εz=0.75
1.00
1.25
1.50
1
2
3
4
εx

k
+ myer*
.25
.20
.15
.10
.05
εz=0.25
0.50
0.75
1.00
1
2
3
4
εx

k
– myeel
.16
.14
.12
.10
.08
1
2
3
4
εx

k
– myeel*
.70
.60
.50
.40
.30
.20
.10
0.00
εz=0.25
0.50
0.75
1.00
1
2
3
4
εx

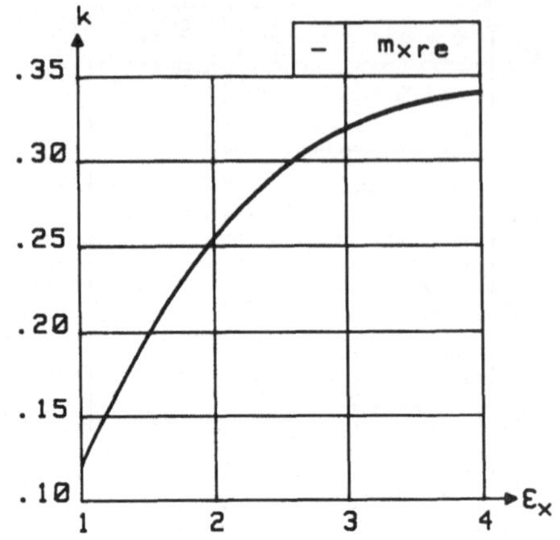

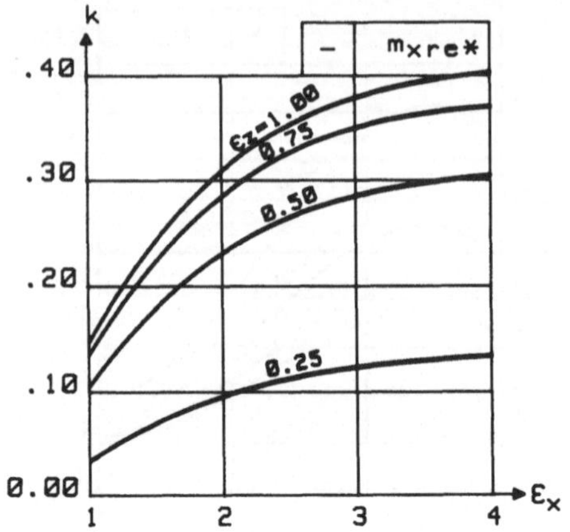

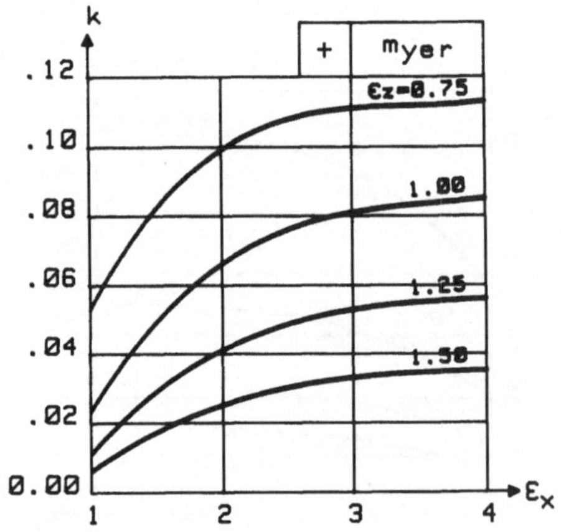

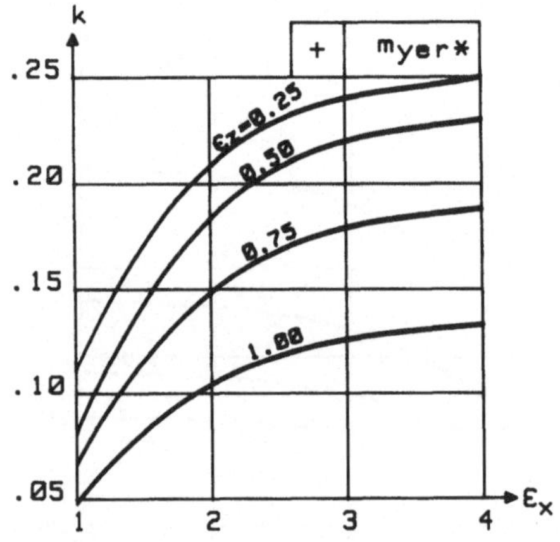

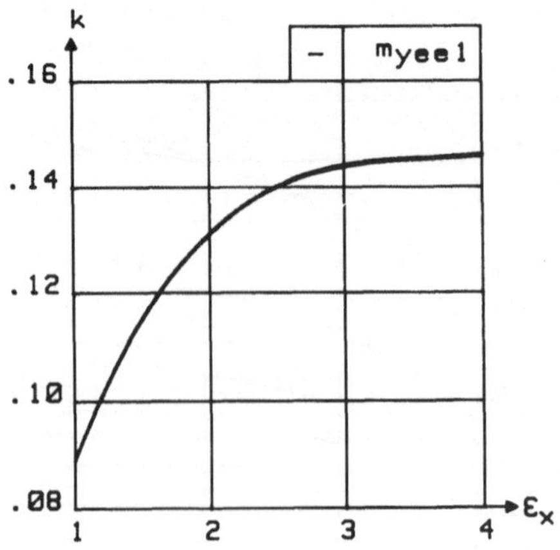

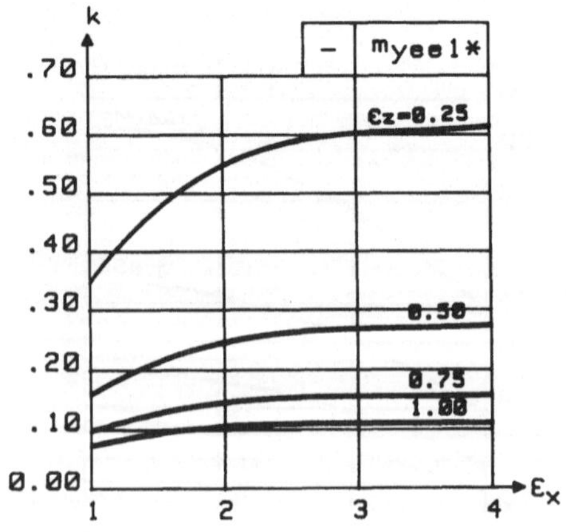

BEIWERTE k TAFEL 12.2 <60°

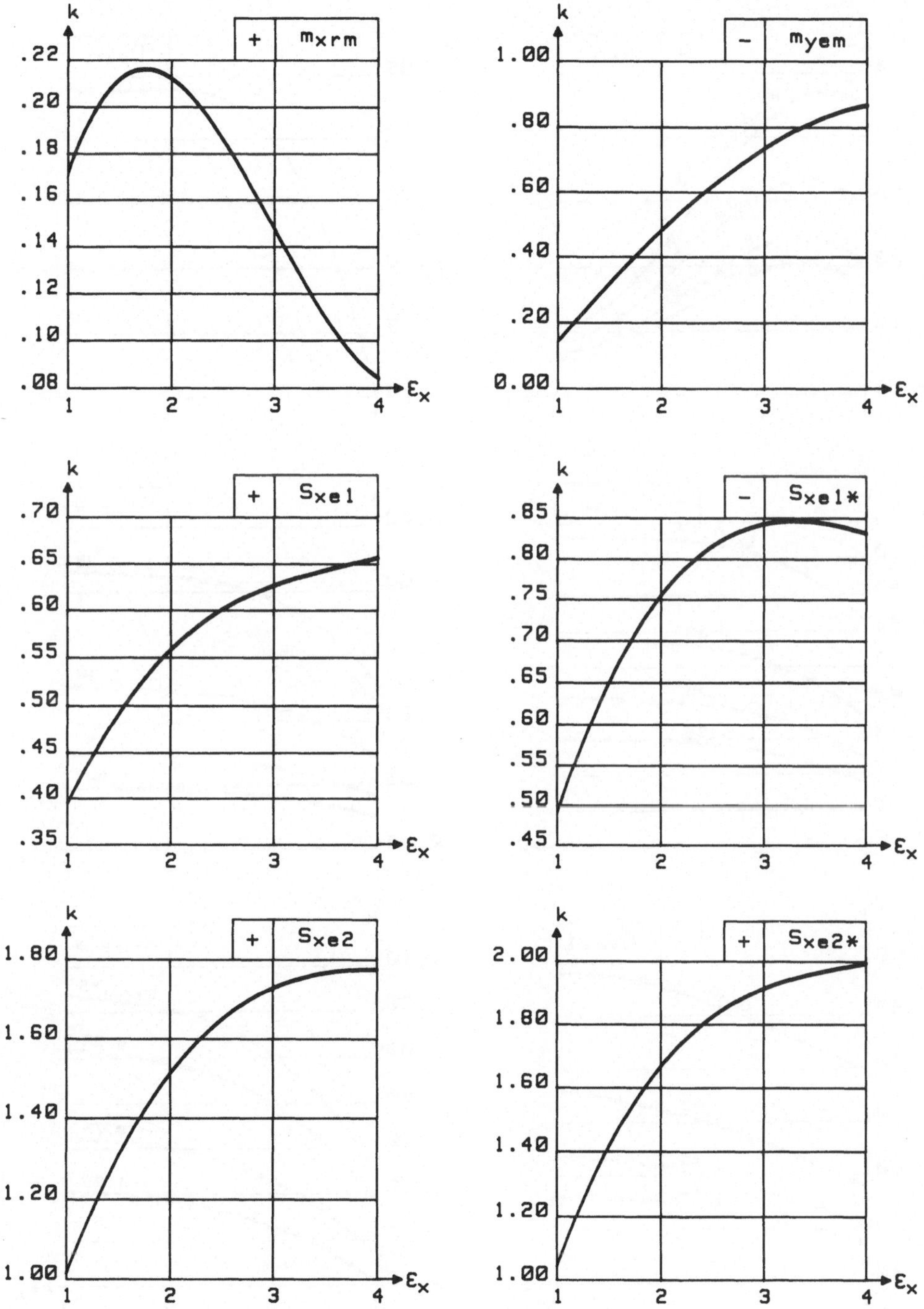

BEIWERTE k TAFEL 12.3 <60°

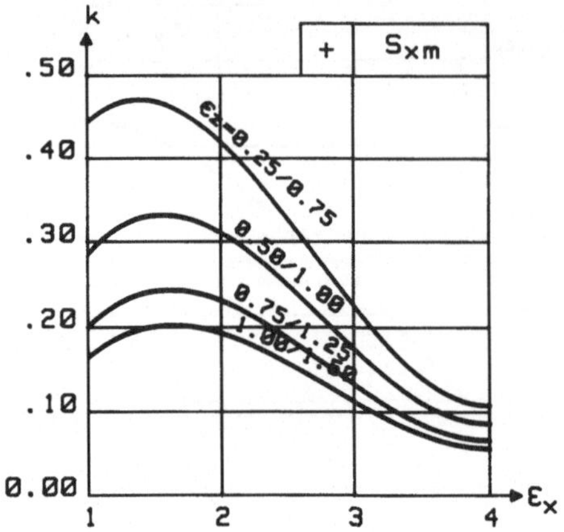

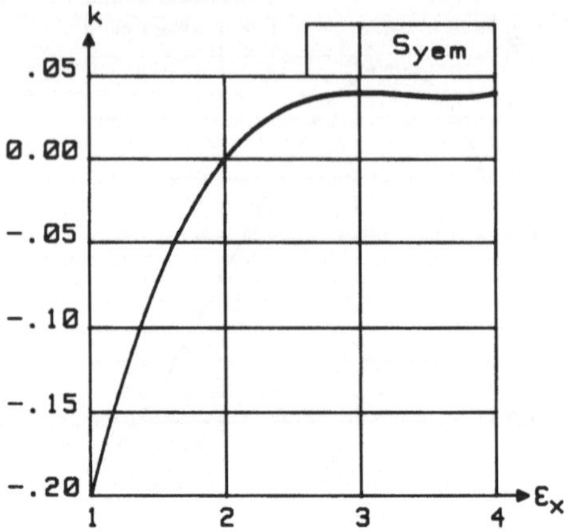

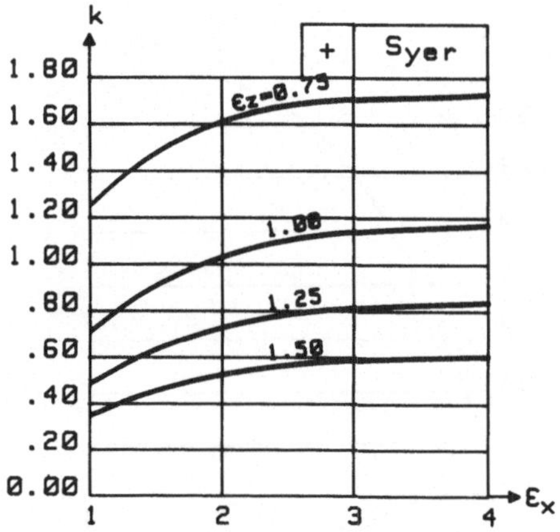

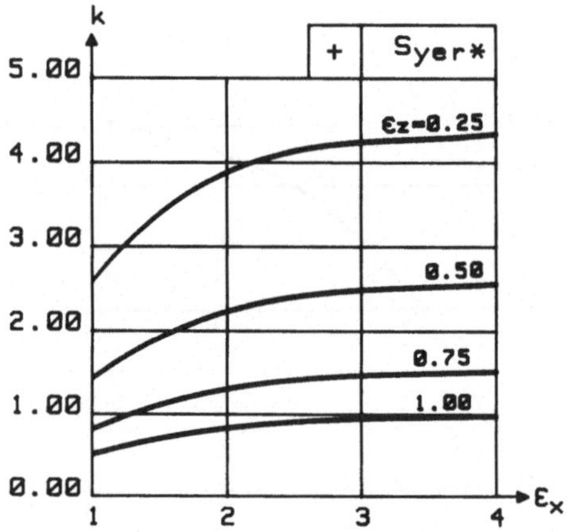

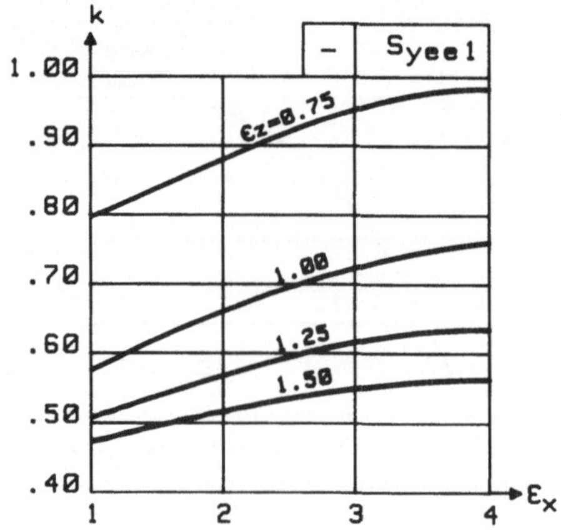

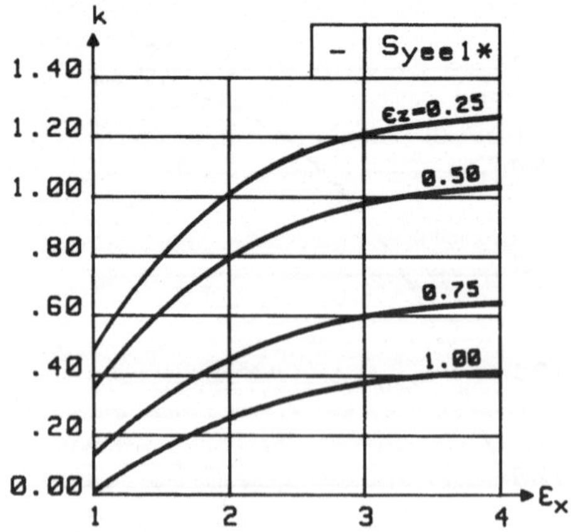

BEIWERTE k TAFEL 12.1 <45°

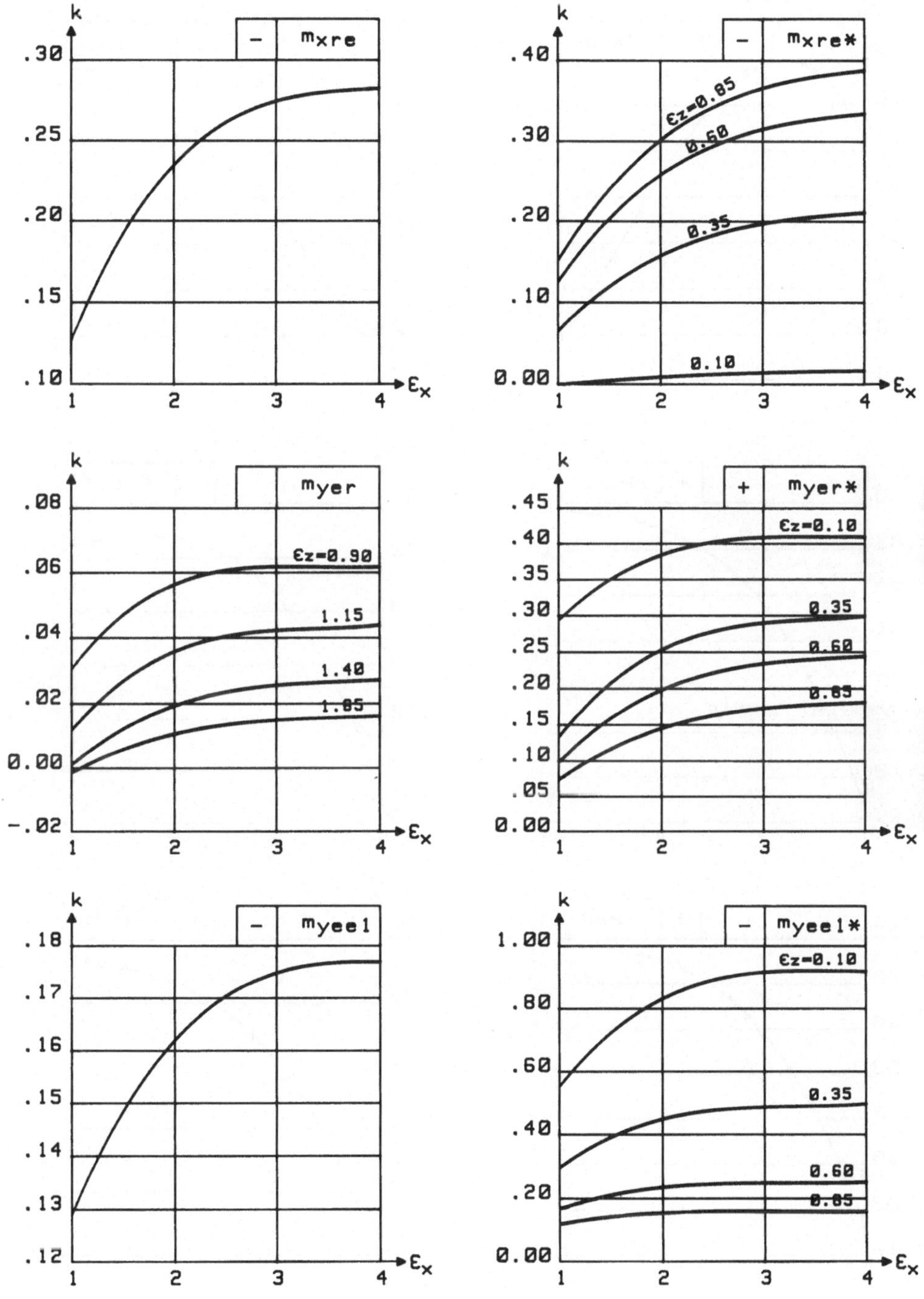

BEIWERTE k TAFEL 12.2 <45°

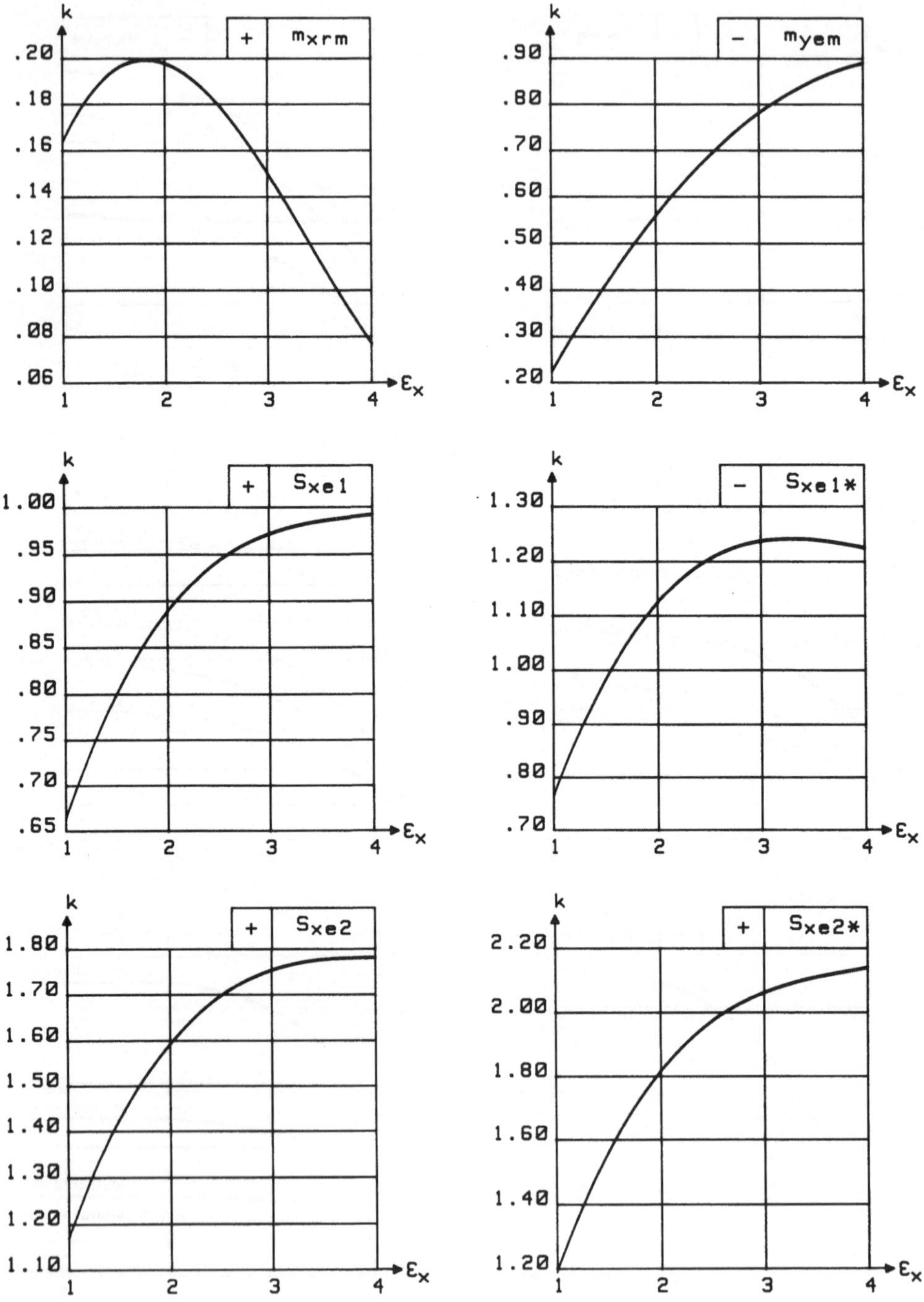

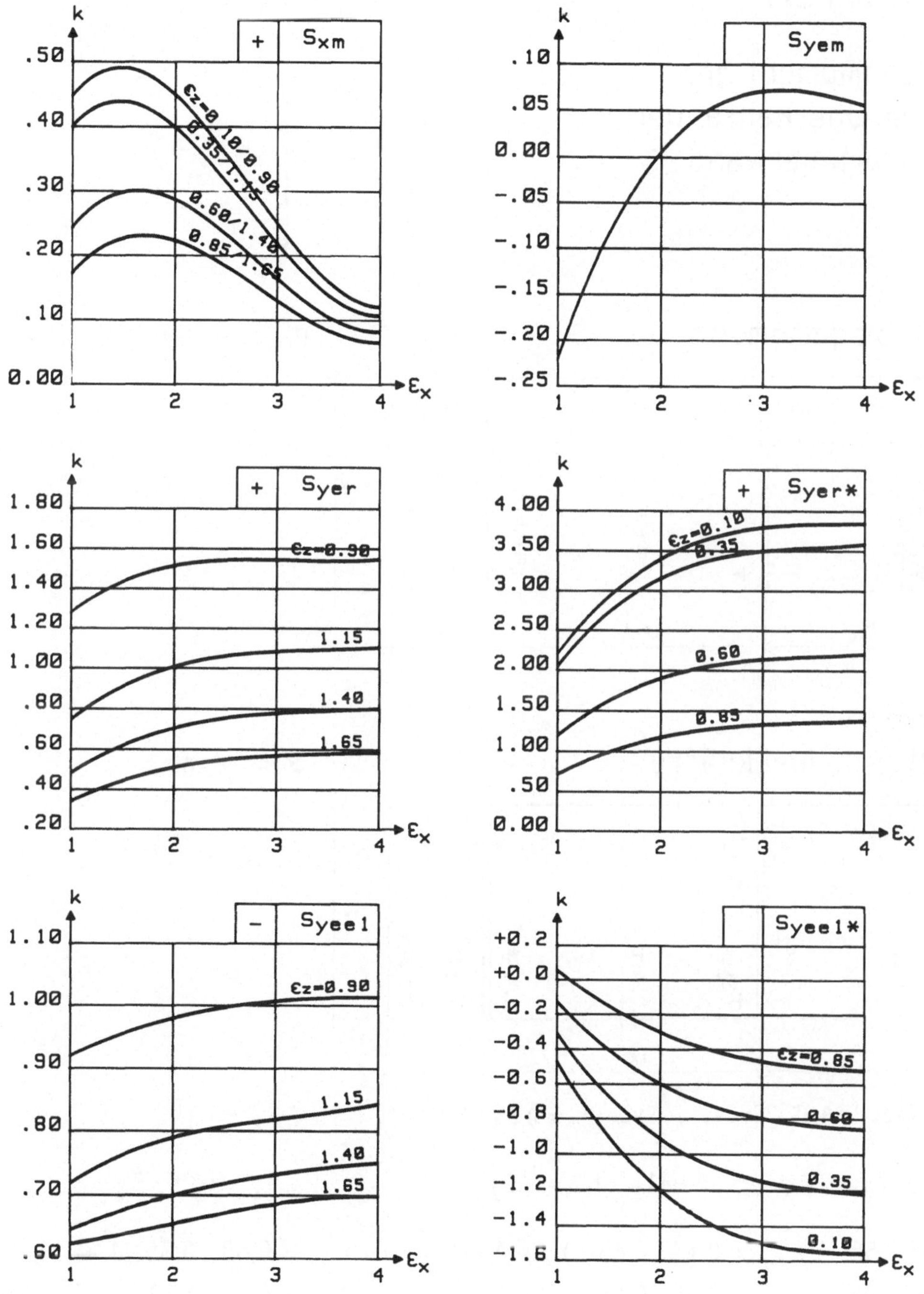
BEIWERTE k
TAFEL 12.3 <45°
k
+
Sxm
.50
.40
.30
.20
.10
0.00
εz=0.10/0.90
0.35/1.15
0.60/1.40
0.85/1.65
1
2
3
4
εx
Syem
.10
.05
0.00
-.05
-.10
-.15
-.20
-.25
Syer
1.80
1.60
1.40
1.20
1.00
.80
.60
.40
.20
εz=0.90
1.15
1.40
1.65
Syer*
4.00
3.50
3.00
2.50
2.00
1.50
1.00
.50
0.00
εz=0.10
0.35
0.60
0.85
–
Syeel
1.10
1.00
.90
.80
.70
.60
εz=0.90
1.15
1.40
1.65
Syeel*
+0.2
+0.0
-0.2
-0.4
-0.6
-0.8
-1.0
-1.2
-1.4
-1.6
εz=0.85
0.60
0.35
0.10

Lastfall 13

Randmoment an der Oberkante der Widerlagerwand

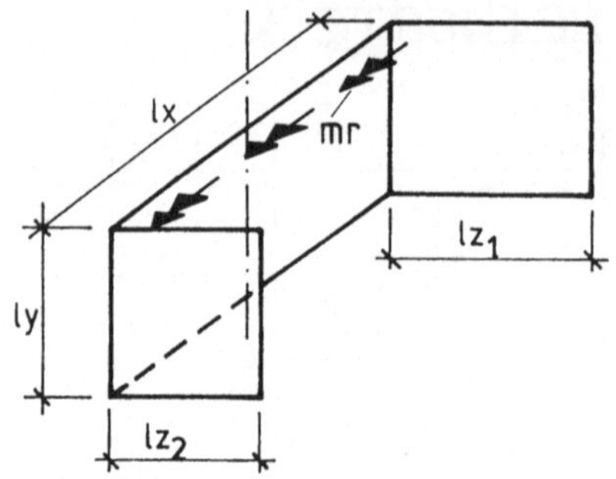

1) Biegemomente

$m = k \cdot mr$

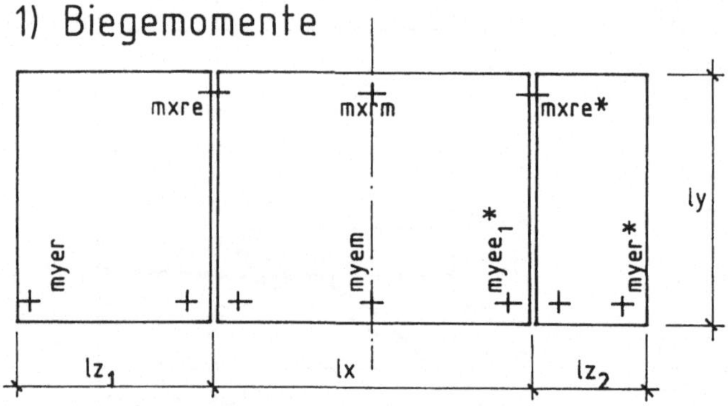

2) Scheibenkräfte

$S = k \cdot mr$

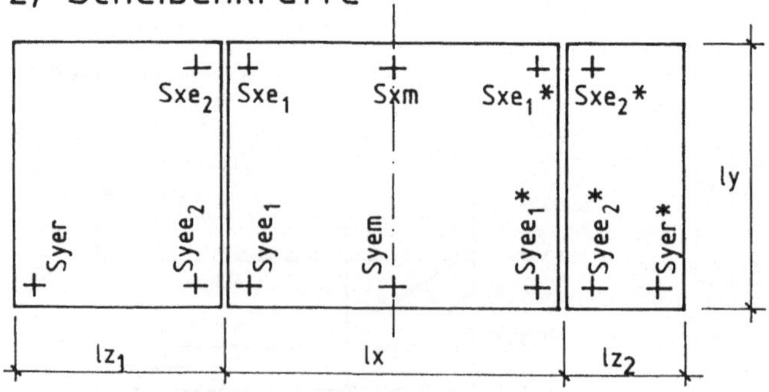

$Syee_2 = 0{,}85\ Syee_1$; $Syee_2^* = 0{,}85\ Syee_1^*$

$l_x/l_y = \varepsilon_x$ $\qquad l_{z_2}/l_y = \varepsilon_{z_2}$ $\qquad l_{z_1}/l_y = \varepsilon_{z_1}$

∢ 75°: ε_{z_2} = 0,40; 0,65; 0,90; 1,15 $\qquad \varepsilon_{z_1}$ = 0,60; 0,85; 1,10; 1,35

∢ 60°: ε_{z_2} = 0,25; 0,50; 0,75; 1,00 $\qquad \varepsilon_{z_1}$ = 0,75; 1,00; 1,25; 1,50

∢ 45°: ε_{z_2} = 0,10; 0,35; 0,60; 0,85 $\qquad \varepsilon_{z_1}$ = 0,90; 1,15; 1,45; 1,65

BEIWERTE k

TAFEL 13.1 <75°

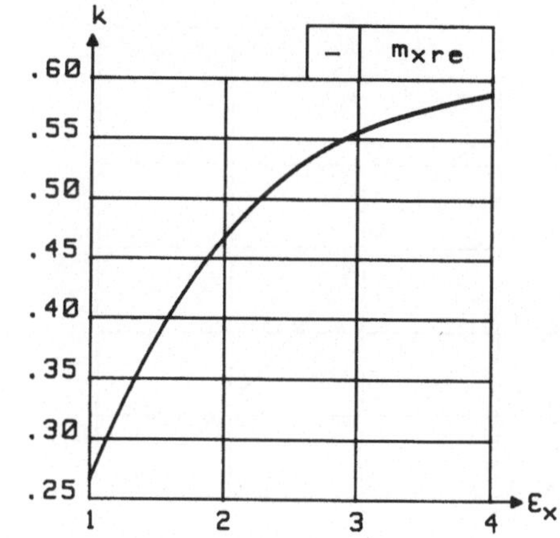

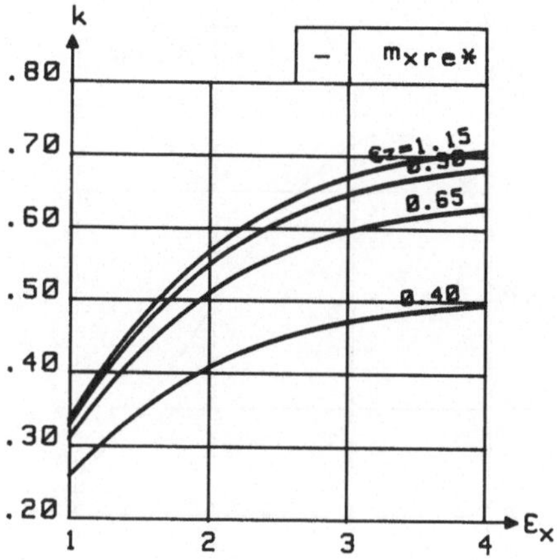

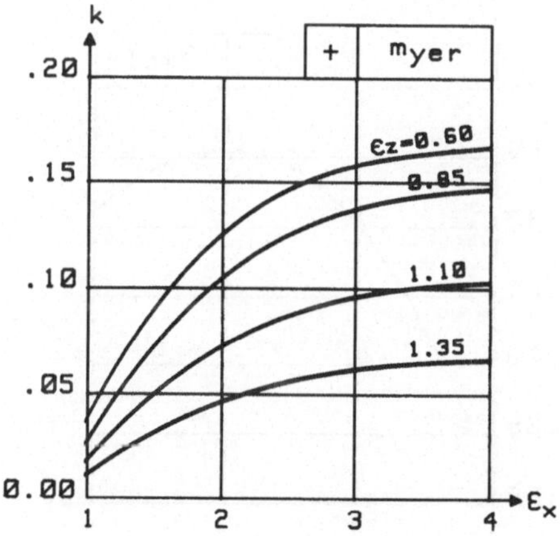

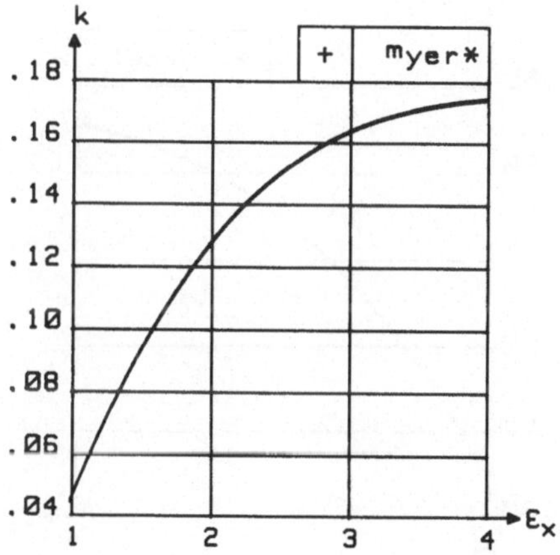

myee1 = 0

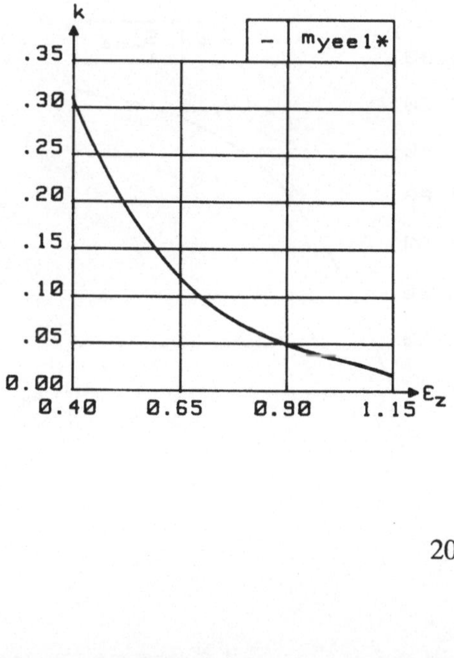

BEIWERTE k   TAFEL 13.2 <75°

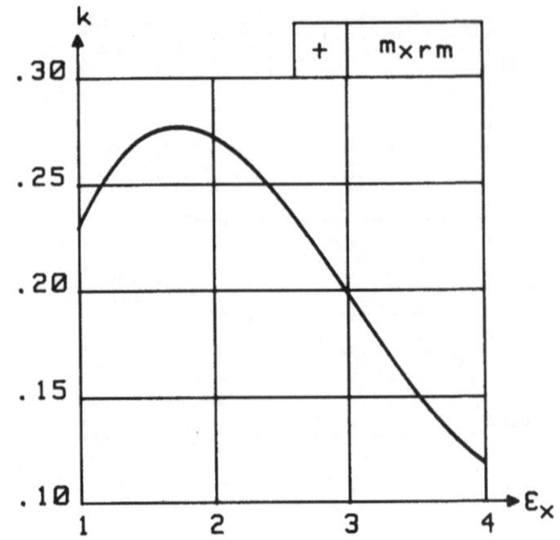

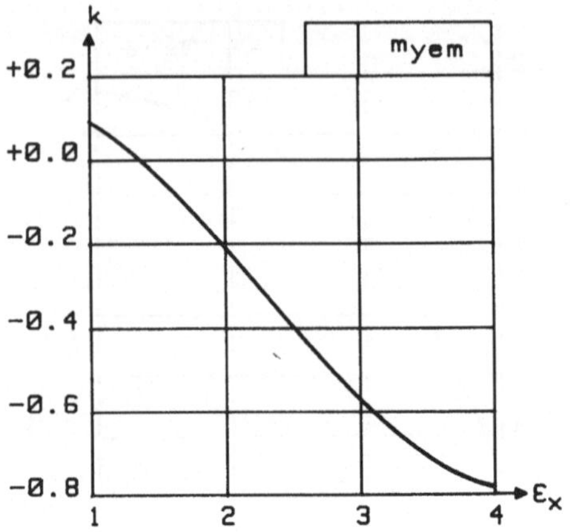

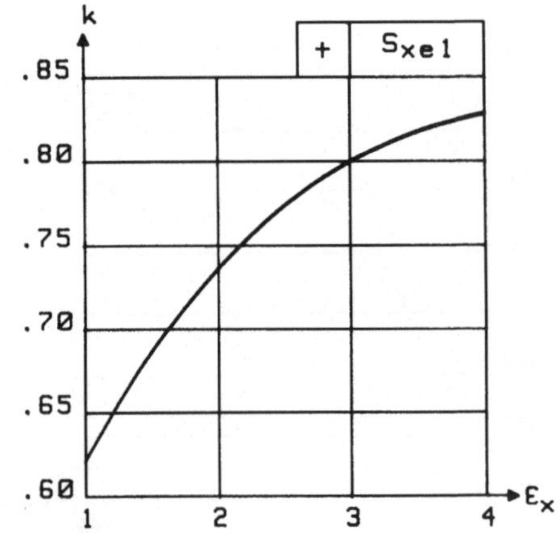

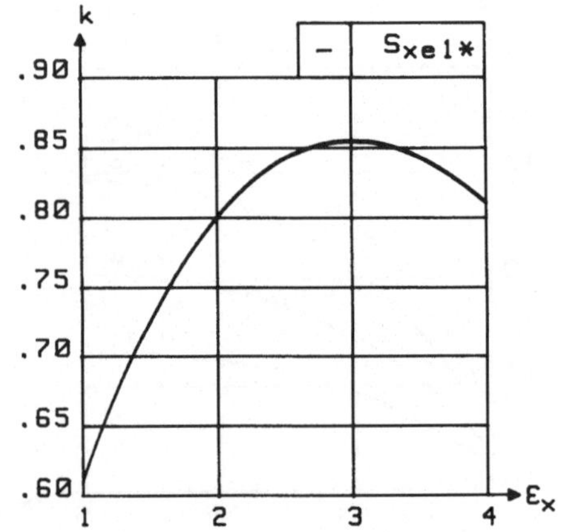

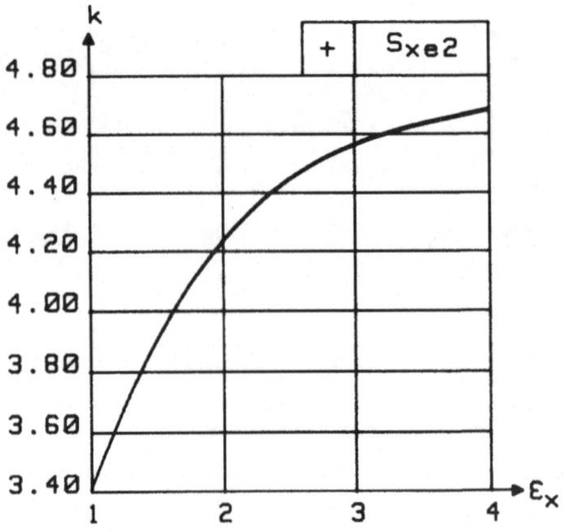

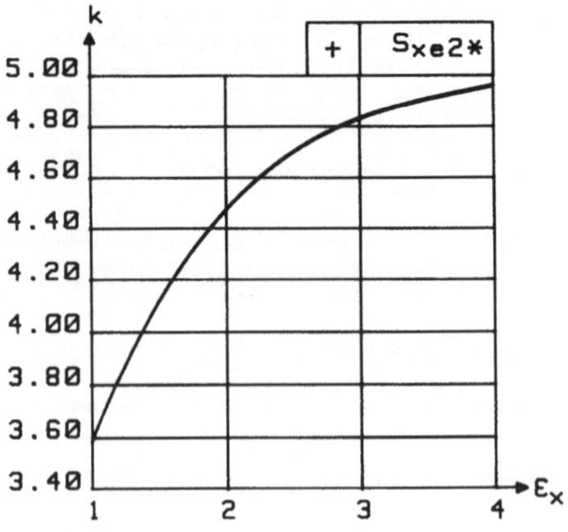

BEIWERTE k
TAFEL 13.3 <75°
k
+
Sxm
εz=0.40 0.60
0.65/.085
0.90/1.10
1.15/1.35
.70
.60
.50
.40
.30
.20
.10
0.00
1
2
3
4
εx
Syem
.10
.05
0.00
-.05
-.10
-.15
-.20
-.25
-.30
+
Syer
εz=0.60
0.85
1.10
1.35
3.00
2.50
2.00
1.50
1.00
.50
+
Syer*
εz=0.40
0.65
0.90
1.15
4.00
3.50
−
Syee1
1.20
1.00
.80
.60
.40
.20
−
Syee1*
1.40

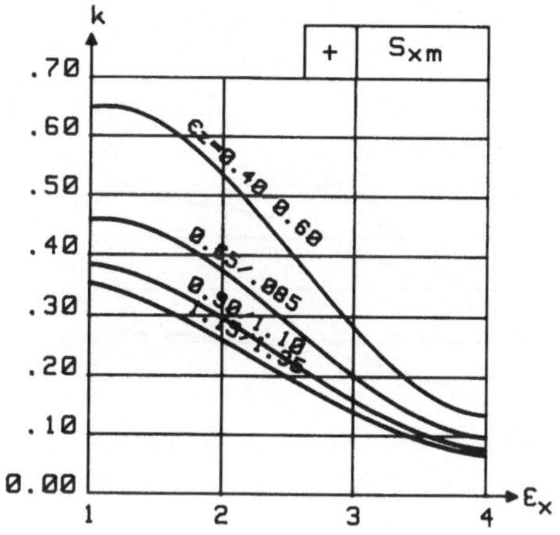

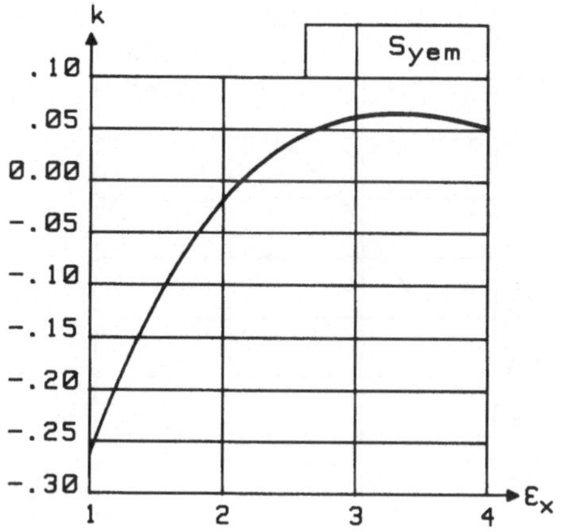

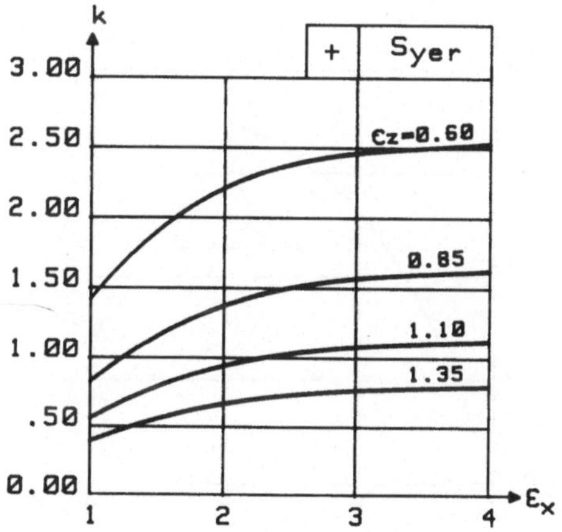

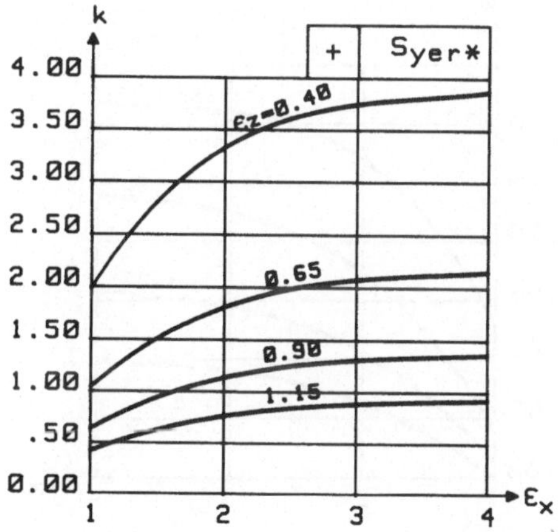

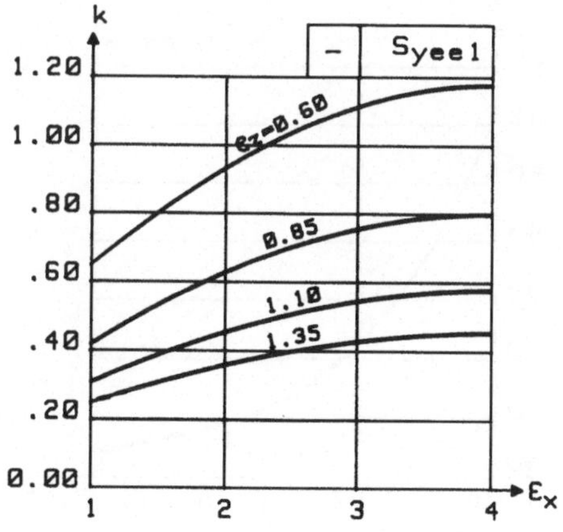

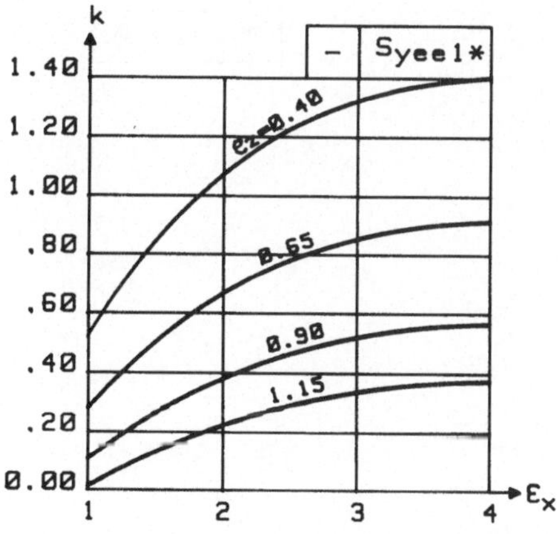

BEIWERTE k TAFEL 13.1 <60°

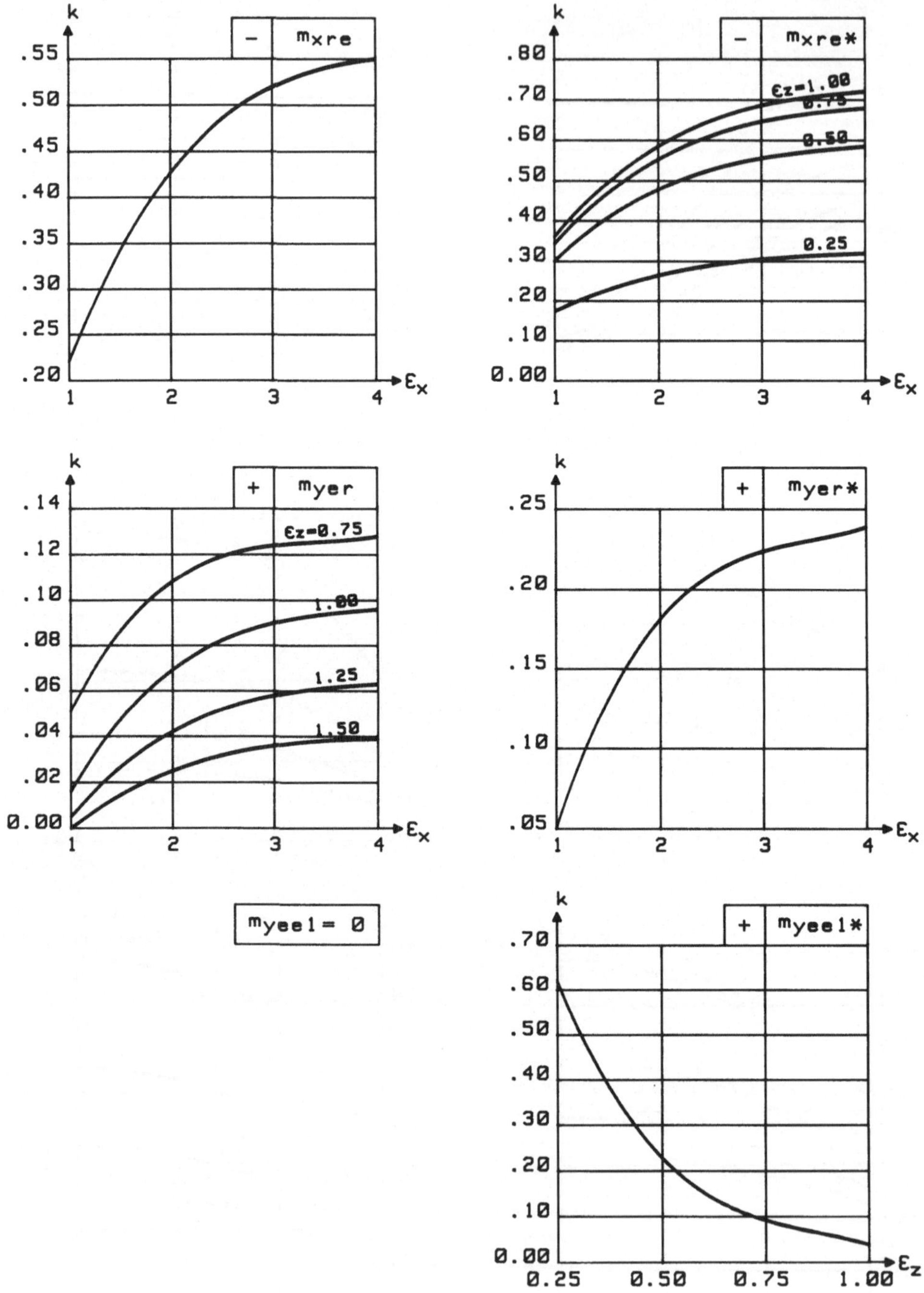

BEIWERTE k TAFEL 13.2 <60°

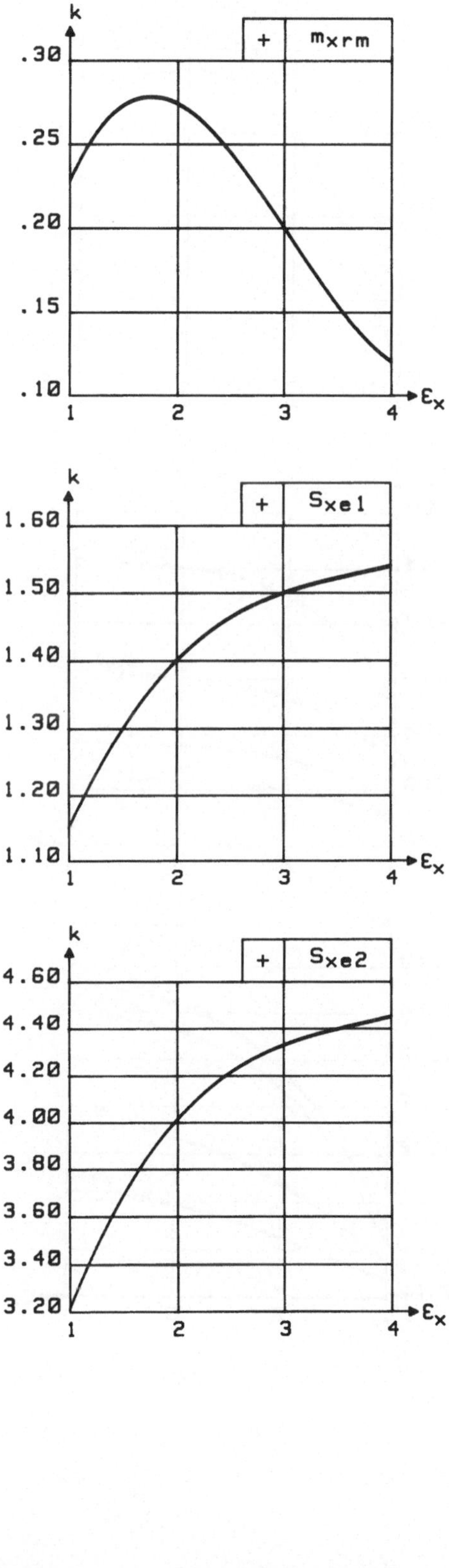

BEIWERTE k TAFEL 13.3 <60°

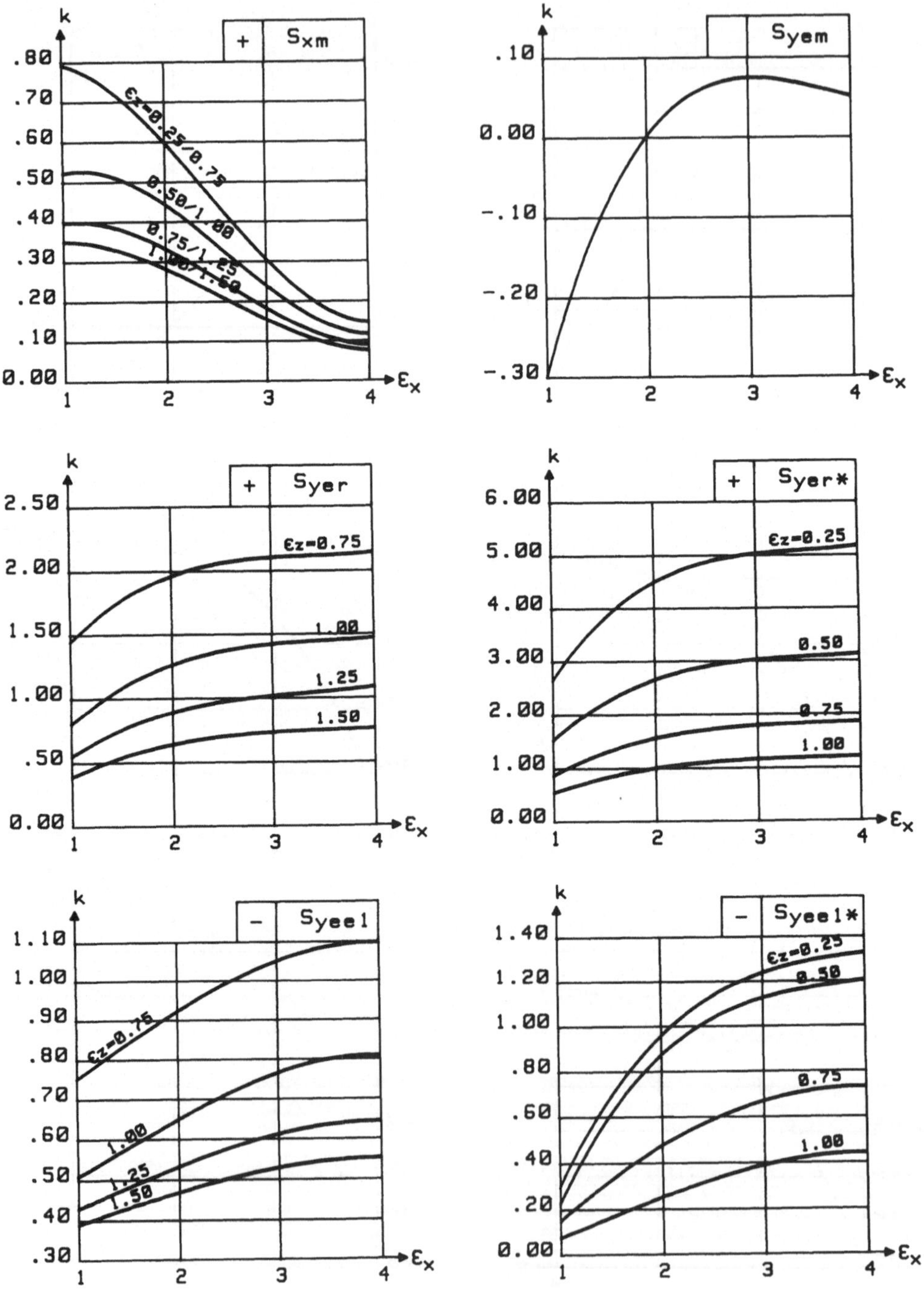

BEIWERTE k

TAFEL 13.1 <45°

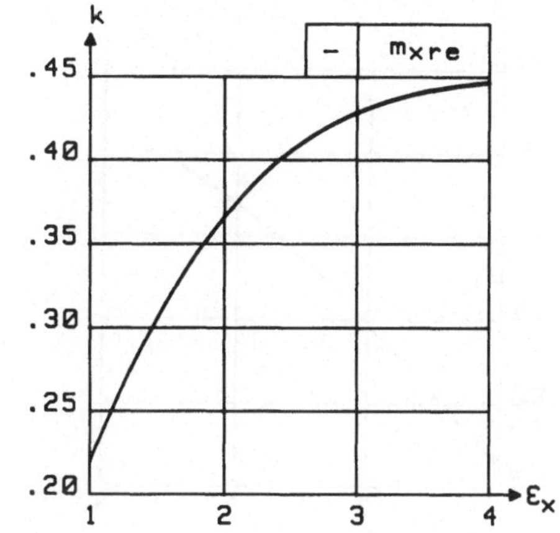

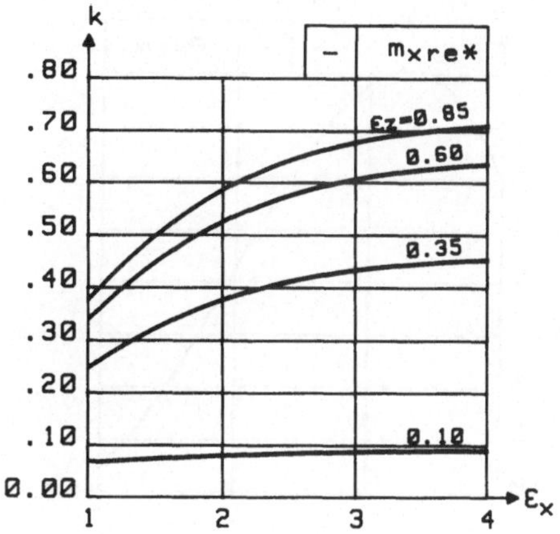

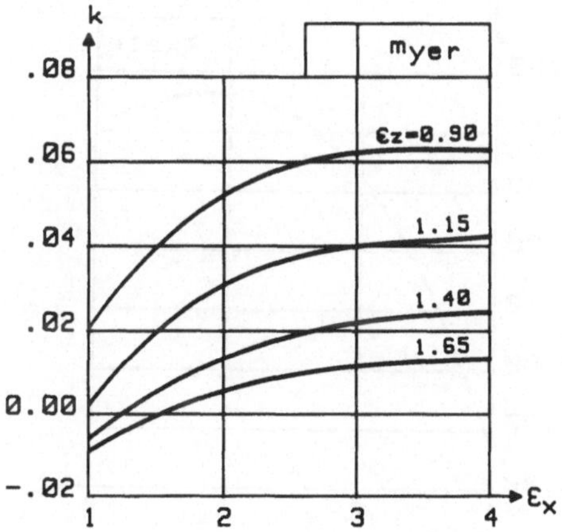

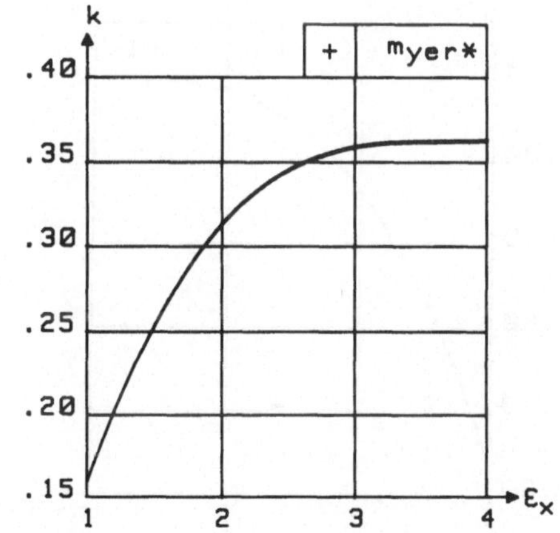

myeel = 0

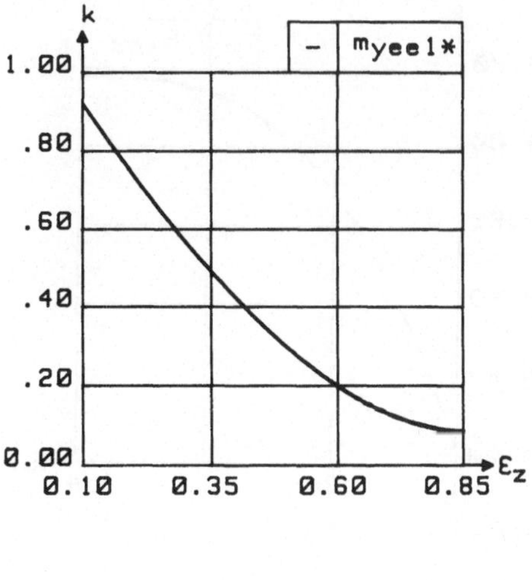

BEIWERTE k TAFEL 13.2 <45°

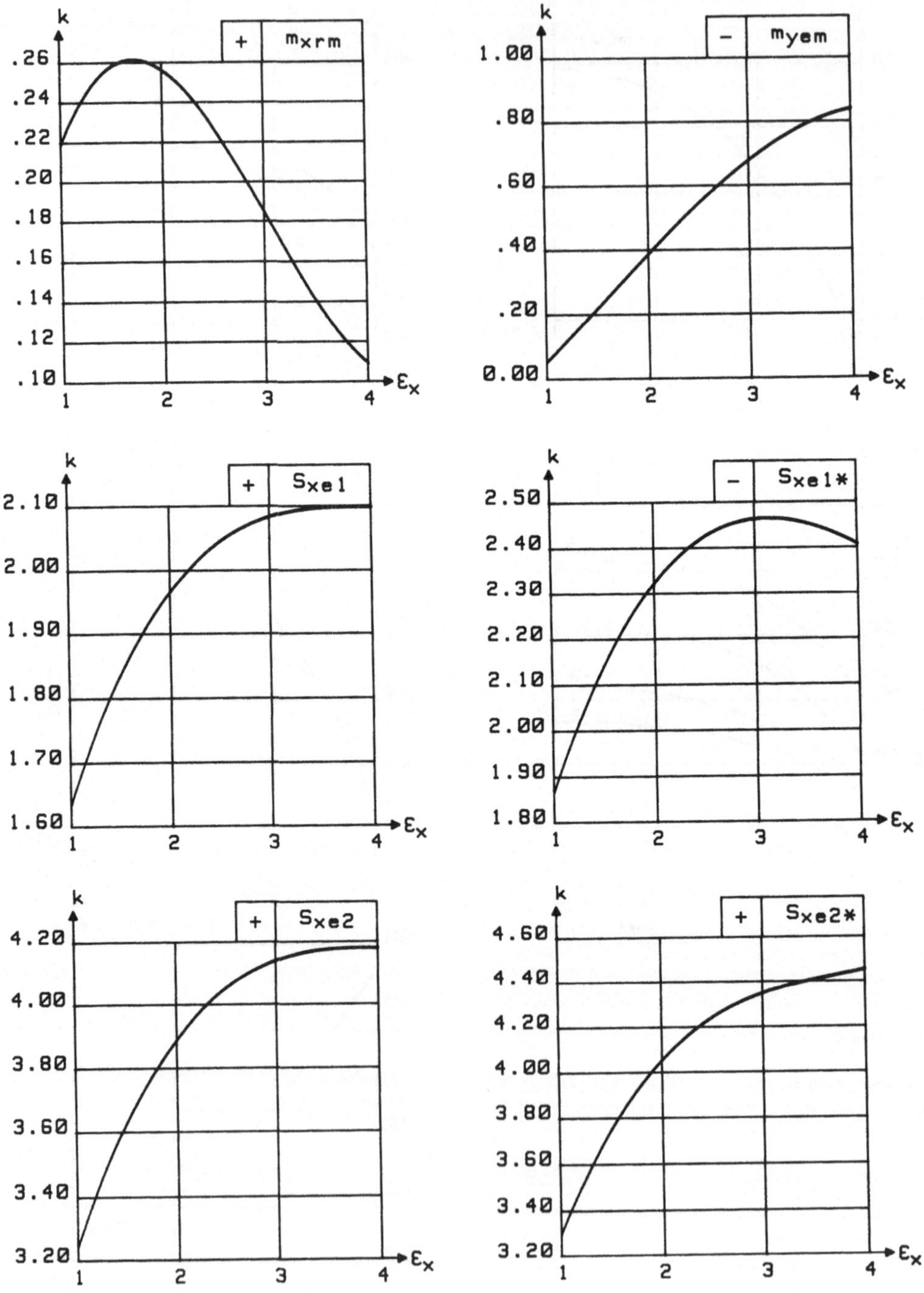

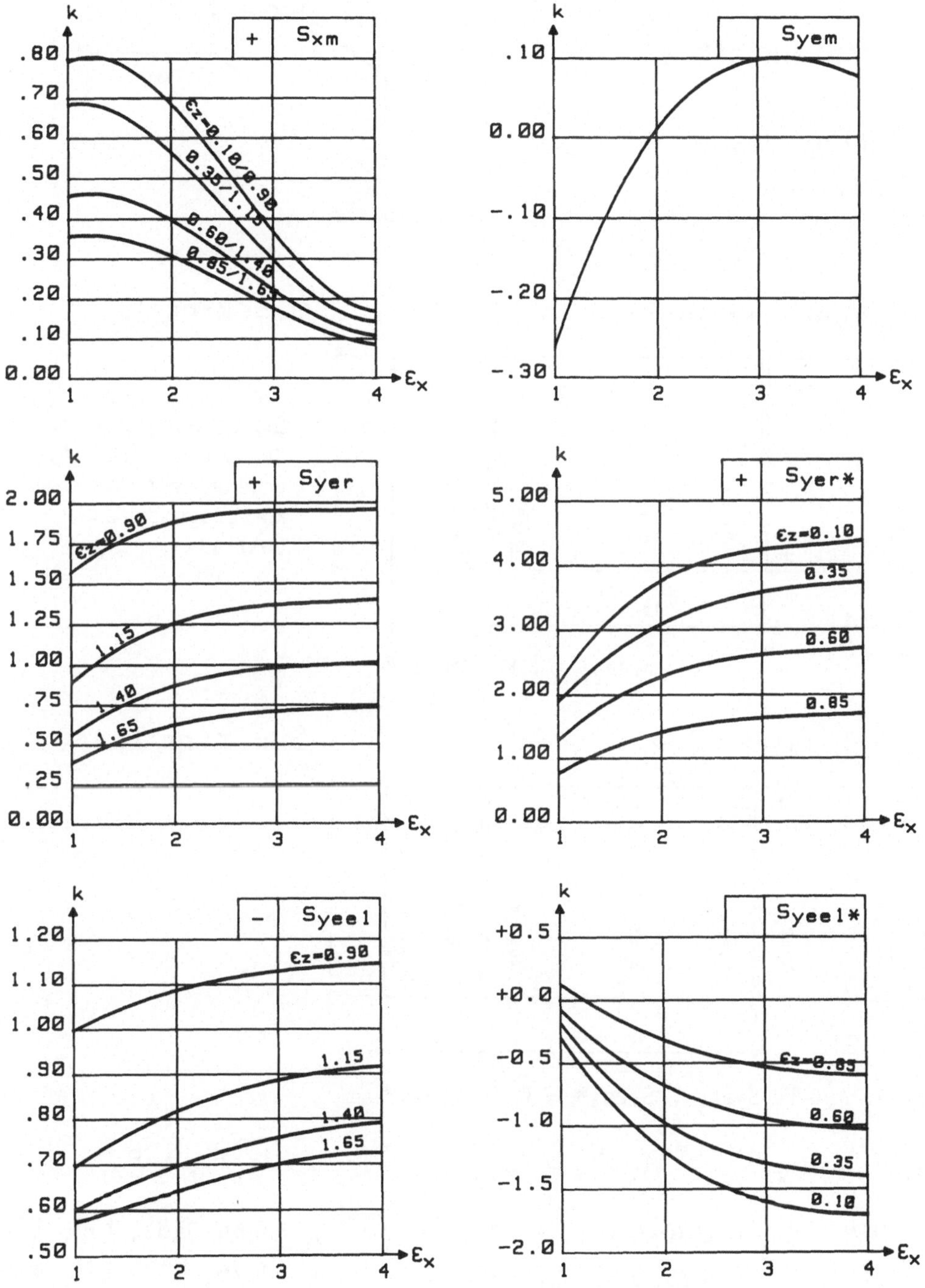
BEIWERTE k
TAFEL 13.3 <45°
k
+
Sxm
.80
.70
.60
.50
.40
.30
.20
.10
0.00
εz=0.10/0.90
0.35/1.15
0.60/1.40
0.85/1.65
1
2
3
4
εx
Syem
.10
0.00
-.10
-.20
-.30
+
Syer
2.00
1.75
1.50
1.25
1.00
.75
.50
.25
εz=0.90
1.15
1.40
1.65
Syer*
5.00
4.00
3.00
2.00
1.00
εz=0.10
0.35
0.60
0.85
-
Syeel
1.20
1.10
1.00
.90
.80
.70
.60
.50
εz=0.90
1.15
1.40
1.65
Syeel*
+0.5
+0.0
-0.5
-1.0
-1.5
-2.0
εz=0.85
0.60
0.35
0.10

Lastfall 14

Horizontalkraft an der Oberkante der Widerlagerwand (halbseitig)

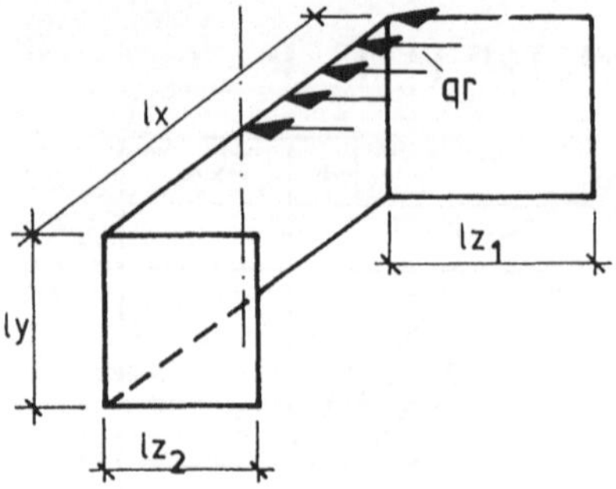

1) Biegemomente

$m = k \cdot qr \cdot ly$

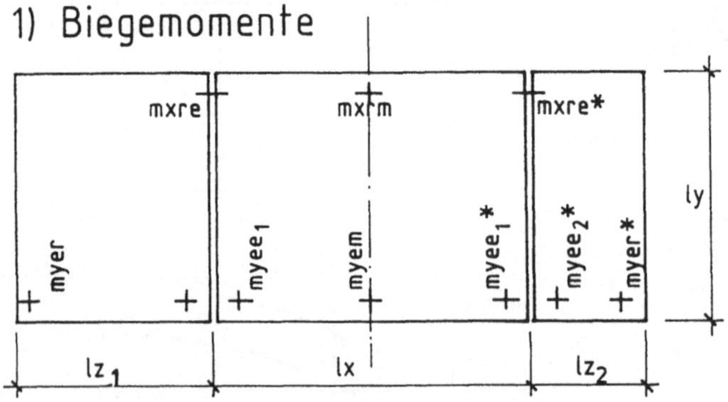

Anm.
Die Schnittgrößen an der spitzen Ecke (*) ergeben sich aus dem korresspondierenden Lastfall.

$myee_2^* \approx 0{,}10 \; myee_1^*$

2) Scheibenkräfte

$S = k \cdot qr \cdot ly$

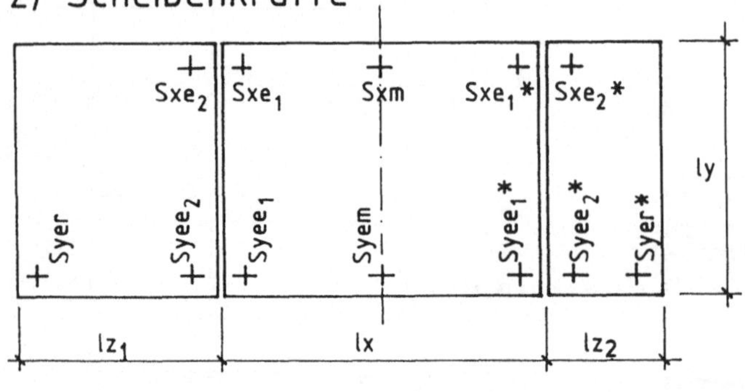

$Syee_2 = 0{,}85 \; Syee_1 \; ; \; Syee_2^* = 0{,}85 \; Syee_1^*$

$l_x / l_y = \varepsilon_x \qquad l_{z_2} / l_y = \varepsilon_{z_2} \qquad l_{z_1} / l_y = \varepsilon_{z_1}$

∢ 75°: $\varepsilon_{z_2} = 0{,}40 ; 0{,}65 ; 0{,}90 ; 1{,}15$ $\qquad \varepsilon_{z_1} = 0{,}60 ; 0{,}85 ; 1{,}10 ; 1{,}35$

∢ 60°: $\varepsilon_{z_2} = 0{,}25 ; 0{,}50 ; 0{,}75 ; 1{,}00$ $\qquad \varepsilon_{z_1} = 0{,}75 ; 1{,}00 ; 1{,}25 ; 1{,}50$

∢ 45°: $\varepsilon_{z_2} = 0{,}10 ; 0{,}35 ; 0{,}60 ; 0{,}85$ $\qquad \varepsilon_{z_1} = 0{,}90 ; 1{,}15 ; 1{,}45 ; 1{,}65$

BEIWERTE k
TAFEL 14.1 <75°
– mxre
– mxre*
εz=1.15
0.90
0.65
0.40
+ myer
+ myer*
εz=0.40/0.65
0.90
1.15
– myeel
εz=0.60
0.85
1.10
1.35
– myeel*
εz=0.40
0.65
0.90
1.15
k
εx

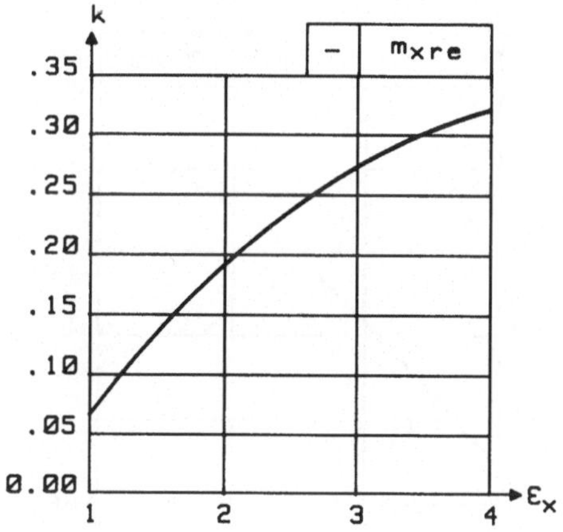

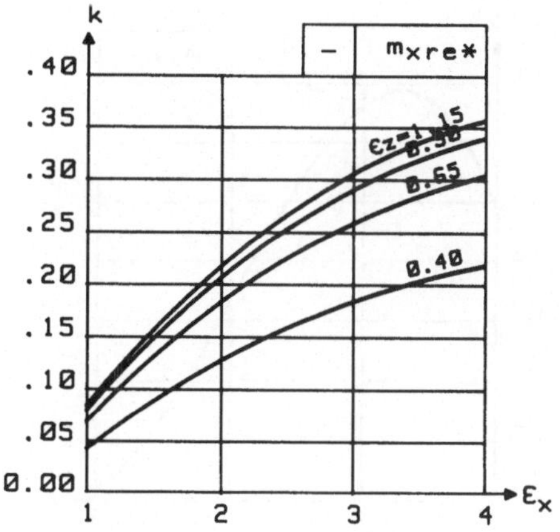

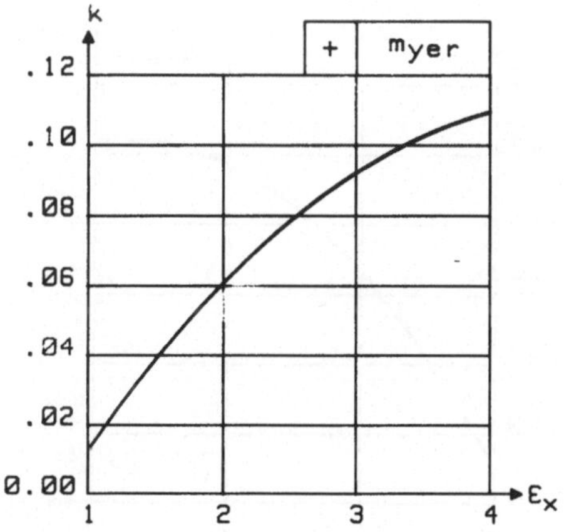

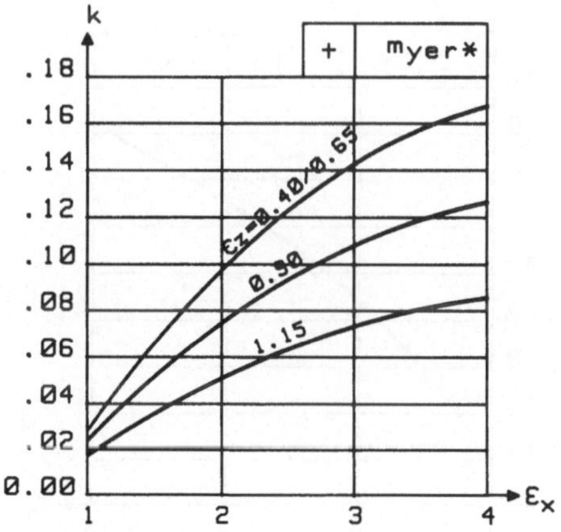

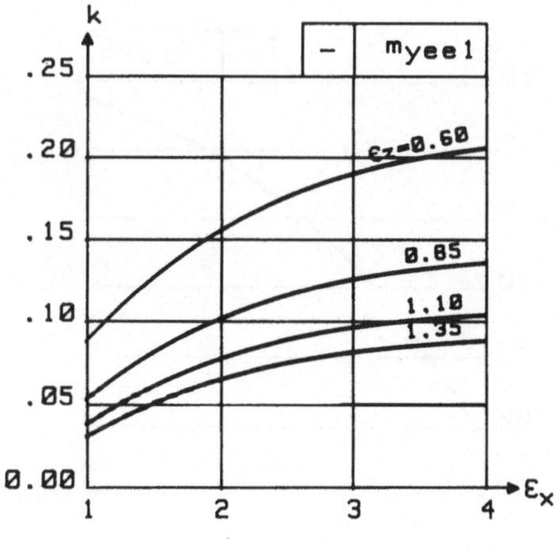

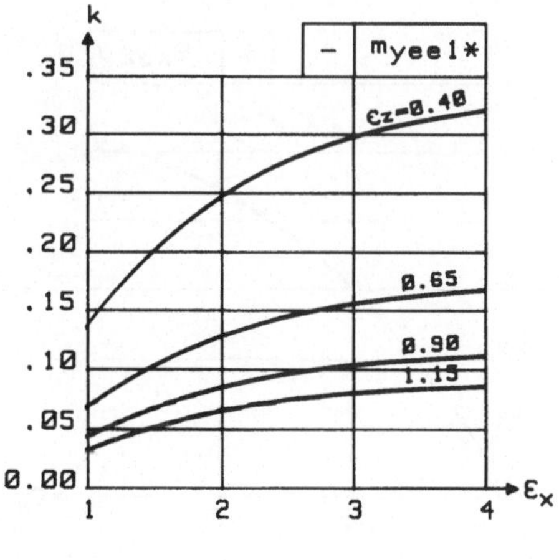

BEIWERTE k TAFEL 14.2 <75°

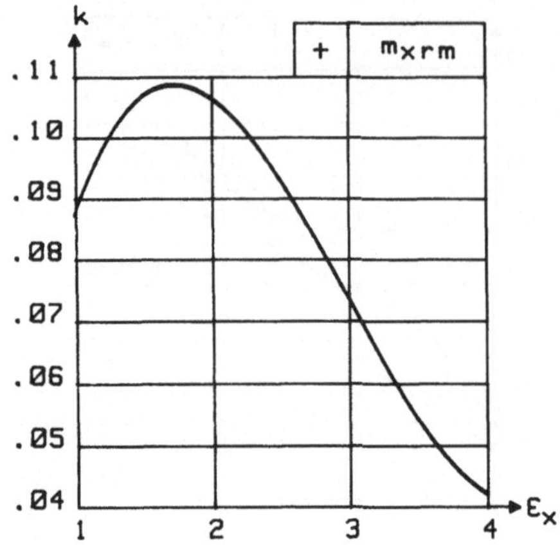

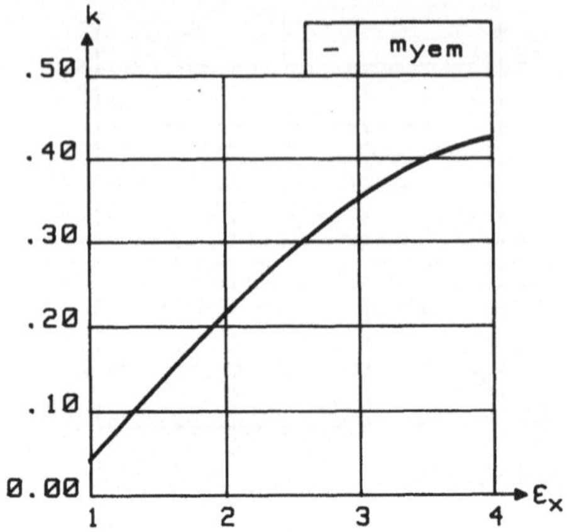

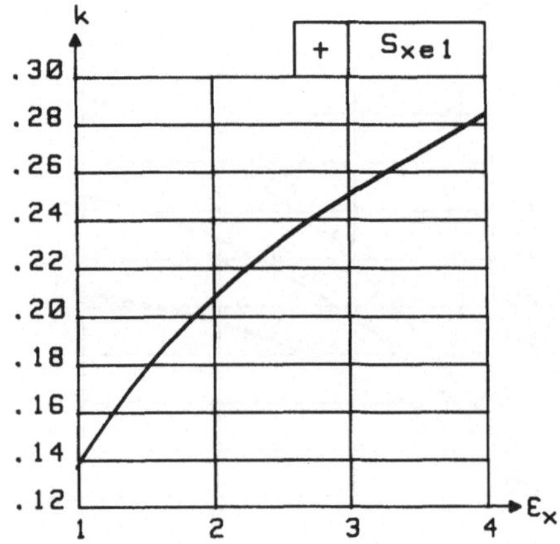

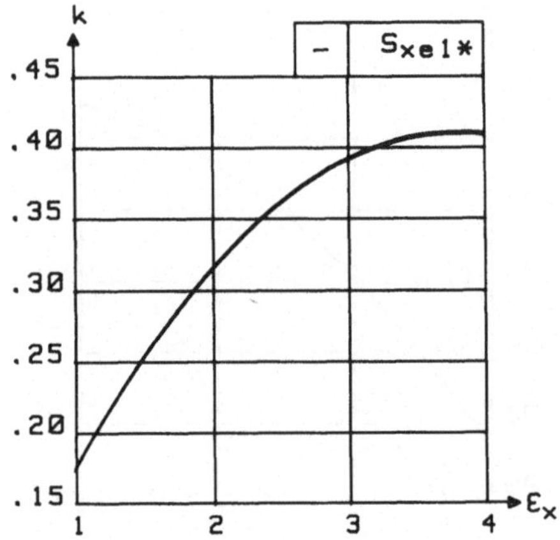

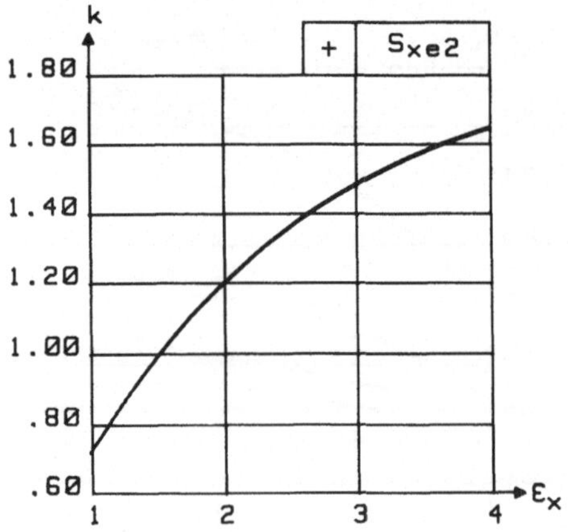

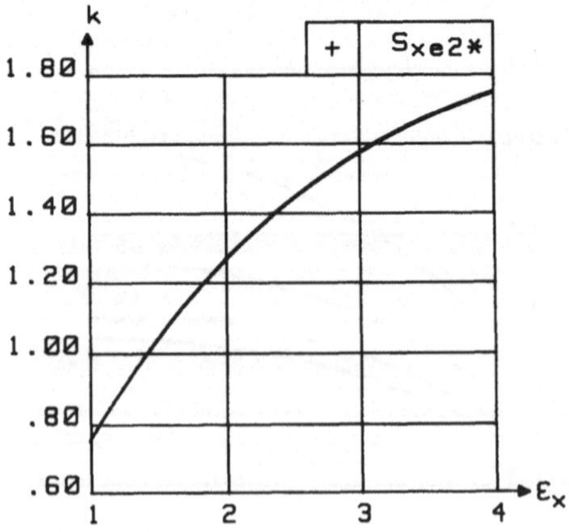

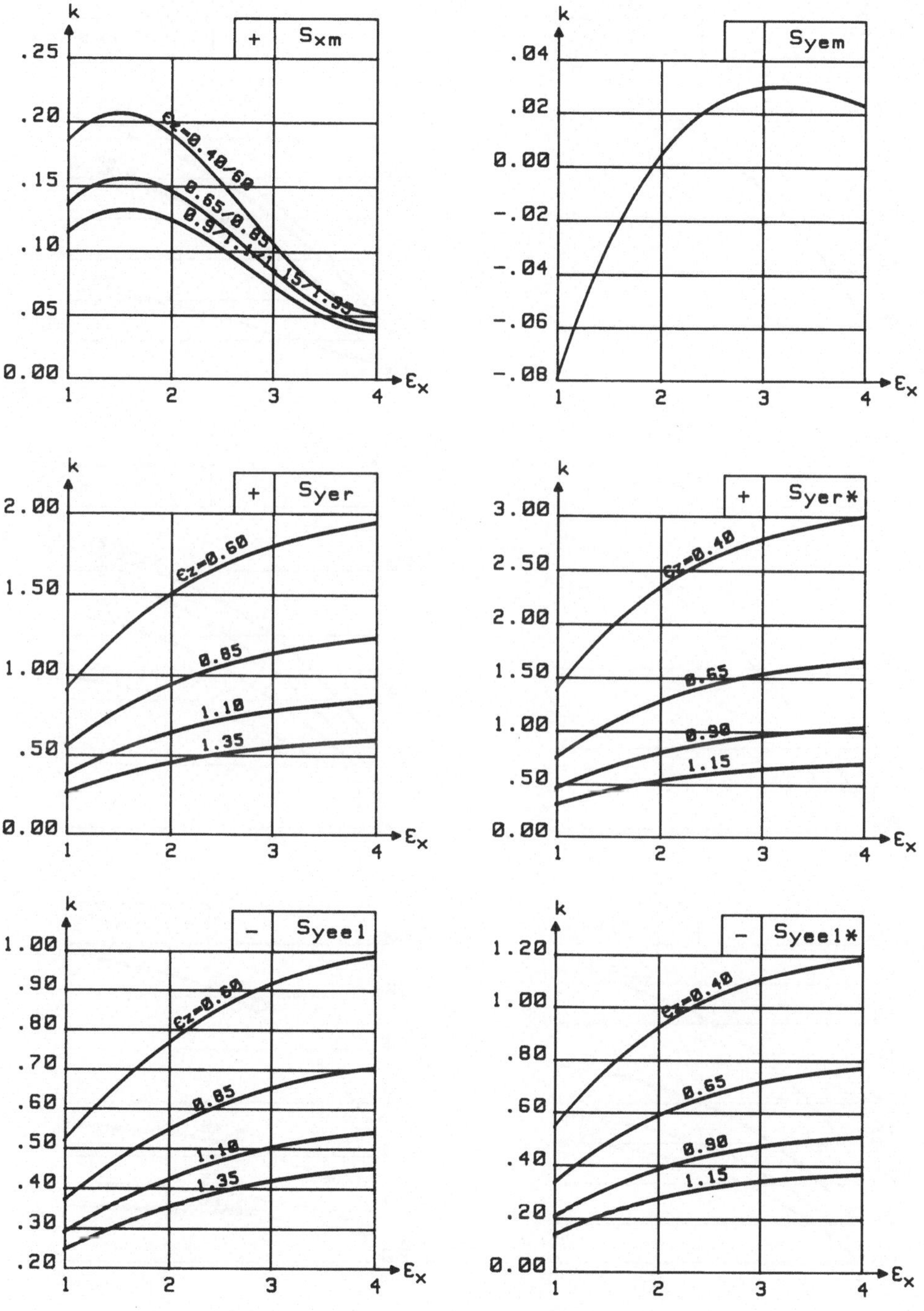

BEIWERTE k
TAFEL 14.3 <75°
+ Sxm
εz=0.40/60
0.65/0.85
0.9/1.1/1.15/1.35
Syem
+ Syer
εz=0.60
0.85
1.10
1.35
+ Syer*
εz=0.40
0.65
0.90
1.15
− Syee1
εz=0.60
0.85
1.10
1.35
− Syee1*
εz=0.40
0.65
0.90
1.15
k
εx

BEIWERTE k TAFEL 14.1 <60°

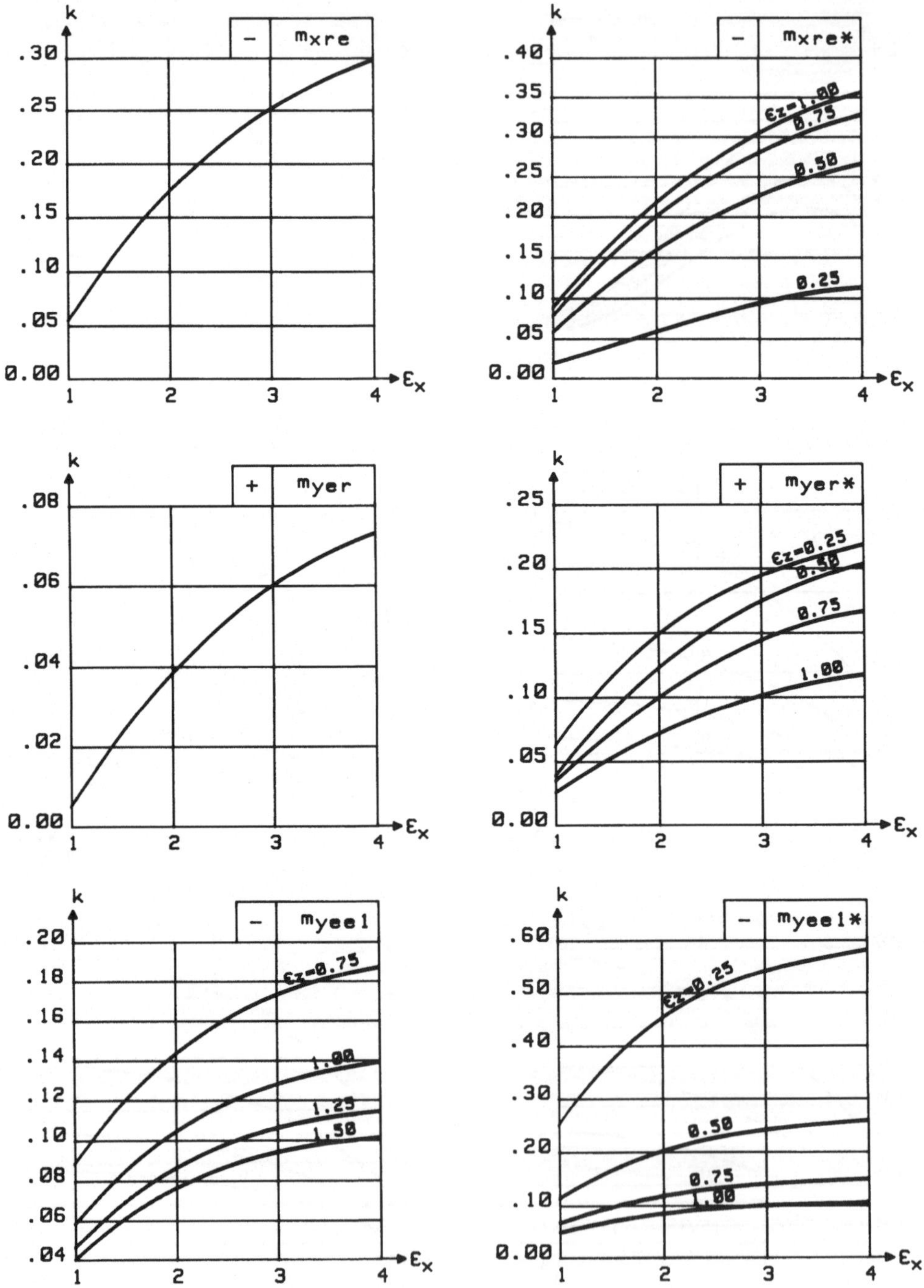

BEIWERTE k TAFEL 14.2 <60°

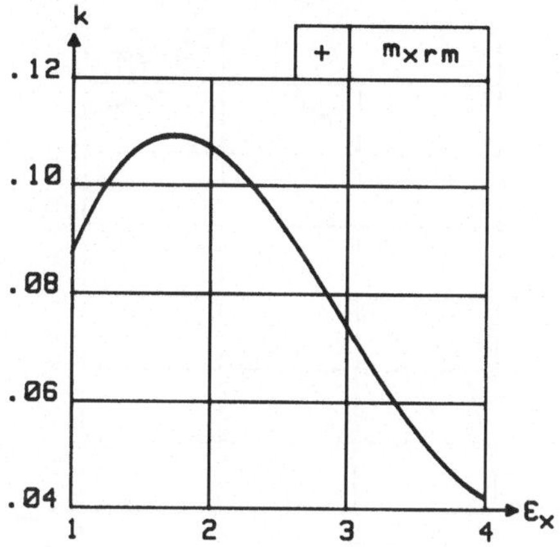

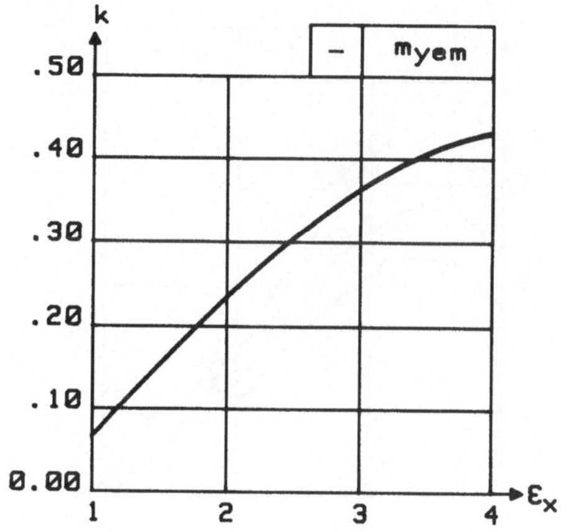

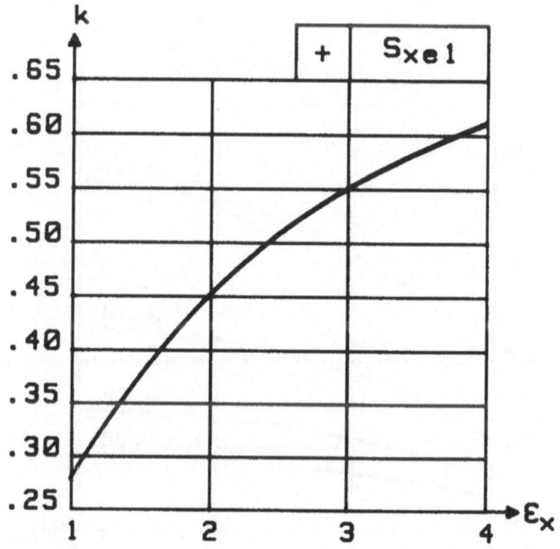

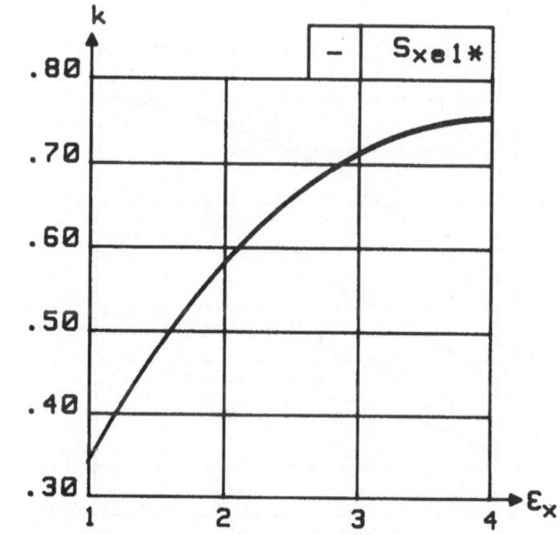

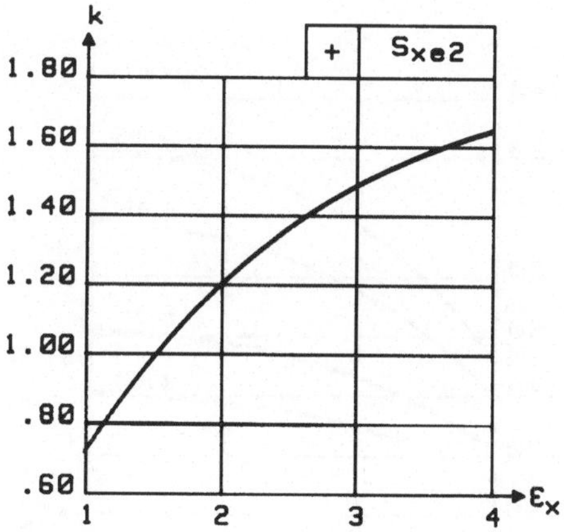

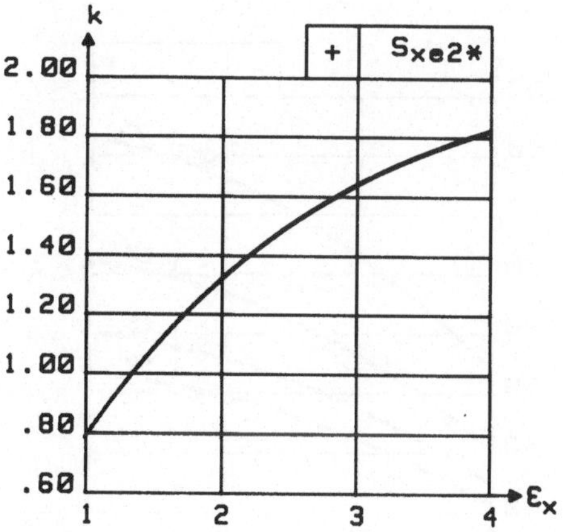

BEIWERTE k TAFEL 14.3 <60°

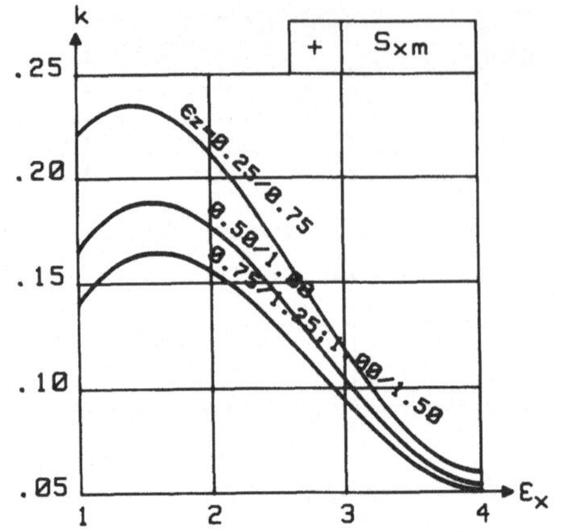

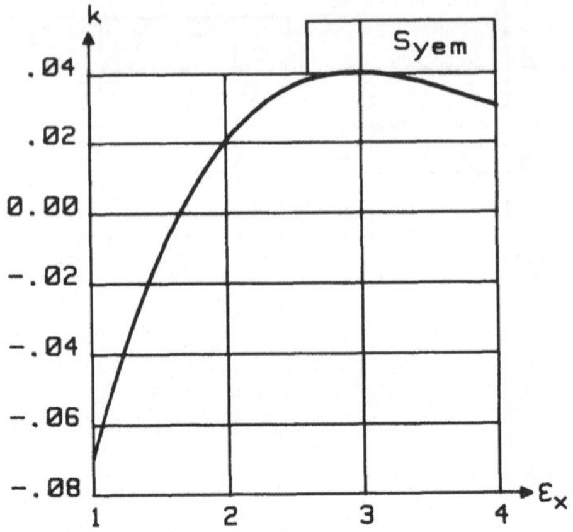

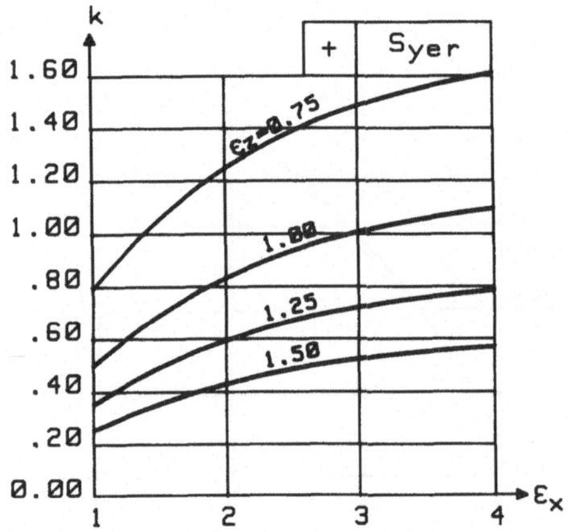

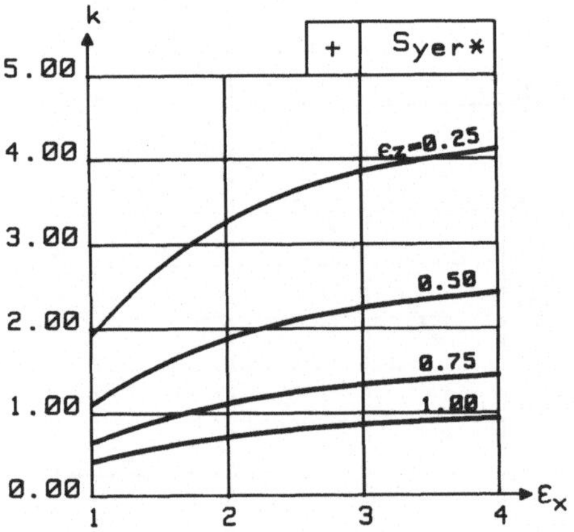

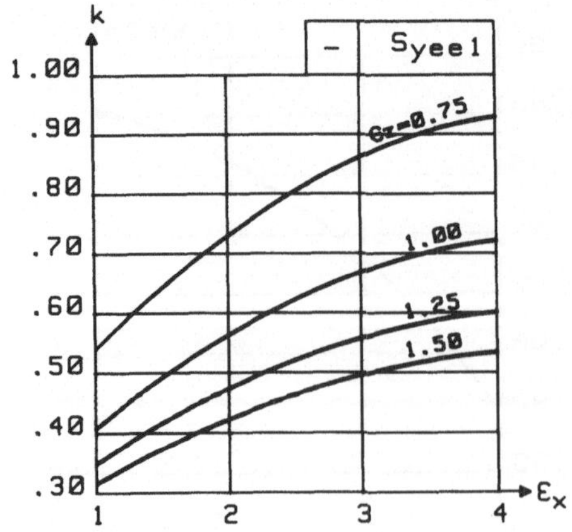

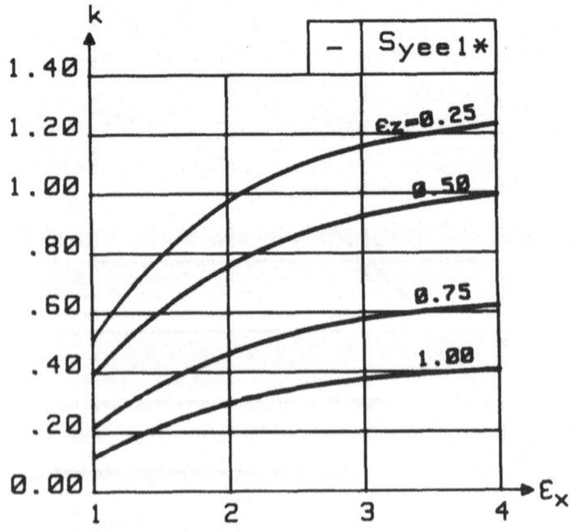

BEIWERTE k
TAFEL 14.1 ‹45°
k
– mxre
.25
.20
.15
.10
.05
0.00
1 2 3 4 εx
k
mxre*
.05
0.00
-.05
-.10
-.15
-.20
-.25
-.30
-.35
εz=0.10
0.35
0.60
0.85
1 2 3 4 εx
k
myer
.04
.03
.02
.01
0.00
-.01
1 2 3 4 εx
k
+ myer*
.40
.35
.30
.25
.20
.15
.10
.05
0.00
εz=0.10
0.35
0.60
0.85
1 2 3 4 εx
k
– myeel
.22
.20
.18
.16
.14
.12
.10
.08
.06
εz=0.90
1.15
1.40
1.85
1 2 3 4 εx
k
– myeel*
1.00
.80
.60
.40
.20
0.00
εz=0.10
0.35
0.60
0.85
1 2 3 4 εx

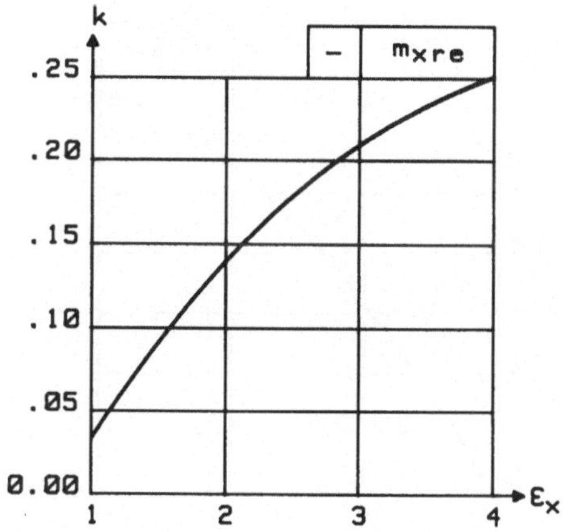

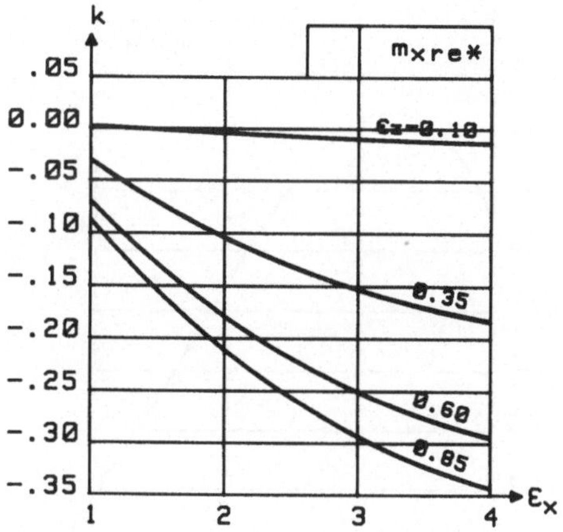

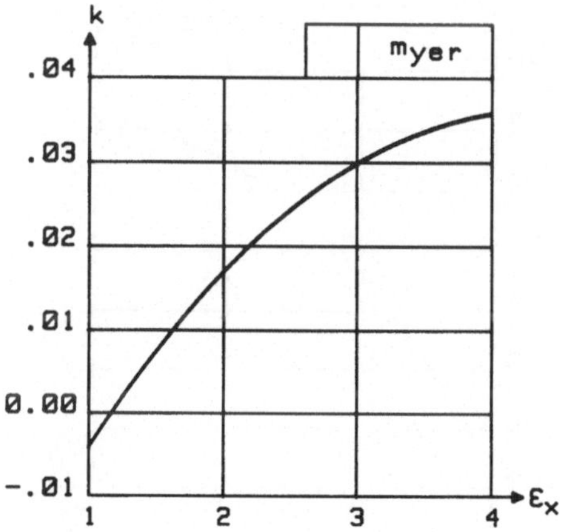

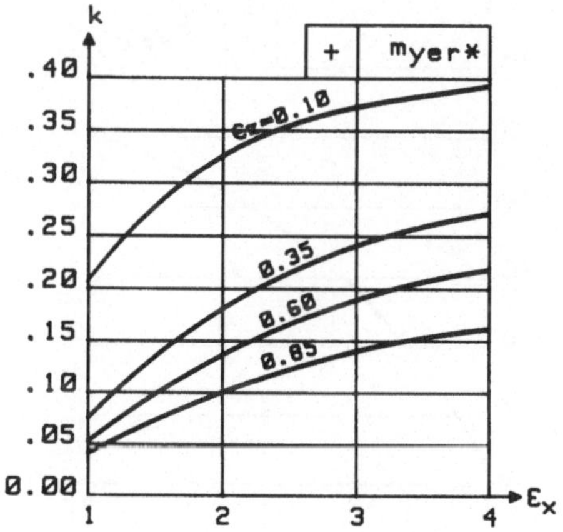

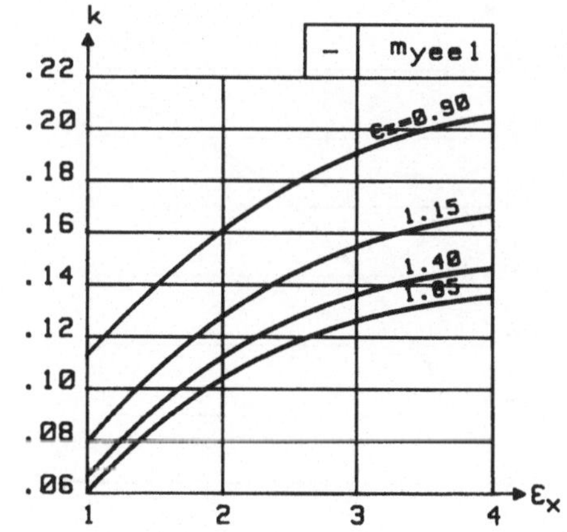

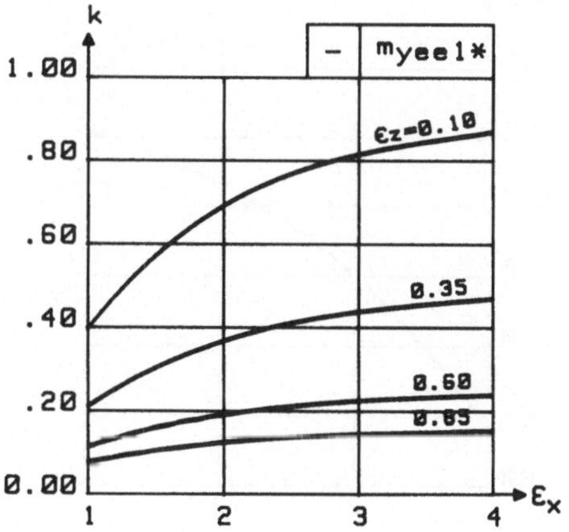

BEIWERTE k   TAFEL 14.2 <45°

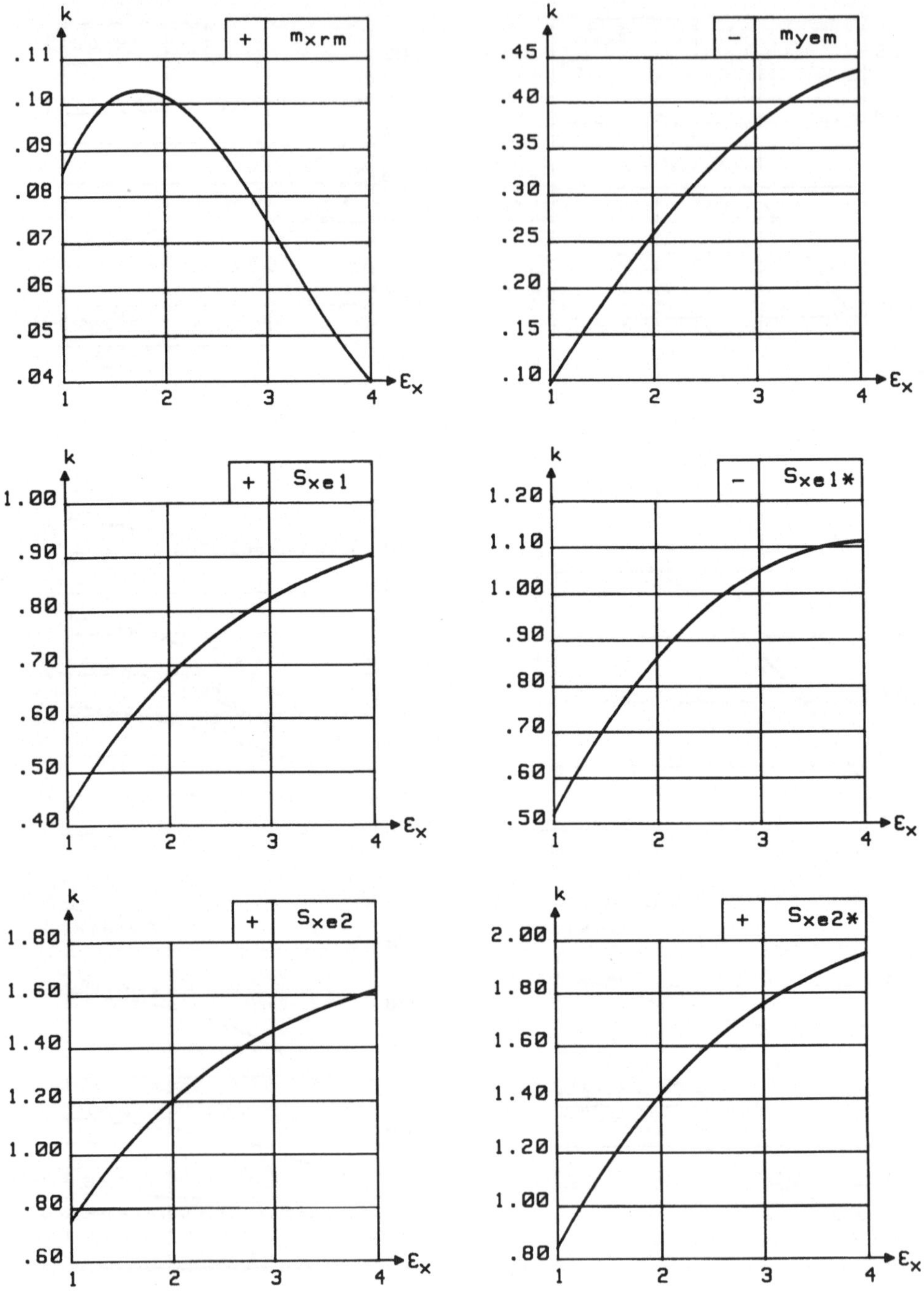

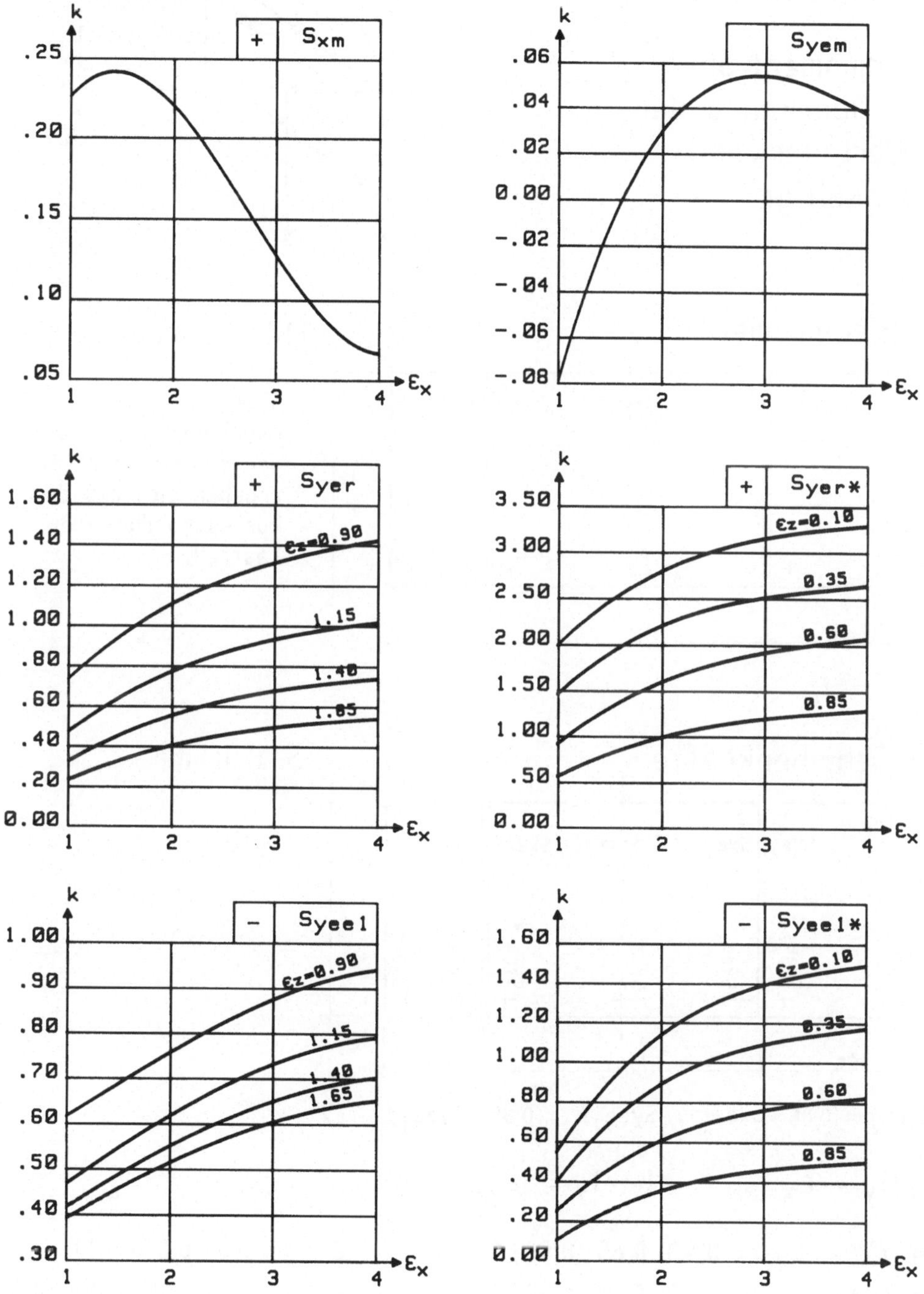
BEIWERTE k
TAFEL 14.3 <45°
k
+
Sxm
.25
.20
.15
.10
.05
1
2
3
4
εx
Syem
.06
.04
.02
0.00
-.02
-.04
-.06
-.08
Syer
1.60
1.40
1.20
1.00
.80
.60
.40
.20
0.00
εz=0.90
1.15
1.40
1.65
Syer*
3.50
3.00
2.50
2.00
1.50
1.00
.50
εz=0.10
0.35
0.60
0.85
-
Syeel
.90
.80
.70
.60
.50
.40
.30
Syeel*

Lastfall 15

Randmoment an der Oberkante der Widerlagerwand (halbseitig)

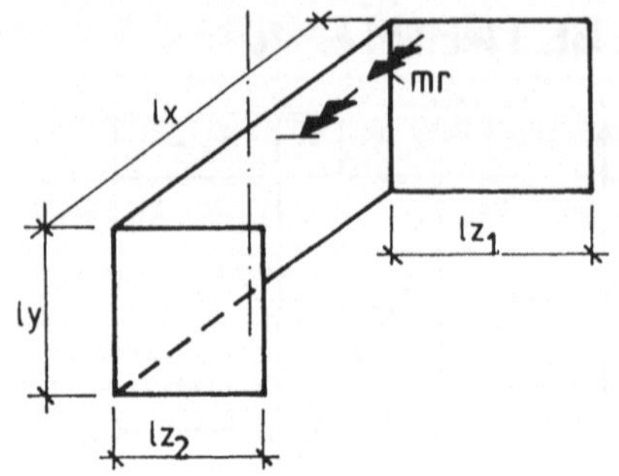

1) Biegemomente

$m = k \cdot mr$

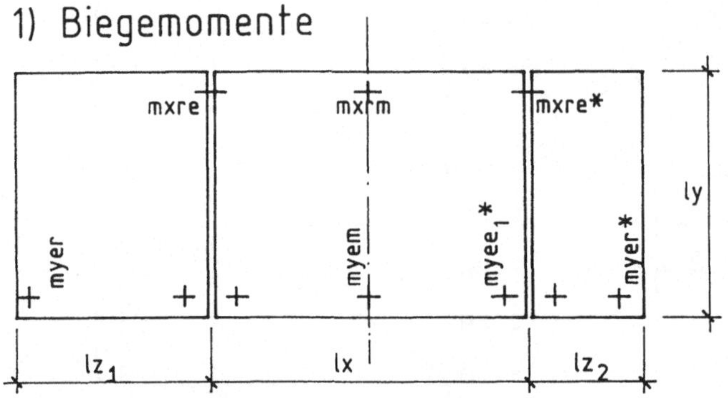

Anm.
Die Schnittgrößen an der spitzen Ecke (*) ergeben sich aus dem korrespondierenden Lastfall.

2) Scheibenkräfte

$S = k \cdot mr$

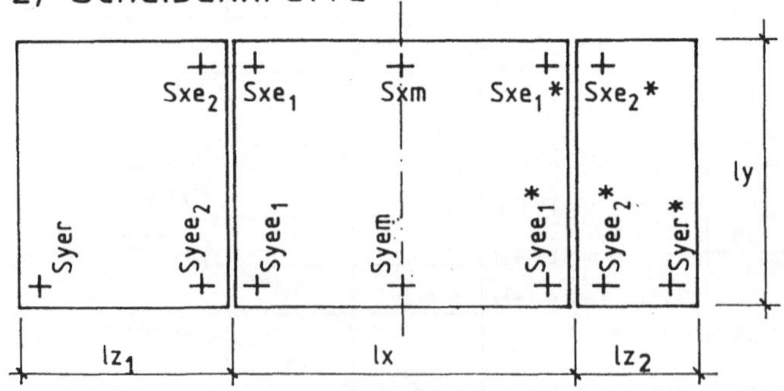

$Syee_2 = 0{,}85\ Syee_1\ ;\ Syee_2^* = 0{,}85\ Syee_1^*$

$l_x / l_y = \varepsilon_x \qquad l_{z_2} / l_y = \varepsilon_{z_2} \qquad l_{z_1} / l_y = \varepsilon_{z_1}$

∢ 75°: ε_{z_2} = 0,40; 0,65; 0,90; 1,15 — ε_{z_1} = 0,60; 0,85; 1,10; 1,35

∢ 60°: ε_{z_2} = 0,25; 0,50; 0,75; 1,00 — ε_{z_1} = 0,75; 1,00; 1,25; 1,50

∢ 45°: ε_{z_2} = 0,10; 0,35; 0,60; 0,85 — ε_{z_1} = 0,90; 1,15; 1,45; 1,65

BEIWERTE k

TAFEL 15.1 <75°

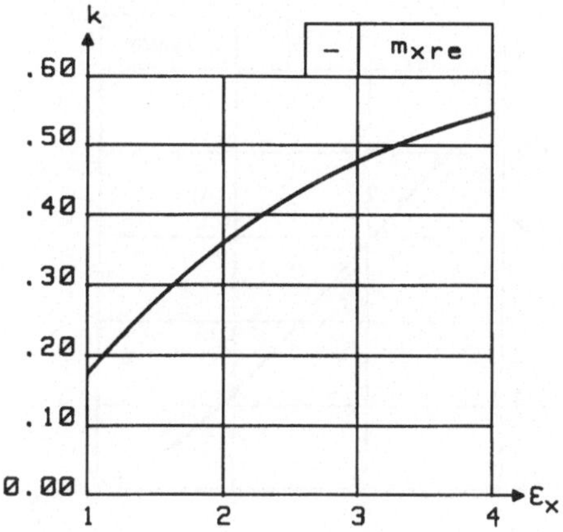

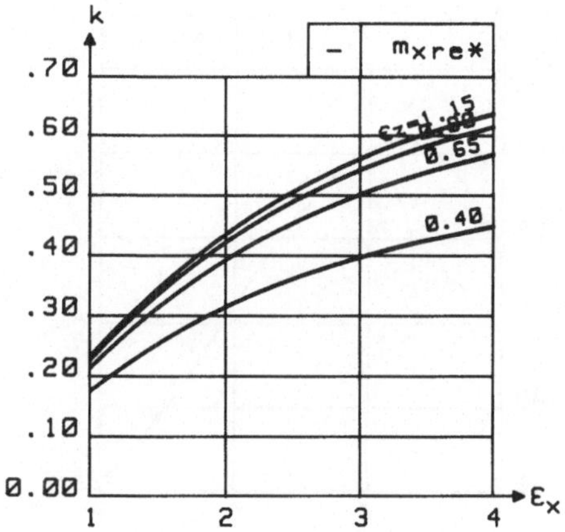

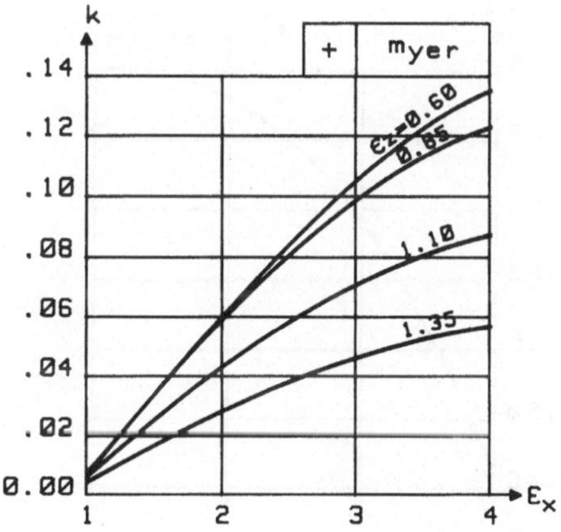

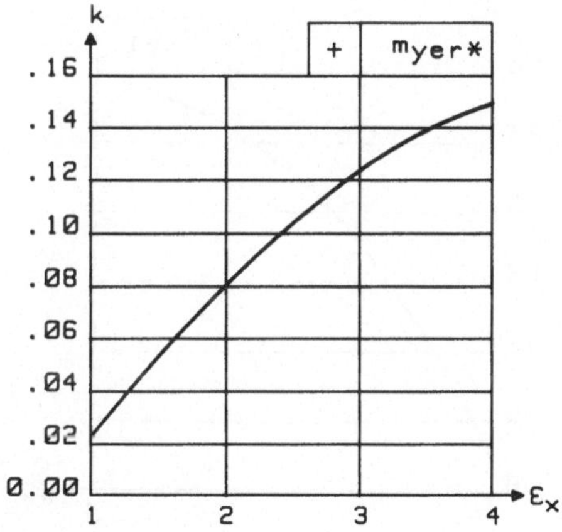

myeel = 0

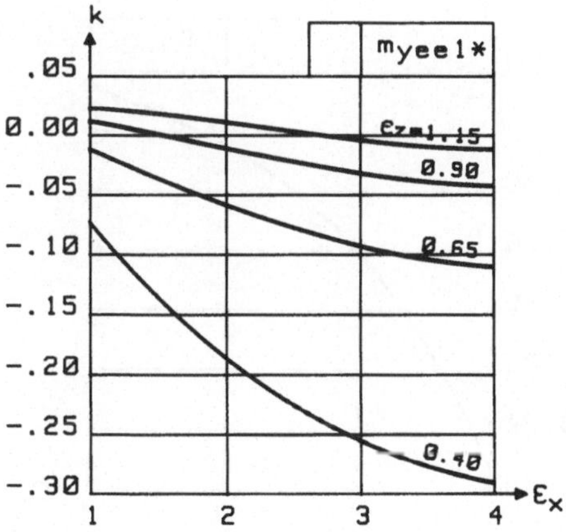

BEIWERTE k **TAFEL 15.2 <75°**

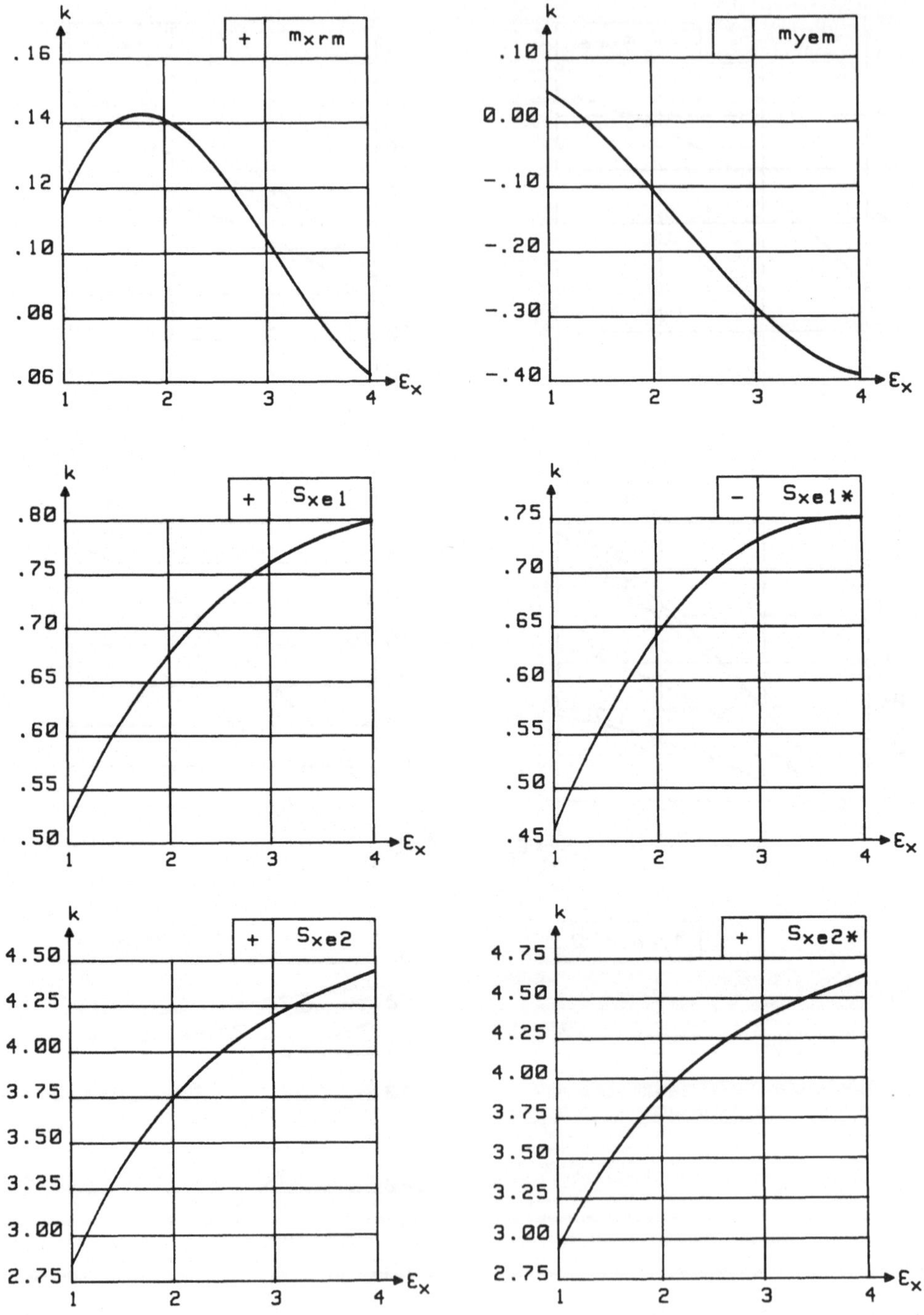

BEIWERTE k TAFEL 15.3 <75°

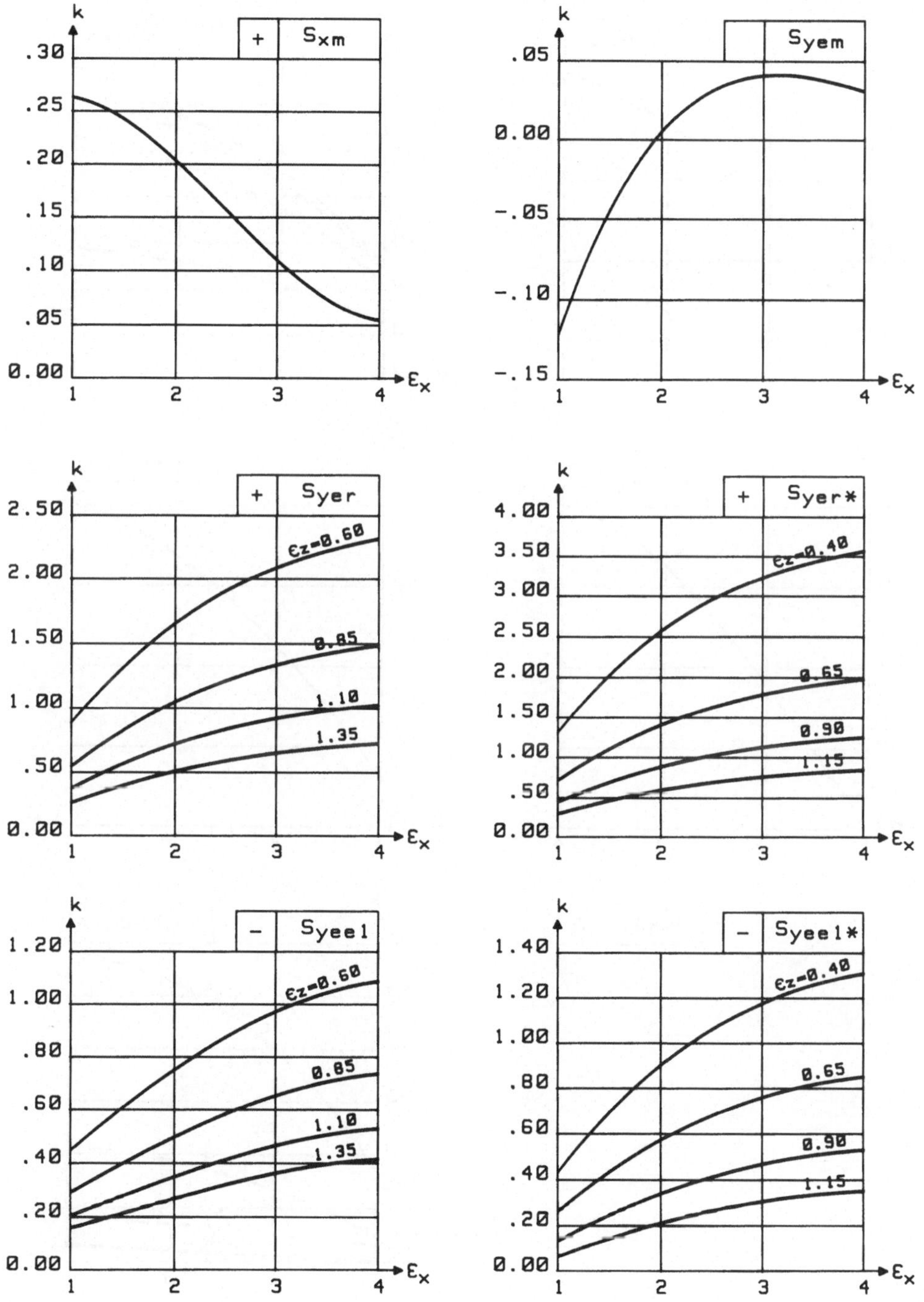

BEIWERTE k   TAFEL 15.1 <60°

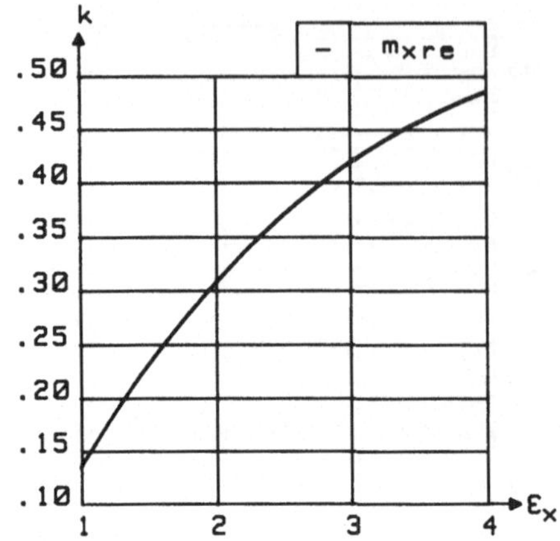

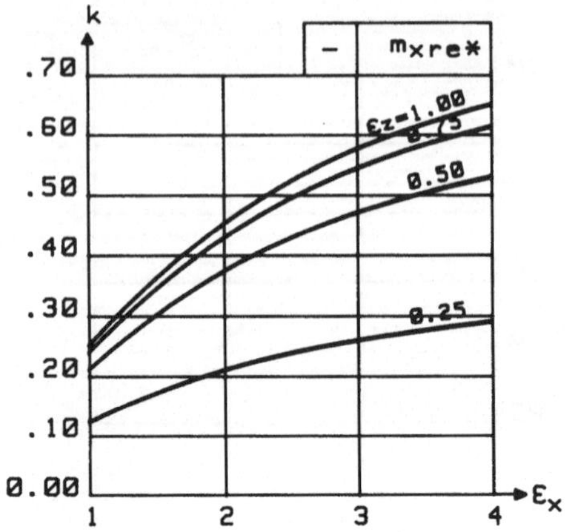

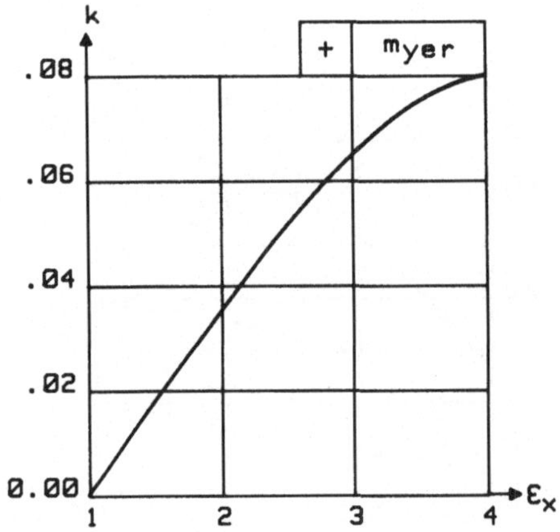

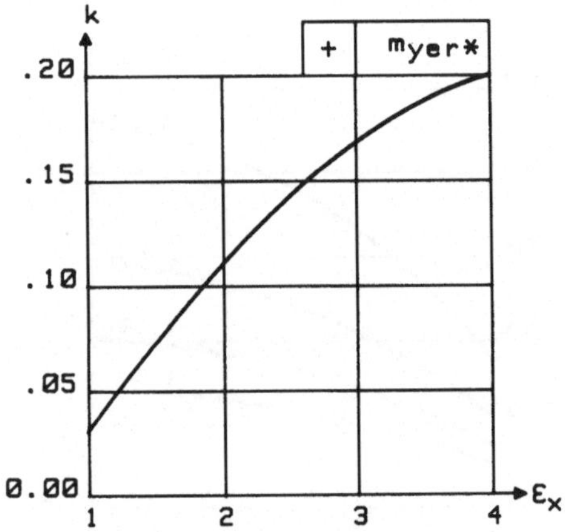

myeel = 0

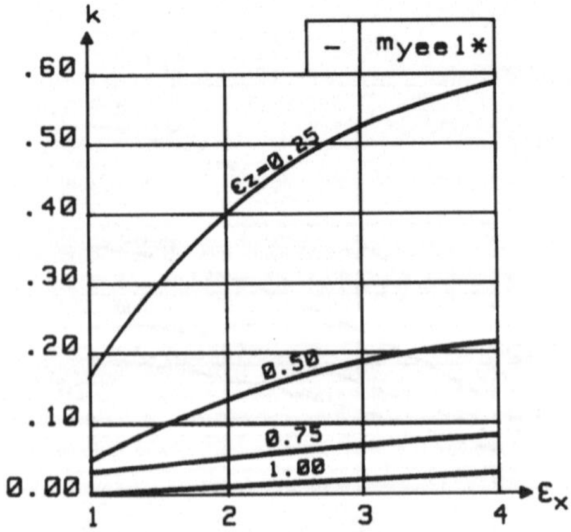

BEIWERTE k

TAFEL 15.2 <60°

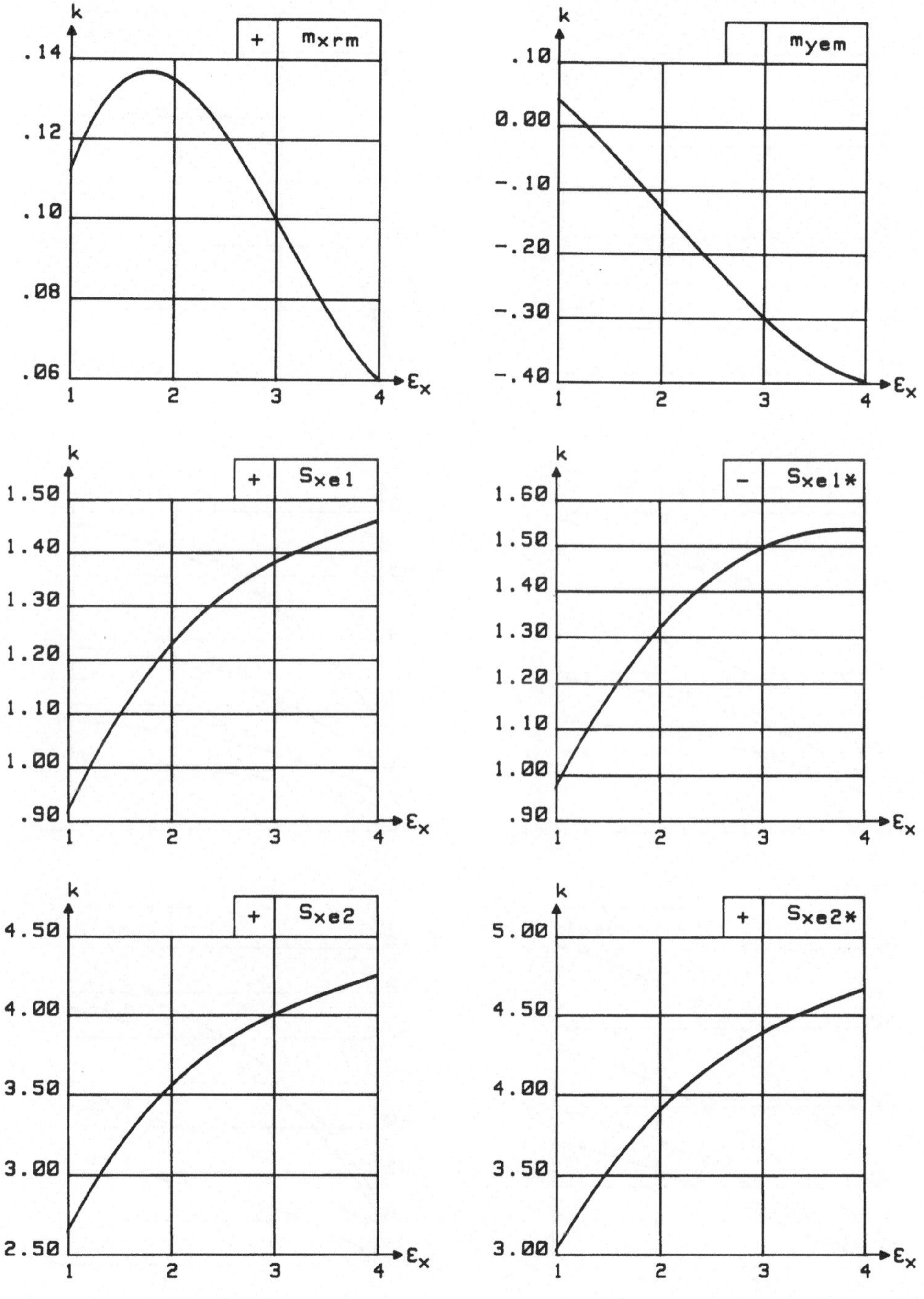

BEIWERTE k TAFEL 15.3 <60°

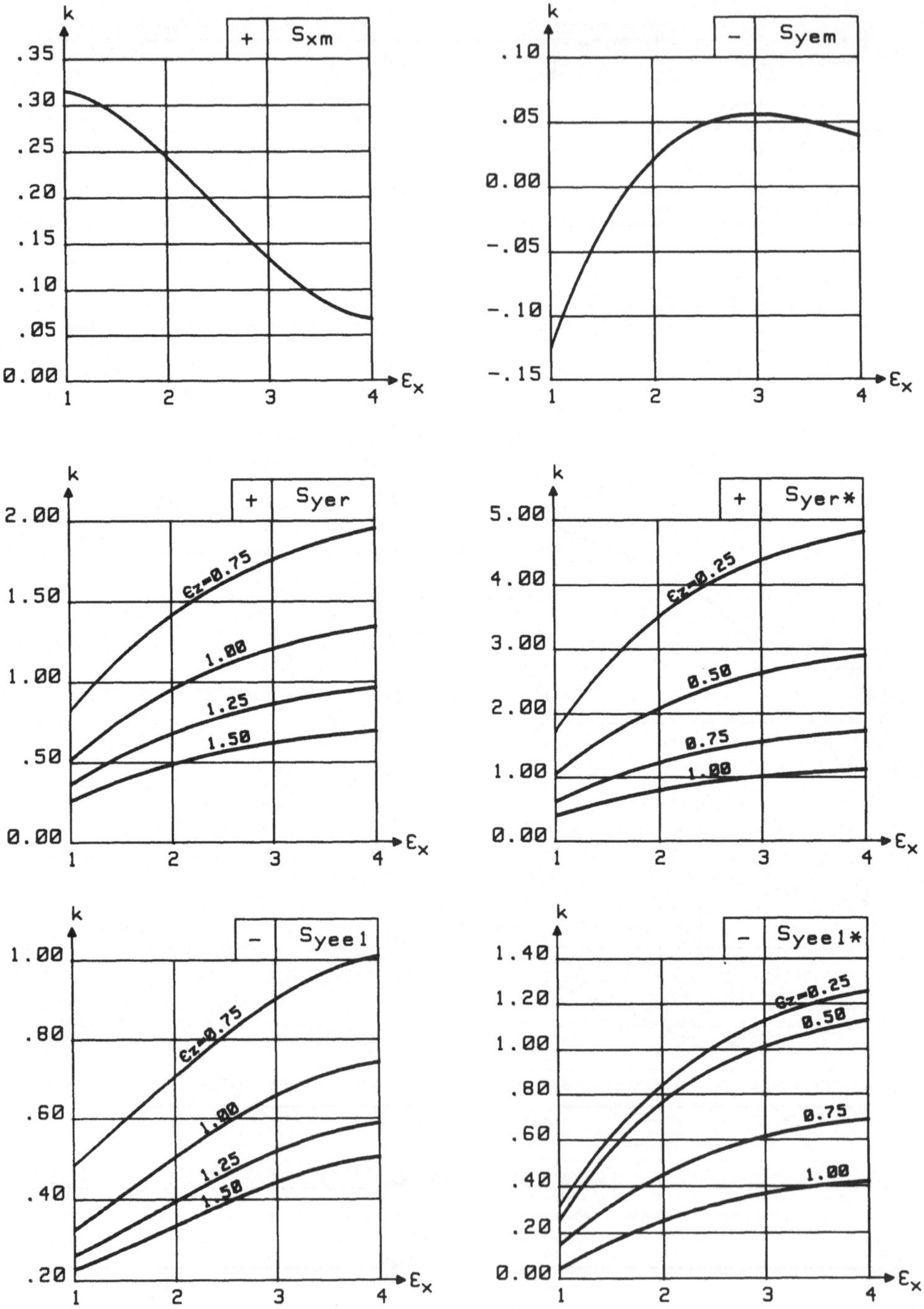

BEIWERTE k

TAFEL 15.1 <45°

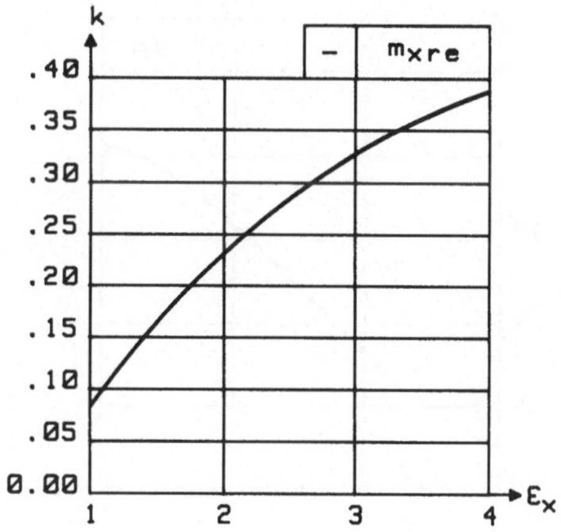

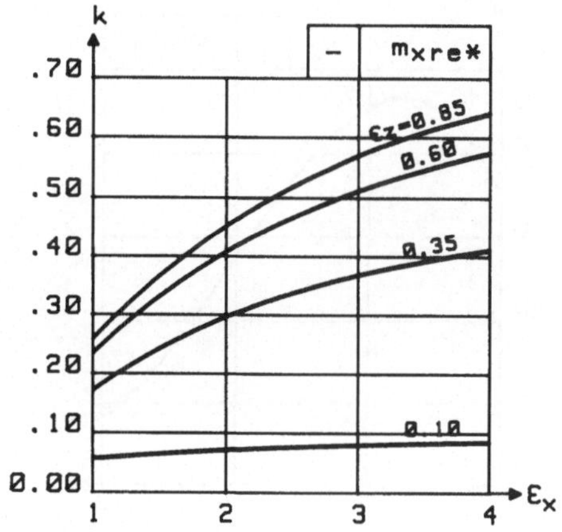

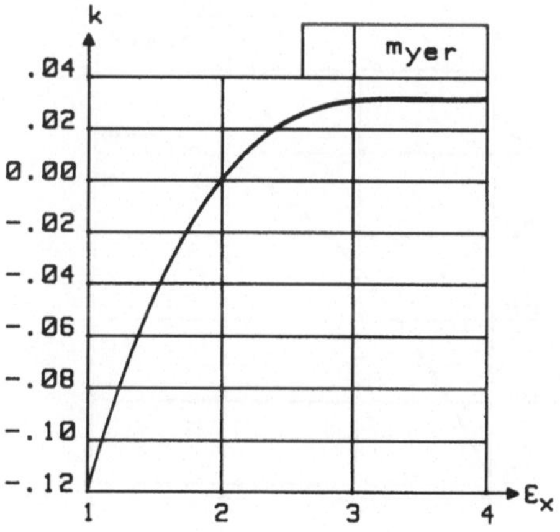

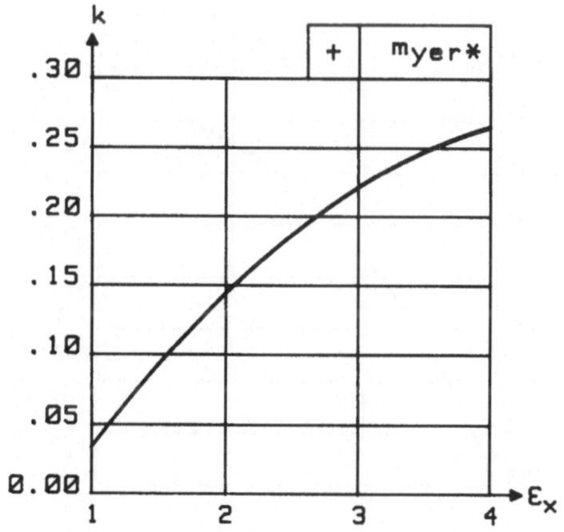

$m_{yeel} = 0$

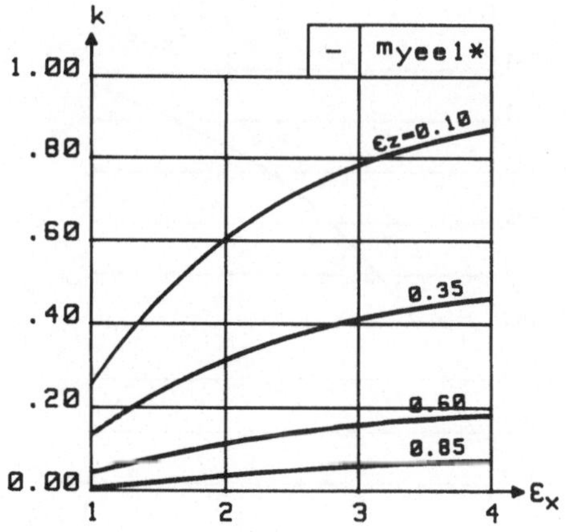

BEIWERTE k TAFEL 15.2 <45°

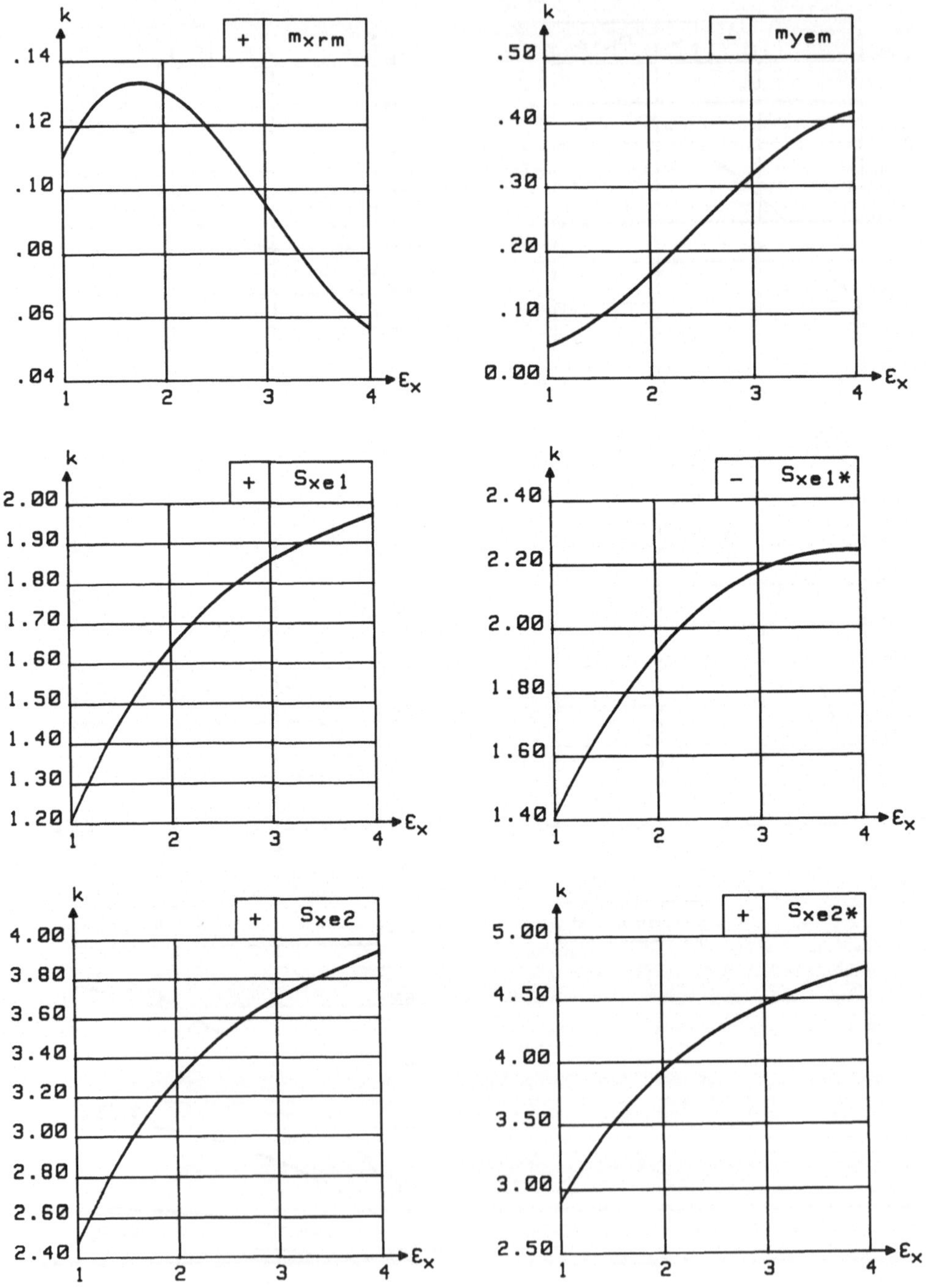

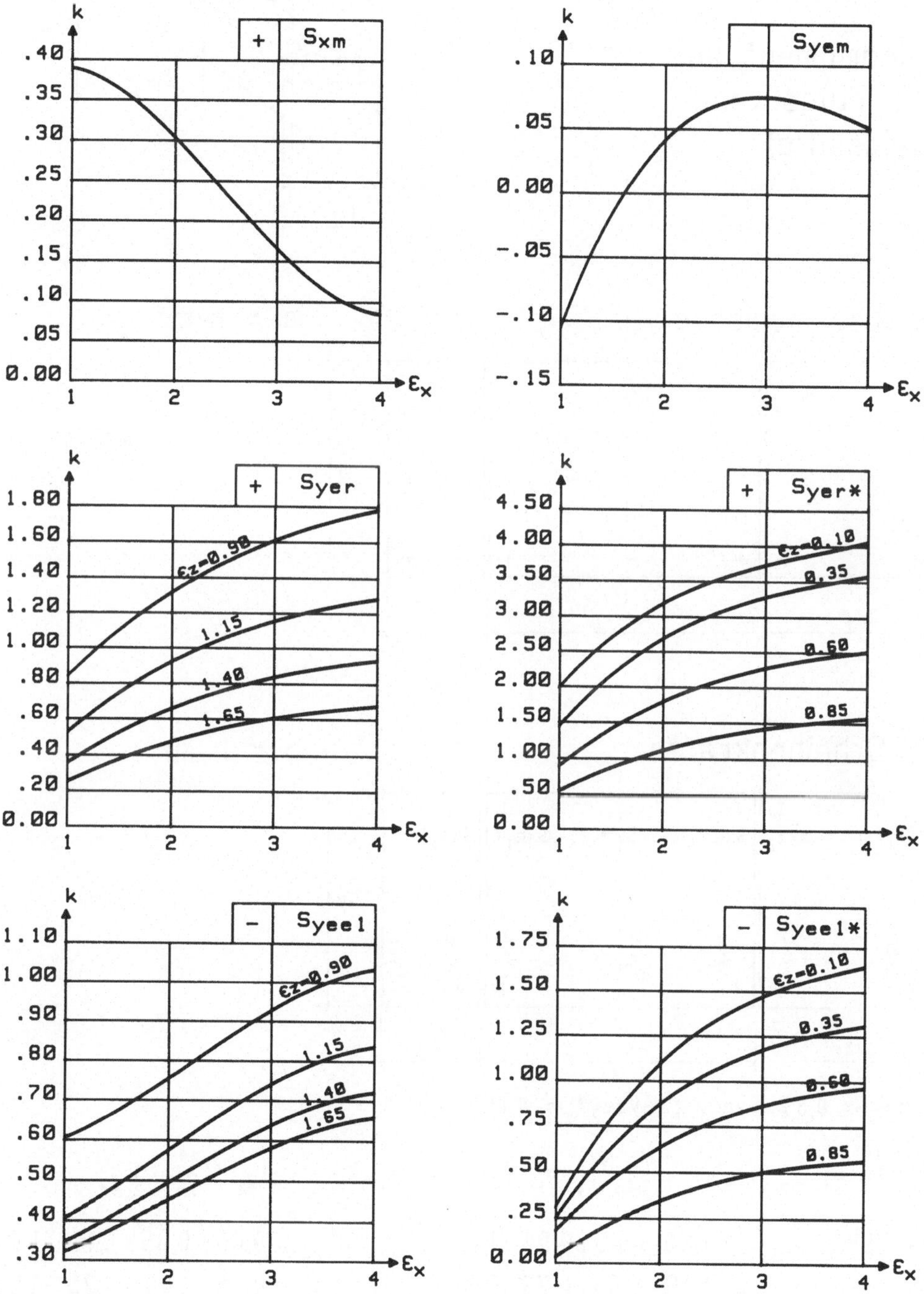

BEIWERTE k
TAFEL 15.3 <45°
k
+
Sxm
.40
.35
.30
.25
.20
.15
.10
.05
0.00
1
2
3
4
εx
Syem
.10
.05
0.00
-.05
-.10
-.15
Syer
1.80
1.60
1.40
1.20
1.00
.80
.60
.40
.20
εz=0.90
1.15
1.40
1.65
Syer*
4.50
4.00
3.50
3.00
2.50
2.00
1.50
1.00
.50
εz=0.10
0.35
0.60
0.85
−
Syeel
1.10
1.00
.90
.80
.70
.60
.50
.40
.30
Syeel*
1.75
1.50
1.25
1.00
.75
.50
.25

Lastfall 16

Randmoment an der Flügelwand (beidseitig)

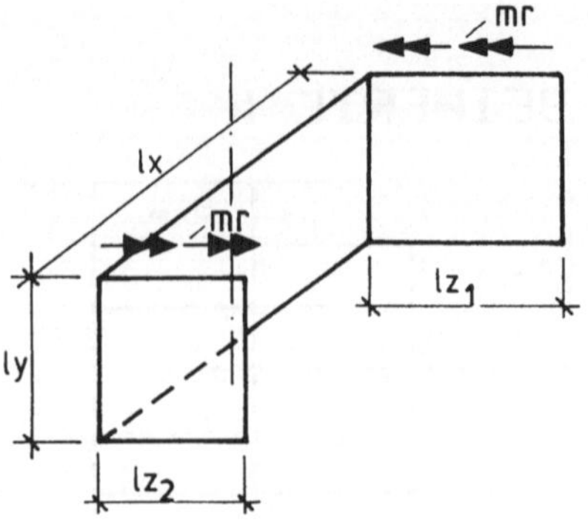

1) Biegemomente

$m = k \cdot mr$

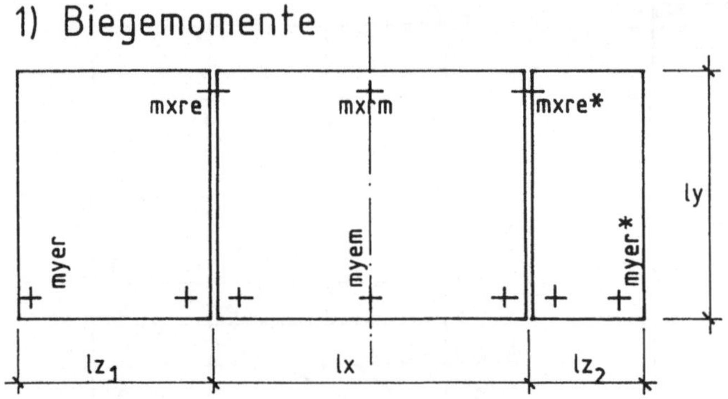

2) Scheibenkräfte

$S = k \cdot mr$

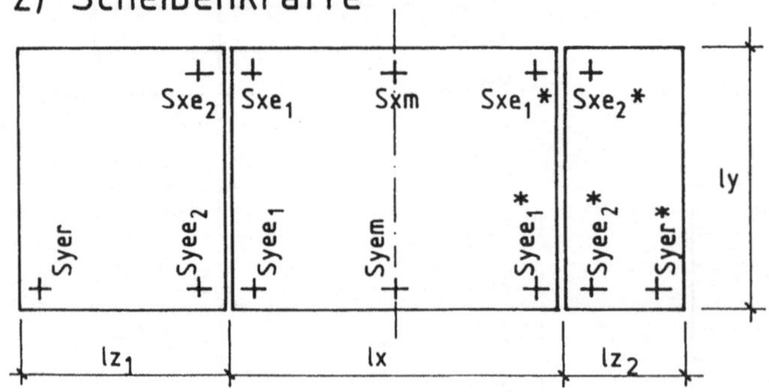

$Syee_2 = 0{,}85\ Syee_1\ ;\ Syee_2{*} = 0{,}85\ Syee_1{*}$

$l_x/l_y = \varepsilon_x \qquad l_{z_2}/l_y = \varepsilon_{z_2} \qquad l_{z_1}/l_y = \varepsilon_{z_1}$

∢ 75°:	$\varepsilon_{z_2} = 0{,}40;\ 0{,}65;\ 0{,}90;\ 1{,}15$	$\varepsilon_{z_1} = 0{,}60;\ 0{,}85;\ 1{,}10;\ 1{,}35$
∢ 60°:	$\varepsilon_{z_2} = 0{,}25;\ 0{,}50;\ 0{,}75;\ 1{,}00$	$\varepsilon_{z_1} = 0{,}75;\ 1{,}00;\ 1{,}25;\ 1{,}50$
∢ 45°:	$\varepsilon_{z_2} = 0{,}10;\ 0{,}35;\ 0{,}60;\ 0{,}85$	$\varepsilon_{z_1} = 0{,}90;\ 1{,}15;\ 1{,}45;\ 1{,}65$

BEIWERTE k TAFEL 16.1 <75°

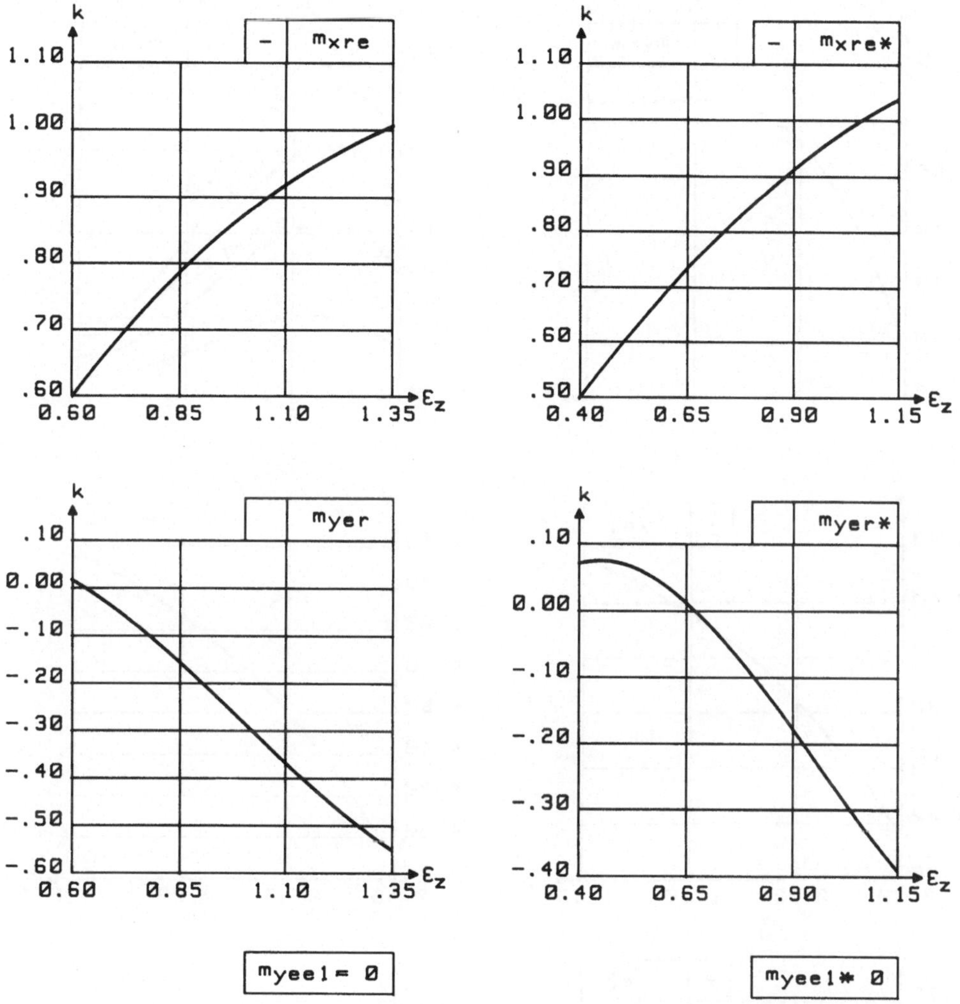

BEIWERTE k TAFEL 16.2 <75°

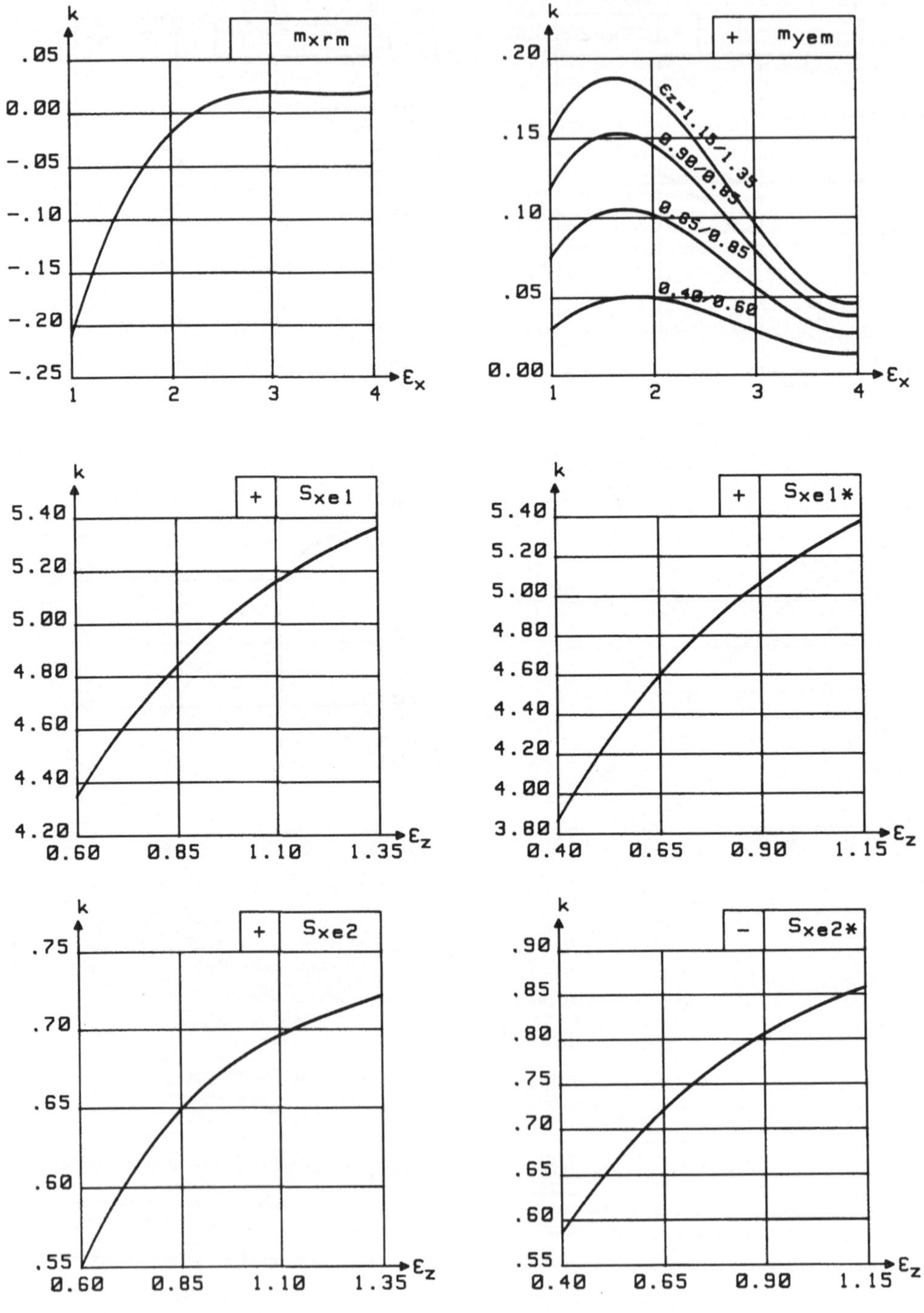

BEIWERTE k   TAFEL 16.3 <75°

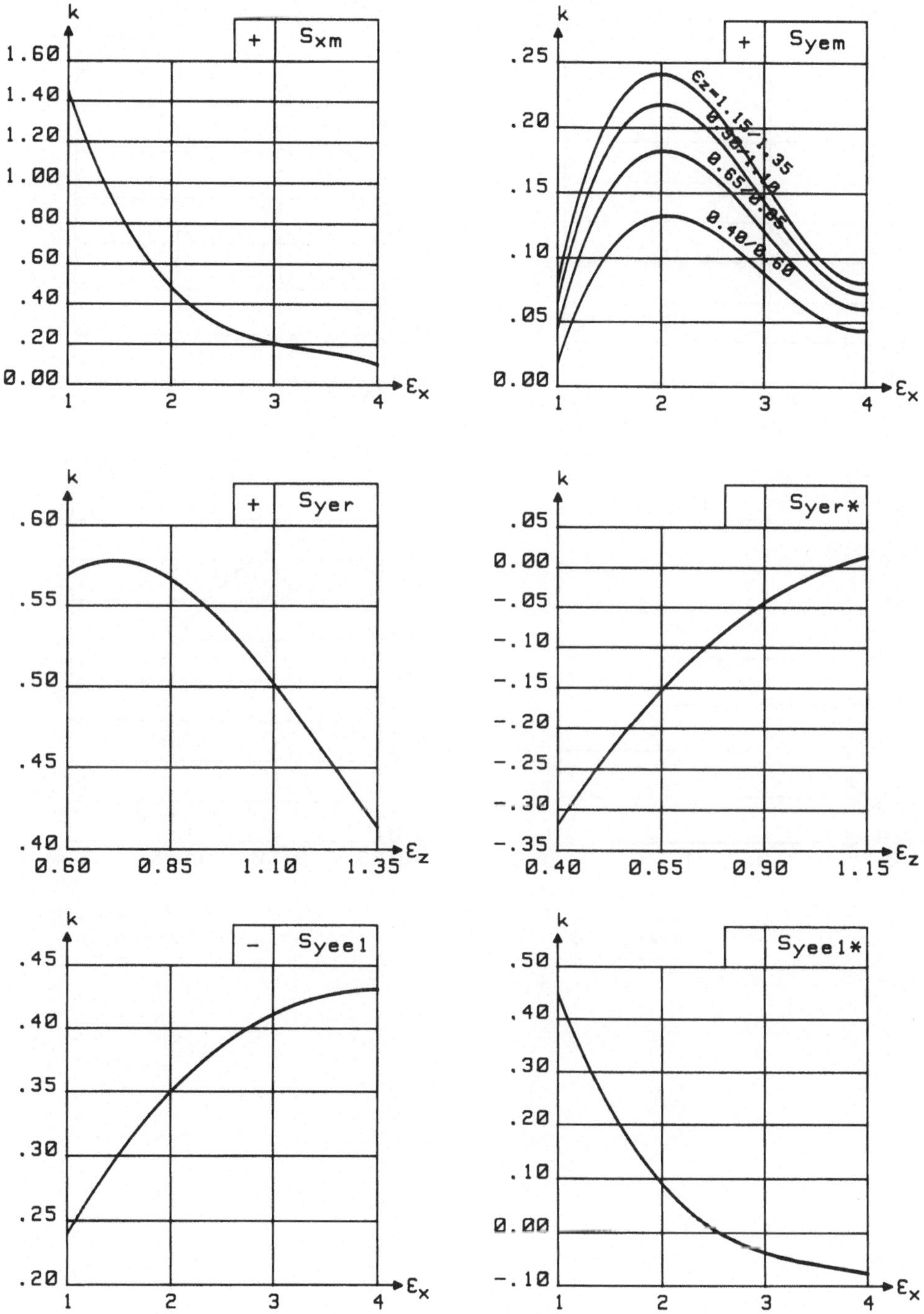

BEIWERTE k TAFEL 16.1 <60°

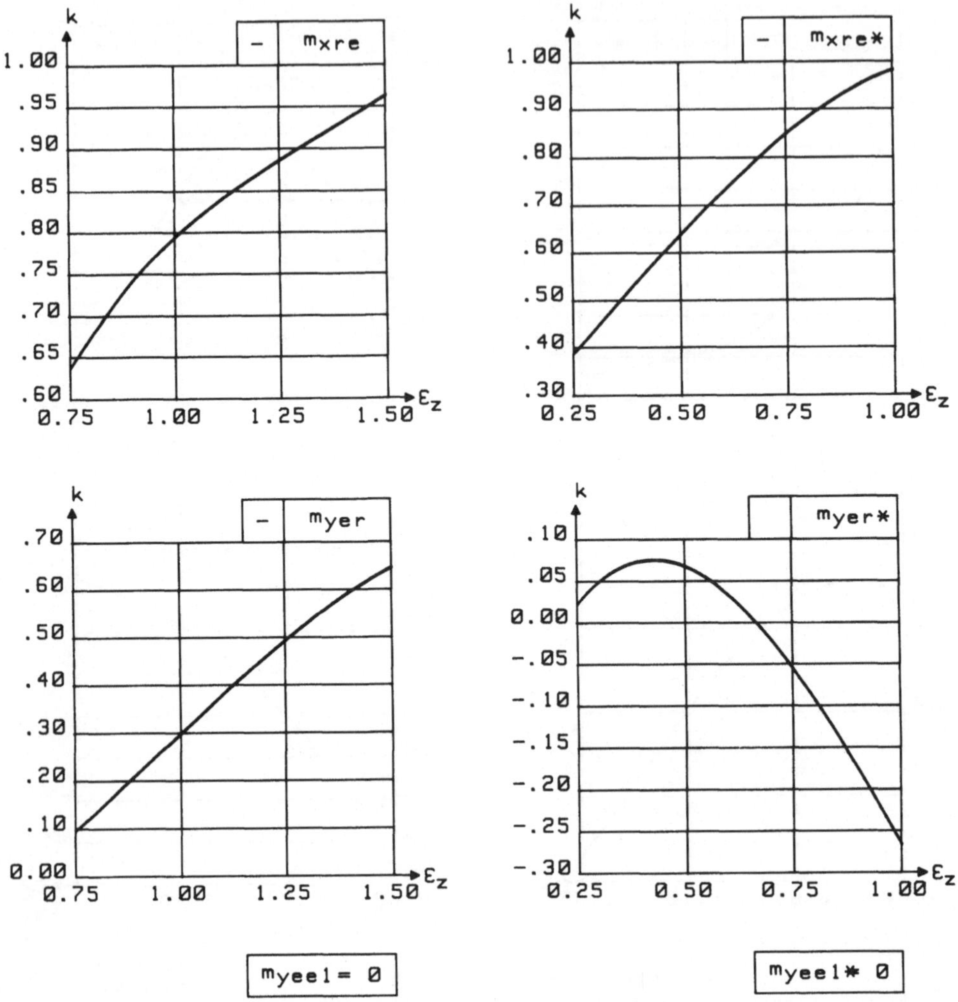

BEIWERTE k　　　　TAFEL 16.2 <60°

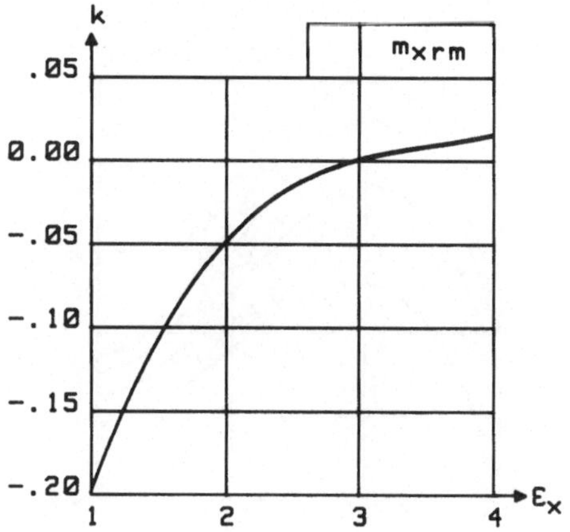

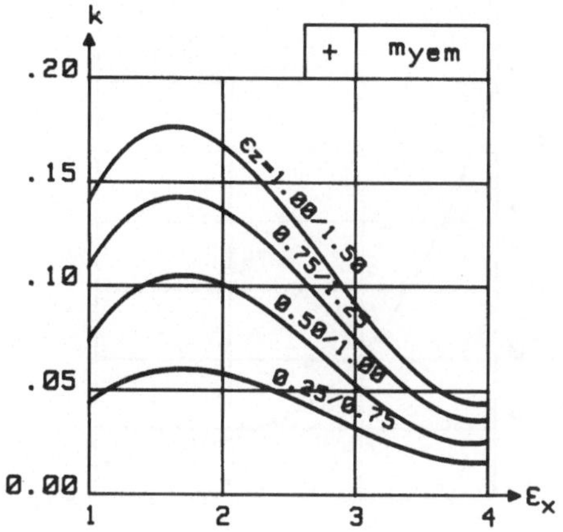

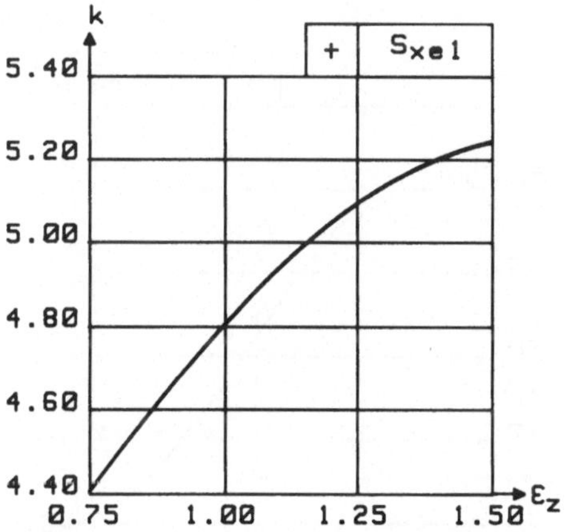

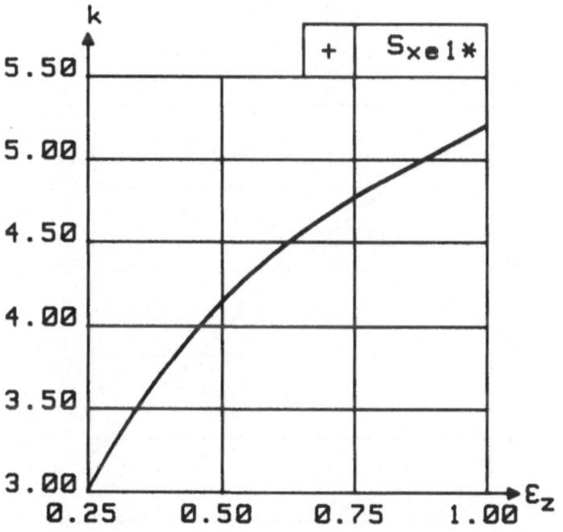

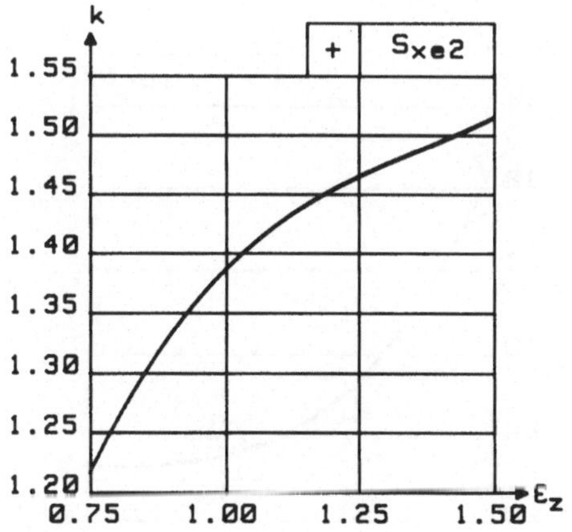

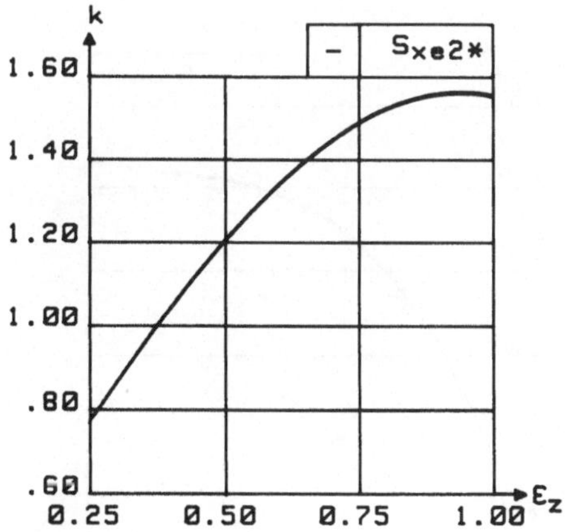

BEIWERTE k TAFEL 16.3 <60°

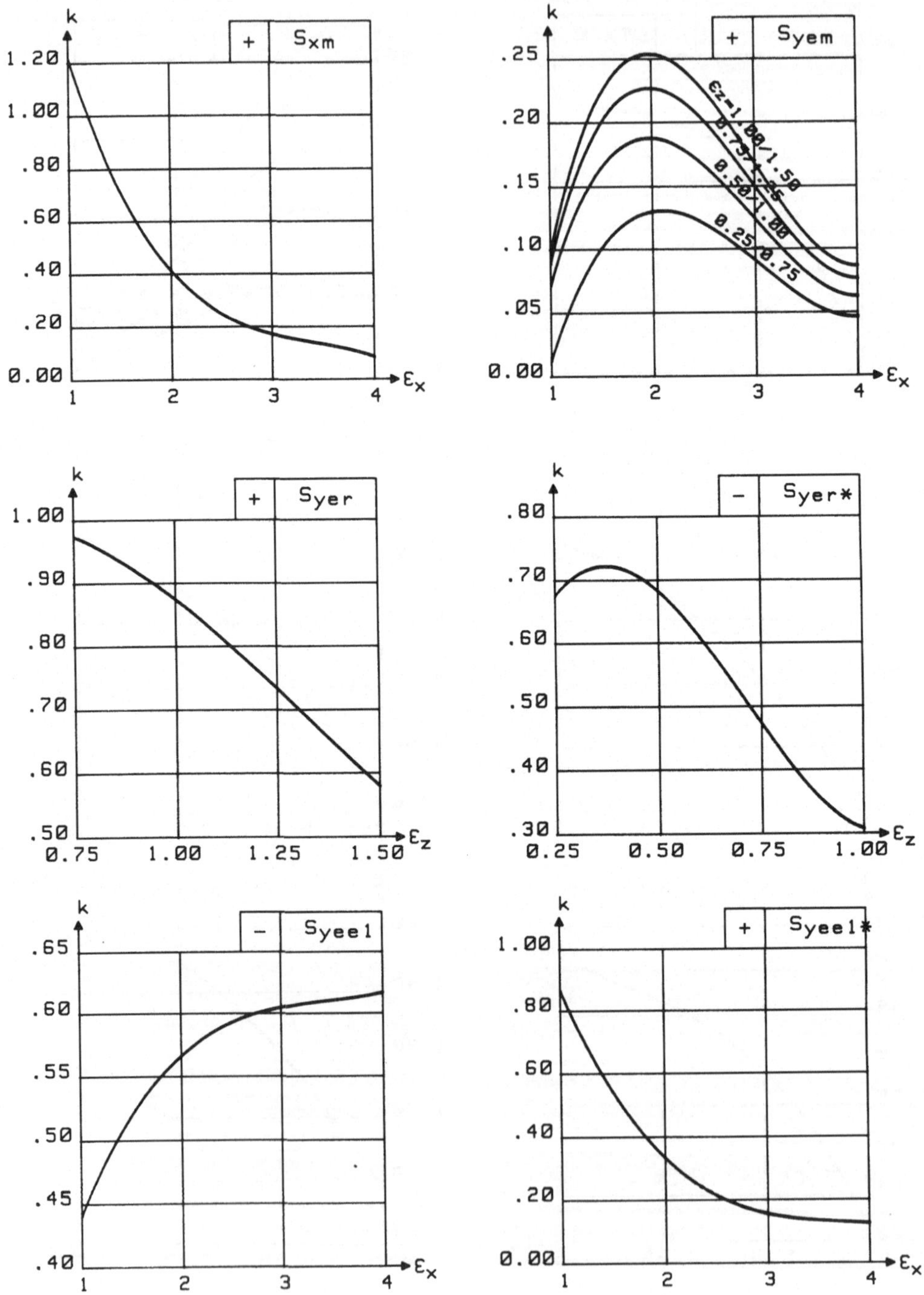

BEIWERTE k TAFEL 16.1 <45°

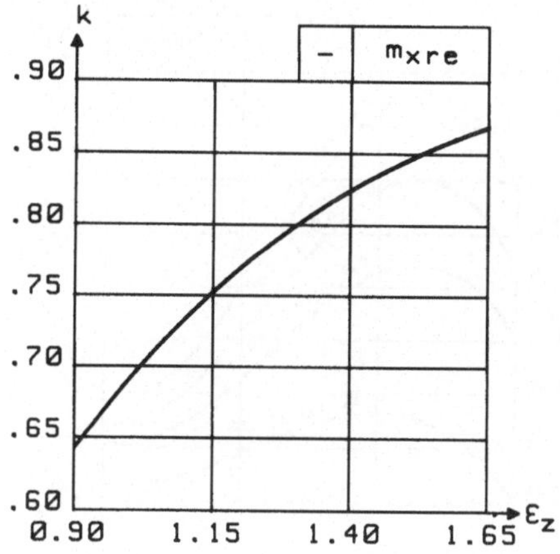

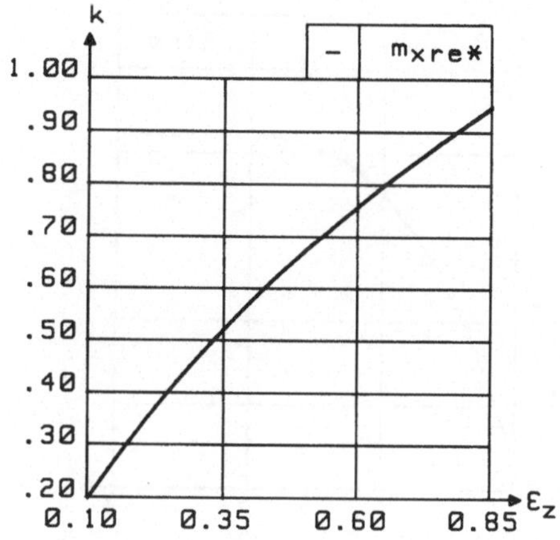

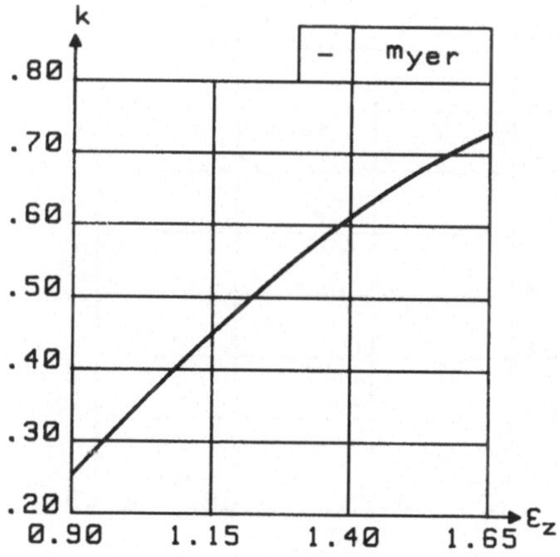

m yeel = 0

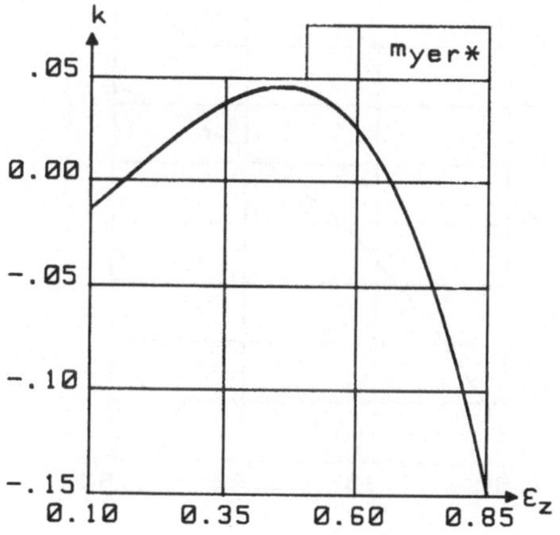

m yeel* 0

BEIWERTE k TAFEL 16.2 <45°

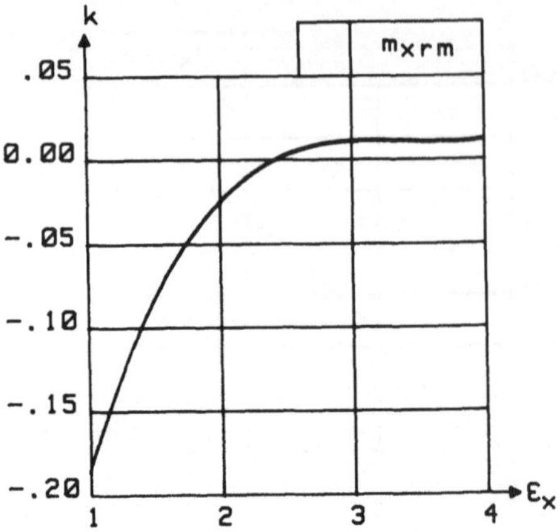

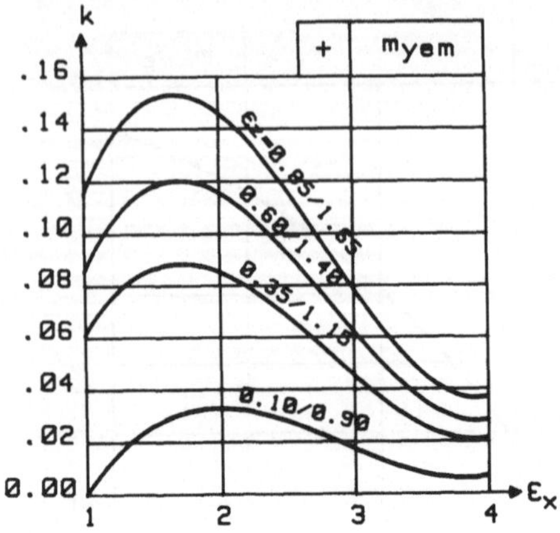

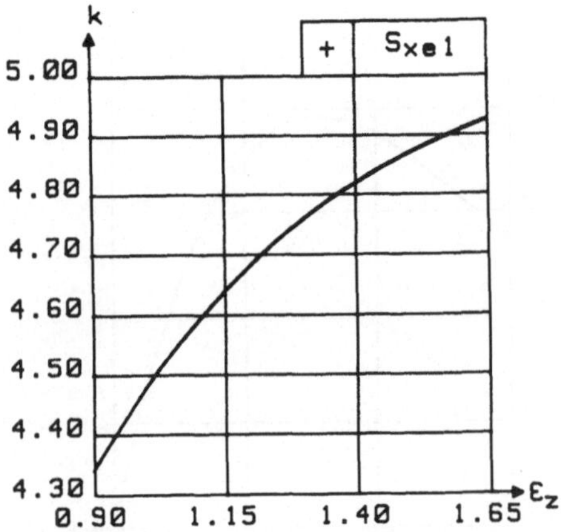

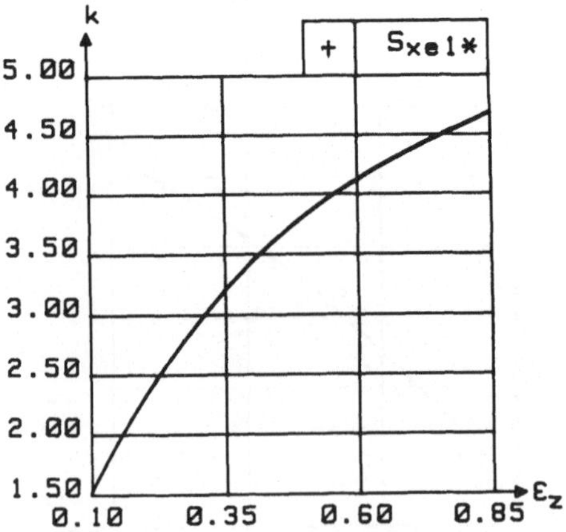

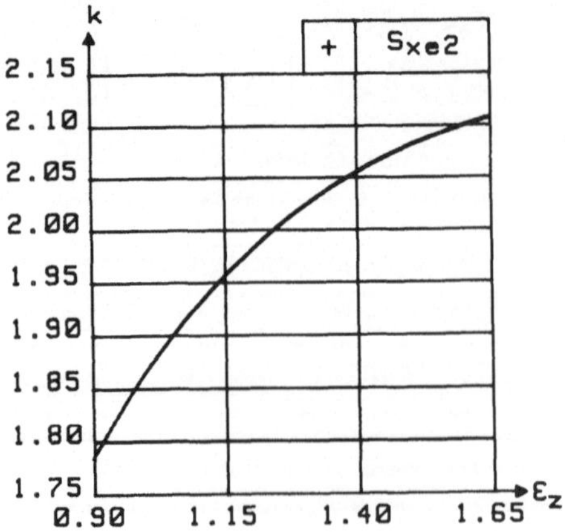

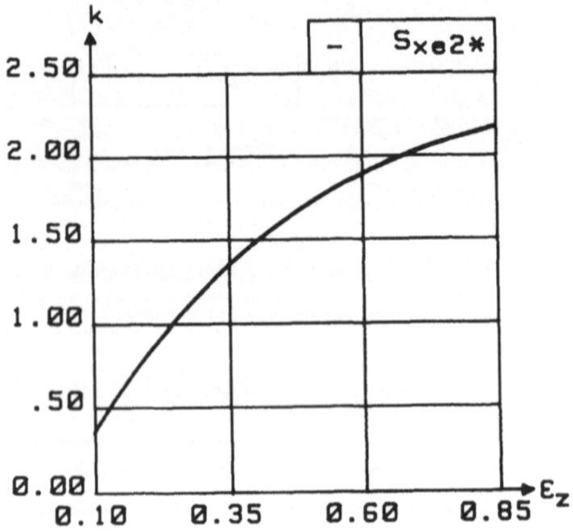

BEIWERTE k

TAFEL 16.3 <45°

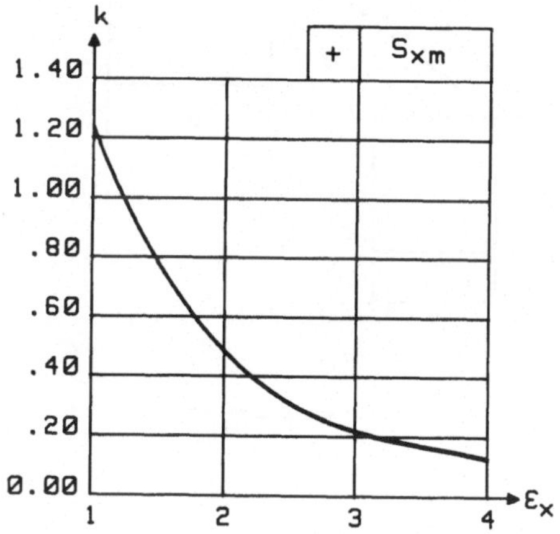

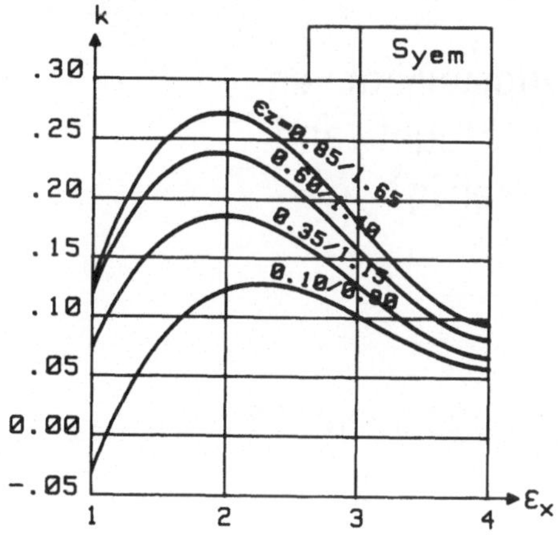

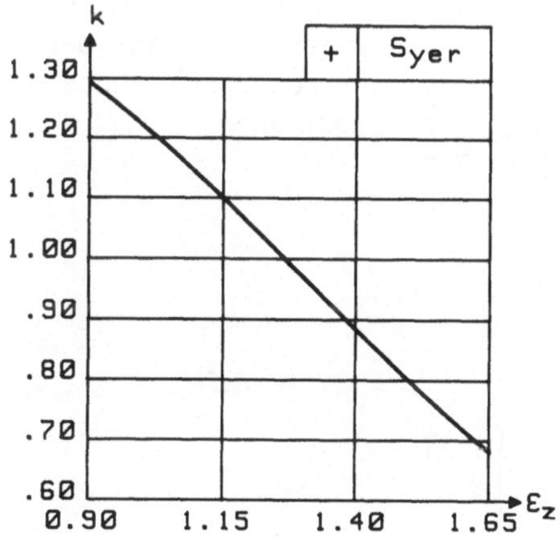

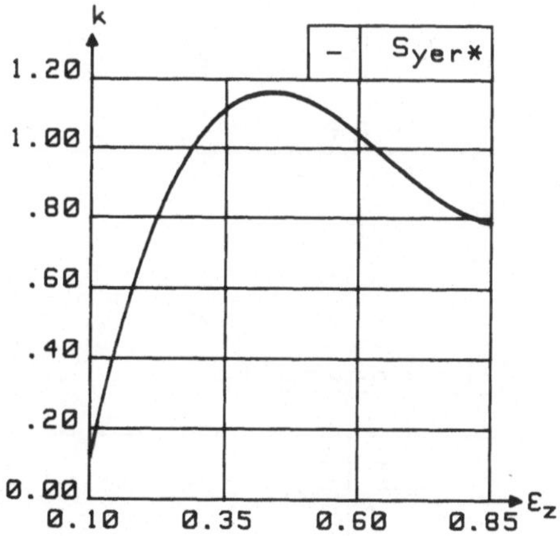

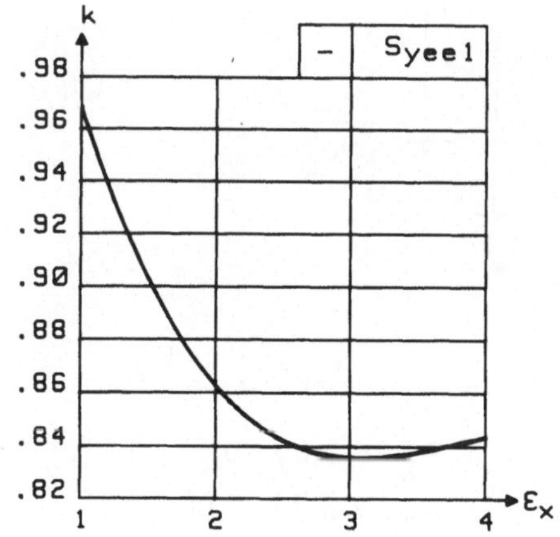

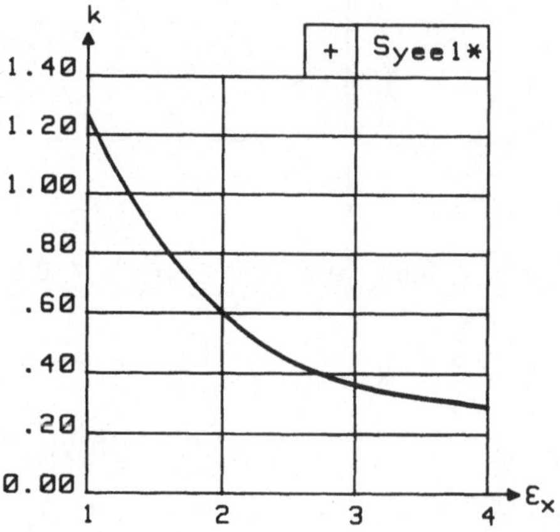

Lastfall 17

Randmoment an der Flügelwand (einseitig)

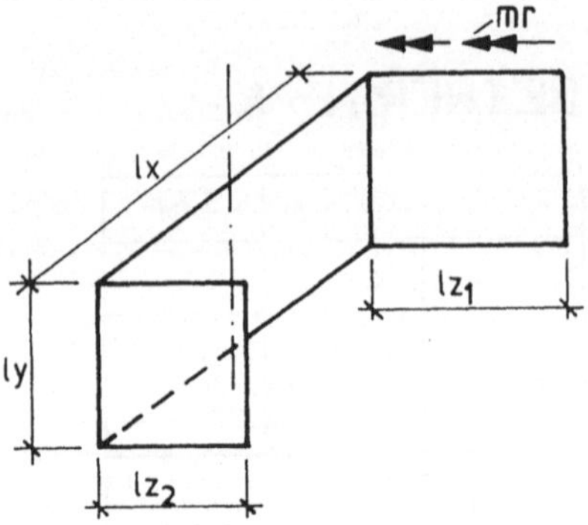

1) Biegemomente

$m = k \cdot mr$

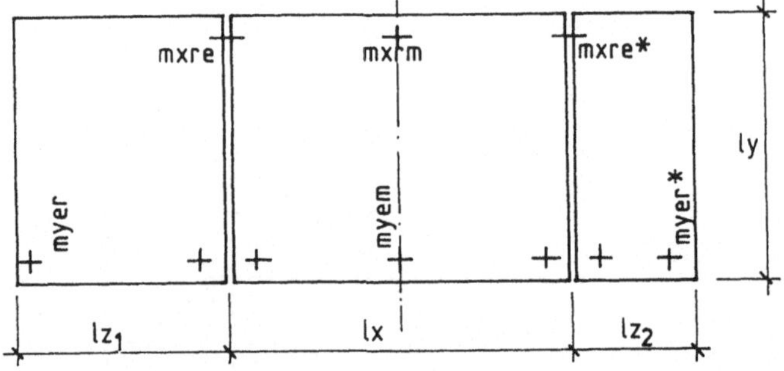

Anm.
Die Schnittgrößen an der spitzen Ecke (*) ergeben sich aus dem korresspondierenden Lastfall.

2) Scheibenkräfte

$S = k \cdot mr$

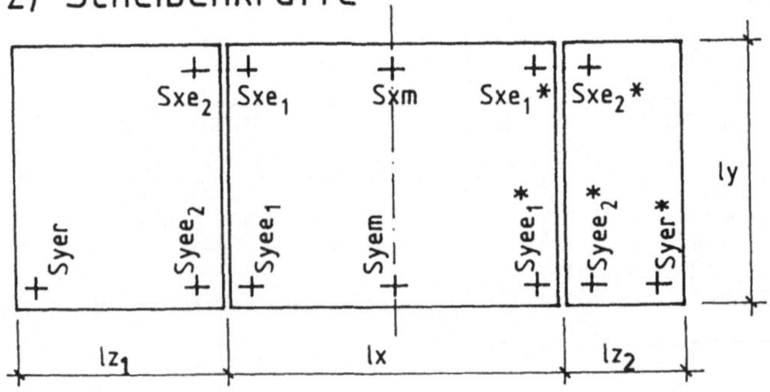

$Syee_2 = 0{,}85\ Syee_1$; $Syee_2^* = 0{,}85\ Syee_1^*$

$l_x/l_y = \varepsilon_x$ $\quad l_{z_2}/l_y = \varepsilon_{z_2}$ $\quad l_{z_1}/l_y = \varepsilon_{z_1}$

∢ 75°: ε_{z_2} = 0,40; 0,65; 0,90; 1,15 $\quad$ ε_{z_1} = 0,60; 0,85; 1,10; 1,35

∢ 60°: ε_{z_2} = 0,25; 0,50; 0,75; 1,00 $\quad$ ε_{z_1} = 0,75; 1,00; 1,25; 1,50

∢ 45°: ε_{z_2} = 0,10; 0,35; 0,60; 0,85 $\quad$ ε_{z_1} = 0,90; 1,15; 1,45; 1,65

BEIWERTE k TAFEL 17.1 <75°

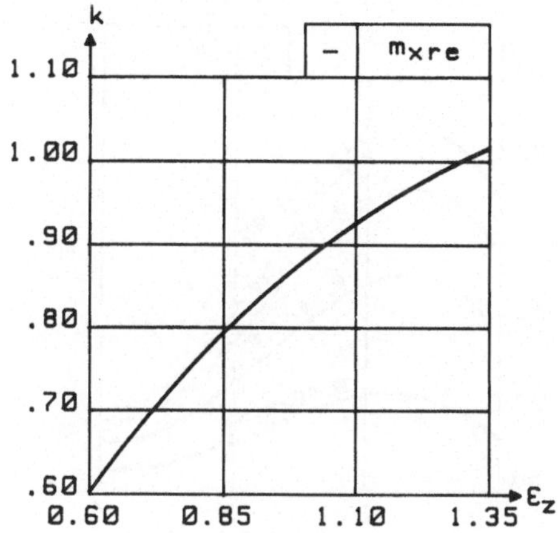

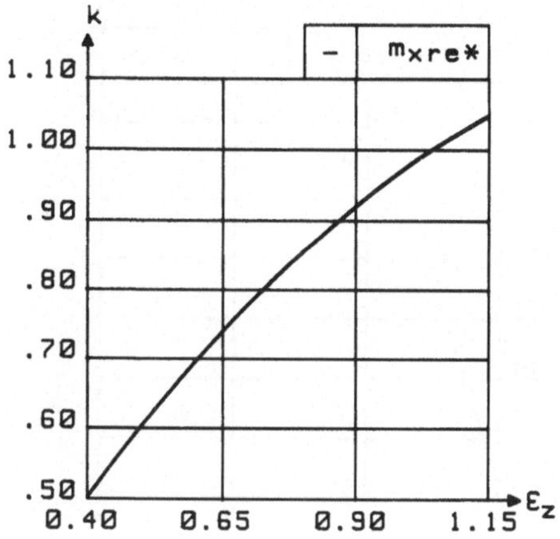

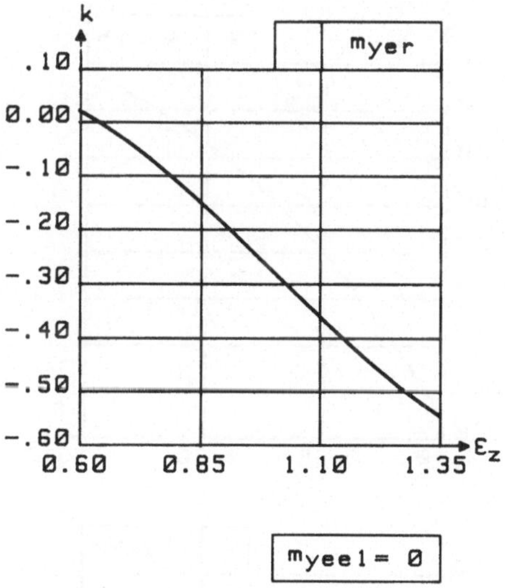

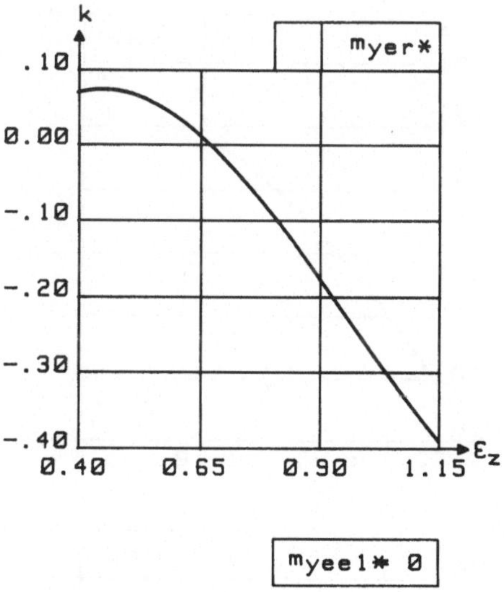

BEIWERTE k TAFEL 17.2 <75°

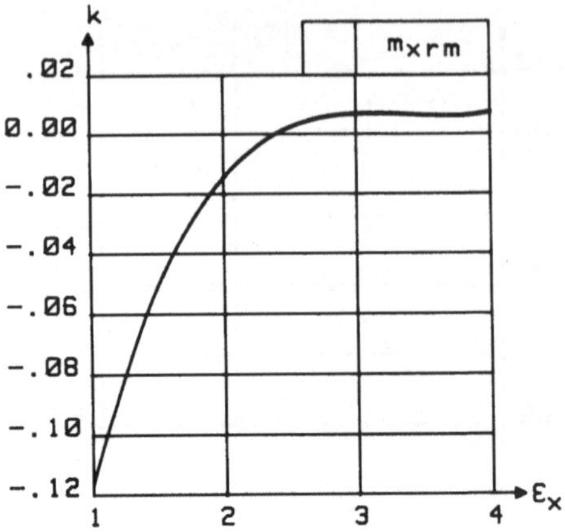

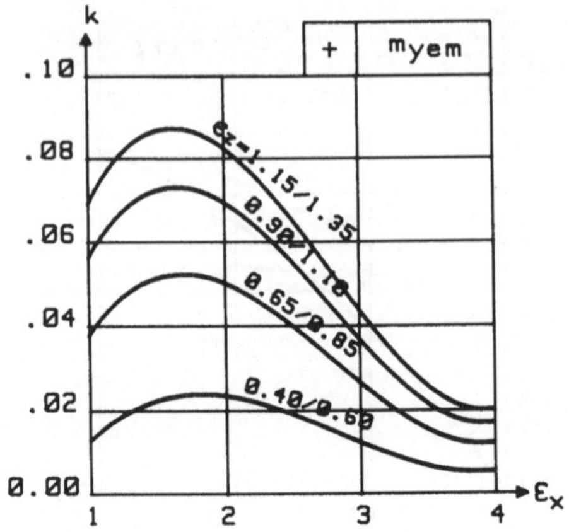

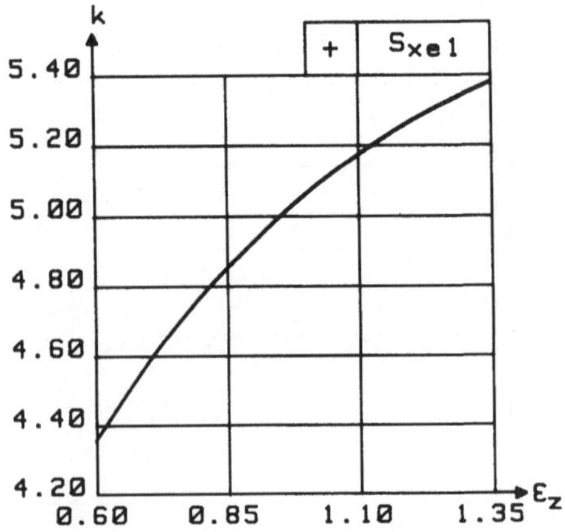

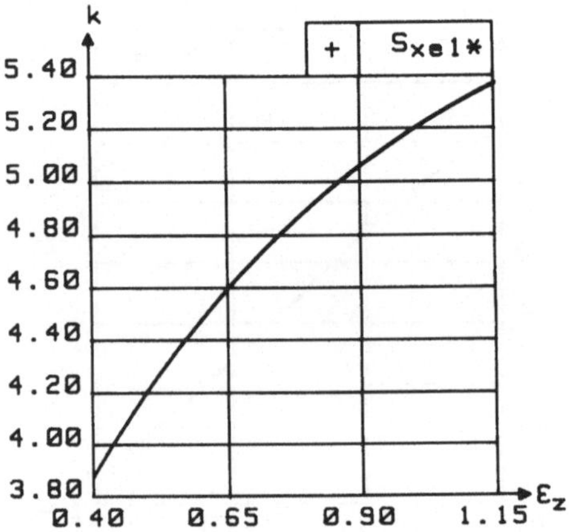

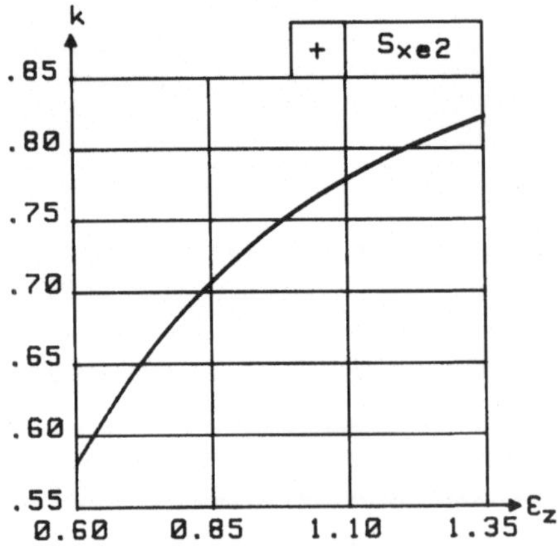

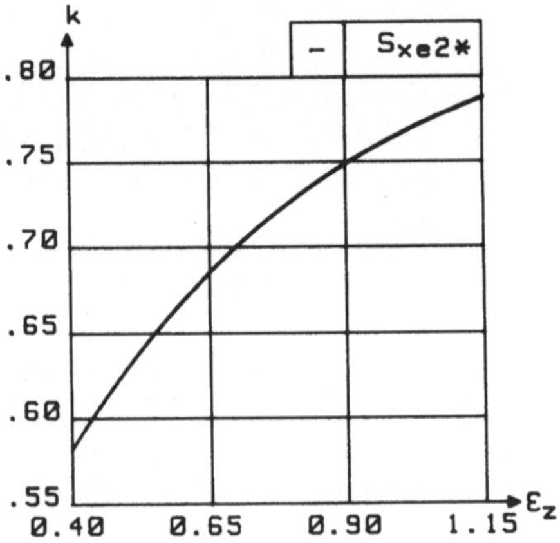

BEIWERTE k TAFEL 17.3 <75°

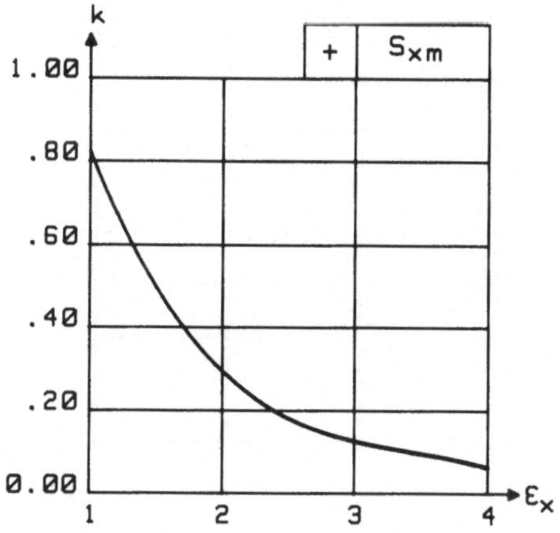

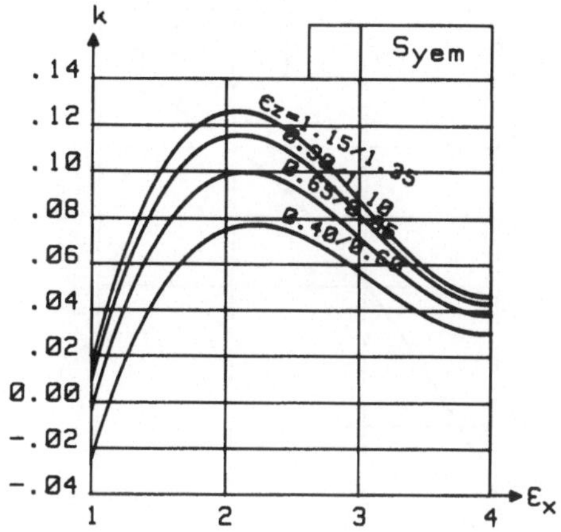

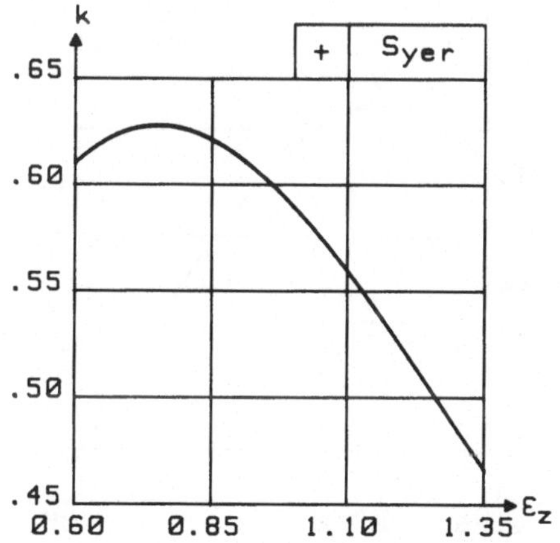

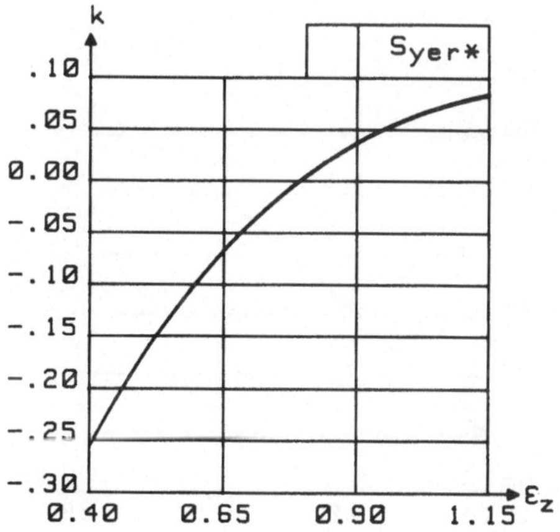

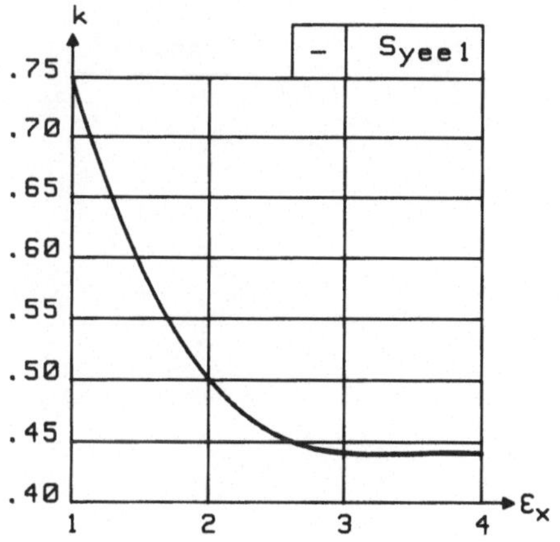

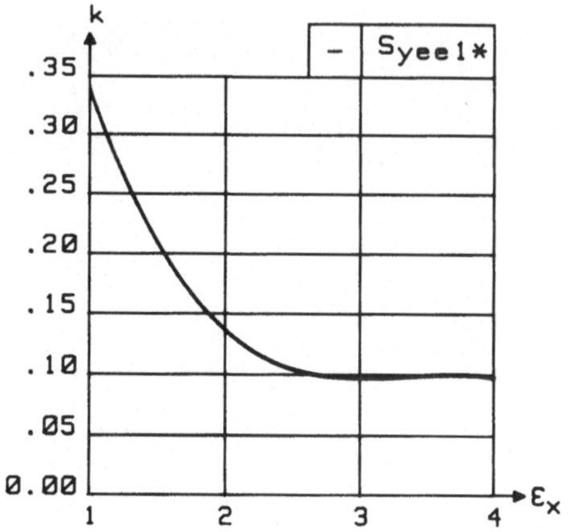

BEIWERTE k TAFEL 17.1 <60°

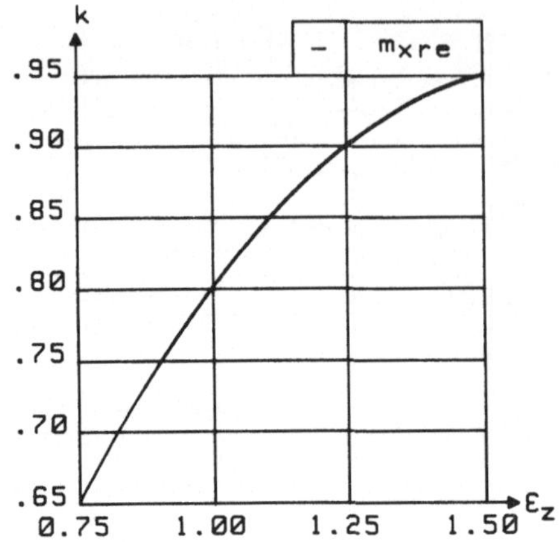

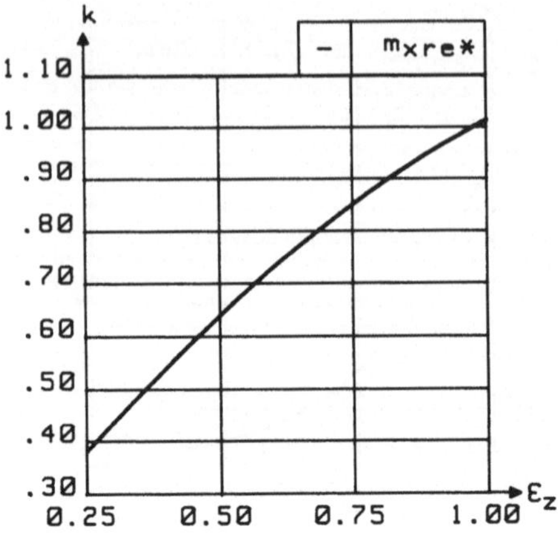

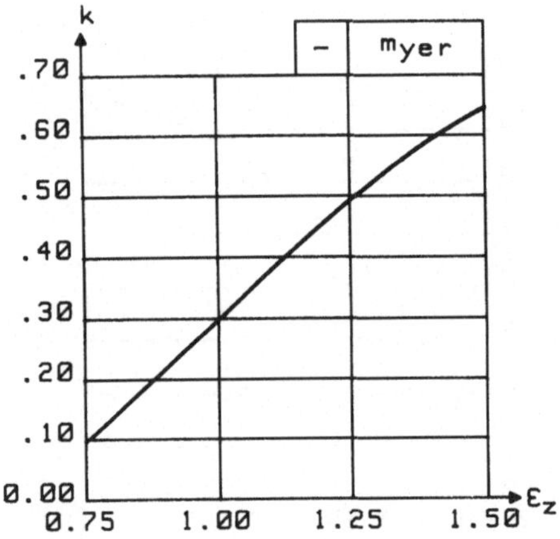

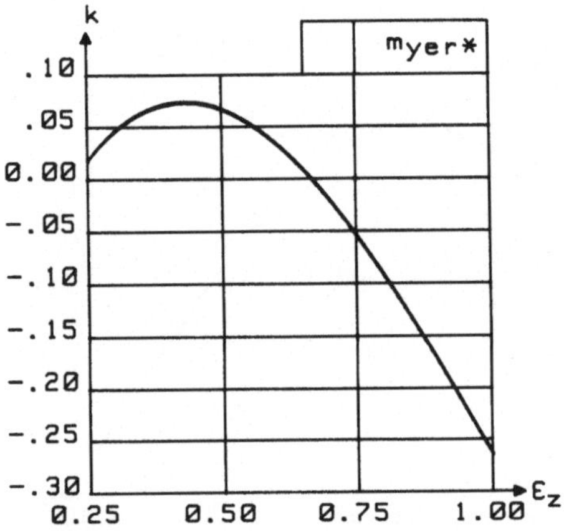

$m_{yeel} = 0$ $m_{yeel}^* = 0$

BEIWERTE k

TAFEL 17.2 <60°

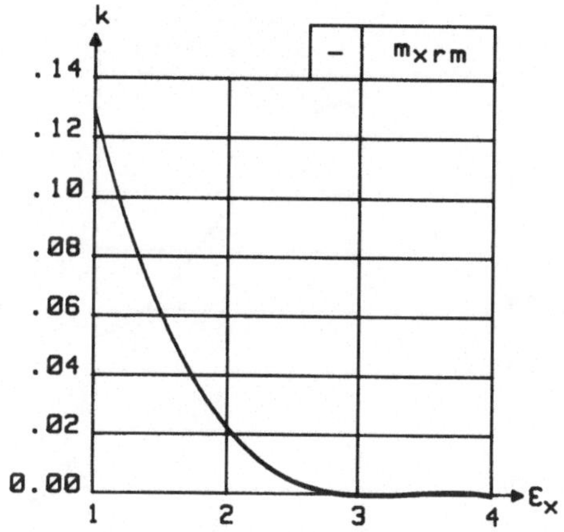

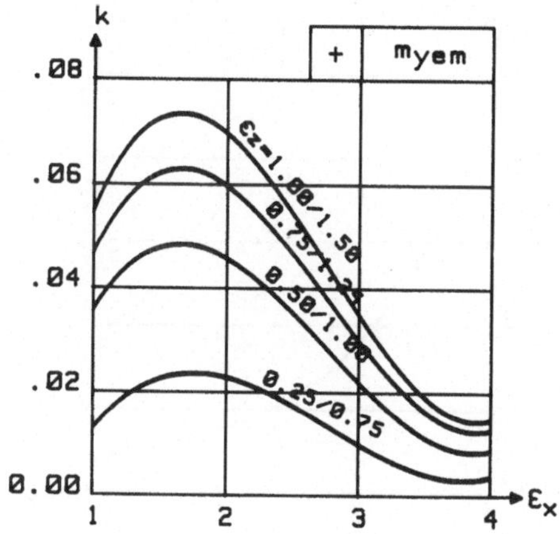

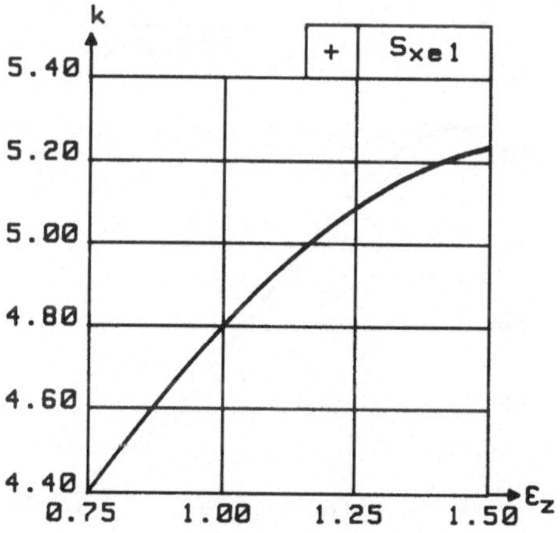

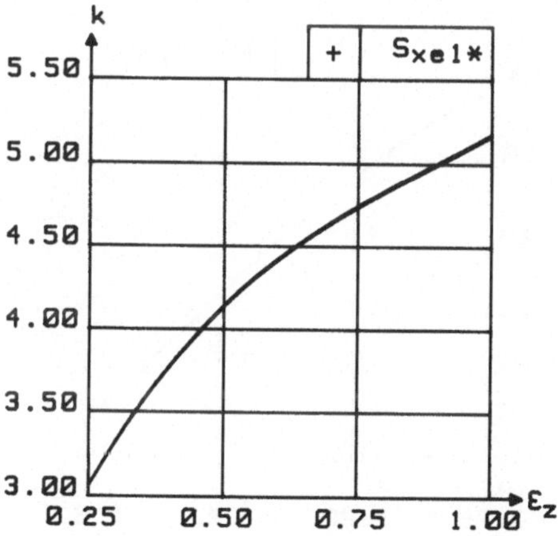

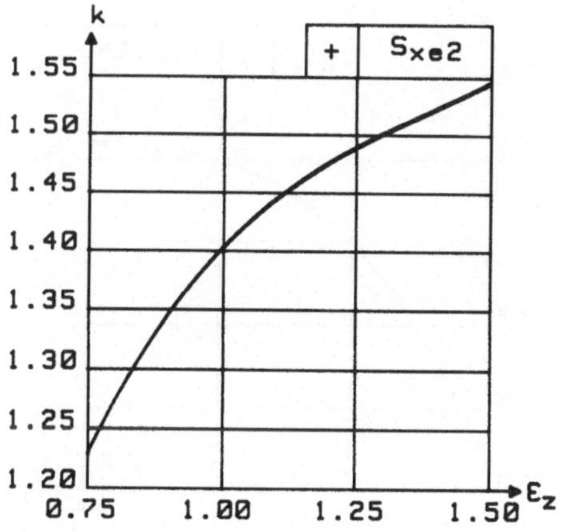

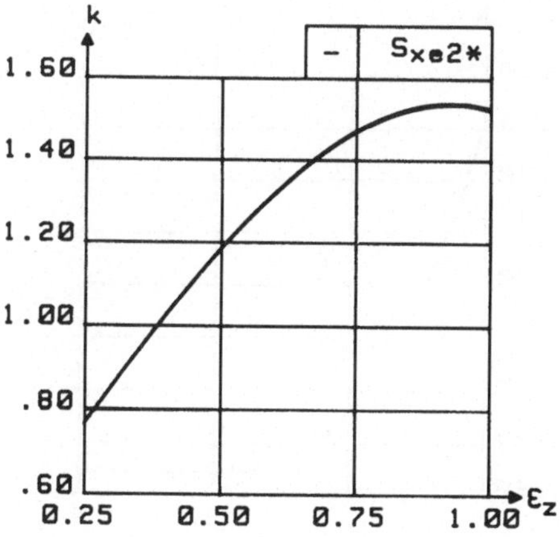

BEIWERTE k TAFEL 17.3 <60°

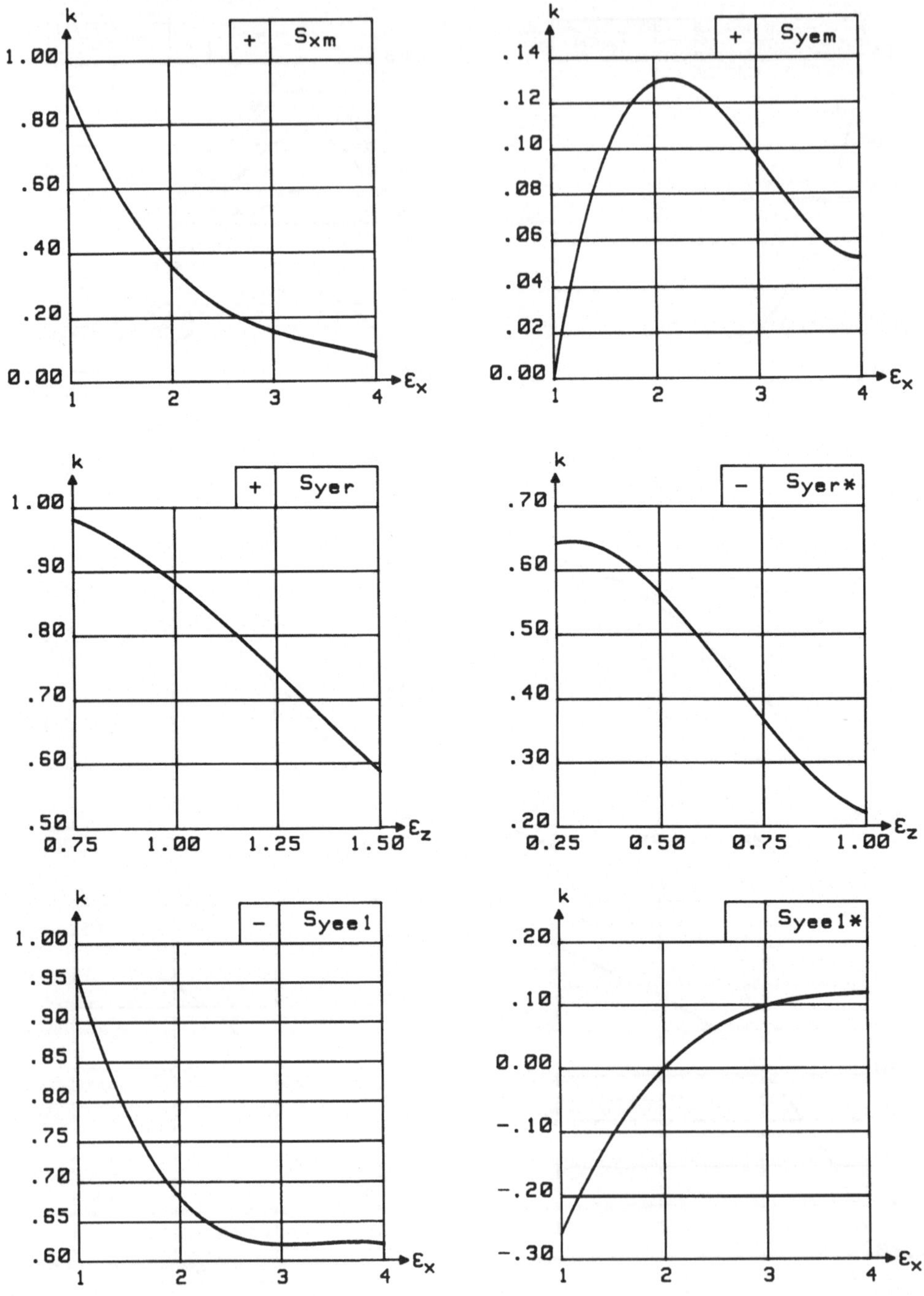

BEIWERTE k TAFEL 17.1 <45°

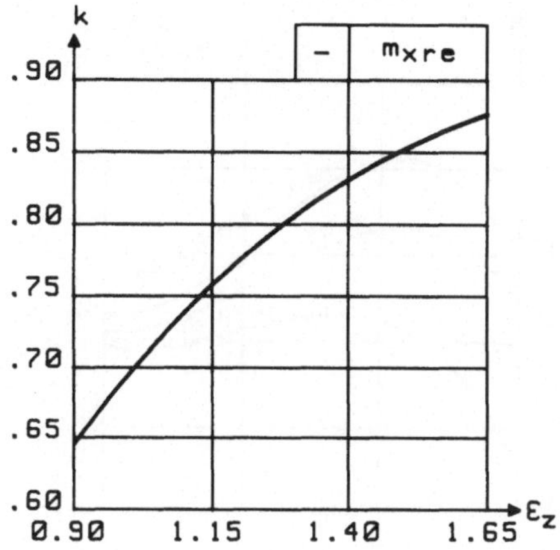

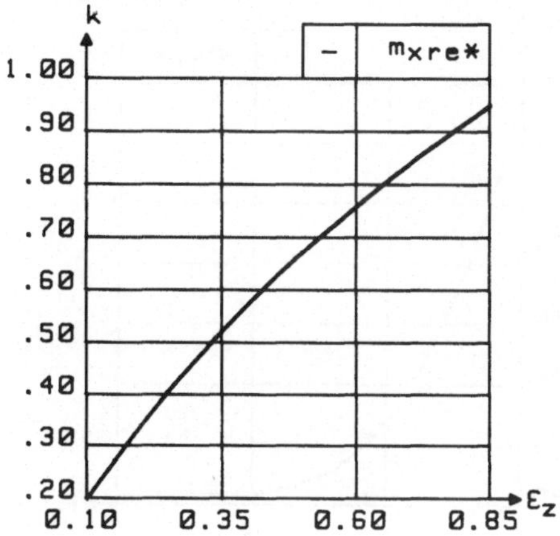

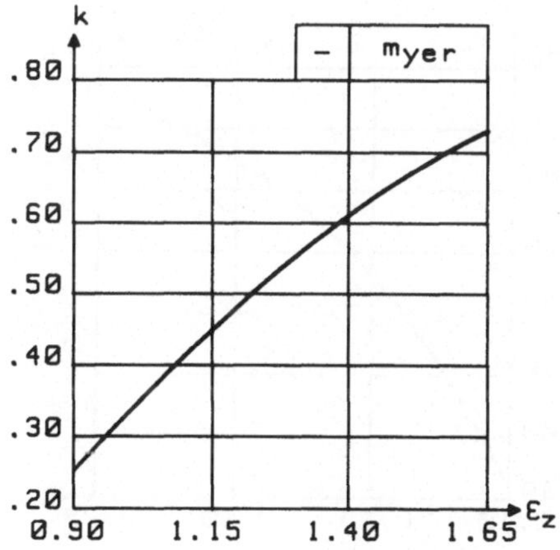

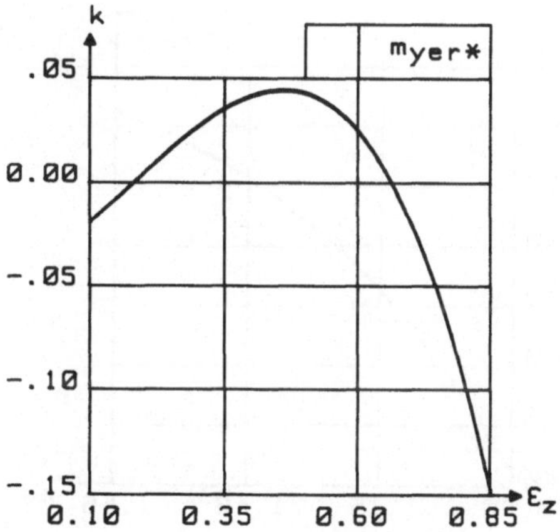

myeel= 0

myeel*=0

BEIWERTE k TAFEL 17.2 <45°

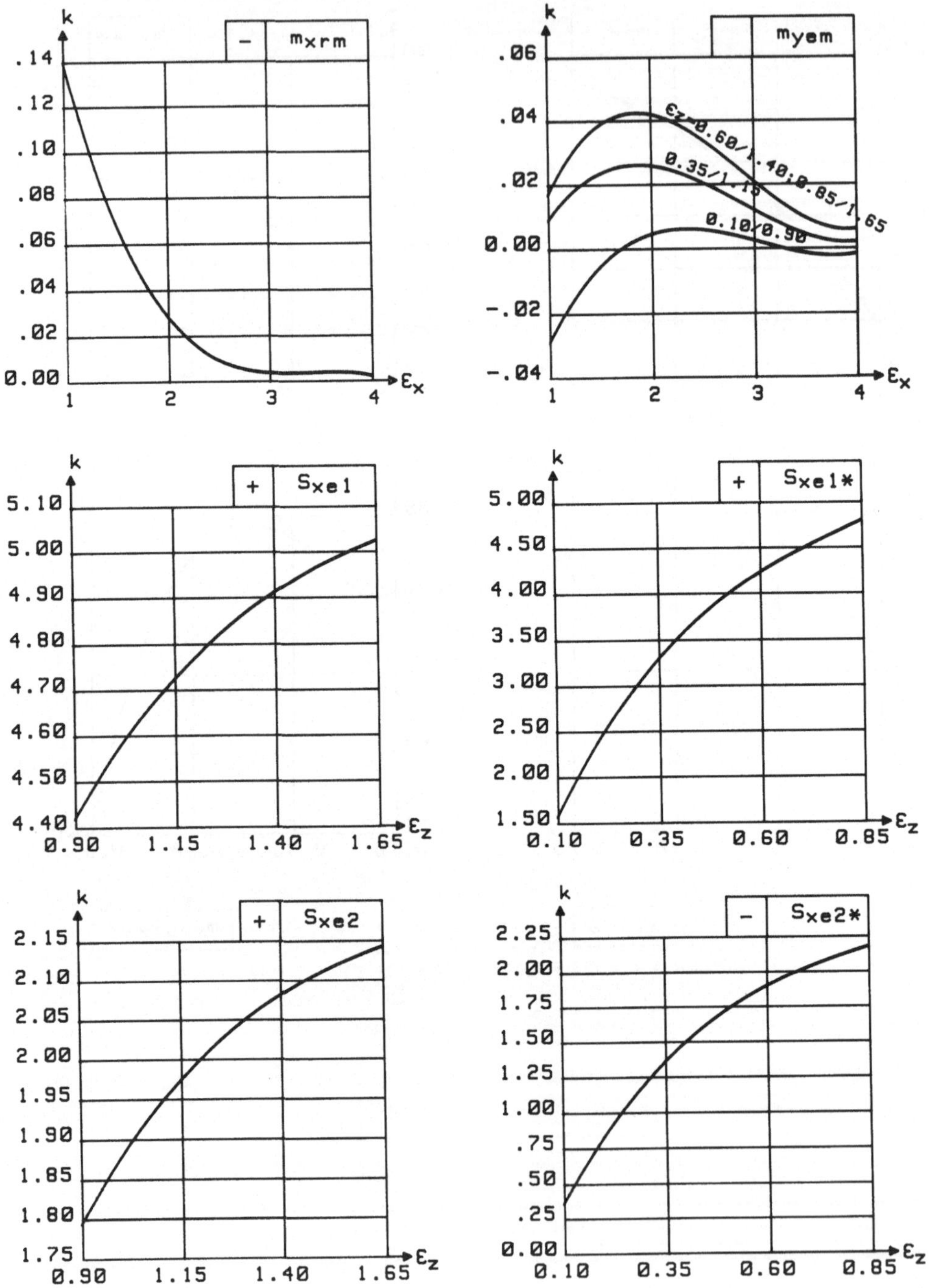

BEIWERTE k TAFEL 17.3 <45°

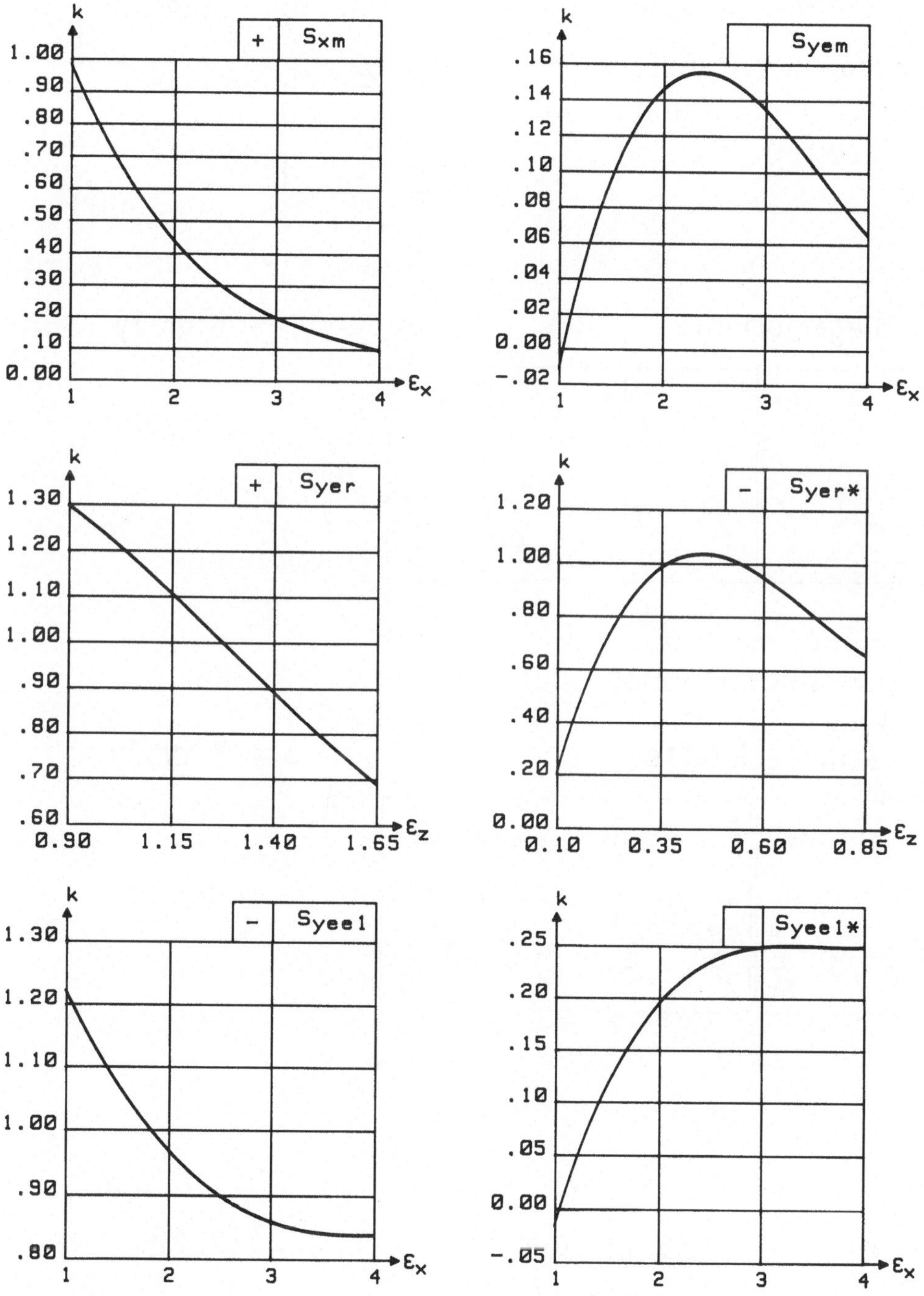

Lastfall 18

Horizontale Randlast an der Flügelwand (beidseitig)

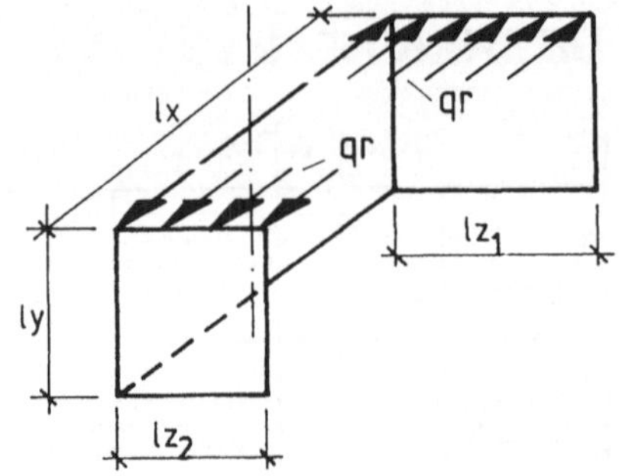

1) Biegemomente

$m = k \cdot qr \cdot ly$

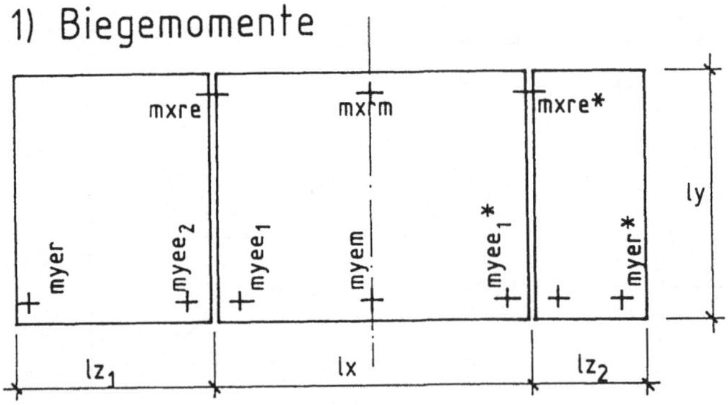

myee$_1$!: Festwert: $k = 0{,}050$

2) Scheibenkräfte

$S = k \cdot qr \cdot ly$

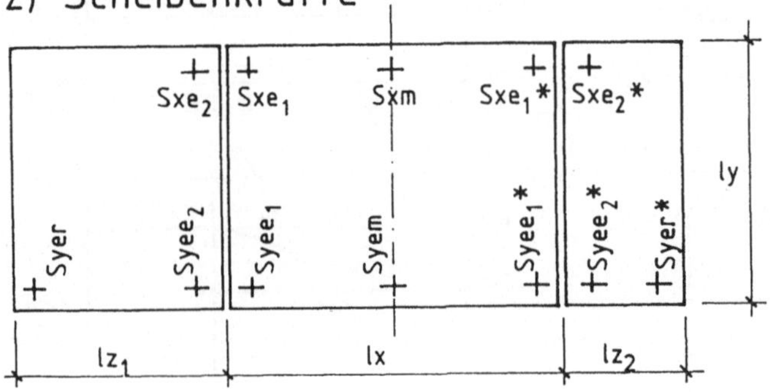

$Syee_2 = 0{,}85 \; Syee_1 \; ; \; Syee_2^* = 0{,}85 \; Syee_1^*$

$l_x / l_y = \varepsilon_x \qquad l_{z_2} / l_y = \varepsilon_{z_2} \qquad l_{z_1} / l_y = \varepsilon_{z_1}$

$\sphericalangle$ 75°: $\varepsilon_{z_2} = 0{,}40;\ 0{,}65;\ 0{,}90;\ 1{,}15$ $\qquad \varepsilon_{z_1} = 0{,}60;\ 0{,}85;\ 1{,}10;\ 1{,}35$

$\sphericalangle$ 60°: $\varepsilon_{z_2} = 0{,}25;\ 0{,}50;\ 0{,}75;\ 1{,}00$ $\qquad \varepsilon_{z_1} = 0{,}75;\ 1{,}00;\ 1{,}25;\ 1{,}50$

$\sphericalangle$ 45°: $\varepsilon_{z_2} = 0{,}10;\ 0{,}35;\ 0{,}60;\ 0{,}85$ $\qquad \varepsilon_{z_1} = 0{,}90;\ 1{,}15;\ 1{,}45;\ 1{,}65$

BEIWERTE k **TAFEL 18.1 <75°**

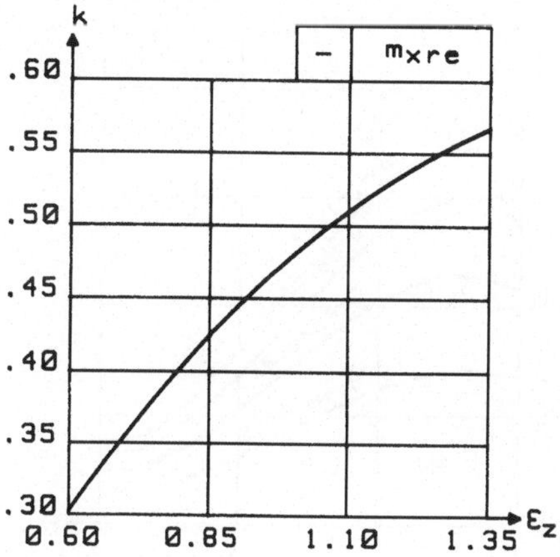

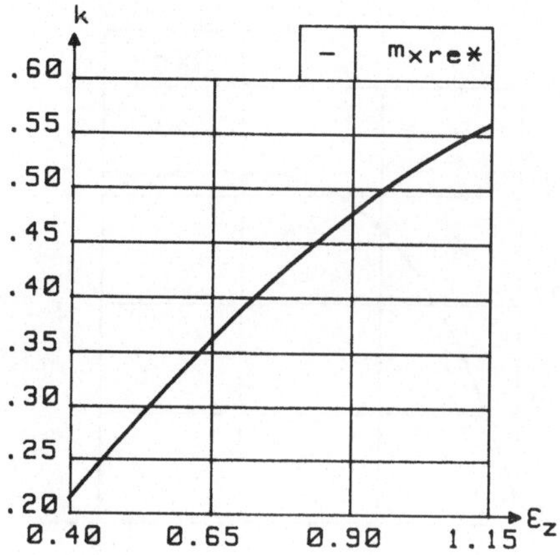

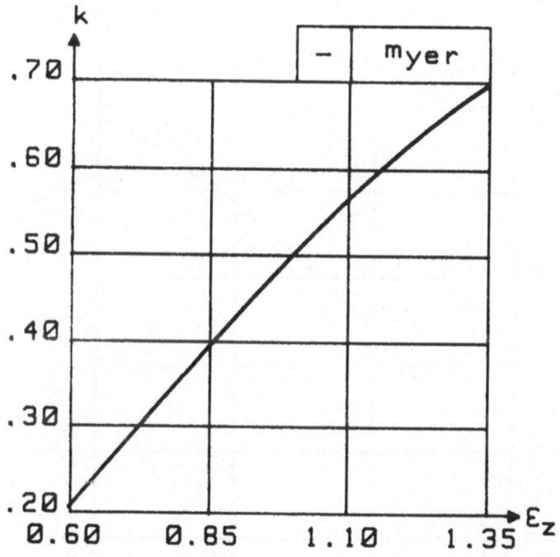

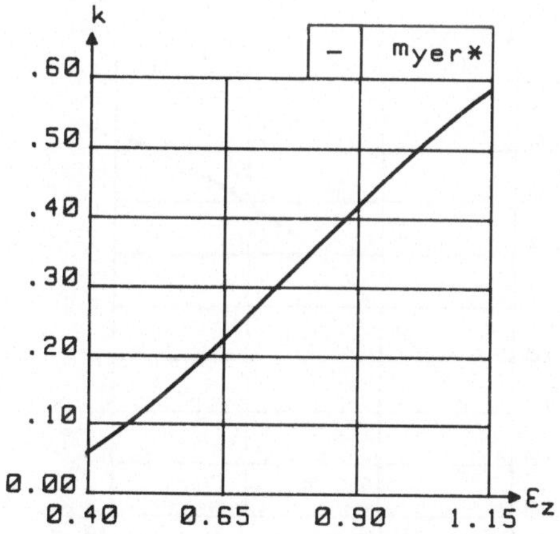

myeel= 0

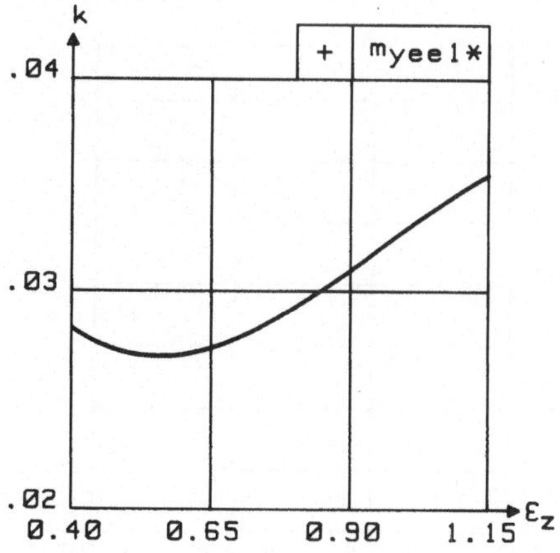

BEIWERTE k

TAFEL 18.2 <75°

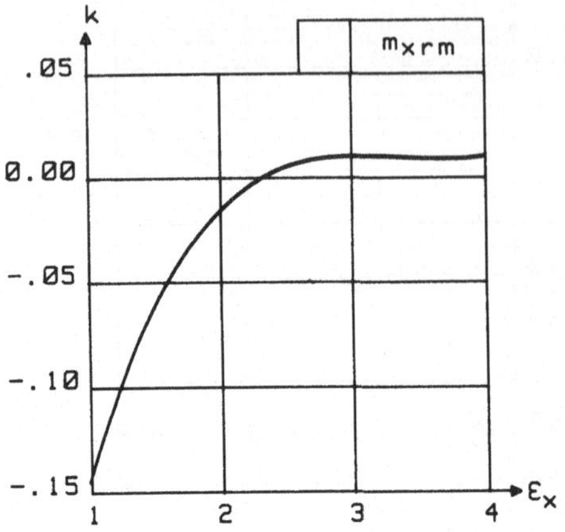

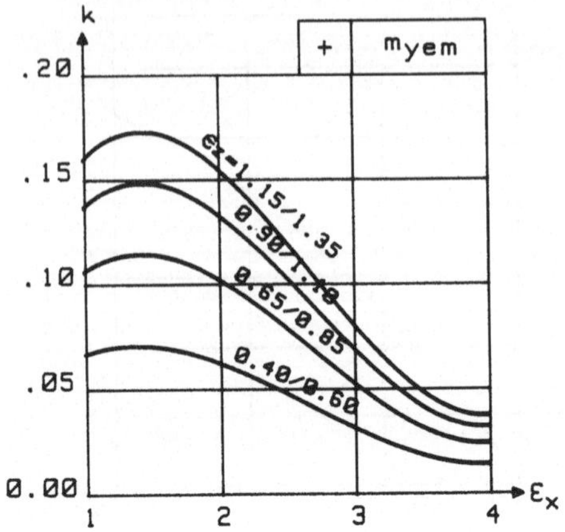

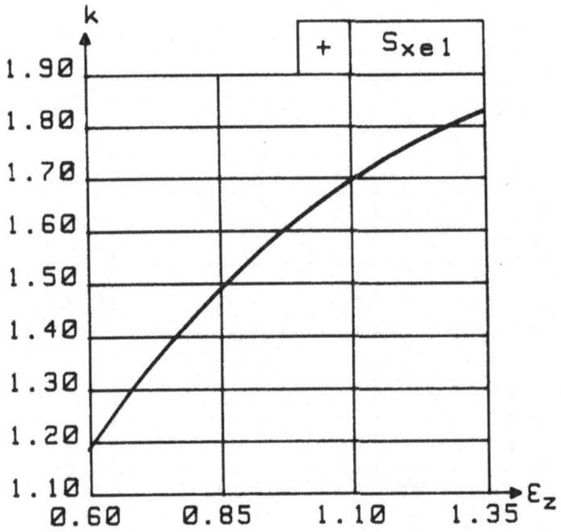

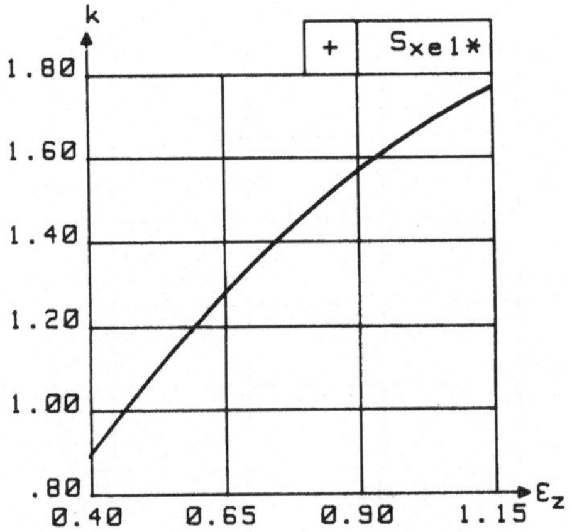

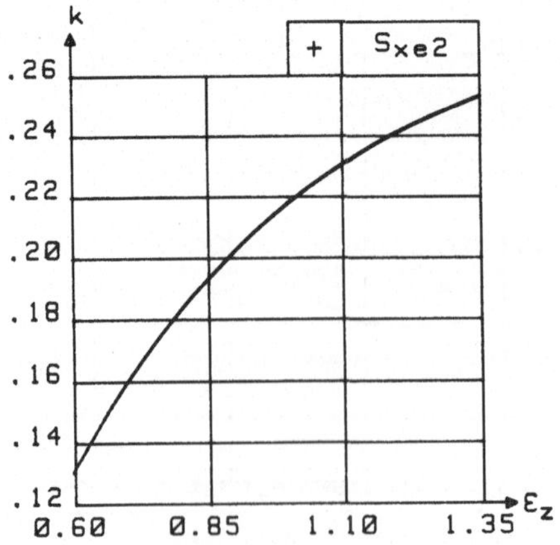

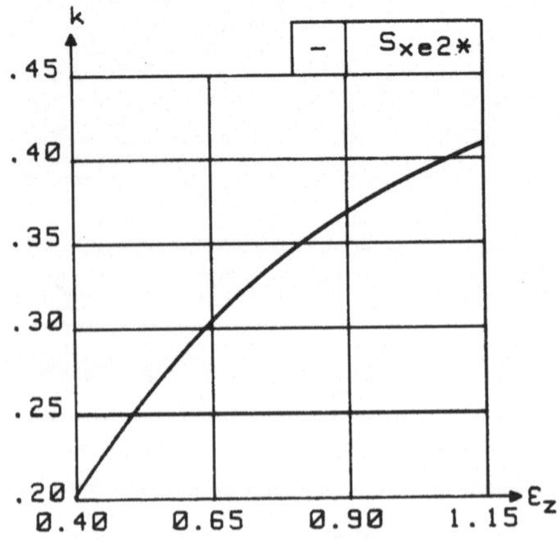

BEIWERTE k
TAFEL 18.3 <75°
+ Sxm
εz=0.90/1.10/1.15/1.35
0.65/0.85
0.40/0.60
+ Syem
εz=1.15/1.35
0.90/1.10
0.65/0.85
0.40/0.60
+ Syer
- Syer*
- Syeel
Syeel*
εz=0.40
0.65
0.90/1.15
k
εx
εz

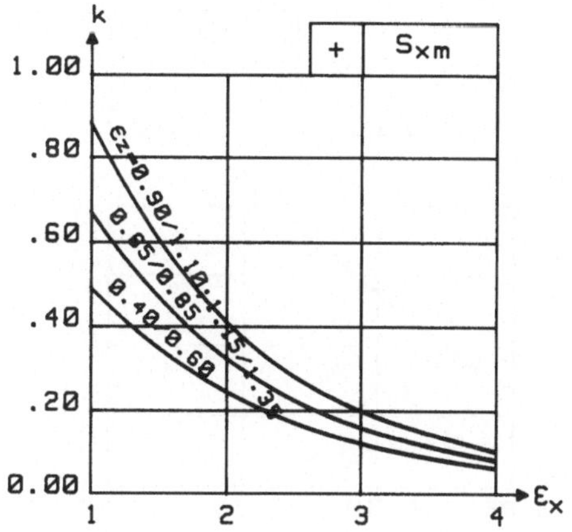

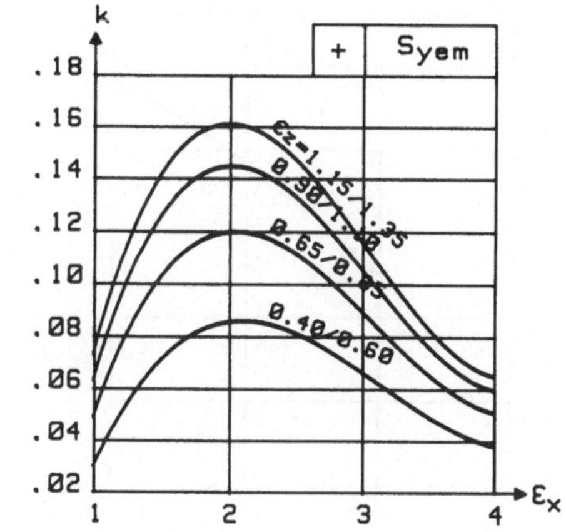

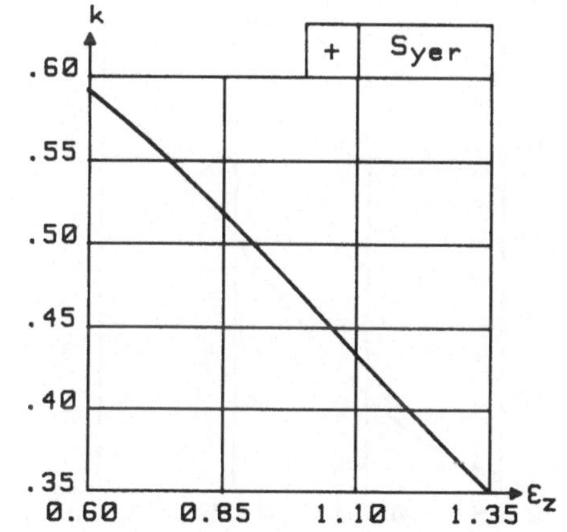

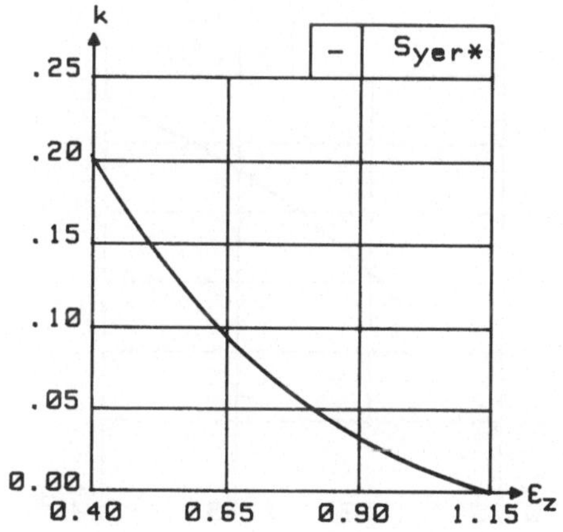

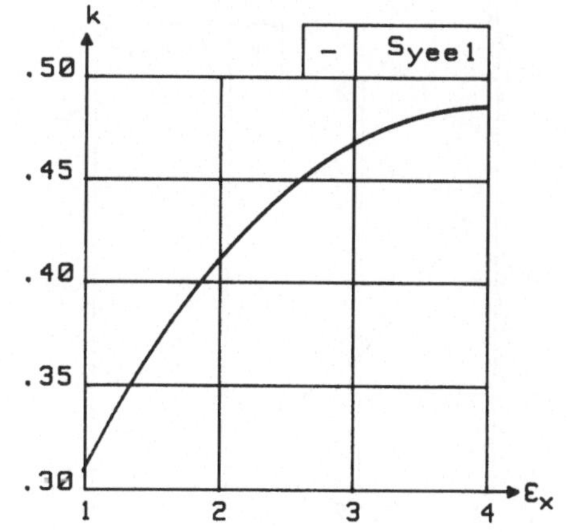

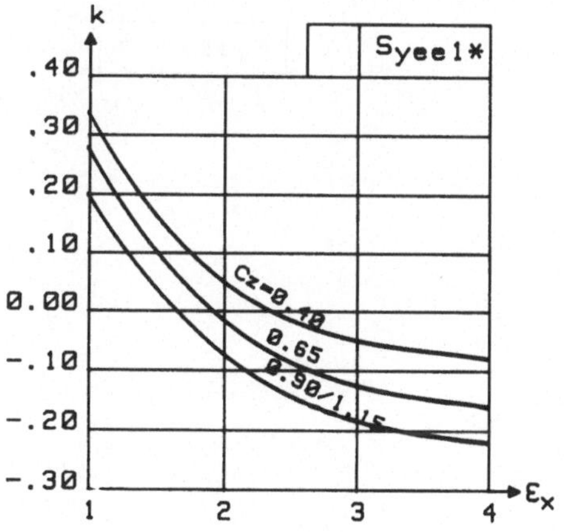

BEIWERTE k TAFEL 18.1 <60°

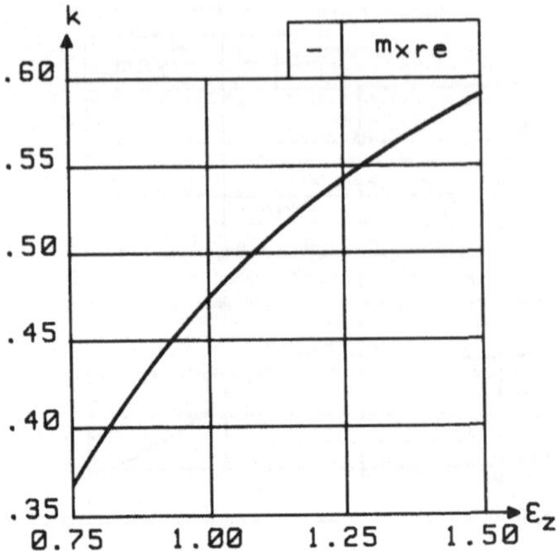

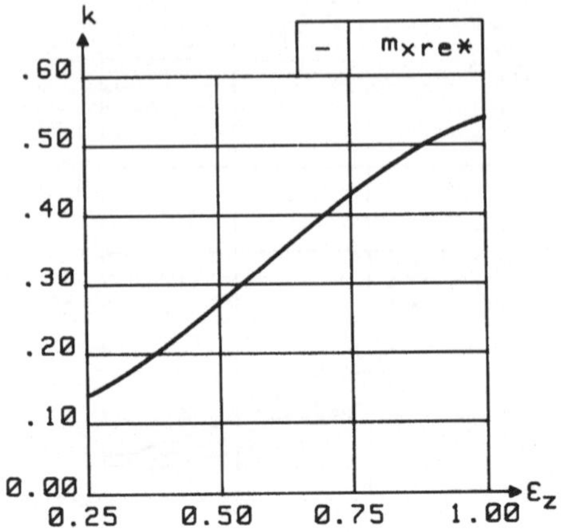

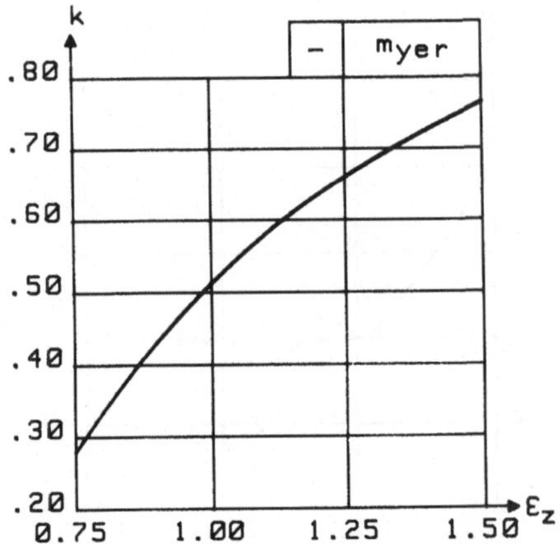

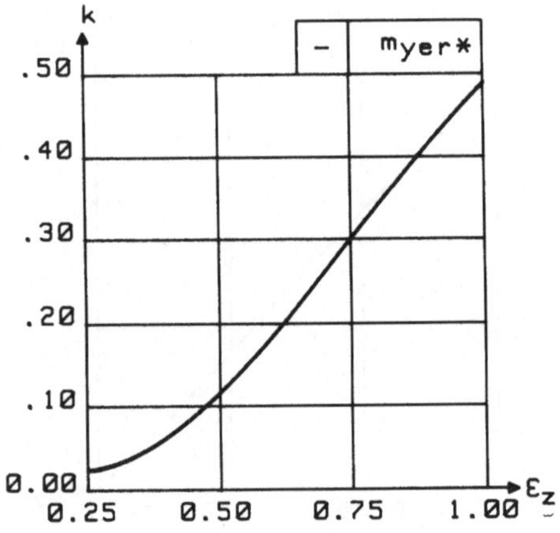

myee1 = 0

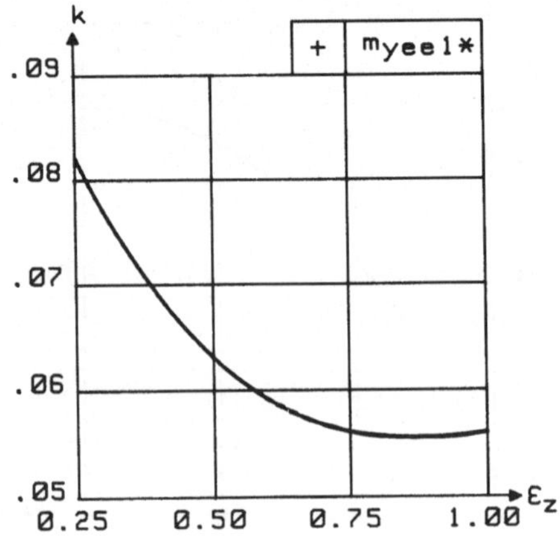

BEIWERTE k TAFEL 18.2 <60°

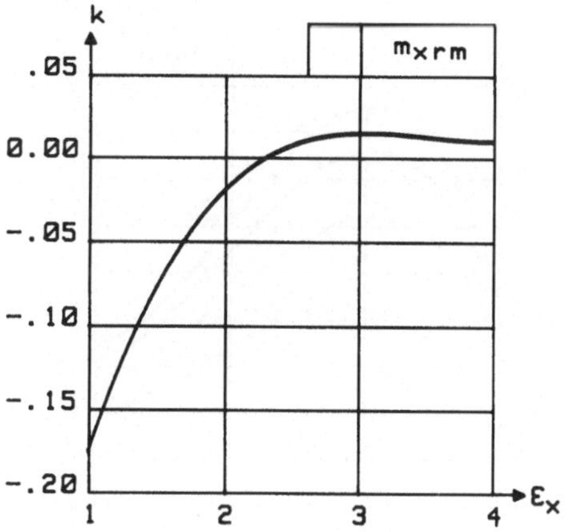

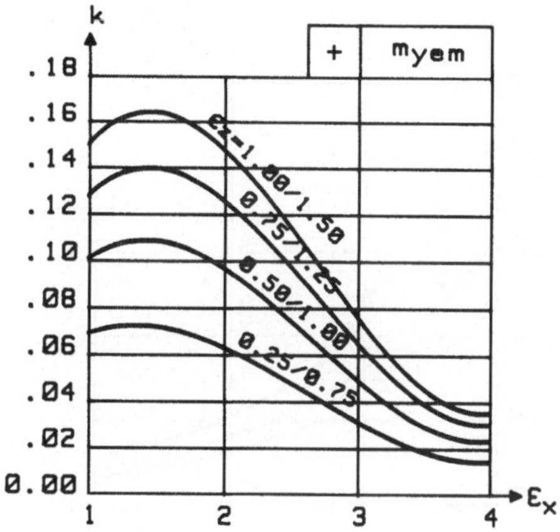

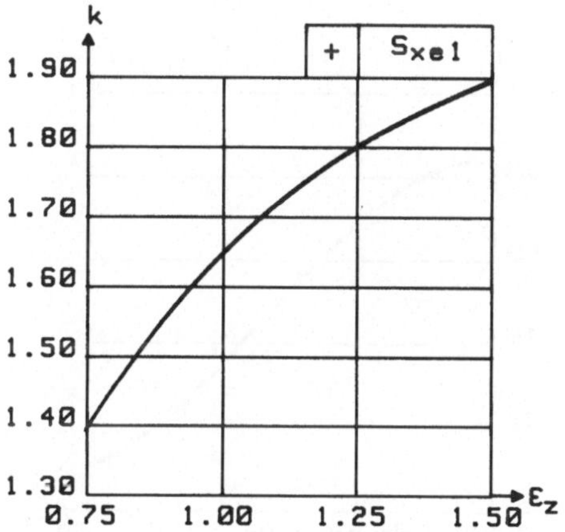

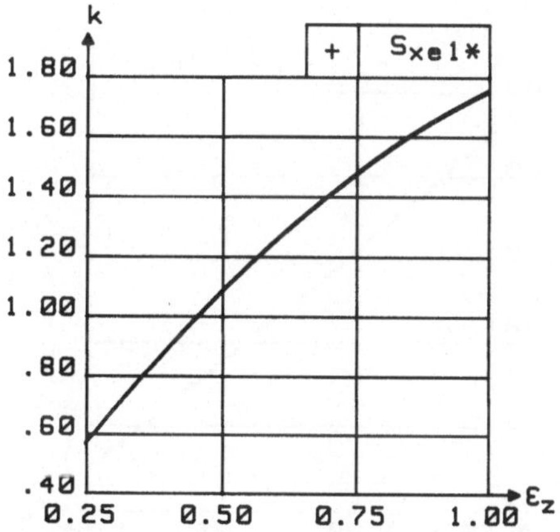

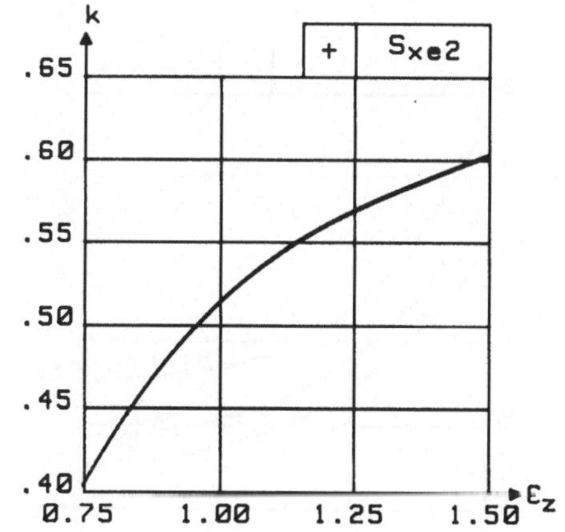

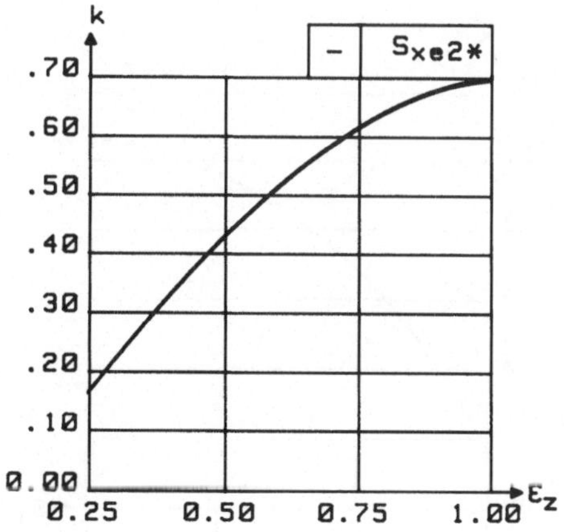

BEIWERTE k TAFEL 18.3 <60°

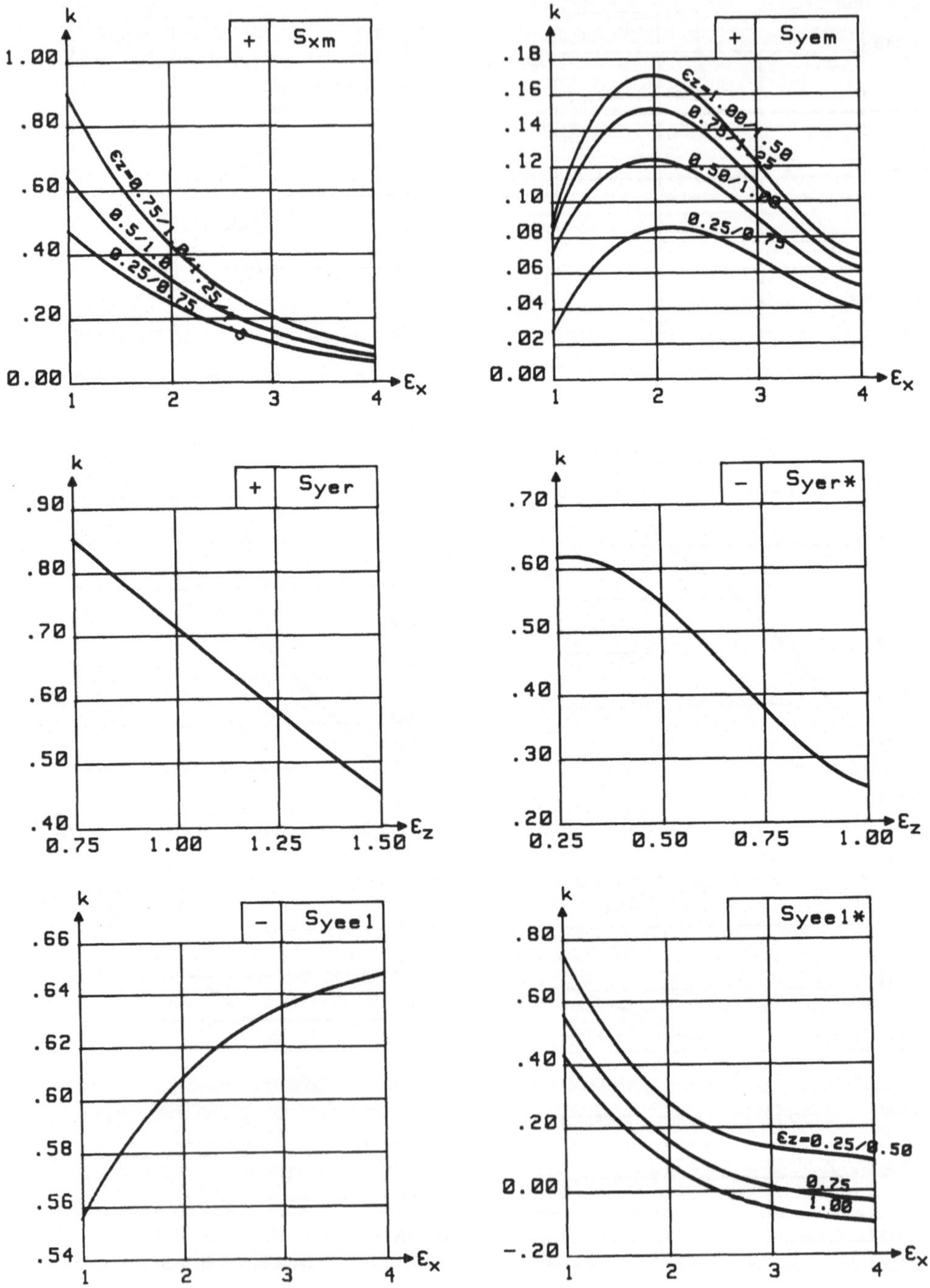

BEIWERTE k

TAFEL 18.1 <45°

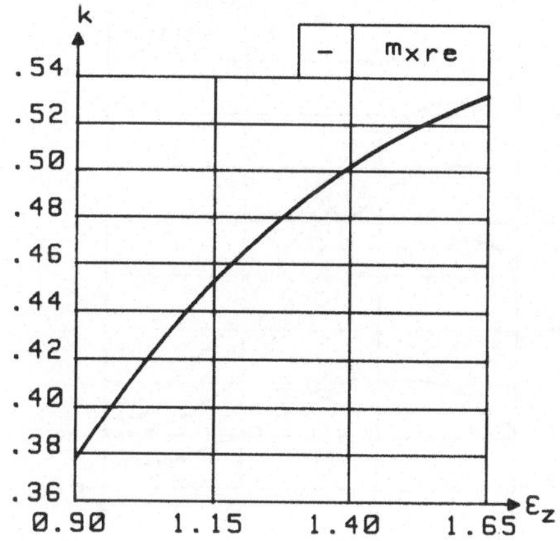

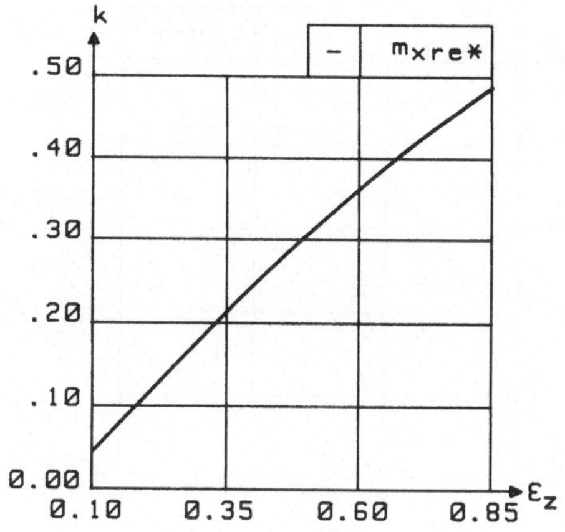

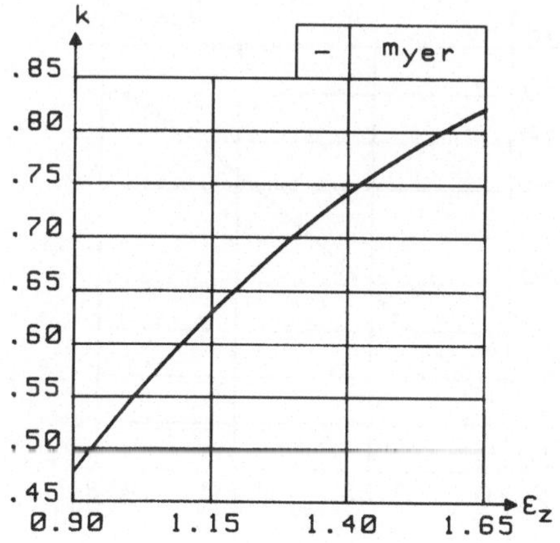

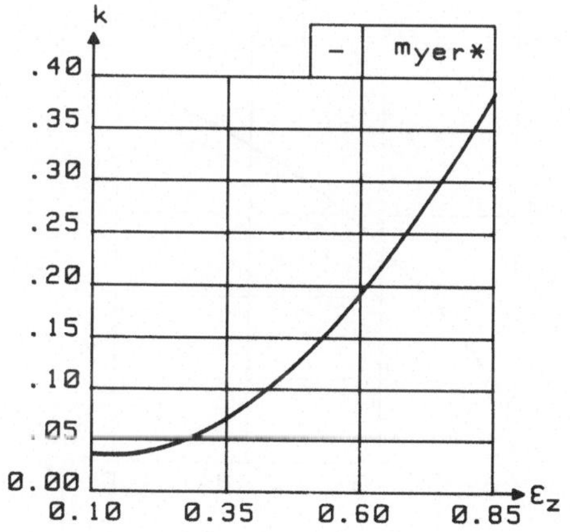

myeel = 0

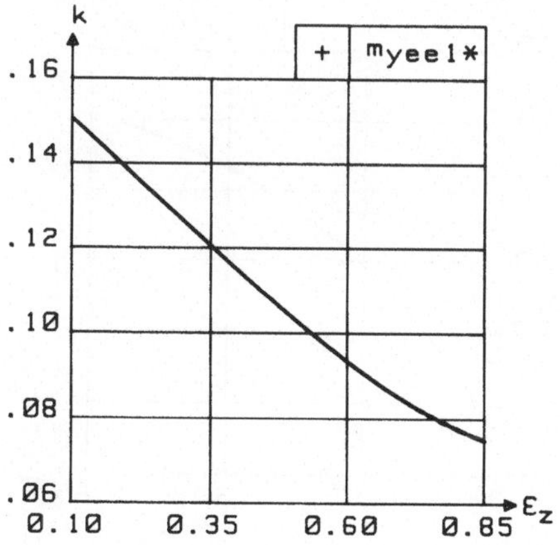

BEIWERTE k TAFEL 18.2 <45°

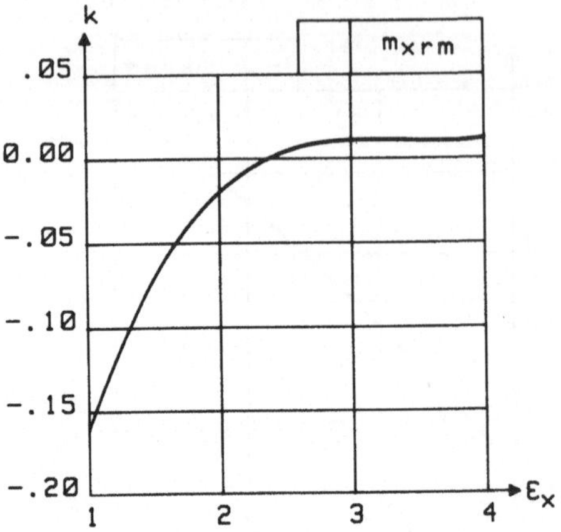

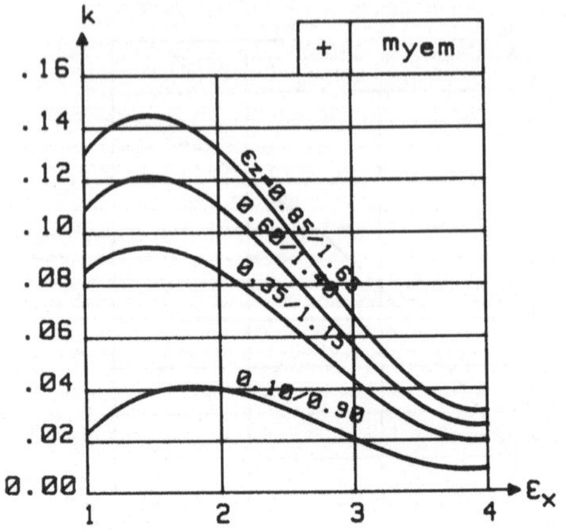

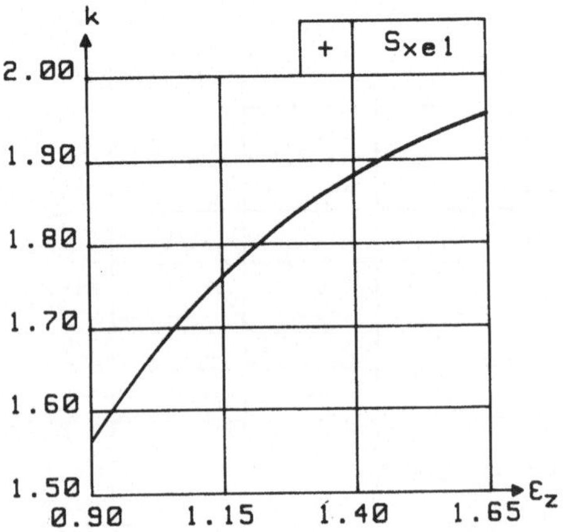

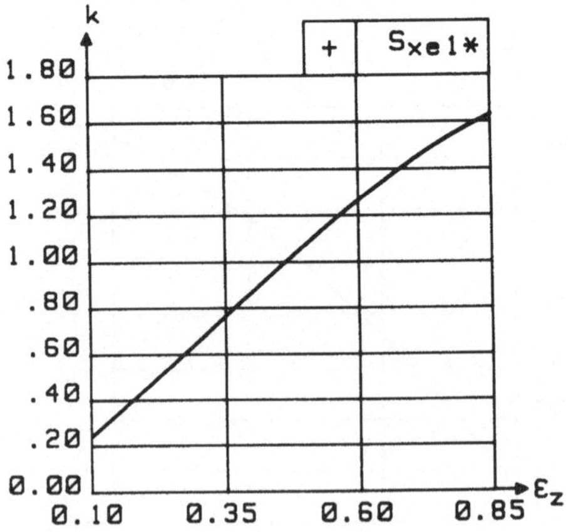

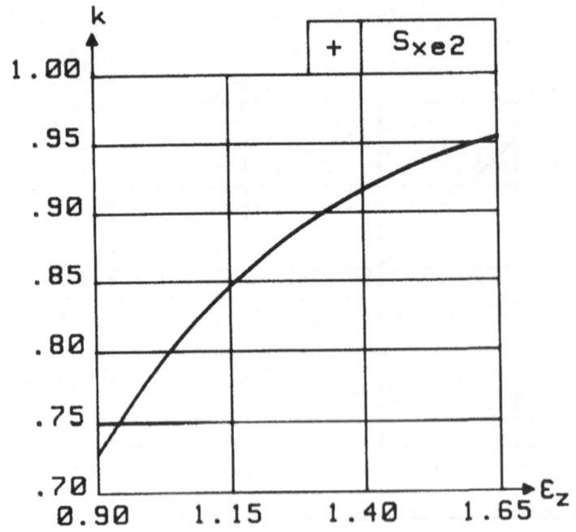

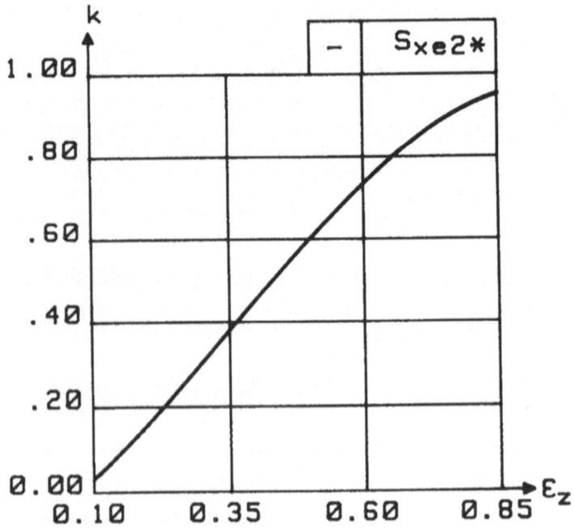

BEIWERTE k TAFEL 18.3 <45°

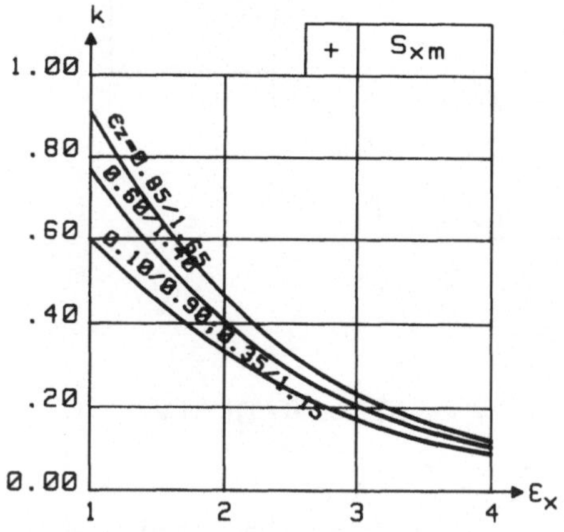

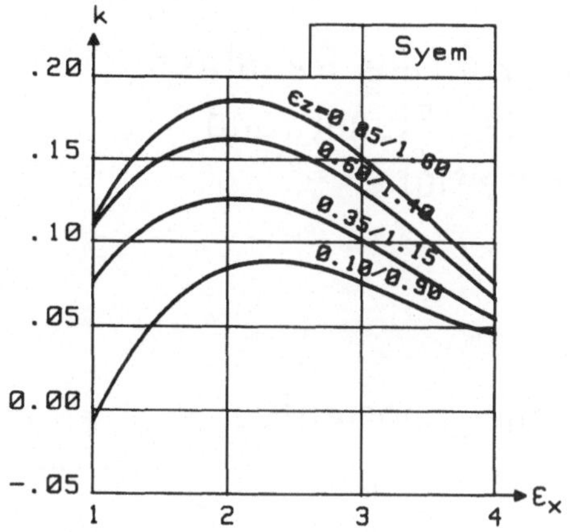

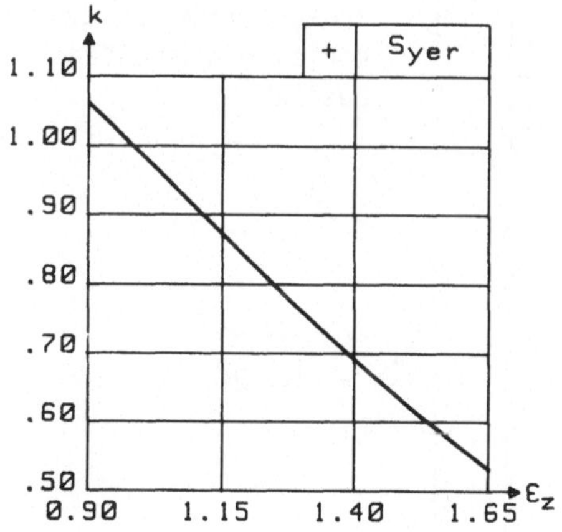

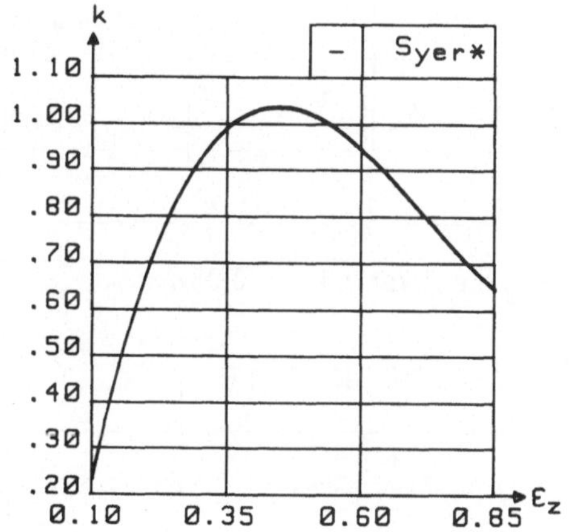

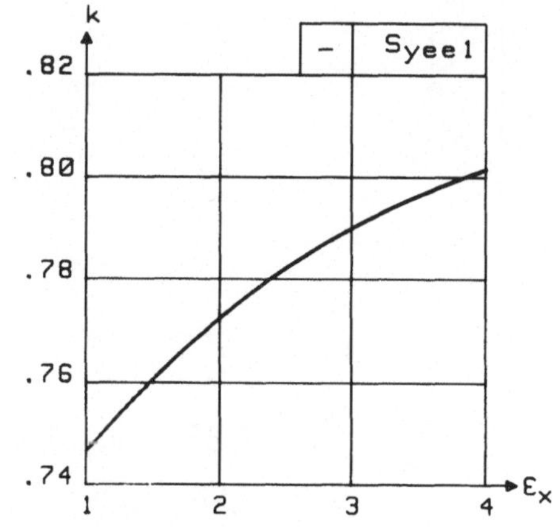

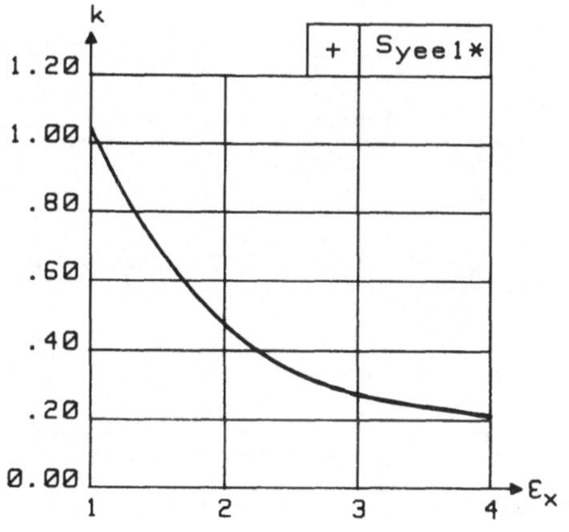

Lastfall 19

Horizontale Randlast an der Flügelwand (einseitig)

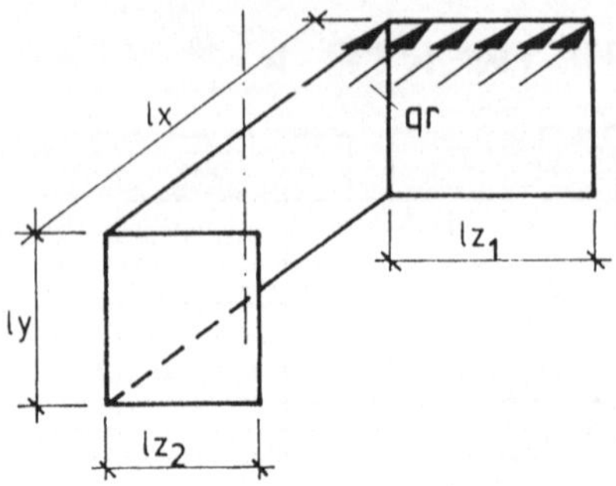

1) Biegemomente

$m = k \cdot qr \cdot ly$

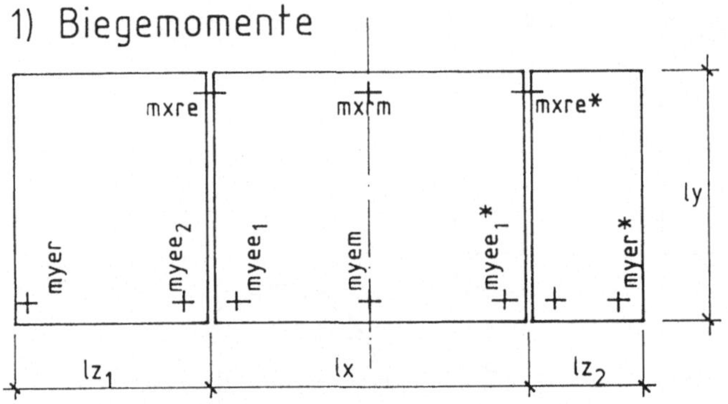

Anm.
Die Schnittgrößen an der spitzen Ecke (*) ergeben sich aus dem korresspondierenden Lastfall.

myee$_2$|:Festwert: k = 0,054

2) Scheibenkräfte

$S = k \cdot qr \cdot ly$

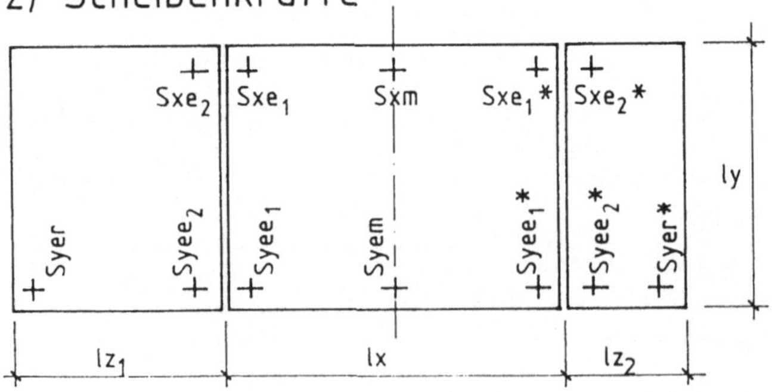

Syee$_2$ = 0,85 Syee$_1$; Syee$_2$* = 0,85 Syee$_1$*

$l_x/l_y = \varepsilon_x$ $\quad l_{z_2}/l_y = \varepsilon_{z_2}$ $\quad l_{z_1}/l_y = \varepsilon_{z_1}$

∢ 75°: ε_{z_2} = 0,40; 0,65; 0,90; 1,15 $\quad \varepsilon_{z_1}$ = 0,60; 0,85; 1,10; 1,35

∢ 60°: ε_{z_2} = 0,25; 0,50; 0,75; 1,00 $\quad \varepsilon_{z_1}$ = 0,75; 1,00; 1,25; 1,50

∢ 45°: ε_{z_2} = 0,10; 0,35; 0,60; 0,85 $\quad \varepsilon_{z_1}$ = 0,90; 1,15; 1,45; 1,65

BEIWERTE k

TAFEL 19.1 <75°

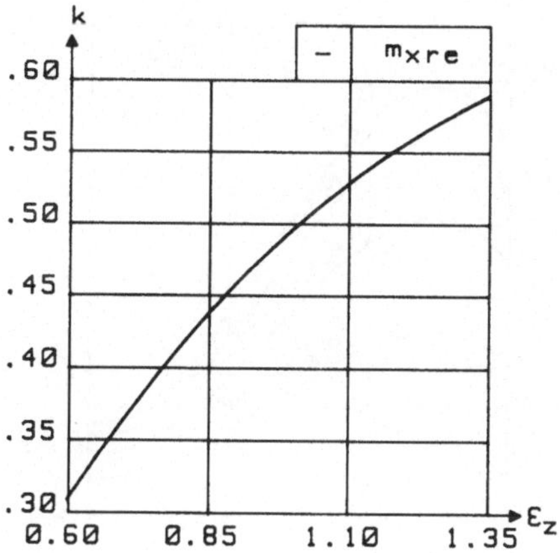

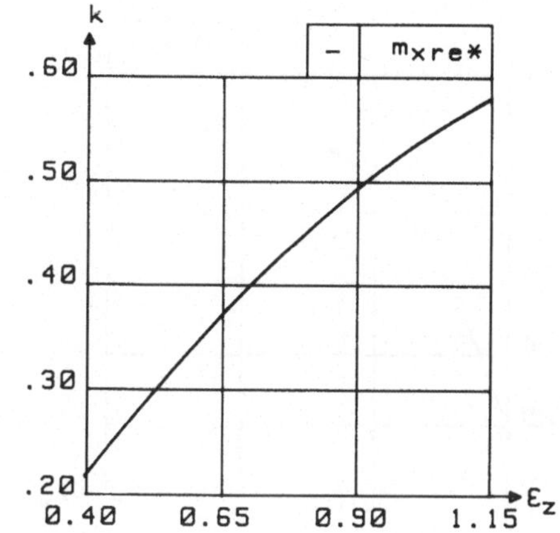

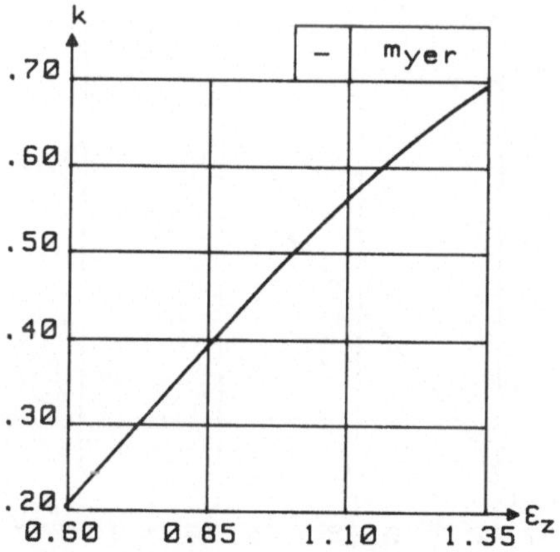

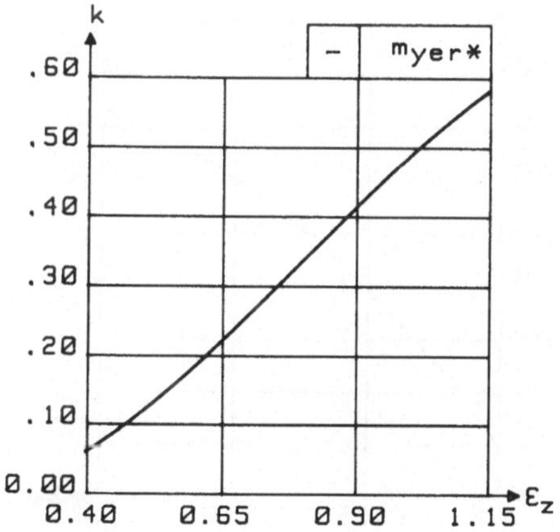

$m_{yeel} = 0$

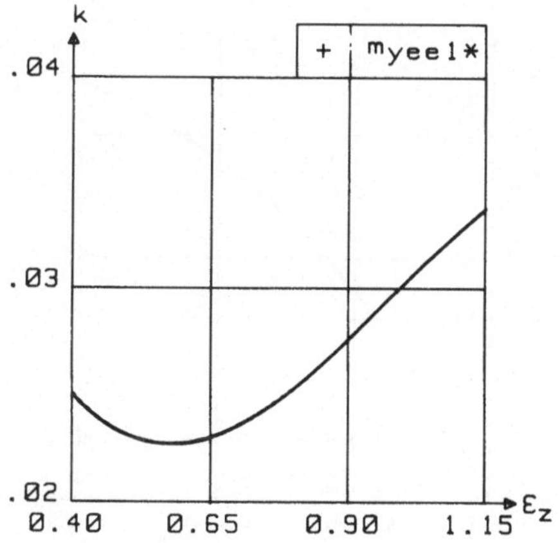

BEIWERTE k TAFEL 19.2 <75°

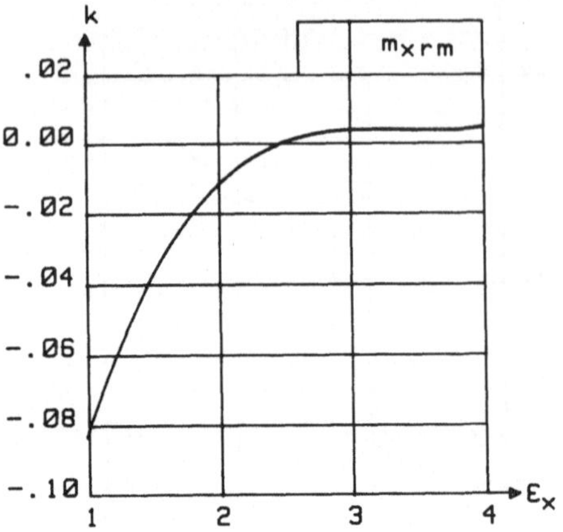

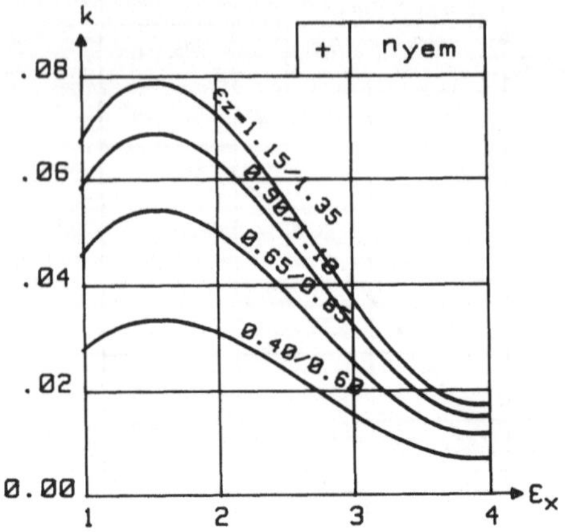

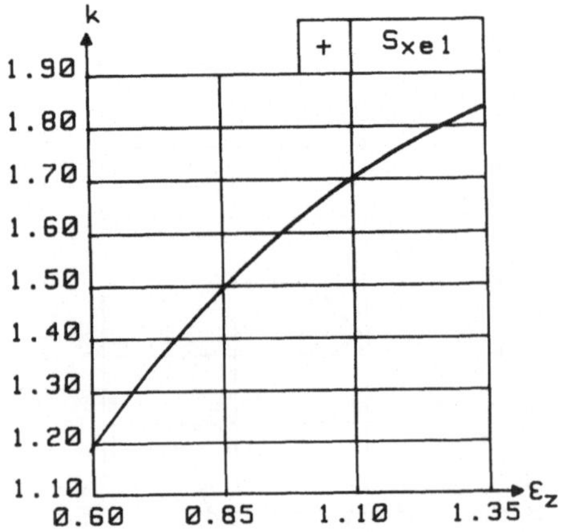

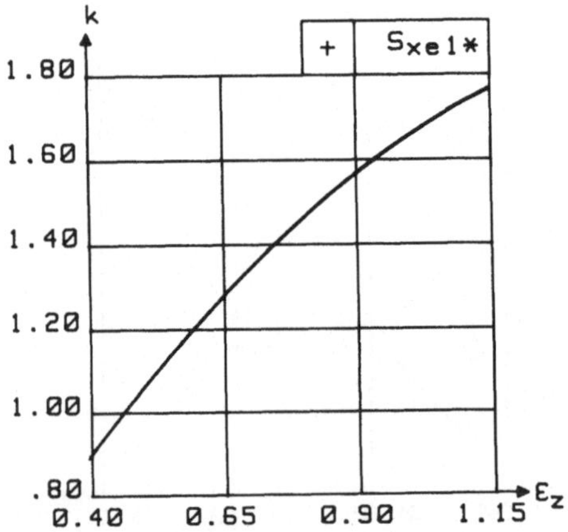

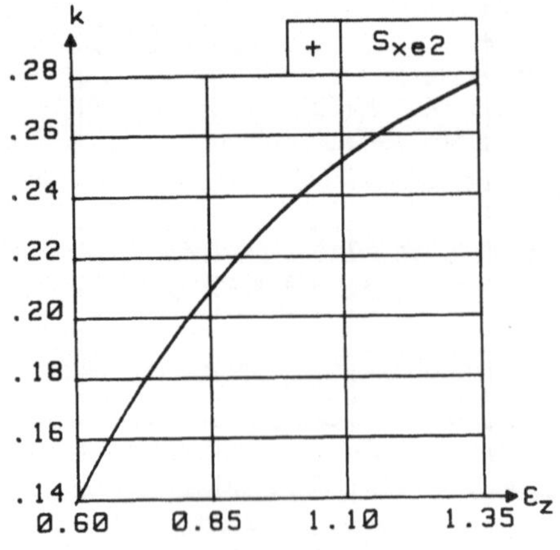

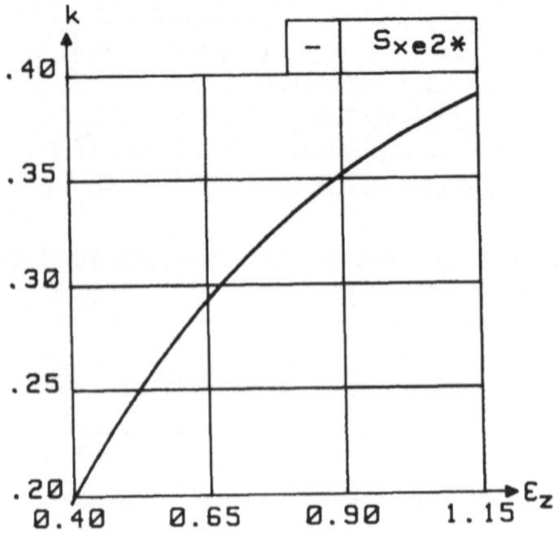

BEIWERTE k
k
+
Sxm
.50
.40
.30
.20
.10
0.00
εz=0.90/1.10; 1.15/1.35
0.65/0.85
0.40/0.60
1
2
3
4
εx

TAFEL 19.3 <75°

k
Syem
.10
.08
.06
.04
.02
0.00
-.02
εz=1.15/1.35
0.90/1.10
0.65/0.85
0.40/0.60
1
2
3
4
εx

k
+
Syer
.60
.55
.50
.45
.40
.35
0.60
0.85
1.10
1.35
εz

k
Syer*
.10
.05
0.00
-.05
-.10
-.15
0.40
0.65
0.90
1.15
εz

k
-
Syeel
.80
.75
.70
.65
.60
.55
.50
.45
1
2
3
4
εx

k
-
Syeel*
.54
.49
.44
.39
.34
.29
.24
.19
.14
.09
Cz=1.15
0.90
0.65
0.40
1
2
3
4
εx

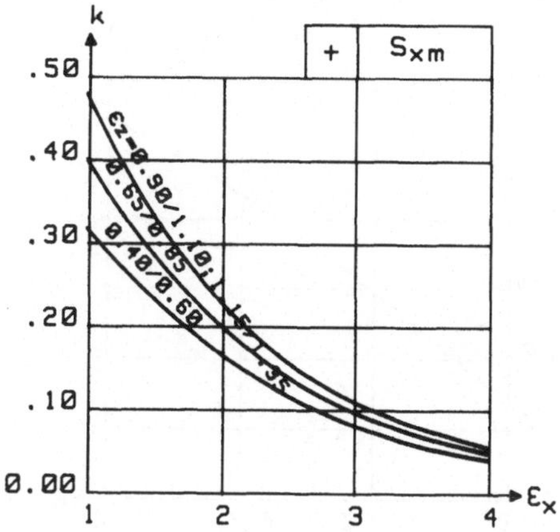

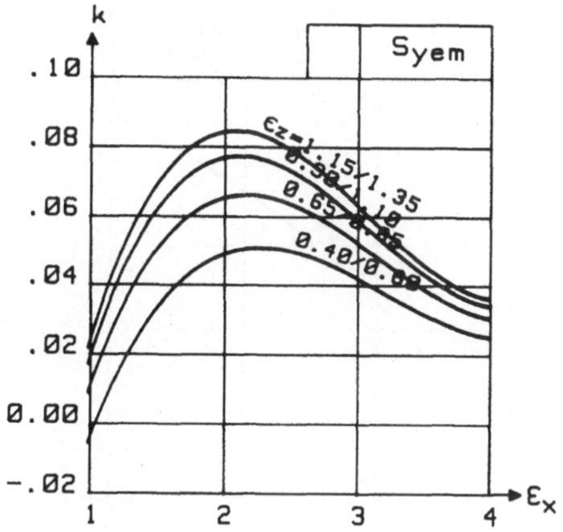

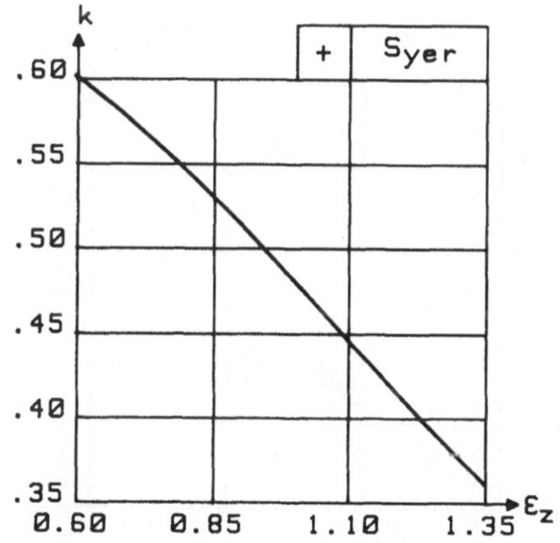

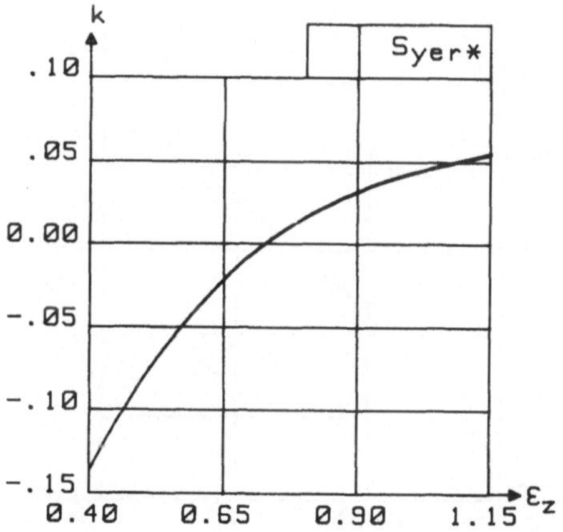

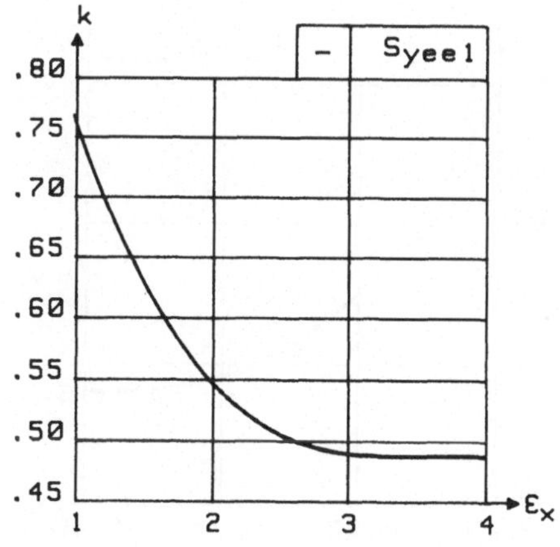

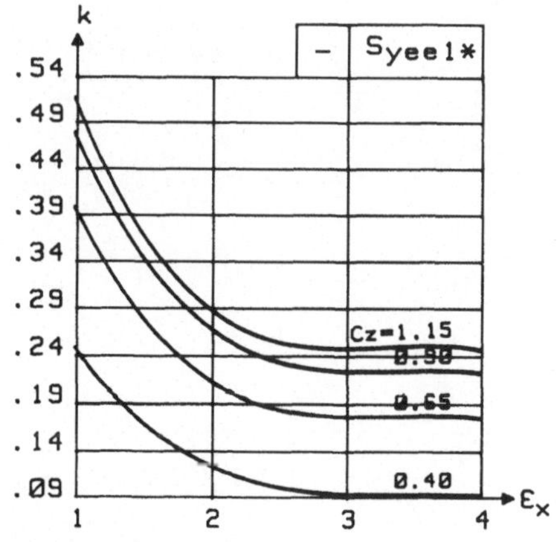

BEIWERTE k TAFEL 19.1 <60°

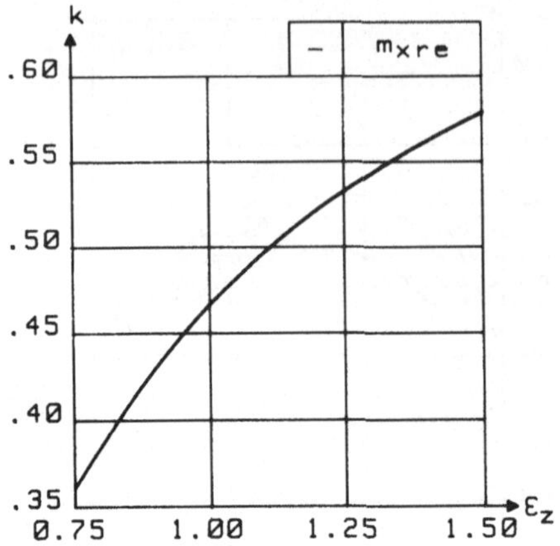

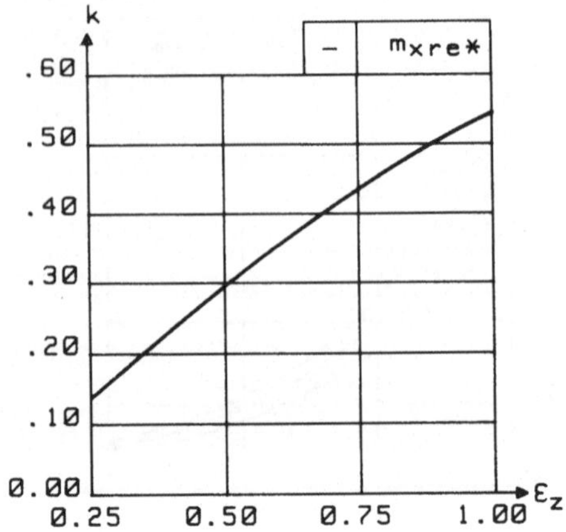

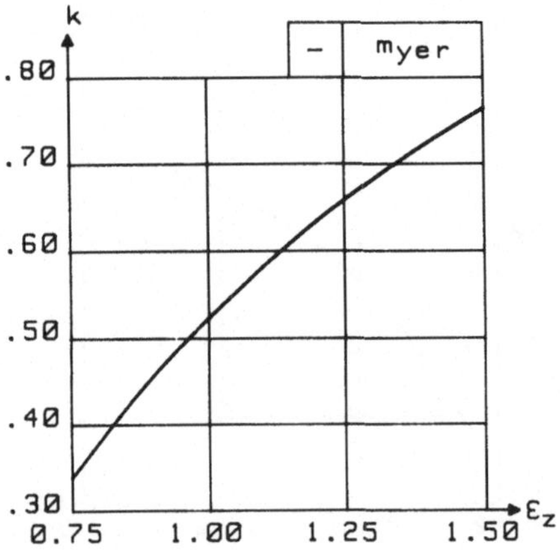

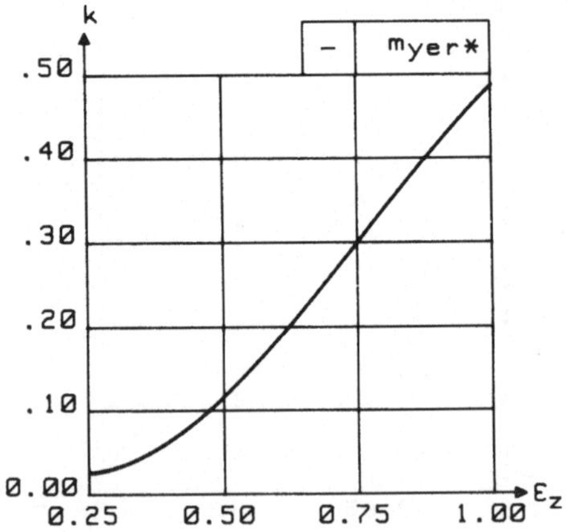

$m_{yeel} = 0$

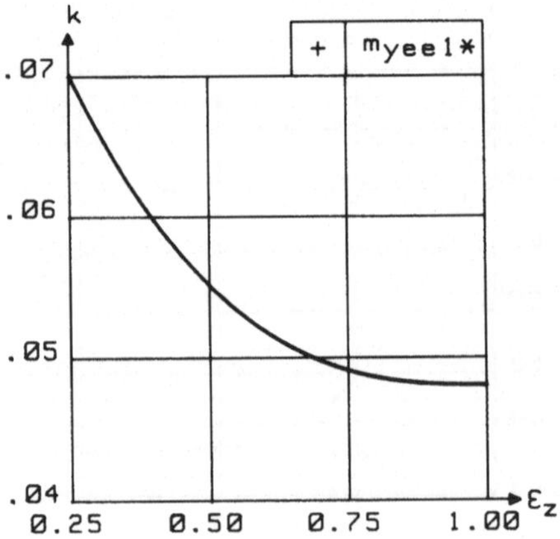

BEIWERTE k   TAFEL 19.2 <60°

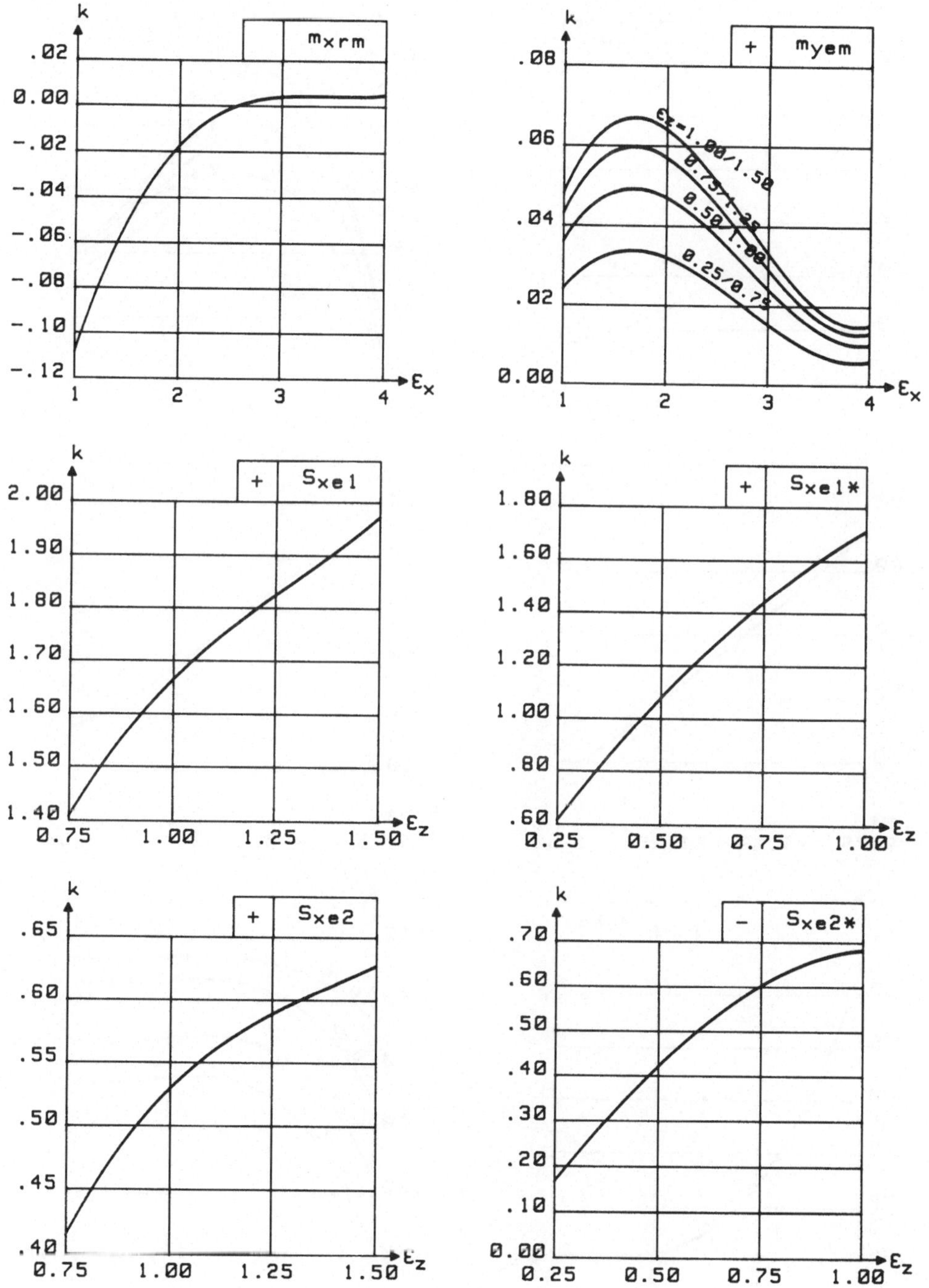

BEIWERTE k

TAFEL 19.3 <60°

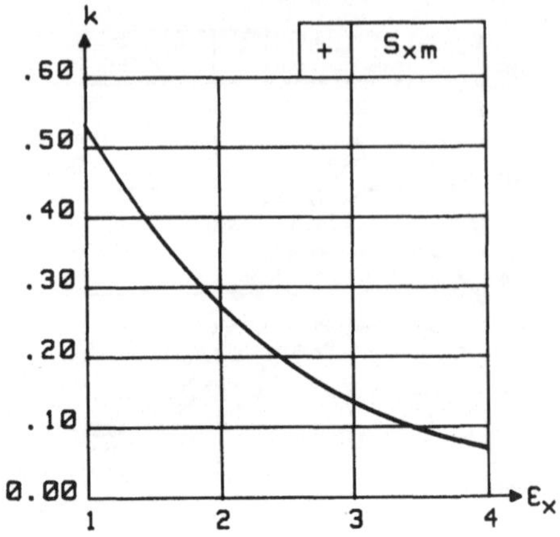

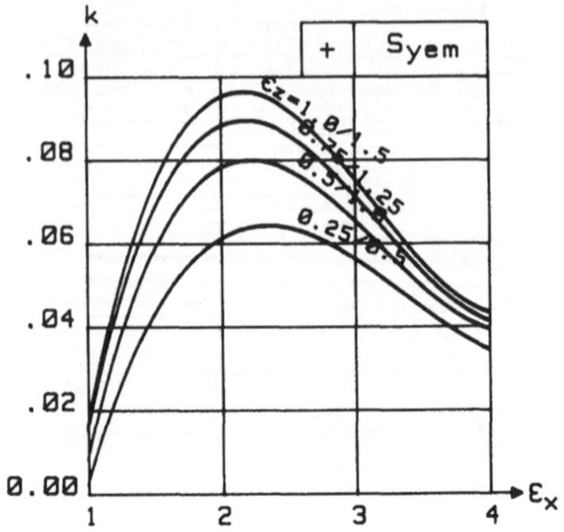

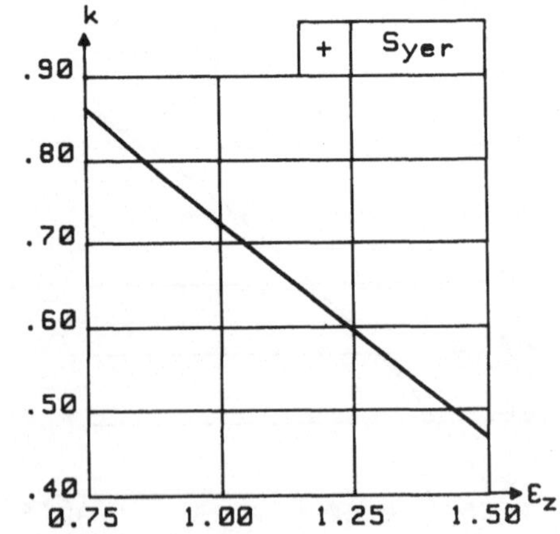

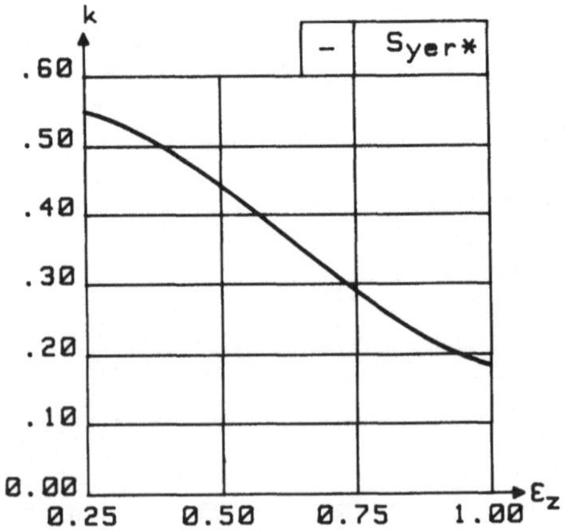

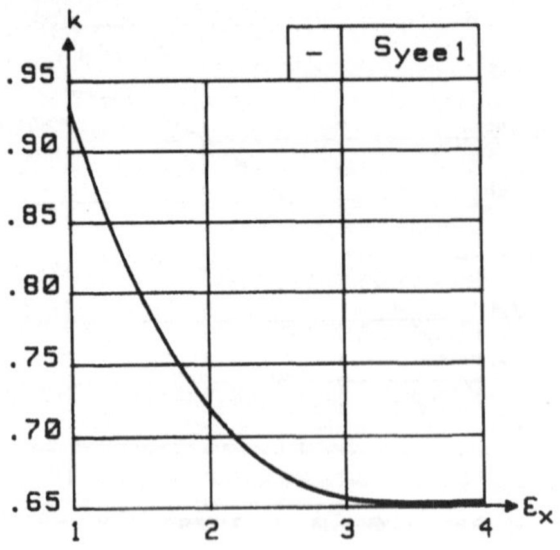

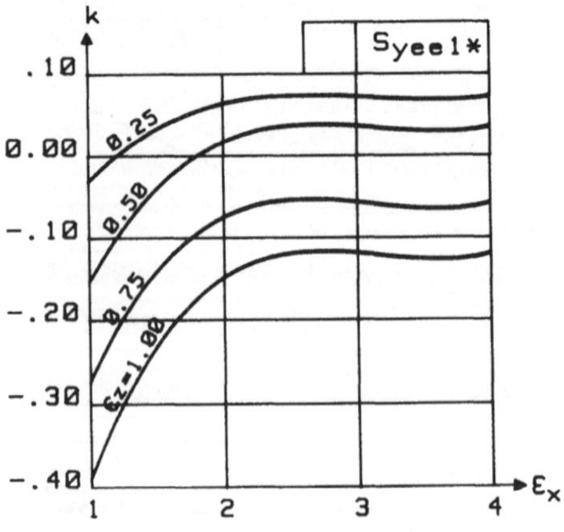

BEIWERTE k   TAFEL 19.1 <45°

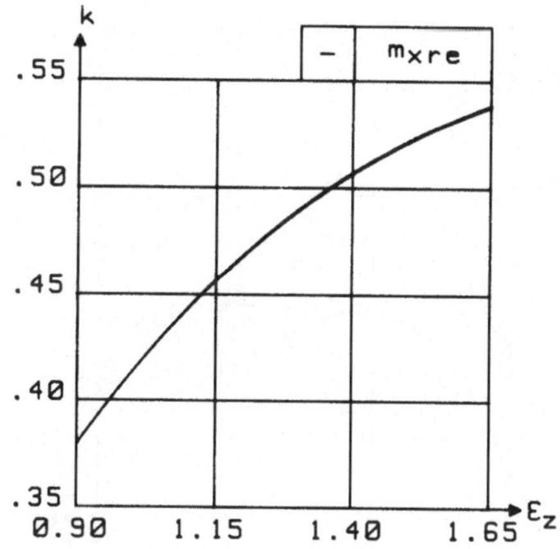

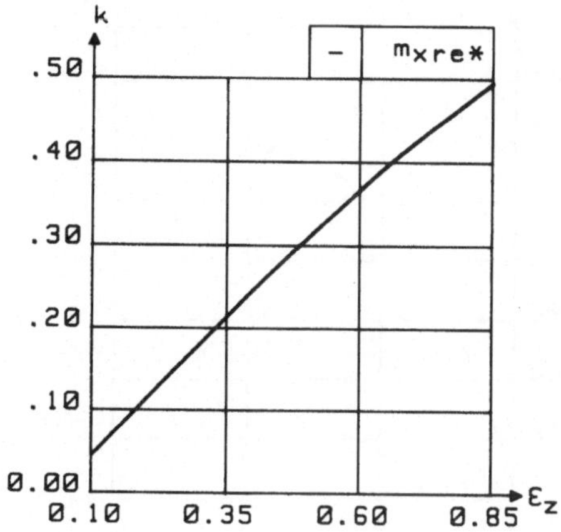

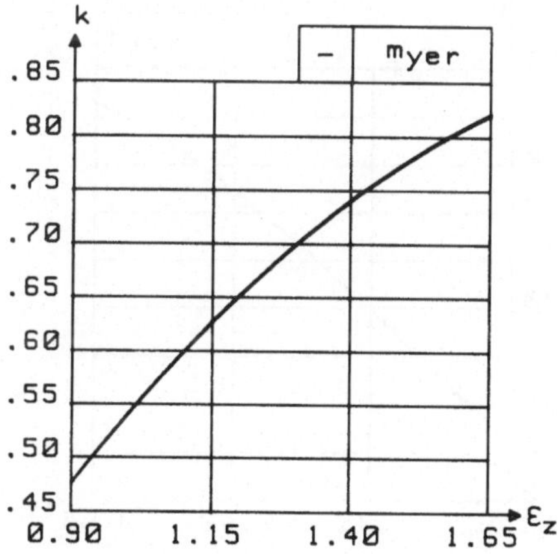

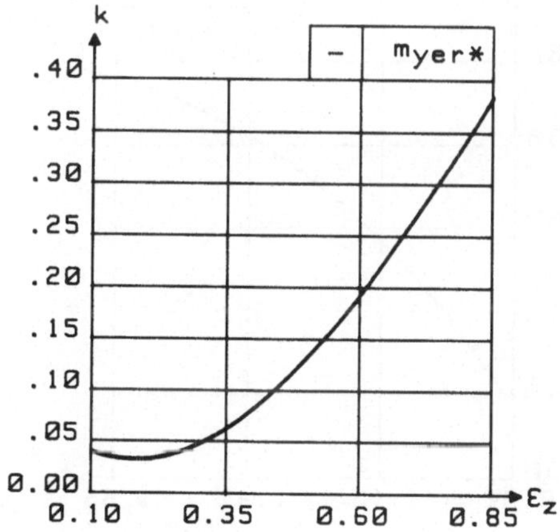

myeel = 0

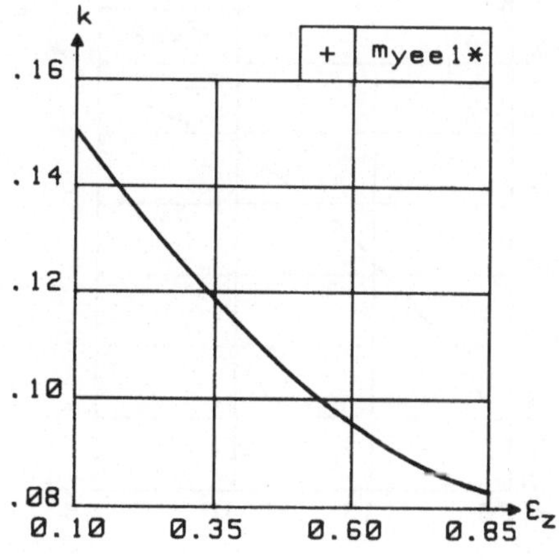

BEIWERTE k TAFEL 19.2 <45°

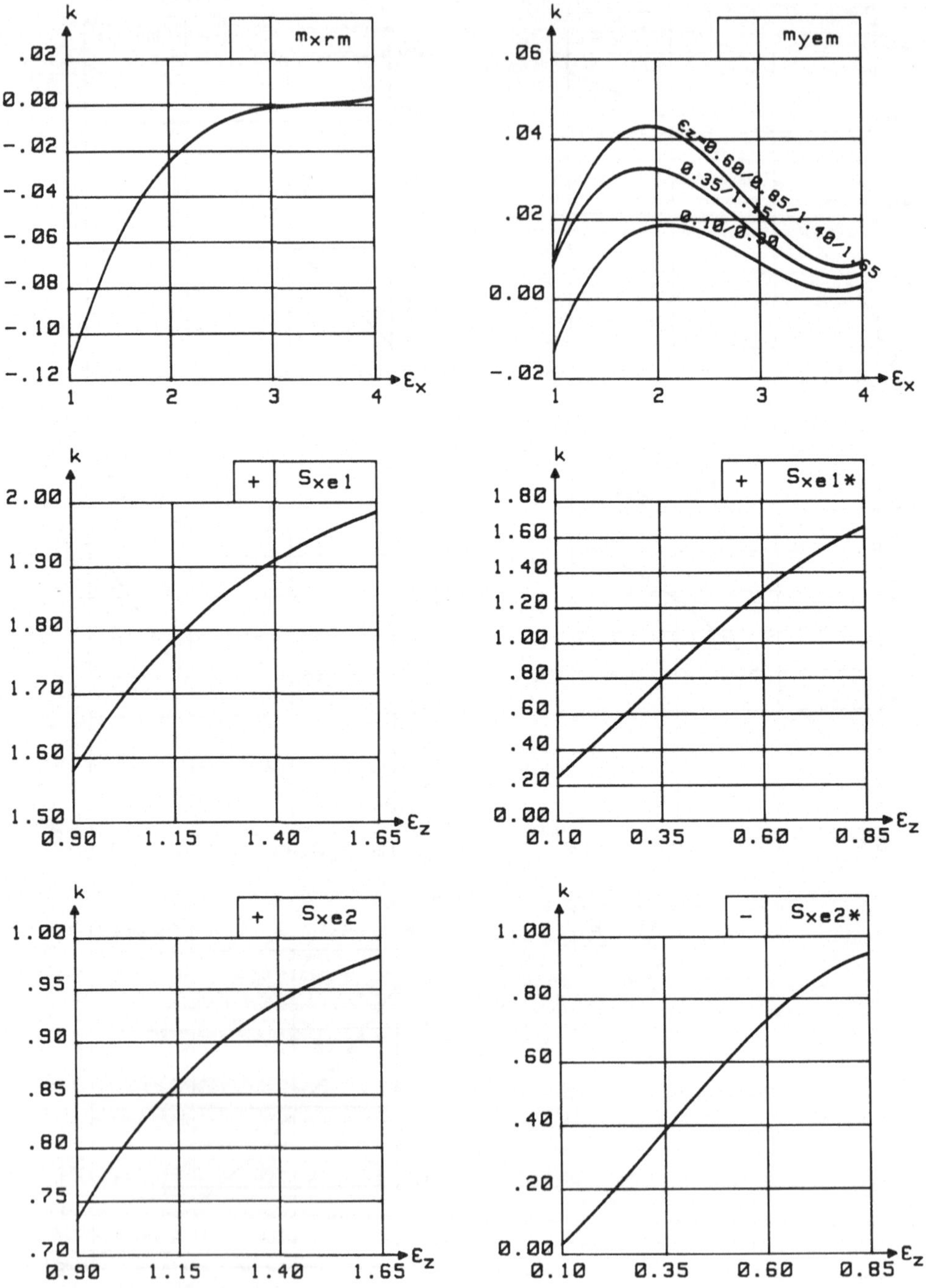

BEIWERTE k **TAFEL 19.3 <45°**

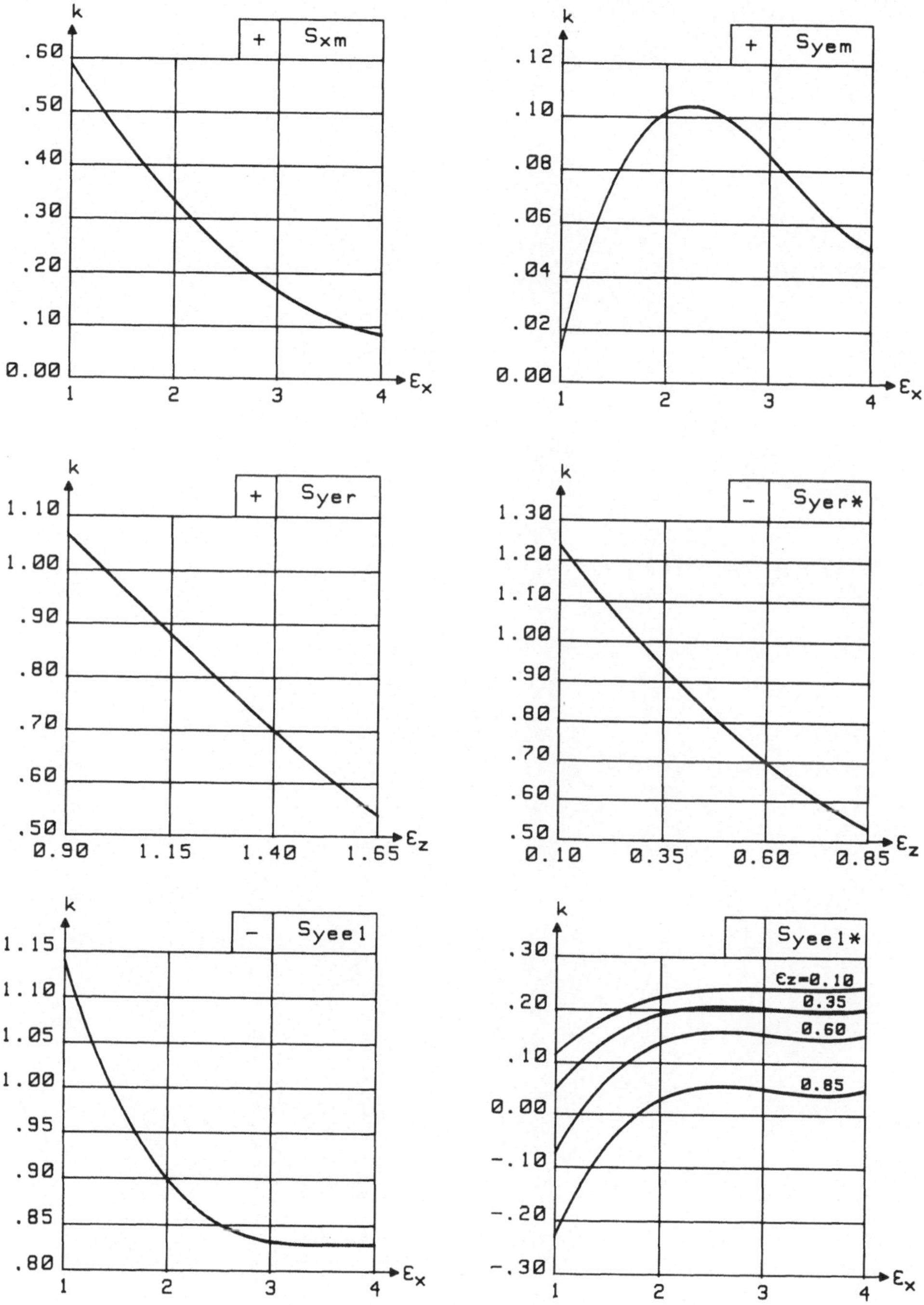

Schnittgrößen in Brückenwiderlagern

unter Berücksichtigung der Schubverformung in den Wandbauteilen

Berechnungstafeln

von Karl Heinz Holst

1990. 189 Seiten. Gebunden.
ISBN 3-528-08825-7

Inhalt: Einführung – Das Berechnungsverfahren – Auswertung der numerischen Rechenergebnisse – Berechnungsbeispiele – Tabellenübersicht – Tafeln der Momente – Tafeln der Schnittkräfte.

In diesem Buch sind Tafeln für die Ermittlung der Bemessungsschnittgrößen erarbeitet worden. Diese wurden mit der Finite-Elemente-Methode über ein entsprechendes Programm unter Berücksichtigung der Biege- und Schubverformung der Wandbauteile, für die Platten also unter Anwendung der Theorie von Reissner, berechnet. Hierfür wurde ein hybrides Plattenelement entwickelt. Die Berechnung wurde für 19 verschiedene Lastfälle an 16 verschiedenen Systemen durchgeführt. Diese unterscheiden sich durch unterschiedliche Längen- und Breitenabmessungen der Wandbauteile in jeweils systematischer Zuordnung. Die Lastfälle orientieren sich an den Anforderungen der Praxis und berücksichtigen auch exzentrische Stellungen der Regelfahrzeuge der Belastungsnorm. Es wird grundsätzlich nach direkten Erddruckbeanspruchungen und Randbelastungsfällen unterschieden.

Verlag Vieweg · Postfach 58 29 · D-6200 Wiesbaden 1

vieweg